国防电子信息技术丛书　　微波成像技术国家重点实验室译著系列

遥感图像处理模型与方法
（第三版）

Remote Sensing
Models and Methods for Image Processing
Third Edition

［美］　Robert A. Schowengerdt　著

尤红建　龙　辉　王思远　等译

洪　文　审校

U0197969

电子工业出版社
Publishing House of Electronics Industry
北京·BEIJING

内容简介

本书是作者在长期讲授遥感课程的基础上编写而成的。书中从遥感本质出发，对遥感图像的物理模型、几何模型、数据模型等数学和物理模型进行了由浅入深的阐述，在图像处理方法上则对光谱变换、空间变换、几何校正和辐射校正、图像配准、图像融合和图像分类等重要方面进行了详细论述和讨论。书中给出了大量遥感实例图像和处理例子，尤其介绍了近年来发射的一些遥感器。本书还对高光谱遥感进行了阐述，给出了高光谱中分辨率成像光谱辐射计(MODIS)图像和处理的例子。

本书适合作为遥感相关专业的高年级本科生、研究生的教材，也适合广大专业科技工作者在涉及遥感相关应用时参考阅读。

Remote Sensing：Models and Methods for Image Processing, Third Edition

Robert A. Schowengerdt

ISBN：9780123694072

版权贸易合同登记号　图字:01-2007-4102

图书在版编目(CIP)数据

遥感图像处理模型与方法:第3版/(美)罗伯特·A.肖温格特著;尤红建等译.—北京:电子工业出版社,2018.7

(国防电子信息技术丛书)

书名原文:Remote Sensing：Models and Methods for Image Processing, Third Edition

ISBN 978-7-121-33902-8

Ⅰ.①遥… Ⅱ.①罗…②尤… Ⅲ.①遥感图象-图象处理 Ⅳ.①TP751

中国版本图书馆 CIP 数据核字(2018)第 056166 号

策划编辑：马　岚
责任编辑：马　岚　　特约编辑：马晓云
印　　刷：北京捷迅佳彩印刷有限公司
装　　订：北京捷迅佳彩印刷有限公司
出版发行：电子工业出版社
　　　　　北京市海淀区万寿路 173 信箱　　邮编　100036
开　　本：787×1092　1/16　印张：21.5　字数：576 千字　彩插：8
版　　次：2018 年 7 月第 1 版(原著第 3 版)
印　　次：2025 年 2 月第 3 次印刷
定　　价：89.00 元

凡所购买电子工业出版社图书有缺损问题，请向购买书店调换。若书店售缺，请与本社发行部联系，联系及邮购电话：(010)88254888，88258888。

质量投诉请发邮件至 zlts@phei.com.cn，盗版侵权举报请发邮件至 dbqq@phei.com.cn。

本书咨询联系方式：classic-series-info@phei.com.cn。

译 者 序

遥感依其"站得高、看得远"的非接触方式来感知地球。作为一门对地观测综合性科学，它的出现和发展是人类认识和探索自然界的客观需要，更有其他技术手段无法相比的特点。自 20 世纪 60 年代遥感概念提出以来，这项技术已得到了很大的发展和应用。当前，遥感已经形成了从地面到航空航天，从图像采集、处理到判读分析和应用，对全球进行探测和监测的多层次、多视角、多领域的观测体系，成为获取地球资源与环境信息的重要手段。为了提高对遥感图像的处理速度和效果，各种遥感图像处理模型和算法将用来解决遥感数据的处理、校正、融合和信息提取、分类及可视化。

目前国内开设遥感图像处理相关课程的高校很多，也出版了一些遥感图像方面的教材，这些教材往往是从遥感原理出发，按照遥感图像获取、图像处理和应用等进行讲述。本书作者 Robert A. Schowengerdt 教授在美国亚利桑那大学讲授遥感图像处理 30 多年的基础上，独辟蹊径，从遥感本质出发，对遥感图像处理涉及的数学模型、几何模型和物理模型系统地进行总结归纳，并形成了独特的遥感图像处理体系，为我们理解遥感图像处理打开了另一扇窗。

本书以遥感图像处理的模型和处理方法为阐述主线，帮助读者在较高的层次上对遥感图像处理进行理解；从介绍遥感的本质出发，对遥感图像处理的物理模型、几何模型、数据模型等相关模型进行了由浅入深的介绍，在图像处理方法上则对光谱变换、空间变换、几何校正和辐射校正、图像配准、图像融合和图像分类等重要方面进行了详细阐述。与此同时，书中给出了大量的遥感实例图像和处理例子，尤其是近年的新型遥感器，如在第二版的基础上增加了高光谱遥感简介及其高光谱 MODIS 图像和处理的例子。此外，本书是作者在多年教学和科学研究基础上总结编写的，且经过了多次反复讲解、筛选和修订，按章总结并配有相应的习题，便于读者研读思考，是一本难得的优秀教材。另外，中译本的一些图示、参考文献、符号及其正斜体形式等沿用了英文原著的表示方式，特此说明。

本书的翻译工作由微波成像技术国家重点实验室联合中国科学院空间信息处理与应用系统技术重点实验室共同开展。全书由中国科学院电子学研究所尤红建研究员进行统稿，并负责翻译第 1 章、第 4 章和第 6 章，龙辉负责翻译第 3 章、第 7 章和第 8 章，王思远和傅兴玉负责翻译第 2 章、第 5 章、第 9 章和附录，贺经纬参加了彩色插图文字的翻译。最后，由尤红建研究员进行了全书翻译稿的校对和修改，并由洪文研究员进行了终稿审定。此外，本书的翻译还得到了中国科学院电子学研究所多位专家学者的指导和帮助。

鉴于译者的经验和时间约束，翻译过程中难免存在未尽和疏漏之处，敬请广大同行读者批评指正。

第三版前言

本书第二版出版到现在已接近 10 年了,第三版在此基础上进行了一些必要且全面的更新。这些变化主要包括:

- 遥感器的更新。第三版新增的遥感器包括 NASA 的星载 Terra, Aqua 和 EO-1, 以及商用遥感卫星 IKONOS, OrbView 和 Quickbird, 并给出了许多新的图像实例
- 更新了各个主题的研究文献
- 在下列章节扩充和增加了新的内容
  - 遥感器空间响应模型和测量
  - 调制传递函数(MTF)校正
  - 大气校正
  - 多光谱融合
  - 噪声抑制技术
- 新增了彩色插图、习题及许多图片
- 为了提高教学和增进理解,对内容也进行了许多修改

本书第三版仍然保留了第二版的风格,但是组织形式更加多样,对许多插图也进行了整理,以便能更好地表述相关的概念。

在完成第三版的过程中,有两件事一直在困扰着我。首先,许多国家在不断发射甚至加快发射新的遥感器。在这样的实际情况下,要想在图 1.1 中体现所有最新信息相当困难,表示可用的地球和环境遥感系统的插图仍不完善。一些将来预计会发射的遥感系统,例如 National Polar-orbiting Operational Environmental Satellite System(国家极轨运行环境卫星系统, NPOESS),被我故意去除了,因为其计划书在发射前仍在不断修改。

另外一件事是,互联网上可获取的信息量异常巨大,从详细的遥感器技术文档到数据本身,都非常丰富。坐在计算机旁并访问几乎全部网站,几乎就能写成这样一本书。例如,为了寻找一幅包含陆地、雪和云的多波段 MODIS 遥感图像,我就采用了美国地质调查局(http://modisdb.usgs.gov)维护的一个 MODIS 实时广播(Direct Broadcast)网站来浏览寻找合适的图像,并下载了图 1.22 所示的图像。另一个例子是图 2.20 所示的 Landsat-7 ETM + 图像,这是从马里兰大学的 Global Land Cover Facility(全球陆地覆盖设施)找到的一幅安娜湖地区的 ETM + 图像。本书第三版的"自由"研究几乎都是采用期刊会议论文数据库以及政府和商业卫星网站而在线完成的。它甚至可能令你疑惑:图书这种媒体形式是否有点儿陈旧了?

与本书的第二版一样,我要感谢我的很多同事,他们为第三版的出版提供了很多帮助,其中包括 Raytheon 公司的 Ken Ando 和 John Vampola 及 Goodrich 光电系统公司的 Bill Rappoport,他们提供了遥感器的实际焦平面图解和信息;美国地质调查局的 George Lemeshewsky 提供了多光谱图像融合和恢复方面的实例图像及技术建议;USGS EROS/SAIC 的 Jim Storey 为本书贡献了很多主题讨论和技术建议;新西兰 Manaaki Whenua Landcare 研究所的 James Shepherd 和德国 DLR/DFD 的 Rudolf Richter 很友好地提供了工作中发表的数字图像。我还要感谢给本

书提出很好建议的评阅人，他们对本书的结构和包含的主题等方面给出了很多有益的评论。感谢为本书第二版提出修改意见的各位同事，在新版中我已经采纳了这些建议。最后，我还是要对第三版中使用的各种材料和可能出现的错误负全责。

我要感谢 Elsevier 的编辑和出版人员以及 Multiscience 出版社的 Alan Rose 和 Tim Donar，他们为第三版的出版贡献了自己的耐心和协作精神。除了借助强大的计算机工具并与作者沟通，一本好书是需要众多能干而尽责的专业人士经过共同努力才能完成的。

在本书第三版完成之际，对我而言至关重要的是，感谢我人生和事业中的各位导师，包括教导我走上了正确人生道路的我的父母，让我始终处于正确方向并在许多情况下为我铺平道路的硕士导师 Phil Slater 教授。感谢亚利桑那大学的各位同事、老师和学生们，感谢 NASA，USGS 和许多其他组织，它们使我的研究有趣而令人愉快。我更加忘不了我的两位朋友和合作者 Steve Park 和 Jim Fahnestock 教授，他们两年前已经去世。最后还要真心地感谢我的家庭，他们在第三版修订过程中给予莫大的支持。谢谢你们所有的人！

第二版前言

本书是我先前所著 *Techniques for Image Processing and Classification in Remote Sensing* 的修订版，并且修订时所做的工作远比计划的工作量大。当认识到简单修订满足不了实际需要时，我仔细考虑了一种表达遥感领域中图像处理主题的方法。经过深入细致的思考，我发现遥感领域中使用的很多图像处理方法存在一个共同的主题，即它们直接或者间接地以物理模型为基础。在有些情况下，这种依赖关系是直接的，例如描述轨道几何或者辐射反射率的物理模型；在其他情况下，依赖关系是间接的。例如，通常假定的数据相似性暗指在空间域和光谱域的邻近像元具有相似值。这种相似性来源于获取数据的物理过程和获取过程本身。在几乎所有情况下，遥感图像处理算法的动机和基本原理都可以追溯到一个或多个物理模型的假设。因此，书中使用了这样的角度进行阐述。

显然，本书是个完全数字化的产品，当前可用于桌面出版的计算机工具很早就能支持数字化产品了，它能给出主题内容，能几乎看到全部素材。因此，本书使用了大量计算机生成的图表和图像处理结果。几乎所有插图都是专门为本书制作的全新插图。书中使用了三维绘图程序，将多维数据可视化，同时使用了图像处理软件来处理这些图像，这些软件和程序主要包括 IPT 和 MultiSpec，前者是本人所在实验室开发的图像处理软件 MacSADIE 的一个开发版本，后者是普度大学 David Landgrebe 实验室开发的多光谱分类程序。

为使本书能更好地适用于课堂上讲授，每章的后面都附有习题。这些习题从概念、思维实验到数学推导都有所涉及。这些习题都旨在提高学生对章节内容的理解程度。为了方便读者进一步研究，本书还提供了大量与主题相关的参考文献，书中采用表格形式将其列出，主要是考虑表格形式比较紧凑，能节省空间。在参考文献中重点强调了那些已经归档的期刊论文，因为对于读者来说它们较容易获得。

第 1 章给出了截至 1996 年遥感科学与技术的总体概述，描述了光学遥感器的基本参数和扫描遥感器的基本类型。第 2 章从数学的角度介绍了遥感领域中最重要的光学辐射过程，主要包括太阳辐射、大气散射、吸收和传输以及地表反射等，分析了从波长 400 nm 到热红外的光谱区域。第 3 章介绍了辐射响应和空间响应的遥感器模型，同时还介绍了卫星的成像几何结构，该成像几何结构对图像校正、地理编码以及基于立体影像提取高程信息都有重要的作用。

第 4 章介绍了遥感数据模型，是第 2 章和第 3 章介绍的物理模型和后续章节要阐述的图像处理方法的一个过渡，同时也介绍了遥感数据的光谱模型和空间统计模型，包括了用来阐明和解释遥感器特性对遥感系统所获取数据的影响的一系列成像仿真。

从第 5 章开始讨论遥感图像处理方法。介绍了光谱变换，包括各种植被指数、主成分分析和对比度增强等。第 6 章介绍了卷积和傅里叶滤波、多分辨率的图像金字塔模型、尺度空间技术（例如小波变换）。各种遥感图像处理分析方法很有可能成为一种快速有效的空间信息提取技术。这里还介绍了将图像分解成两个或多个分量的空间分解方法，作为多种不同空间变换的连接。第 7 章给出了一些用来进行图像辐射校正和几何校正的图像处理例子，同时讨论了对高光谱分辨率影像进行定标的重要性。第 8 章参考第 6 章介绍的空间降维概念详细讨论了多幅遥感影像的融合，这里主要使用了 Landsat TM 多光谱影像和 SPOT 全色影像的融合，对各种不同的方法进行解释和分析。本章还详细介绍了基于数字影像金字塔从立体图像对中提取数字高程模型的内容。第 9 章介绍了遥感图像的专题分类，包括基于统计的传统方法、最近发展起来的基于神经网络的方法及模糊分类算法。另外还介绍了专门针对高光谱影像的分类技术。

对于有些内容，读者经常可在其他遥感书籍中看到，例如分类图的误差分析，但是在本书中并没有涉及。这样做不仅是为了节省篇幅，更重要的原因是我认为这些内容与基于遥感物理模型的遥感图像处理方法没有太大的关系。同样，一些图像分类算法，例如建立在对数据的高级提取上的基于规则的分类方法，虽然这种方法在很多领域比较有效，也很有发展前景，但是本书没有介绍。此外，本人认为地理信息系统也不属于本书的研究范围。

非常感谢我的同事和朋友们给予我的建议和帮助。在某些方面，他们的贡献是主要的。在第 2 章和第 3 章的编写过程中，亚利桑那大学光科学中心的 Phil Slater 和 Kurt Thome 所提供的知识帮助和指导我按照正确思路进行写作。在第 4 章的编写过程中，NASA/Ames 研究中心的 Jennifer Dungan 给予本人相似的帮助。其他人为某部分内容提供了有价值的评论，包括亚利桑那大学干旱陆地研究办公室的 Chuck Hutchinson 和 Stuart Marsh，以及 NASA/Ames 研究中心的 Chris Hlavka。我同样衷心感谢密歇根环境研究院的 Eric Crist 在缨帽变换上所提供的思路。我以前和现在的学生为我提供了大量宝贵的数据和实例，包括科学应用国际公司的 Dan Filiberti、亚利桑那大学的 Steve Goisman 和 Per Lysne，Oasis 研究中心的 Justin Paola 及亚利桑那大学的 Ho-Yuen Pang。Photogrammetrie GMBH 的 Gerhard Mehidau 给我提供了最新版本的 IPT 程序。美国地质调查局的同事，包括 William Acevedo，Susan Benjamin，Brian Bennett，Rick Champion，Len Gaydos，George Lee 及 NASA/Ames 研究中心的 Jeff Meyers，非常友好地提供了本书中使用的大量宝贵图像和数字高程数据。我同时非常感谢我的一位老朋友和同事，Peter B. Keenan，在一个非常美丽的日子里，他帮助我骑自行车采集了旧金山海湾地区的地面实际数据。

我同样非常感谢 Academic Press 出版社的几位编辑和专业人员，他们在技术和管理方面给了我很多贡献，他们是圣迭戈办公室的 Lori Asbury，Sandra Lee 和 Bruce Washburn 及切斯特希尔办公室的 Diane Grossman，Abby Heim 和 Zvi Ruder。

最后，我必须感谢我的家人 Amy，Andrea 和 Jennifer，感谢他们在本书编写过程中给予的付出和支持。

目　录

第1章 遥感的本质

1.1 引言

1972 年发射了第一颗陆地多光谱扫描仪(Landsat Multispectral Scanner System，MSS)，它有 4 个波段，波谱宽度约为 100 nm，像元大小为 80 m，从而开创了从太空遥感地球的新纪元。遥感系统展现的多样性和广泛性表明 MSS 指标是真正适用的。现在已经有了能够采集几乎全部电磁波谱的卫星运行系统，波段达到了几十个，而像元大小从 1 m 到 1000 m 不等。大量的航空高光谱系统可以作为卫星平台的补充，它们一般具有几百个波段，波谱间隔达到了 10 nm 量级，本章将重点阐述这些遥感光电成像设备的基本特征及其获取的图像。

1.2 遥感

我们将遥感定义为从飞机或卫星上获取数据以测量地球表面各种物体的特性，因此它是从远距离测量某个物体的，而非现场测量。由于不能直接接触感兴趣的物体，就必须依靠某种信号的传播，比如光、声或微波。本书将局限于讨论采用光信号来遥感地球表面。尽管遥感数据由离散的点测量值或沿飞行路径的剖面测量值组成，但这里主要研究二维空间网格分布的测量数据，即图像。遥感系统，尤其是放置在卫星平台上的系统，提供了一种重复、连续观测地球的视角，它监视短期和长期变化及人类活动影响的价值是无法衡量的。遥感技术的一些重要应用如下：

- 环境评价和监测(城市扩张和污染物排放)
- 全球变化检测和监测(大气层臭氧的损耗、森林砍伐和全球变暖)
- 农业(农作物长势、产量预测和土壤侵蚀)
- 非再生资源调查(煤炭、石油和天然气)
- 可再生自然资源(湿地、土壤、森林和海洋)
- 气象(大气动力学和天气预报)
- 制图(地形图、土地利用和土木工程)
- 军事侦察和监视(战略侦察和打击评估)
- 新闻媒体(图解和分析)

为了满足不同数据用户的要求，人们已经开发了许多遥感系统以满足各种不同空间的、光谱的和时间的参数应用要求。一些用户或许会要求频繁地重复覆盖，而空间分辨率要求相对较低(气象)[①]，另一些用户则要求尽可能高的空间分辨率，而很少要求重复覆盖(制图)。还有一些用户则既要求高空间分辨率和频繁覆盖，又要求快速的图像分发(军事侦察)。正确定标的遥感数据可以用来初始化和验证大型计算模型，例如全球气候模型(Global Climate Model，GCM)，它试图模拟和预测整个地球的环境。在这种情况下，高空间分辨率是不符合

[①] 分辨率一词会引起许多混淆。本章使用其通用意义，即地面像元采样之间的距离(见图 1.11)。该主题会在第 3 章中详细讨论。

计算要求的,但是要求在时间和空间上都精确一致的遥感器定标是最基本的要求。

从卫星上遥感地表的新纪元开始于陆地多光谱扫描仪(MSS),1972 年它首次为世界科学研究组织提供了一致性强的全球高分辨率图像。这个新遥感器的特点是多个光谱波段(能测量 4 个谱段的电磁波谱;每个谱段宽约 100 nm 宽[1],属于比较粗的光谱仪)、在当时具有较为合理的高空间分辨率(80 m)、较大的覆盖区域(185 km × 185 km)和重复覆盖能力(每隔 18 天)。更重要的是,MSS 直接以数字方式为一般用户提供了卫星图像数据。20 世纪 70 年代初,一些研究组织相继开发了不少多光谱数据基础处理方法,如美国航空航天局(National Aeronautics and Space Administration, NASA)、喷气推进实验室(Jet Propulsion Laboratory, JPL)、美国地质调查局(U. S. Geological Survey, USGS)、密歇根环境研究所(Environmental Research Institute of Michigan, ERIM)和普度大学的遥感应用实验室(Laboratory for Applications of Remote Sensing, LARS)。Landgrebe and David(1997)给出了关于 Landsat 计划的目的和数据处理的历史及相关讨论。

自 1972 年以来,Landsat 系列卫星包括 4 个 MSS 系统、两个专题制图仪(Thematic Mapper, TM)系统和增强的专题制图仪(Enhanced Thematic Mapper Plus, ETM +)。此外,还发射了 5 个更高分辨率的法国 SPOT 系统,几个更低分辨率的 AVHRR 和 GOES 系统,以及搭载在地球观测系统(Earth Observing System, EOS)Terra 和 Aqua 卫星上的 NASA 遥感器,同时还有大量的机载和星载多光谱遥感器。许多国家和地区,包括加拿大、印度、以色列、日本、韩国、中国台湾地区以及多国机构,如欧空局(European Space Agency, ESA),都运行着一些遥感系统。关于这些光学遥感系统的性能,有两个最为关键的遥感器参数需要描述:光谱波段数和地面投影采样间隔(Ground-projected Sample Interval, GSI)[2],如图 1.1 所示。一些科学期刊的专刊上详细描述了不少遥感系统(见表 1.1)。附录 A 中给出了遥感器术语的详细说明。

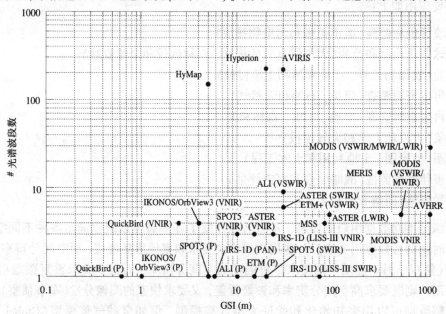

图 1.1　在二维参数空间中描绘的一些遥感系统

---

① 敏感的光谱范围是指带宽,可以有很多方法进行定义(见第 3 章),它确定了遥感器的光谱分辨率。
② GSI 和这里采用的空间分辨率是相同的概念。

表 1.1　登载各种遥感器设计、性能、定标和应用等相关论文的科技期刊专刊

遥感器平台	期　刊
Aqua	IEEE Transaction on Geosciences and Remote Sensing, Vol 41, No 2, February 2003
ASTER(科学结果)	Remote Sensing of Environment, Vol 99, Nos 1-2, November 15, 2005
ASTER(定标和性能)	IEEE Transaction on Geosciences and Remote Sensing, Vol 43, No 12, December 2005
EO-1	IEEE Transaction on Geosciences and Remote Sensing, Vol 41, No 6, June 2003
IKONOS	Remote Sensing of Environment, Vol 88, Nos 1-2, November 30, 2003
Landsat-4	IEEE Transaction on Geosciences and Remote Sensing, Vol GE-22, No 3, May 1984
	Photogrammetric Engineering and Remote Sensing, Vol LI, No 9, September 1985
Landsat-5 和 Landsat-7(性能特点)	IEEE Transaction on Geosciences and Remote Sensing, Vol 42, No 12, December 2004
MERIS	International Journal of Remote Sensing, Volume 20, Number 9, June 15, 1999
MODIS(土地科学)	Remote Sensing of Environment, Vol 83, Nos 1-2, November, 2002
MTI	IEEE Transaction on Geosciences and Remote Sensing, Vol 43, No 9, September 2005
Terra	IEEE Transaction on Geosciences and Remote Sensing, Vol 36, No 4, July 1998

图 1.1 中的符号对应着遥感器的不同光谱区域：V 代表可见光，NIR 代表近红外，LWIR 代表长波红外，MWIR 代表中波红外，SWIR 代表短波红外，P 代表全色。本章后面会解释这些术语。除了 AVIRIS 和 HyMap，这些系统都是卫星系统，还有许多卫星系统的航空模拟系统没有列出来，例如 MODIS 航空模拟系统(MODIS Airborne Simulator, MAS)、航空 MISR(Airborne MISR, AirMISR)和专题制图仪模拟系统(Thematic Mapper Simulator, TMS)，附录 A 中列出了这些遥感及其他遥感器的缩写词，若想全面了解各种遥感系统，可以查阅 Kramer 的书(Kramer, 2002)。

图 1.1 的上半部分是所谓的高光谱遥感器。先进的可见光/红外成像光谱仪(Advanced Visible/InfraRed Imaging Spectrometer, AVIRIS) 和 HyMap 是航空遥感器，它们能在 400～2400 nm 的太阳反射光谱谱段内获取地面同一地区的数百幅图像，而光谱宽度大约为 10 nm。Hyperion 作为第一颗民用高光谱卫星系统，是 NASA 的 Earth Observing-1(EO-1)卫星。尽管欧空局的中等分辨率成像光谱仪(MEdium Resolution Imaging Spectrometer, MERIS)只有较少的光谱波段，但它也是一种成像光谱辐射计。这些系统的光谱波段是通过连续分光器如光栅或棱镜来分隔的。中分辨率成像光谱辐射计(MODerate Imaging Spectroradiometer, MODIS)是一种以离散滤光器为基础的系统，它装在 Terra 和 Aqua 平台上，能获取 0.4～14 μm 光谱范围内 36 个波段的图像。这些遥感器在信息的质量和数量上都已经有了很大改进，可以采集关于地球表面和近空环境(见表 1.2)的信息。彩图 1.1 和彩图 1.2 分别给出了 AVIRIS 和 Hyperion 的示例图像，图 1.22 为 MODIS 图像。

遥感系统数量的增加和分辨率的提高对现代数据存储和计算机系统提出了巨大挑战。例如，美国 USGS 地球资源观测和科学中心(Earth Resources Observation and Science, EROS)下属的陆地处理分发文档中心(Land Processes Distributed Active Archive Center, LPDAAC)，在 2003 年11 月数据量就超过了拍字节①。近年来，一些大学或其他非营利组织维护的互联网站也会免费以电子形式分发一些遥感数据，但一般只是少量的非商业数据。将来这种形式的数据共享可能会持续和增加。

尽管目前光电图像遥感器和数字图像是进行地球遥感的主流，但早期的技术仍然是可行的。例如，航空照片虽然是最早的遥感技术，但由于它的高空间分辨率和灵活覆盖，至今仍是一种十分重要的数据源。在太空遥感中，照片图像也扮演着重要角色。例如 SOVINFORM-

① 1 拍字节 = 1 125 899 906 842 624 字节。

SPUTNIK, SPOT Image 和 GAF AG 等公司利用前苏联的 KVR-1000 全色胶片相机扫描照片,能够获得 2 m 的地面分辨率, 而 TK-350 相机则能够提供 10 m 分辨率的立体覆盖。美国政府已经解禁了早期国家侦察卫星系统 CORONA, ARGON 和 LANYARD 的照片(McDonald, 1995a; McDonald, 1995b), 共有 800 000 多张照片(一些是扫描数字化的), 其中绝大多数是黑白的, 也有一些彩色和立体的, 它们覆盖了地球的大部分地区, 分辨率为 2~8 m。图像覆盖的时间为 1959 年至 1972 年。虽然它不能像 Landsat 数据那样系统地获取全球数据, 但提供了早期很难得的 13 年历史记录数据, 这对环境研究而言简直是无价之宝。目前可以从 USGS 的 EROS 获取这些数据。

表 1.2　EOS MODIS 系统的各波段能够测量的主要地球物理参数(Salomonson et al., 1995)。注意,表中 1~19 波段的光谱范围单位是纳米,20~36 波段的光谱范围单位是微米

地理变量		波　段	光谱范围	GSI (m)
一般变量	专用变量			
土地/云边界	植被叶绿素	1	620~670	250
	云和植被	2	841~876	
土地/云特性	土壤、植被差异	3	459~479	500
	绿色植被	4	545~565	
	叶/冠特性	5	1230~1250	
	雪/云差异	6	1628~1652	
	陆地和云特性	7	2105~2155	
海色	叶绿素观测	8	405~420	
	叶绿素观测	9	438~448	
	叶绿素观测	10	483~493	
	叶绿素观测	11	526~536	
	沉淀物	12	546~556	
	沉淀物、大气	13	662~672	
	叶绿素	14	673~683	
	悬浮特性	15	743~753	
	悬浮/大气特性	16	862~877	
大气/云	云/大气特性	17	890~920	
	云/大气特性	18	931~941	
	云/大气特性	19	915~965	
热特性	海洋表面温度	20	3.66~3.84	1000
	林火/火山	21	3.929~3.989	
	云/表面温度	22	3.929~3.989	
	云/表面温度	23	4.02~4.08	
	对流层温度/云分形	24	4.433~4.498	
	对流层温度/云分形	25	4.482~4.549	
大气/云	卷云	26	1.36~1.39	
	中对流层温度	27	6.535~6.895	
	中对流层温度	28	7.175~7.475	
	表面温度	29	8.4~8.7	
	总臭氧	30	9.58~9.88	
热特性	云/表面温度	31	10.78~11.28	
	云/表面温度	32	11.77~12.27	
	云高和分形	33	13.185~13.485	
	云高和分形	34	13.485~13.785	
	云高和分形	35	13.785~14.085	
	云高和分形	36	14.085~14.385	

从 20 世纪 90 年代末开始，进入了 0.5～1 m 全色分辨率和 2.5～4 m 多光谱分辨率模式的高性能卫星遥感器之商业开发阶段(Fritz, 1996)，这为卫星图像打开了新的商业市场和公共服务机会，例如房地产市场、移动电话基站设计和无线个人通信系统(Wireless Personal Communications System, PCS)的覆盖区域(依赖于地形和建筑物结构)、城市和交通规划、自然灾害和人为灾害的制图和管理。这些系统对军事侦察和环境遥感应用也很有价值。第一代遥感器包括 IKONOS, QuickBird 和 OrbView 遥感器，而预计下一代的发展方向将是更高的分辨率、更好的定标性能并涉及各国安全问题。

航空遥感器能够获得最高的地面分辨率，尤其是传统的胶片式照相机。但是，人们已经开始开发能够和航空制图项目使用的相机相媲美的数字阵列相机和推扫式扫描仪。

1.2.1 从遥感图像提取信息

查看遥感数据的应用有两种方式。传统方式称为以图像为中心的方法，此时最基本的兴趣是地面各种物体的空间关系，由于航空照片或卫星图像和地图的相似性，人们自然沿用了地图的方式来使用航空照片或卫星图像。事实上，以图像为中心进行分析的一般目标是制作地图，传统方式下人们采用照片解译的方式对航空照片进行分析。它需要熟练而有经验的分析员来定位并确认感兴趣的地物。例如，绘制河流、地质结构和植被，以进行环境应用，而绘制机场、军营和导弹基地则用于军事目的。通过检查照片来完成这些分析，有时会在放大镜或立体阅读器(能获得两张重叠的照片)下，将空间坐标进行转换并确认地物的属性。采用特殊仪器如立体绘图仪可以从立体图像上提取高程点和等高线。许多遥感教材中都给出了照片解译的具体例子(Colwell, 1983; Lillesand et al., 2004; Sabins, 1997; Avery and Berlin, 1992; Campbell, 2002)。

现在大部分遥感图像都是数字形式的，使用计算机进行信息提取是一种标准做法。例如，可以增强图像以方便目视解译或者分类，从而得到数字专题图(Swain and Davis, 1978; Moik, 1980; Schowengerdt, 1983; Niblack, 1986; Mather, 1999; Richards and Jia, 1999; Landgrebe, 2003; Jensen, 2004)。近年来，通过采用软拷贝摄影测量，根据遥感图像进行地物处理和高程图制作已经部分实现自动化了，尽管这些计算机工具加速和提高了分析，但最终的结果依然是一幅地图。在大多数情况下，目视解译还不能完全由计算机技术所取代(见图 1.2)。线划图显示了美国亚利桑那州凤凰城地区的情况，它是由人工采用航空立体像对进行制作并扫描而成的数字栅格图，是对现实世界的抽象。它只包含了地图需要传递的一些信息：一条不规则的运河(穿过顶部的大运河)、道路、等高线(穿过中心的曲线)和大的公共建筑或商业建筑。采用图像处理技术可以将一幅航空照片配准到地图上，并将它们叠合在一起以查看差异。航空照片包含了

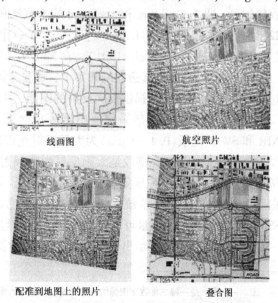

线画图　　　　　　　　　航空照片

配准到地图上的照片　　　　　　叠合图

图 1.2　地图和图像之间如何互为补充的例子

土地使用信息，这在地图上是没有的。例如，在制作地图时一栋公寓楼或许并不存在(或者被故意忽略了)，在航空照片的中心左边可以看到一栋大的白色建筑物。在航空照片的公寓楼右边也可以看到农业用地，而在线划图中并未指示。在航空照片的下半部分显示了许多独立房屋，而在地图上是没有的。

第二种查看遥感的方式称为以数据为中心的方法。在这种情况下，科技工作者最基本的兴趣是数据尺度本身，而不是地物间的空间关系。例如，针对高光谱数据的专门算法可以测量光谱吸收特征(Rast et al., 1991; Rubin, 1993)，并估计每个像元表面材料的分数维(Goetz et al., 1985; Vane and Goetz, 1988)①。通过剖面反演算法可以获得大气和海洋参数，该算法能沿着遥感器可视路径采集的信号进行转化。对于以数据为中心的分析方法，精确的绝对或相对辐射定标比以图像为中心的分析方法更重要。即使在以数据为中心进行分析时，也需要采用空间地图的上下文来阐述结果和产品，以便完全被理解。

对于全球变化和环境的长期监视以及人们的努力导致了遥感数据的广泛使用(Townshend et al., 1991)，汇聚了以图像为中心和以数据为中心的两种观点。全球变化监测的科学研究意味着我们不能只从光谱和时空数据维提取信息，还必须把它们集成到一个空间框架内，这样才能在全球意义上进行理解。在具体应用背景下，这一点尤其重要，以保证数据在空间和辐射上都是标定的，而且无论在时间上，还是从一个遥感器转换到另一个遥感器，都是稳定的。例如，把图像地理编码到一个相对于地球的固定的空间网格内(地理坐标)，从而方便分析不同遥感器在不同时间获取的数据。通过遥感物理模型算法就能实现数据的转化，以反演出与遥感器无关的地球物理参量。

1.2.2　遥感的光谱因子

表1.3中显示了应用于地球遥感的主要光谱谱段，这些特殊的光谱谱段很有意义，因为它们包含了相对透明的大气"窗口"，通过这些窗口(在非微波区域不包括云)就可以看清地面，因为在这些谱段内，它们的辐射能被有效探测到。在这些窗口之间，也有不同的大气吸收辐射区，即 $2.5 \sim 3 \ \mu m$ 和 $5 \sim 8 \ \mu m$ 的水蒸气和二氧化碳吸收区。表1.3中的微波区域，在22 GHz频率(波长约为1.36 cm)②附近有一个最小水蒸气吸收波段，其透射约为0.85(Curlander and McDonough, 1991)。在50 GHz以上存在一个重要的氧气吸收区，约为80 GHz(Elachi, 1988)。在大气透射的频率上，微波和雷达遥感器由于能够穿透云、雾和雨，并能通过自己主动发射能量来提供夜间反射的图像，从而获得了人们的重视。

这些谱段的被动遥感采用遥感器测量地面、大气和云反射或发射的辐射量。可见光、NIR 和 SWIR 谱段($0.4 \sim 3 \ \mu m$)为太阳反射光谱段，因为太阳辐射的能量超过了地球表面自身发射的能量。MWIR 谱段是太阳反射到热辐射的过渡区。大于 $5 \ \mu m$ 时，地球自身发射热幅射占主导。由于这种现象不直接依赖于太阳源，既可以在夜间采集长红外图像，也可以在白天采集。通过被动系统，如专用微波遥感器/成像仪(Special Sensor Microwave/Imager, SSM/I)，自身发射辐射量可以作为微波亮温在微波谱段被遥感(Hollinger et al., 1987; Hollinger et al., 1990)。图1.3中给出了多光谱 VSWIR 和长红外图像示例。其中，TMS 的波段和 TM 的

---

① 一个像元是一幅二维数字图像的一个元素，它是原始图像的可处理的最小采样单元。

② 对于电磁波，频率单位 Hertz(Hz;周/秒) 按 $v = c/\lambda$ 计算，其中 c 为光速(真空中为 2.998×10^8 m/s)，λ 为波长(Slater, 1980; Schott, 1996)，单位是米，图1.4中给出了 λ 和 v 的关系图以及缩写。

波段完全相同。在 VNIR 波段的 TMS3 和 TMS4 上只能看到大火产生的烟尘。在 TMS5(1.55 ~1.75 μm)上开始看到大火本身,而在 TMS7(2.08 ~ 2.35 μm)和 TMS6(8.5 ~ 14 μm)上能够清晰地看到大火。图 1.3 右下角的图像的高增益设置给出了更高的长红外信号水平(图像由 NASA/Ames 研究中心的飞行器数据研究室提供)。

表 1.3　应用于地球遥感的基本光谱谱段,一些大气窗口的边界 不唯一,这些数值在不同的参考书上会稍有变化

名　　称	波长范围	辐　射　源	地表特性
可见光(V)	0.4 ~ 0.7 μm	太阳能	反射
远红外(NIR)	0.7 ~ 1.1 μm	太阳能	反射
短红外(SWIR)	1.1 ~ 1.35 μm 1.4 ~ 1.8 μm 2 ~ 2.5 μm	太阳能	反射
中红外(MWIR)	3 ~ 4 μm 4.5 ~ 5 μm	太阳能,热量	反射,温度
长红外或热红外(TIR 或 LWIR)	8 ~ 9.5 μm 10 ~ 14 μm	热量	温度
微波和雷达	1 mm ~ 1 m	热量(被动),人造(主动)	温度(被动),粗糙度(主动)

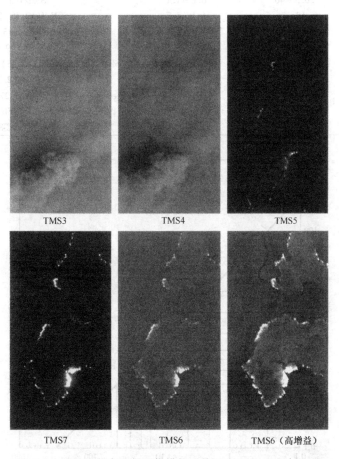

TMS3　　　TMS4　　　TMS5

TMS7　　　TMS6　　　TMS6(高增益)

图 1.3　这是机载专题制图仪模拟系统(TMS)于 1988 年 9 月
2 日在美国怀俄明州黄石国家公园获得的图像

主动遥感技术采用人造辐射源作为探测器。返回到遥感器的结果信号反映了大气或者地球的特征。例如,进入大气层的激光波束探测器,它散射和吸收特定波长的辐射,能提供分子构成信息(如臭氧)。在微波谱段,合成孔径雷达(Synthetic Aperture Radar, SAR)这样的成像技术,它的辐射来自主动遥感器发射的波束,即地面后向散射的部分返回到遥感器被测量。遥感器平台的运动产生有效的大天线,从而改进了空间分辨率。可以通过对回波信息的幅度和相位的处理来恢复后向散射空间分布的图像。表1.4给出了主动和被动微波遥感所采用的波长,图1.4为相应的频率分布图,图1.5显示了一幅SAR图像。该图像中心约位于南纬0.5°,西经91°。图像中心的雷达入射角约为20°。西加拉帕戈斯群岛大约在东太平洋厄瓜多尔西1200 km的地区,有6座活火山,自从查尔斯·达尔文1835年到访该地区以来,已经有60次火山喷发的记录。Alcedo和Sierra Negra火山地区的SIR-C/X-SAR图像上显示的火山熔岩流为明亮色彩,而灰烬沉淀和光滑的绳状熔岩流为明显的暗色(图像及其描述由NASA/JPL提供)。

表1.4 应用于遥感的微波波长和频率。根据 Sabins(1987), Hollinger et al. (1990),Way and Smith(1991)以及Curlander and McDonough(1991)编写

波　　段	频率(GHz)	波长(cm)	例子(频率 GHz)
Ka	26.5~40	0.8~1.1	SSM/I(37.0)
K	18~26.5	1.1~1.7	SSM/I(19.35, 22.235)
Ku	12.5~18	1.7~2.4	Cassini(13.8)
X	8~12.5	2.4~3.8	X-SAR(9.6)
C	4~8	3.8~7.5	SIR-C(5.3), ERS-1(5.25), RADARSAT(5.3)
S	2~4	7.5~15	Magellan(2.385)
L	1~2	15~30	Seasat(1.278), SIR-A(1.278), SIR-B(1.282), SIR-C(1.25), JERS-1(1.275)
P	0.3~1	30~100	NASA/JPL DC-8(0.44)

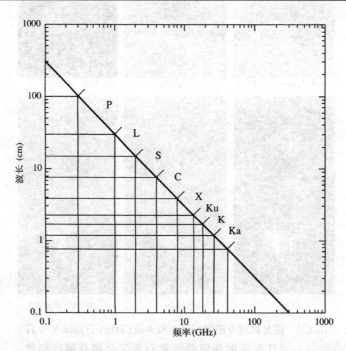

图1.4 微波波段的频率和波长的对照图,图中已标出了主要雷达波段,也可以画出电磁波谱任意谱段的类似对照图

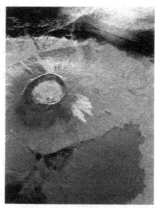

绳状熔岩流示例
（图像来自美国地质调查局）

图 1.5 1994 年 4 月 15 日奋进号航天飞机第 40 次飞行，采用 C/X 波段航天合成孔
径 L 波段 HH 极化雷达获取的西加拉帕戈斯群岛 Isla Isabella 附近图像

图 1.6 显示了地球上（大气层外）接收的太阳光谱，图上也叠加显示了人眼对日光的反应。要注意的是，人眼看到的实际上仅仅是整个太阳光谱的一部分，也只是整个电磁波谱的一小部分。尽管可以在屏幕上以数字图像方式显示任意谱段的数据，但许多遥感数据是"不可见的"。对长红外和微波图像的目视解译常常是很困难的，因为我们天生就不熟悉遥感器所"看"到的超出可见光谱段的信息。

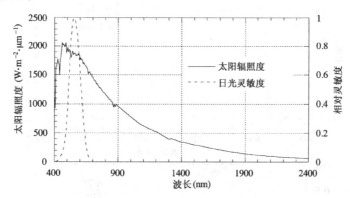

图 1.6 外大气层（即到达大气层的顶部）太阳光谱辐照度和人眼对日光的反应

正如前面指出的，大多数遥感系统是多光谱的，在几个波段上或多或少同步采集图像。它们提供光谱特性的多个快照图像，比单一波段或宽谱段（所谓的全色）图像更有价值。另一方面，除了被动的 SSM/I，微波遥感系统更趋向单一波段。SAR 系统按水平（H）和垂直（V）两个极化平面发射，并按相同平面（HH，VV 模式）或正交平面（HV，VH 模式）测量回波信息（Avery and Berlin，1992；Richards and Jia，1999）。另外，可以将更多来自不同光谱谱段、不同遥感器或不同极化面的图像越来越多地组合起来，以强化解译和分析。这方面的例子有热红外图像和可见光图像（Haydn et al.，1982）、雷达和可见光图像（Wong and Orth，1980；Welch and Ehlers，1988）、航空照片和高光谱图像（Filiberti et al.，1994）及伽马射线图和可见光图像（Schetselaar，2001）。

1.3 光谱信号

由于卫星遥感系统的空间分辨率太低以至于不能根据它们的形状或空间细节来识别不同的物体。在有些情况下，通过光谱测量就有可能识别这样的物体。因此，人们十分关注测量材料表面在图1.6中光谱谱段范围内的光谱信号,例如植被、土壤和岩石。对于材料的光谱信号,在太阳反射光谱区内,其发射率可定义为波长的函数,可以在相应的谱段上进行测量。在其他谱段,感兴趣的信号是温度、发射率(长红外)和表面粗糙度(雷达)。多光谱遥感的目的是,不同的材料可以根据其光谱信号的差异进行区分。虽然在实际中经常可以达到这种理想情况,但也经常遇到许多因素的干扰,包括:

- 给定材料类型的自然变化
- 许多遥感系统光谱量化精度不高
- 大气引起的信号改变

因此,即使我们希望对不同的材料采用不同的标识,也并不能保证它们在自然环境中能显示出可测量的信号差异。

图1.7显示了不同类型草地和农作物的光谱反射曲线。可以看出,这些植被"信号"显示了类似的不同特征,即在红绿光谱上[1]显示出较低的反射率,在710 nm[2]附近有明显的增强,在1400 nm和1900 nm附近由于植物叶子中的液态水吸收而有较强的减弱。植被光谱信号也许是自然界中最容易变化的,这是因为许多植物在生长季节周期内有完全不同的变化,在衰老时呈现"黄色"特征;相应地,由于丢失了大量光合作用的叶绿素而在红色光谱区的反射率会增强。

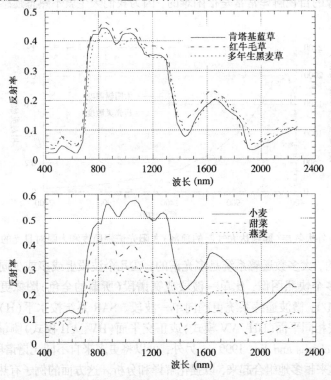

图1.7 植被样品的光谱反射系数曲线(Bowker et al., 1985)。上图的曲线显示了三种草地的光谱变化;即使在相对容易控制的实验室条件下,也会发现小麦叶子的反射系数在0.67 μm的反射边缘附近变化了 ±17%(Landgrebe,1978)

---

[1] 在550 nm的绿色谱段上出现小尖峰,是因为相对于两边的蓝色和红色光谱谱段,它的叶绿素吸收较少的绿光。这个尖峰是健康植物被人眼看起来是绿色的根本原因。

[2] 这就是所谓由植物叶子内的细胞结构引起的植被"红边"。

图 1.8 显示了一些地质材料的光谱反射数据。干黏土和湿黏土样品中显示出总体反射率在降低，原因在于样品中含水量在增加。还要注意，SWIR 水吸收波段的特征和在植被中看到的是类似的。这些矿石的曲线具有高的光谱分辨率，需要进行实验室测量。每种矿石显示出不同的吸收特征，在有些情况下会"加倍"。这些特征在宽波段遥感器中是不可见的，例如Landsat TM 和 SPOT，但可以被窄波段的高光谱遥感器所测量，如 AVIRIS，因为它有 10 nm 的光谱宽度。已经发布了多个光谱反射系数数据库（Clark et al., 1993；Hunt，1979；Hook，1998），这些数据可以作为参考光谱来匹配经过定标的高光谱遥感器的数据（见第 9 章）。

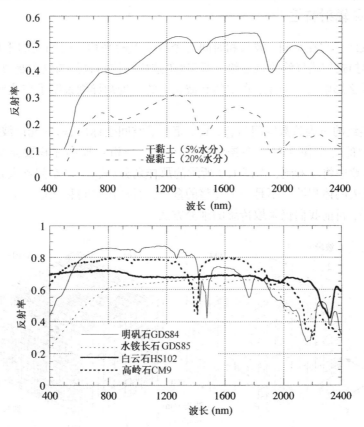

图 1.8　黏土（上图）和几种替代矿物（下图）的矿石样品光谱反射系数曲线
（Bowker et al.，1985；Clark et al.，1993）。任何矿物中液态水的出现
都会降低反射率，此类效应的原理可以参考 Twomey et al.（1986）

对于样品和测量环境而言，所有的光谱反射系数是唯一的。例如，矿石的光谱信号会随样品的不同而变化。植被变化更大，主要依赖于生长阶段、植物的健康状态和含水量。更为复杂的事情是，在实验室不能复制出野外反射率测量的条件。即使参照的反射率数据是在野外采集的，航空和卫星图像也会受到大气、地形和定标等因素的影响（见第 2 章和第 3 章），从而改变遥感器成像和记录的信号（Marsh and Lyon，1980）。因此，使用实验室或野外反射系数时必须根据实际进行调节，它们只是和现实世界的"信号"比较接近，而遥感器数据需要和实验室或野外测量数据进行仔细的定标。许多情况下，有效的图像分析比较的是相对光谱信号，即一幅图像内一种材料和另一种材料的光谱比较，而不是绝对的光谱信号。

1.4 遥感系统

遥感器结构和材料的具体情况会随感兴趣的波长、光学系统的体积以及特定光谱谱段的工程用探测器的不同而不同。但是,所有被动式扫描光学遥感器(可见光到热红外谱段)都是按照光辐射转换、图像形成、光子探测的原理进行工作的。我们也主要阐述这种类型的遥感器。主动或被动微波遥感器在本质上是不同的,在这里也不进行描述。

1.4.1 空间和辐射特性

每个像元反映了它在空间、波长和时间三个维度上的平均。时间上的平均通常很小(诸如 TM 这样的摆扫式扫描仪约为微秒级,而 SPOT 这样的推扫式扫描仪为毫秒级),在大多数应用中是没有什么影响的。但是,在空间和波长上的平均却详细说明了在这些关键维度上数据的特征。

设想一个连续的三维参数空间(x, y, λ),定义了空间坐标(x, y)和光谱波长(λ),就可以形象化地把图像的每个像元看成在连续空间上对一个相对较小体积要素的综合显现(见图 1.9)。在第 3 章中将会看到,像图 1.9 所示的那样划分(x, y, λ)空间不太合适。特别要注意,每个像元代表的体积综合不是一个完整的盒子,而是在空间和光谱维上与周围像元综合有所重叠。但是,目前我们仍采取传统的细分方法。

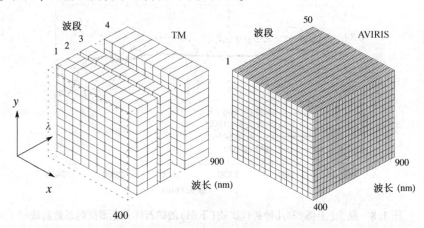

图 1.9 Landsat TM 和 AVIRIS 在 VNIR 谱段上空间采样和光谱采样的比较。每个矩形块代表了一个像元的空间和光谱的综合范围。TM 采样在光谱维度上不完整,光谱波段相对较宽,而 AVIRIS在VNIR谱段上具有比较连续的光谱采样。与TM的GSI(30 m)相比,AVIRIS也有较小的 GSI(20 m)。空间-光谱图像数据的这种立体显示称为"图像立方体"(见9.9.1节)

构成一幅数字图像的像元网格是通过组合交轨方向(与遥感器平台运动方向垂直)的扫描和平台在顺轨方向的运动而共同实现的(见图 1.10)(Slater, 1980)。遥感器系统通过连续扫描并对数据流进行光电采样而生成一个像元。线阵扫描仪采用一个探测器来扫描获取整个场景的数据。摆扫式扫描仪,例如 Landsat TM,采用几个顺轨布设的探测器,在扫描镜运行周期内实现并行扫描。相关的另一类型扫描仪是掸帚扫描仪(paddle broom),例如 AVHRR和 MODIS,采用 360°旋转的双面镜,垂直于轨道连续扫描。掸帚扫描仪和摆扫式扫描仪的主要差异是掸帚扫描仪总是沿着同样的方向扫描,而摆扫式扫描仪每次扫描都改变方向。推扫式扫描仪，例如 SPOT，采用由上千个探测器组成的线阵，垂直于轨道放置，当平台运动时它并行扫描整行宽度内采集的数据。对于各种类型的扫描仪，垂直于轨道的覆盖角度称为视场（Field Of View，FOV），相应的地面覆盖称为地面投影视场（Ground-projected Field Of View，GFOV）[1]。

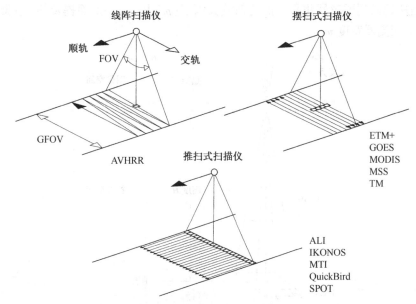

图 1.10　基本扫描参数定义和三种扫描方法的描述，特别给出了摆扫式和推扫式扫描仪。实心黑色箭头代表相对于静止地球的运动方向。实际上，由于大多数卫星遥感系统处于接近极轨的轨道，在扫描时地球也是旋转的，地球自转方向大约垂直于轨道方向，因此导致整个场景的地表覆盖在东西方向出现倾斜

地面像元之间的间距是地面投影采样间隔（Ground-projected Sample Interval，GSI），顺轨和交轨的 GSI 分别由顺轨和交轨的采样率及顺轨平台的速度共同确定。设计采样率时要考虑实际情况，这样 GSI 才能等于地面投影的瞬时视场（Ground-projected Instantaneous Field Of View，GIFOV）[2]，即一个探测器宽度 w 在地面的几何投影（见图 1.11 和图 1.12），这样相邻像元的 GIFOV 在顺轨和交轨方向都能邻接。顺轨 GSI 由平台速度和采样率（推扫式）确定，或者由扫描速度（线阵或摆扫扫描）确定，这样才能和星下点的顺轨 GIFOV 相匹配。一些系统具有较高的交轨采样率，从而导致 GIFOV 出现重叠，例如 Landsat MSS 和 AVHRR 的 KLM 模式，这种交轨"过采样"会提高数据质量。

在图 1.11 中，为了清楚起见，w 和 f 的大小相对于 H 进行了夸大。光学镜头也进行了类似的夸大（它一般是由一系列曲面镜组成的，可能有多个交迭的光学路径）。该模型中图像和物方空间的角度参数（如 IFOV）是相同的，但两个空间的线性尺寸是和 f/H 的放大倍数相关的。图 1.11 中的一切均假设为静止的，且位于星下点；GIFOV 在探测器积分期间会随扫描、遥感器平台和地球自转而变化，从而导致有效的 GIFOV 大于所显示的结果。此外，当扫描偏离星下点时，有效的 GIFOV 会因斜投影到地球而变大（又称"像元生长"），这些效果会在第 3 章加以讨论。GSI 由遥感器系统高度 H，遥感器的焦距 f 和探测器的内部间距（或者如前

---

① 又称为刈宽，有时称为遥感器的脚印。
② 也称为地面采样距离（GSD）。

面解释的空间采样率)来确定。如果采样率等于探测器内部间距所对应的一个像元,则星下点,即遥感器正下方 GSI 关系式可以采用如下简单公式:

$$GSI = 内部探测器间距 \times \frac{H}{f} = \frac{内部探测器间距}{m} \tag{1.1}$$

其中,f/H 是从地面到遥感器焦平面的几何放大因子(m)[①]。正如前面提及的,探测器的内部间距通常等于探测器宽度 w。

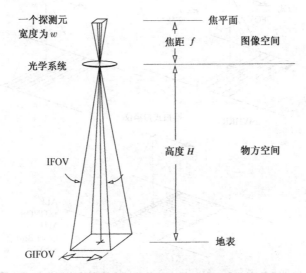

图 1.11   光学遥感器焦平面上单个探测器的简单几何描述

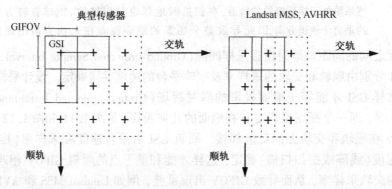

图 1.12   大多数扫描仪、Landsat MSS 和 AVHRR 的 GIFOV 与 GSI 之间的关系。每个十字交叉点
        表示一个像元。对于 MSS,交轨 GSI 为 57m,而 GIFOV 是 80m,使交轨像元/GIFOV 等
        于 1.4。类似地,AVHRR KLM 模式下交轨像元/GIFOV 为 1.36。交轨采样密度高会提高
        数据质量,但是也增加了相邻像元的相关性,从而使得通过 GFOV 采集了更多的数据

同样,GIFOV 也依赖于 H,f 和 w。系统设计工程师们更喜欢采用瞬时视场(Instantaneous Field Of View,IFOV),它定义为一个探测器件在光学系统轴向所确定的对向角(见图 1.11),

$$IFOV = 2\arctan\left(\frac{w}{2f}\right) \approx \frac{w}{f} \tag{1.2}$$

IFOV 与遥感器的飞行高度 H 无关,而且在图像空间和物方空间也都是一样的。它是飞行高

---

① 由于 $f \ll H$,所以 m 是远大于 1 的。

度经常变化的航空系统中经常使用的一个参数,对于 GIFOV,有

$$\text{GIFOV} = 2H\tan\left(\frac{\text{IFOV}}{2}\right) = w \times \frac{H}{f} = \frac{w}{m} \tag{1.3}$$

GSI 和 GIFOV 分别与探测器的内部间距和宽度成比例,该比例即为几何放大因子(m)。卫星遥感和航空遥感数据的用户在分析时一般愿意(有理由)使用 GIFOV,而不用 IFOV。另一方面,遥感器工程师们常常愿意用角度参数 FOV 和 IFOV,因为它们在图像空间和物方空间具有相同的数值(见图 1.11)。

典型扫描仪焦平面探测器的排列为非规则网格。由于遥感平台和扫描镜速度、波段及像元采样时间的变化,有必要把不同光谱波段进行物体分离。由于焦平面上空间有限,探测器经常按图 1.13 至图 1.16 描绘的交错方式进行设置。

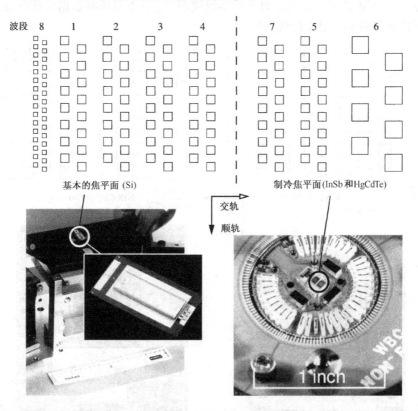

图 1.13　ETM + 探测器焦平面的布局。基本的焦平面包括 10 m(GIFOV)的全色和 30 m VNIR 波段用的硅探测器。冷焦平面被制冷以减少探测器噪声,并且包含 30 m SWIR 波段用的锑化铟(InSb)探测器和 60 m 的 LWIR 波段用碲化镉汞(HgCdTe)探测器。当扫描镜沿着交轨方向扫过焦平面的图像时,同步采集所有波段的数据;用电子采样调速修正像元间存在的交轨相位差。焦平面的装配图显示了它的探测器阵列实际尺寸——几毫米(Ken J. Ando 提供了这些照片)

遥感器采集从地球向上传播的电磁辐射(辐射率[①]),并在其焦平面上形成地表图像。每个探测器综合了到达其表面(发光[②])的能量,并形成每个像元的测量值。由于多种因素,每

[①]　辐射率是用来描述辐射能量密度的科学术语,它的单位是 $W \cdot m^{-2} \cdot sr^{-1} \cdot \mu m^{-1}$,即单位面积内、单位立体角、单位波长内的瓦数。若需详细了解光学遥感中的辐射测量,可以查看 Slater(1980) 和 Schott(1996)。

[②]　发光的单位是 $W \cdot m^{-2} \cdot \mu m^{-1}$,第 2 章会讨论辐射和发光的关系。

个探测器综合的实际区域会大于 GIFOV 方形区域(见第 3 章)。每个像元的辐照度被转换成电信号并量化成一个整数值——数字量(即 DN)①。对于所有数据, 有限的数据位 Q 用于把连续测量数据值编码成二进制数, 数字量离散化的位数为

$$N_{DN} = 2^{Q} \tag{1.4}$$

数字量可以是某个范围内的任何整数,

$$DN_{range} = [0, 2^{Q} - 1] \tag{1.5}$$

Q 值越大, 量化的数据就越逼近探测器产生的原始连续信号,因此遥感器的辐射分辨率也就越高。SPOT 和 TM 的每个像元均为 8 位,而 AVHRR 的每个像元为 10 位。为了实现应用要求中的高分辨率辐射精度, EOS MODIS 设计为每个像元采用 12 位,而且大多数高光谱遥感器的每个像元也采用 12 位。但是,对于科学研究而言,并不是所有数据位都有意义,尤其是信号水平低的波段或噪声很大的数据位。

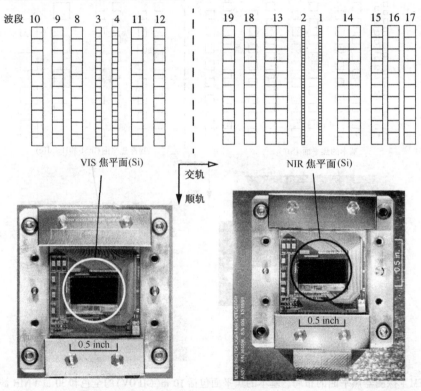

图 1.14　MODIS 非制冷 VIS 和 NIR 焦平面的探测器布局图。由于有了抗反射的光学涂层,两个焦平面阵列都是暗色的。NIR焦平面包括了250 m的红波段、NIR波段1和NIR波段2,它们主要用于陆地遥感。波段13和波段14上的两列探测器采用了时间延迟积分(TDI),能在暗色场景(如海洋下)增强信号并减弱噪声水平。当扫描到一列有效对准数据时,另一列数据被电子延迟,然后把两列数据相加,从而增加了波段13和波段14上像元的积分时间(照片由Ken J. Ando和John Vampola提供)

　　总之,一个像元的最重要特征是三个量: GSI, GIFOV 和 Q,这些参数总是和像元联系在一起的。尽管 GSI 和 GIFOV 之间的含义有些混淆,但像元的严格意义还是 GSI。

---

① 即数字计数。

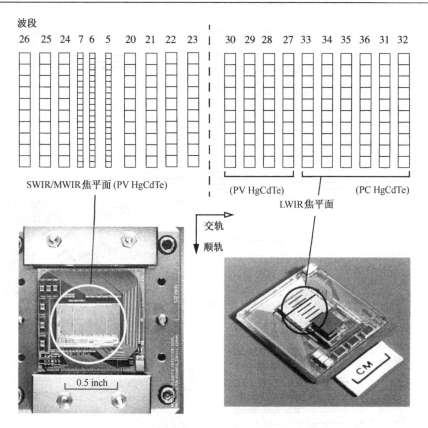

图 1.15　MODIS 制冷焦平面的探测器布局图。波段 31～36 为最长波长的 IR 波段,采用光导(PC)
HgCdTe 探测器,而SWIR/MWIR波段采用了光电(PV)探测器(照片由Ken J. Ando提供)

　　光学遥感器把光束分离成多个路径,并在每个路径上或直接在探测器上插入不同的光谱滤镜,从而产生离散的多谱段通道。一些高光谱遥感器,例如 HYDICE,在焦平面上采用二维探测器阵列(见图 1.17)。穿过光学器件如棱镜或衍射光栅的排列就产生了连续光谱。对于 HYDICE,探测器阵列在交轨方向有 320 个单元,在顺轨方向有 210 个单元。交轨尺寸充当推扫模式的一行像元,而光束被棱镜依据波长散布在另一方向的阵列上。因此,当平台(HYDICE 为飞机)沿轨运动时,一整行交轨的 210 个波段像元被同步采集,共 67 200 个数据。在采集新的扫描行之前从探测器阵列中读出这些数据,由于平台对地的速度,使得它和前一行能连接起来。

　　遥感器的视场(FOV)是交轨采集数据宽度的角度(见图 1.10)。相应的交轨地面距离由如下公式给出[1]:

$$GFOV = 2H\tan\left(\frac{FOV}{2}\right) \tag{1.6}$$

GFOV 又称为刈宽。GSI 和 GIFOV 都是特指视场最底点对应的观测时刻,即飞机或卫星的正下方,如第 3 章所讲,在 GFOV 的两端它们会变大。一般不规定顺轨视场,因为顺轨采集数据是由飞机或卫星运动的连续性来控制的。相反,它经常受到地面处理的制约,数据率是有限的,要求顺轨和交轨具有相近的覆盖。

---

[1]　我们忽略了地球曲率,它会增大这个距离。其中,近似的误差会随着视场或 H 的增加而变大,第 3 章中给出了包含地球曲率的详细描述。

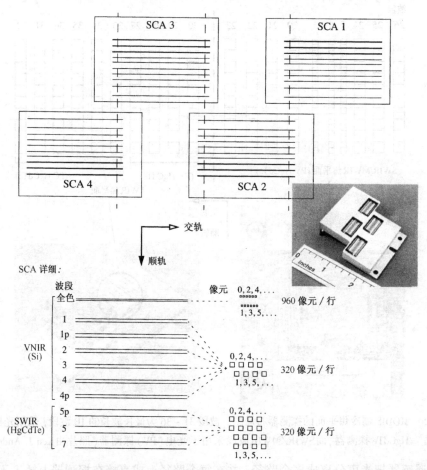

图1.16　ALI上的4个遥感器芯片装配图(Sensor Chip Assembly，SCA)。每个波段的奇数和偶数探测器在
　　　　SCA上按行隔开。通过数据处理修正相位差。SWIR的5p(p表示不对应于ETM＋波段的一个波
　　　　段)、波段5和波段7上的双行探测器允许TDI获得更好的信噪比(SNR)(也可参见图1.14对TDI
　　　　的说明)。4个SCA上共有3850个全色探测器和11 520个多光谱探测器。不同SCA之间的探测
　　　　器有重叠，在图像的几何处理中可以去除这些由于探测器重叠而产生的像元(Storey et al.,2004)

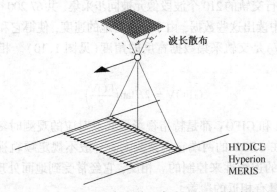

图1.17　HYDICE，Hyperion和MERIS高光谱遥感采用的二维推扫概念。每个交轨线上的
　　　　像元被同时按波长散布在顺轨方向的阵列上。因此二维阵列同步测量交轨方
　　　　向上许多波段在空间的变化。波段数等于在顺轨方向上的探测器个数。在
　　　　遥感器进入下一行之前，一个交轨行上的所有光谱数据必须全部从阵列中读出

对于每个波段有多个探测器的遥感器，例如摆扫式和推扫式扫描仪，则要求每个探测器进行相对辐射定标。MSS 在 4 个波段的每个波段上有 6 个探测器，共有 24 个探测器，TM 有 6 个非长红外波段（30 m GSI），每个波段上有 16 个探测器，加上波段 6（120 m GSI）上有 4 个探测器，总共有 100 个探测器。Landsat-7 ETM + 除了正常 TM 的所有探测器，还在全色波段（15 m GSI）上有 32 个探测器，以及波段 6（60 m GSI）上有 8 个探测器，总共有 136 个探测器。每个探测器都是离散的电子元件，具有自己特殊的响应特性，因此探测器之间的相对辐射定标是至关重要的。定标错误会导致系统在交轨方向上出现"条纹"和"条带"噪声，在飞机上就很容易看到。推扫系统有数量较大的交轨探测器元件（SPOT 的全色模式有 6000 个，而多光谱模式平均也有 3000 个），它要求更加合理的定标精度。最严格的定标要求是二维高光谱遥感器（例如 HYDICE），其焦平面上的每个阵列有 67 200 个独立的探测器（见图 1.18）。

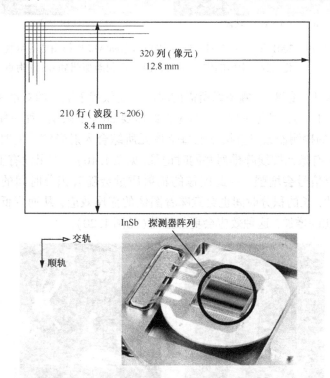

图 1.18 HYDICE 采用的二维探测器阵列装配图。每个探测器元件是 40 μm，每个阵列上总共有 67 200 个元件。阵列采用不同的电子增益而被分成三个部分（400 ~ 1000 nm，1000 ~ 1900 nm 和 1900 ~ 2500 nm）（见第 3 章），以补偿 VSWIR 各个谱段太阳辐射能量的不均衡性（见图 1.6）（照片由 Goodrich 光电系统公司的 Bill Rappoport 提供）

线阵和摆扫式扫描仪在场景采集时，会有许多明显的动态运动出现（扫描镜旋转、地球自转、卫星或飞机的俯仰/横滚/偏航），其结果必须进行复杂的后处理才能实现精确的几何定位。但是这种处理可以达到很高的水平，例如 Landsat TM 的高质量图像。推扫式扫描仪（例如 SPOT 或 ALI）的几何关系十分简单，它的扫描是通过探测器顺轨运动而实现的。在图像采集时，诸如地球自转和卫星定位等因素会影响图像的几何位置。图 1.19 显示了 ETM + 和 ALI 的几何性能的对比。其中，ALI 的 Level 1R 图像没有进行几何校正处理，描绘的中心灌溉农田的圆形形状比 ETM + 的 Level 1G 图像准确，这是因为 ETM + 的 Level 1G 图像采用最近邻域重采样进行了几何校正（见第 7 章）。ALI 推扫的几何特性从本质上优于像 ETM + 那样的摆扫扫描的几何特性。此外，ALI 的信噪比特性较好，生成的图像看上去细节表现更好，"噪声"也较少(图森的 USDA-ARS Southwest Watershed Research Center 的 Ross Bryant 和 Susan Moran 提供了 ETM+图像)。

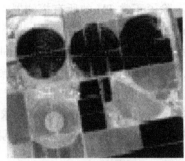
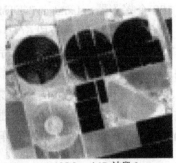

ETM+ Level 1G 波段 1 　　　　　　　　　ALI Level 1R 波段 2

图 1.19　2001 年 7 月 27 日 ETM+摆扫图像和 ALI 推扫图像的可视
化对比，上面的中心灌溉农田在亚利桑那州Maricopa附近

在给定顺轨长度上"重建"一幅图像所需的时间主要依赖于卫星的对地速度，低轨的地球轨道卫星速度约为 7 km/s，因此一幅 TM 图像大约需要 26 s 来采集，而一幅 SPOT 图像大约需要 9 s。并行扫描的探测器数量直接影响每个像元所综合入射光信号的时间。推扫系统因而具有优势，因为所有像元按线阵排列并同时记录(见图 1.10)。如果没有卫星的运动，则相对于探测信号，噪声信号会增强，因此图像的辐射质量会随着积分时间的增加而提高。但是，随着平台的运动，长的积分时间也会意味着图像的拖尾效应，从而降低图像的空间分辨率。随着图像信噪比的增加，这种效应会更加显著(见图 1.20)。

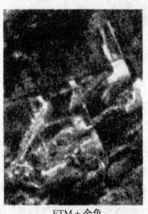

ETM+全色　　　　　　　　　　　　　ALI 全色

图 1.20　阿拉斯加地区的 ETM+摆扫全色图像和 ALI 推扫全色图像的视觉对比，ETM+是 1999 年 11 月
27 日获取的，而ALI是2000年11月25日获取的(Storey，2005)。由于该地区纬度高且又是
冬天，因此太阳辐照度水平相当低，为了可视化，对两幅图像都进行了对比度的拉伸处理。
ALI 清晰地给出了更好的低噪声图像，主要原因在于推扫式遥感器具有很好的信噪比特性

1.4.2　光谱特性

遥感波段的光谱位置是受大气吸收波段制约的，此外还受要测量的光谱反射特性的制约。如果遥感器设计用于陆地或海洋应用，则可以在遥感器波段上设置避开大气吸收的波

段。另一方面，如果遥感器设计用于大气方面的应用，则将波段设置在吸收特征波段是比较理想的。作为遥感器设计这三方面都有应用的例子，MODIS 在可见光到热红外的许多窄波长（相对于 ETM＋）波段上采集图像数据。图 1.21 绘制了 MODIS 的光谱波段范围，36 个波段名义上都是配准的，而且几乎都在扫描镜旋转期间采集。

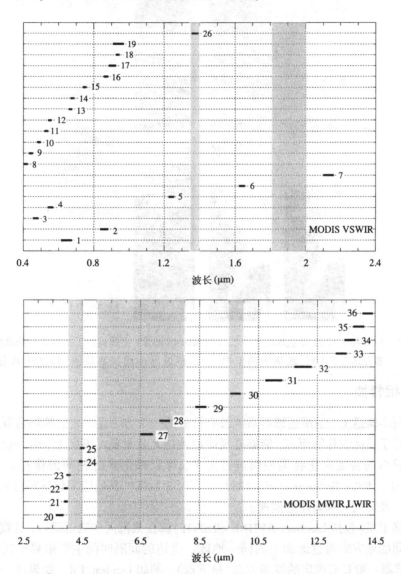

图 1.21 36 波段 MODIS 的光谱范围，阴暗区是主要的大气吸收波段，注意波段 1 和波段 2
为 250 m 的陆地遥感波段，它跨过了植被反射的"红色边缘"（见图 1.7）。波
段 26 至波段 28 及波段 30 都位于大气吸收波段，设计用于测量大气特性。所
有波段都是针对特定陆地、海洋和大气特性进行最优测量而确定的（见表 1.2）

图 1.22 说明了不同波段图像中信息的多样性（所有波段均按 1 km GIFOV 显示）。它们是由美国 USGS EROS 中心接收的直接广播（DB）数据。不需要已归档 MODIS 数据的全部辅助数据就可以快速处理直接广播数据。这幅冬天的图像显示了詹姆斯湾街道和加拿大的冰冻和雪、美国东北部的厚云以及沿着东海岸到佛罗里达的晴空。波段 2 是 NIR，波段 6 是专门设计用于从云中区分冰冻和雪的波段（在这个波段上，相对于云，冰冻和雪具有较低的反射

率),波段 26 设计用于探测卷云,波段 27 设计用于探测中对流层水蒸气。注意,在波段 26 和波段 27 上,地球表面是不可见的,因为它们都位于大气主要吸收波段(见图 1.21)。

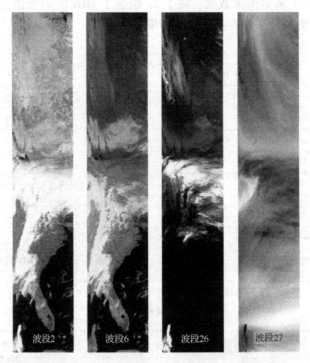

波段2　　　　波段6　　　　波段26　　　　波段27

图 1.22　2006 年 3 月 22 日获取的 4 个波段的 MODIS 图像,上部显示了加拿大詹姆斯湾,中部为北美五大湖,底部为佛罗里达,这些波段的图像都是按 1 km GIFOV 显示的

1.4.3　时相特性

在太阳同步轨道上,卫星遥感器系统最有价值的一个方面是,它们能够重复覆盖地球上同一地区。对于监测农作物而言,能够有规律地重访尤其重要。事实上,时相信号可以为世界上不同区域内的特定农作物类型而进行定义,可以根据多时相的图像对它们进行分类(Haralick et al., 1980; Badhwar et al., 1982)。多时相数据的其他应用包括对自然和人工地物的变化检测以及对大气和海洋的监视。

许多遥感卫星(包括 Landsat, AVHRR 和 SPOT)都在太阳同步轨道运行,这就意味着该卫星总能在相同的地方时通过地面上的同一地区。重访的间隔时间主要依赖于遥感卫星的轨道,因为遥感器一般具有固定的视场方向(星下点),例如 Landsat TM。如果同一轨道上有一个以上的系统,那么就可以增加重访的频率。SPOT 系统是指向可变的,它可以被编程来指向交轨而达到最大偏离星下点 26°,这样就能够用一颗卫星更频繁地从不同的轨道看到同一地区。高分辨率商业卫星 IKONOS 和 QuickBird 更加灵活,能在短时间内指离星下点,因此能够从两个轨道的不同角度获得同一地区的场景图像,中间只相隔几分钟,从而能够构成立体像对。人工控制的平台系统无须指向,它们的重访时间是 1～3 天,主要依赖于纬度(高纬度比较快),例如航天飞机,搭载了几种试验 SAR 和其他遥感系统,另外还有国际空间站,具有非极地轨道,因此具有不太规则的重访周期。表 1.5 给出了几种遥感卫星的重访时间。彩图 1.3 显示了多时相图像序列的具体例子。

表 1.5 几种卫星遥感系统的重访间隔和通过赤道的具体时间。除了 AVHRR，这些指标都假定只有一颗运行的卫星系统，正常情况下 AVHRR 是一对卫星，而这两颗 MODIS 系统分别在同一天的上午和下午对同一地区进行观测。GOES 采用对地静止轨道，它总是指向地球的同一地区，通过赤道的时间是近似的，它们总是有少许变化，因此需要对轨道进行周期性调整

系　　　统	重访间隔	白天穿过赤道的时间
AVHRR	1 天(单系统)	7：30 A. M.
	7 小时(双系统)	2：30 P. M.
GOES	30 分钟	NA
IKONOS	几分钟(相同轨道)，1～3 天(指向)	10：30 A. M.
IRS-1A，B	22 天	10：30 A. M.
Landsat	18 天(L-1, 2, 3)/16 天(L-4, 5, 7)	9：30 A. M. /10：15 A. M.
MODIS	3 小时~1 天	10：30 A. M. 下降(Terra)
		1：30 P. M. 上升(Aqua)
QuickBird	几分钟；1～3 天	10：30 A. M.
SPOT	26 天(仅星下点)；1 天或 4～5 天(指向)	10：30 A. M.

1.4.4　多遥感器编队飞行

一种遥感器无法完成对地球和大气进行理想而全面的测量，因此必须通过组合几种遥感器数据才能实现全面的科学分析。这样做的一种方法是建立不同卫星遥感器的"列车"观测模式，它们按照较短的时间间隔处于同一轨道上，类似于编队飞行的飞机。NASA 演示这种概念的最初想法是上午编队，包括领头的 Landsat-7、EO-1(在 Landsat-7 后面几分钟)，Terra(之后 15 分钟)和阿根廷的 SAC-C 卫星(之后 30 分钟)。这些卫星都在上午通过地球赤道而升起。后来也建立了下午"列车"，由 Aqua 领头，后面紧跟着几颗大气遥感卫星，其中包括 Cloudsat(在 Aqua 之后 1 分钟)和 CALIPSO(之后 2 分钟)，这些卫星处于下降轨道。各种遥感器采集数据的时间相距很近，从而使时间变化达到了最小，尤其是大气变化，大大方便了科学分析。每颗卫星的轨道参数都需要不断地进行调整，才能保持理想的时间间隔和相同的轨道。

1.5　图像显示系统

遥感图像按 3 种格式之一存储在磁盘或磁带上：采样交叉存取波段(Band-Interleaved-by-Sample，BIS[①])、波段连续(Band SeQuential，BSQ)或按行的波段交叉存取(Band-Interleaved-by-Line，BIL)。这些格式由 3 种不同的数据顺序来决定(见图 1.23)。从数据访问时间的角度来看，如果主要对个别光谱数据感兴趣，那么 BSQ 格式是最合适的，如果要对一个较小图像区域内的全部光谱数据进行操作，那么 BIS 格式是最合适的，而 BIL 格式是经常采用的一种折中方案。

计算机图像显示能把数字图像转换成连续的模拟图像供人们观察。它们一般按一个像元 8 位灰度的方式或者一个像元 24 位的彩色图像方式显示图像，彩色图像的显示则采用了红、绿、蓝三种基本颜色。多光谱图像的三个波段是通过三个硬件查找表(LUT)把每个波段数字图像的整数数字量转换成整数灰度(Grey Level，GL)而生成的，

$$GL = LUT_{DN} \tag{1.7}$$

数字量充当 LUT 的一个整数索引值，GL 是显示内存的整数索引值(见图 1.24)。式(1.5)给出了图像数字量的范围，而每种颜色灰度的典型范围是

---

① BIS 格式也称为像元交叉存取波段(Band-Interleaved-by-Pixel，BIP)。

$$GL_{range} = [0, 255] \qquad (1.8)$$

硬件查找表可用来对图像的数字量采用"拉伸"变换，以提高显示图像的对比度；或者，如果原始图像的数字量范围大于灰度范围，则可以"压缩"硬件查找表的显示范围。硬件查找表的输出总是局限于式(1.8)的范围内的。

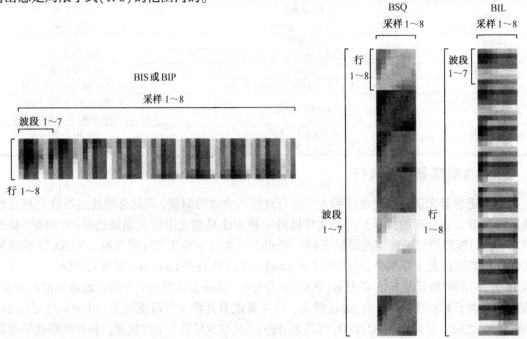

图1.23　三种最常用的多光谱图像格式：BIS, BSQ 和 BIL，用 TM 图像的 7 个波段 × 8行×8个采样进行示例。注意，相对于其他波段，长红外波段6的对比度很低

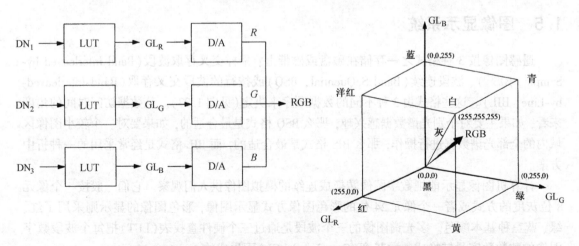

图1.24　24 位/像元彩色数字视频显示时数字量到灰度的转换。三个硬件查找表分别把三幅图像转换成三个显示灰度，灰度就确定了红绿蓝三种基本显示颜色的幅度。最后一步是数模(D/A)转换，并组合三个通道而实现监视器上看见的颜色。图的底部显示了 24 位/像元颜色立方体，RGB 矢量指定立方体内的任何灰度三元组

从多光谱图像抽取任何三个波段对应的三组灰度进行合成，即可形成彩色图像。对于 24 位显示器，给每个波段分配一个 8 位的整数，对应于要显示的颜色：红(R)、绿(G)或

蓝(B),因此每个波段就有256个灰度。显示的每个像元有一个三元组 GL 定义的颜色,可以考虑为一个三维 RGB 矢量[①]:

$$RGB = [GL_R, GL_G, GL_B]^T \qquad (1.9)$$

这样总共有 256^3 种可能的 RGB 矢量,但是能区分显示的颜色会比较少,因为没有监视器能够显示出颜色立方体中所有的颜色。能显示准确给定 RGB 数据矢量的颜色依赖于监视器的荧光特性和控制设置。

计算机监视器按加法方式生成颜色,也就是说,具有相同红、绿、蓝灰度的一个像元将在屏幕上显示为灰度(如果监视器设置正确);具有相同的红和绿而没有蓝的一个像元将显示成黄色,等等。在遥感中广泛应用了特定的颜色组合(见表1.6)。但是,由于许多经常使用的波段并不位于可见光谱段内,因此显示图像的颜色分配也是随意的。用得最"好"的颜色是因为其能够增强所感兴趣的数据。彩色 IR(彩红外,CIR)显示类型之所以流行,是因为它能效仿彩色照片的显示,将植被显示为红色。植被在 NIR 波段具有相对较高的反射率,而在可见光范围内具有较低的反射率(见图1.7)。任何具有照片解译经验的人都会习惯于解译这样的图像。天然彩色合成称为"真"彩色合成,但那样会引起误解,在遥感中并没有"真"彩色,而天然彩色是更适合人眼观察的颜色。彩图1.4给出了形成 TM CIR 和合成天然彩色所用的波段。

表1.6 标准彩色合成中,遥感器波段映射为 RGB 显示颜色。一幅 通用的伪彩色合成是通过组合三个遥感波段来实现的

遥感器	合成类型	
	天然彩色	彩红外(CIR)
一般遥感器	红:绿:蓝	NIR:红:绿
ALI	4:3:2	5:4:2
ASTER	NA	3:2:1
AVIRIS	30:20:9	45:30:20
Hyperion	30:21:10	43:30:21
MODIS	13:12:9	16:13:12
MSS	NA	4:2:1
SPOT	NA	3:2:1
TM, ETM+	3:2:1	4:3:2

如果将每个数字量或数字量范围转换成显示 LUT 所用的不同颜色,多光谱图像的一个波段就可以显示成灰度图像或伪彩色图像,采用伪彩色更容易看见数字量的细小差异。

1.6 数据系统

现代遥感系统的数据容量和技术复杂性,要求在向科学组织提供数据之前对数据进行必要的预处理。预处理的主要目的是通过如下处理来建立一致而可靠的图像数据库:

- 图像辐射量的定标
- 几何变形的校正
- 遥感器的某种噪声的去除
- 形成标准格式

[①] 三元组习惯上写成式(1.9)那样的行向量,通过上标 T 表示转置,把它变换成列向量。

预处理的特殊要求主要依赖于遥感器的特性，其目的是消除由遥感器引起的任何非理想图像特性。但是，并不是所有数据用户都需要或承担得起最高精度校正的处理成本，有各种级别的预处理可供选择。

表1.7显示了已经发展的几种主要遥感系统的数据产品分类，按照4个主要处理水平给出了这些例子的一般层次：

- 原始数据的规格化
- 遥感器校正的数据
  - 几何校正
  - 辐射校正
- 场景校正的数据
  - 几何校正
  - 辐射校正
- 地球物理学数据

每种处理水平一般都要求比前面的处理水平有更多的辅助数据和处理。典型的是，只有全部采集数据的小部分被处理到更高的水平，对数据用户来讲，费用会随着处理水平的提高而增加。NASA负责Landsat TM数据的生成，一直到1985年9月27日才被商业公司EOSAT接管。在商业化之前，NASA生产的图像产品已经归档了(Clark,1990)。近年来，对Landsat-5和Landsat-7的处理职责已经返还给政府了。在两本期刊专辑中已经完整描述了Landsat TM的工程特性(Salomonson,1984；Markham and Barker,1985)。

表1.7　NASA地球遥感系统的处理等级

系　统	处理级别	描　述
NASA EOS (Asrar and Greenstone, 1995)	0	重构的、未经处理的仪器/载荷全分辨率数据，去除了全部的通信信息(如帧同步、通信文件头)
	1A	重构的、未经处理的仪器/载荷全分辨率数据，在0级数据之上有时间参考并注解了辅助数据，包括计算和添加的辐射定标系数、几何定标系数及地理参考参数(即平台星历)，但没有应用这些参数处理(即使进行了处理，也是按照能够完全恢复0级数据的方式进行处理的)
	1B	将1A级数据处理成定标的遥感器单位(并不是所有的设备都有1B的级别，不能从1B数据恢复到0级)
	2	在相同分辨率上反演的地球物理变量，位置和1级数据相同
	3	1级或2级数据或者其他参量被映射到统一的空时网格尺度，通常具有一定的完整性和连续性
	4	根据低级别数据分析得到的模型输出或结果，例如根据多个测量值反演的参量
EOSAT TM (EOSAT, 1993)	系统	采用星历数据和系统误差模型进行几何校正并投影到20个地图投影之一，而且旋转到指北方向。在非热波段上进行探测器相对定标。采用UTM和SOM或两极立体投影，残留变形在200~300 m(轨道定向产品)
	精处理	采用地面控制点(GCP)进行地图投影
	地形级	采用数字高程模型(DEM)进行正射投影
ETM + (USGS, 2000)	0R	没有辐射和几何校正，但是包含了辐射和几何校正所需的各种数据
	1R	对探测器增益和偏置进行的辐射校正
	1G	辐射校正和几何校正的重采样，并配准到地图投影上。包括了卫星、遥感器扫描及地球的几何校正，但没有进行地形校正

从预处理的图像中提取信息一般要由地学研究者来完成。但是，由于并不是全部数据都被处理成最高级水平，地学研究人员经常在开始提取信息之前也需要做类似的处理，例如不同日期或遥感器获取图像之间的配准。因此，在提供给用户的数据中包含辅助标定数据（主要是辐射和几何）是十分重要的。

NASA EOS 计划中采取的方法与早期使用的方法有所不同。EOS 卫星数据，如 ASTER 和 MODIS，不仅被用来生成 1A 或 1B 级辐射产品，还采用其各自领域科研小组自己开发的生产算法来生成更高级别的产品。这样的例子有 ASTER 的 AST07 和 MODIS 的 MOD09 2 级表面反射率产品和 MODIS 植被指数产品 MOD13。许多更高级别的 EOS 产品不仅使用遥感器数据，还依赖于其他产品计算的结果。例如，MODIS 表面反射率产品（MOD09）采用了 1B 级 MODIS 的波段 1～波段 7 来计算辐射值，波段 26 用来探测卷云，MOD35 用于云检测和屏蔽，MOD05 用于大气水蒸气校正，MOD04 用于大气气溶胶校正，MOD07 用于大气臭氧校正，而 MOD43 应用于包含大气和表面二向反射分布函数（Bi-directional Reflectance Distribution Function，BRDF）的组合项。MOD09 产品可以用来依次生成植被产品 MOD13 和 MOD15 及许多其他产品。表 1.8 列出了 MODIS 科研产品的一些例子，彩图 1.5 显示了两种 MODIS 科学产品。

表 1.8　MODIS 科学数据产品。另外发表的论文描述了这些产品算法的原理和有效性。EOS数据产品手册的第一卷（NASA,2004）中描述了全部44种产品,NASA通过互联网详细发布了算法原理的基础文档（ATDB）

产品识别号	数据集	级别	参考文献
MOD03	地理位置	1B	Wolfe et al., 2002
MOD06	云特性	2	Platnick et al., 2003
MOD09	表面反射率，大气校正算法产品	2	Vermote et al., 1997
MOD13	植被指数	3	Huete et al., 2002
MOD14	不规则的热源：火	2, 3	Justice et al., 2002
MOD15	叶面指数（Leaf Area Index, LAI）和光合作用辐射分形数（Fraction of Photosynthetically Active Radiation, FPAR）中分辨率	4	Knyazikhin et al., 1998
MOD16	土壤水分蒸发蒸腾损失总量	4	Nishida et al., 2003
MOD35	云掩模	2	Platnick et al., 2003
MOD43	表面反射 BRDF/反照率参数	3	Schaaf et al., 2002

商业高分辨率遥感系统的产品一般会比科研系统如 MODIS 更少依赖标定的辐射测量，但是它们却更加强调标定的遥感器几何和地形扭曲的校正，这与它们作为制图基本应用是相一致的（见表 1.9）。

表 1.9　商业地球遥感系统的处理等级

系统	产品	描述
IKONOS（Space Imaging, 2004）	Geo	几何校正到某个地图投影
	Standard Ortho	几何校正到某个地图投影，并且正射校正满足 1∶100 000（美国）国家制图精度标准
	Reference	几何校正到某个地图投影，并且正射校正满足 1∶50 000（美国）国家制图精度标准。获取时的高度角在 60°～90°
	Pro	几何校正到某个地图投影，并且正射校正满足 1∶12 000（美国）国家制图精度标准。获取时的高度角在 66°～90°
	Precision	几何校正到某个地图投影，并且正射校正满足 1∶4800（美国）国家制图精度标准。获取时的高度角在 72°～90°

（续表）

系　统	产　品	描　述
OrbView (Orbimage, 2005)	OrbView BASIC	进行了辐射校正,利用地面控制点地理定位是可选项
	OrbView GEO	进行了辐射校正,利用地面控制点地理定位是可选项
	OrbView ORTHO	进行了辐射校正,正射校正到满足 1：50 000 或 1：24 000(美国)国家制图精度标准
OuickBird (DigitalGlobe, 2005)	Basic	进行了辐射校正、遥感器校正和几何校正
	Standard	进行了辐射校正、遥感器校正和几何校正,并映射到某个制图投影
	Orthorectified	进行了辐射校正、遥感器校正和几何校正,映射至某个制图投影且正射校正满足 1：50 000、1：12 000,1：5000 或 1：4800 国家制图精度标准
SPOT (SPOTImage, 2003)	SPOT Scene 1A	进行了探测器归一化的辐射校正
	SPOT Scene 1B	对地球自转和斜视角的全景变形进行几何校正
	SPOT Scene 2A	没有地面控制点的情况下映射到 UTM WGS 84 地图投影
	SPOTView 2B(精确)	利用地图、地理定位系统(GPS)点或卫星星历数据进行地图投影
	SPOTView 3(正射)	用 3 角秒的数字高程模型或其他模型进行正射校正

1.7　小结

我们已经纵览了遥感领域和用于地球成像的各种系统,总结如下:

- 地表的遥感局限于大气光谱传播窗口
- 可以根据地表材料的光谱-时相光反射信号来识别它们
- 遥感的一个关键组成是重复观测的多光谱或高光谱图像

接下来的三章将详细讨论大气和地形地貌对光谱信号的影响及遥感测量中对遥感器性能的影响。这些相互作用会影响遥感数据的质量和特性,后面的章节中将讨论图像处理算法的设计和性能。

1.8　习题

1.1　构建图 1.4 所示 0.4 μm ~ 1 m 的全波段遥感光谱图,并在表 1.3 中找出主要大气窗口所对应的波段。

1.2　一幅 Landsat TM 图像覆盖 185 km × 185 km,假设上下重叠10%,左右重叠30%,覆盖整个地球需要多少幅图像?这样对应多少个像元?有多少字节?

1.3　我们能够可视化解译图 1.2 的航空照片,从而描述公寓、道路和农田。如果采用计算机分析照片,这种解译能够实现自动化吗?这些特征中哪些物理特性(空间、光谱、时相)有用?要求什么样的通用算法?

1.4　可以采用图 1.9 中多光谱图像立方体的不同角度的平面切片获取图 1.23 的数据格式。试确定每种格式中提取数据的切片和顺序。

1.5　确认多光谱图像系统的 4 种重要特征。选择本章开头的一种遥感应用,根据你认为影响这种应用的数据质量,解释遥感器需要有怎样的特征?

1.6　假设要求你设计遥感系统,其 GIFOV 为 1 m,高度是 700 km,焦距是 10 m,那么要求的探测器尺寸是多少?如果遥感器采用的是有 4000 个探测器的一维推扫方式,则其在平坦地区的 FOV 和 GFOV 是多少?

1.7　太阳同步轨道的地球卫星的对地速度大约是 7 km/s,对于顺轨和交轨的 GFOV 都是 185 km,且 GSI 为 30 m,则 TM 或 ETM + 多波段的每个像元采样的时间间隔是多少?ETM + 全色波段又是多少?假设推扫卫星遥感器具有相同的 GFOV 和 GSI,则每行像元采样的时间间隔是多少?

1.8　QuickBird 卫星的高度为 405 km 且其全色波段的 GIFOV 是 0.6 m,按弧度和度为单位分别计算 IFOV。

第 2 章　光学辐射模型

2.1　概述

在光学遥感体系中,被动式遥感器接收的电磁波有两个来源:一个来源是太阳辐射,这种电磁波的波长处在可见光和短波红外之间,遥感器接收到的太阳辐射的电磁波,一部分来自地球表面的反射,而另一部分则是太阳辐射的电磁波在到达地球后被大气散射回来的;另一个来源由地球表面物体产生的热辐射以及它在向上传播过程时自身在大气中产生的热辐射结合形成。本章概要说明适合光学遥感的基本模型,这里的光学遥感指的是工作在可见光到热红外波段的光学遥感系统。这里采用了辐射相关的知识,目的是为了确定这个光谱谱段内遥感领域中使用的主流处理方法。如果读者想了解关于光学辐射在遥感领域的详细知识,则可以参考 Slater(1980)和 Schott(1996)。

2.2　可见光到短波红外光谱区

地球表面的所有物体都被动地吸收和反射太阳辐射中波长处在 $0.4 \sim 3~\mu m$ 的电磁波。有些物体也可以传输太阳辐射的电磁波,例如水体和植物冠层。在波长较长的波段,处于一般温度的物体都能主动发射热辐射,相关知识会在本章后面的内容中介绍。接下来介绍太阳辐射的电磁波如何上升,以及在光学遥感系统接收前它又是如何被修改的。

2.2.1　太阳辐射

依靠反射太阳辐射能量工作的光学遥感器所接收的能量来源于太阳。太阳是一个近似理想的辐射黑体,也就是说,它辐射的能量几乎是它所在有效温度最大可能辐射的能量。太阳的光谱辐射出射度 M_λ 可以通过下面的普朗克黑体公式得出:

$$M_\lambda = \frac{C_1}{\lambda^5 [e^{C_2/(\lambda T)} - 1]} \tag{2.1}$$

T 是黑体的热力学温度, $C_1 = 3.741\ 51 \times 10^8 \mathrm{W \cdot m^{-2} \cdot \mu m^4}$, $C_2 = 1.438\ 79 \times 10^4 \mu m \cdot K$ 。如果波长 λ 使用 μm 作为单位,黑体的温度 T 使用热力学温度,那么根据上式计算出的光谱辐射出射度 M_λ 的单位就是 $W \cdot m^{-2} \cdot \mu m^{-1}$ (Slater, 1980),或者称为单位太阳面积在单位波段上的辐射功率。

根据维纳定律,在给定的波长上,黑体公式有一个峰值:

$$\lambda|_{max} = 2898/T \tag{2.2}$$

当黑体的温度采用热力学温度计算时,计算得出的波长单位是 μm 。从上式不难看出,当黑体温度上升时,对应最强辐射的波长会减小。

我们当然会对到达地球表面的太阳辐射感兴趣,为了计算该值,可以根据公式(2.1)计算出光谱辐射出射度,然后再根据式(2.3)计算太阳辐射到达大气层顶部时的光谱辐照

度 E_λ^0。这一转换由如下公式实现:

$$大气层顶部: \quad E_\lambda^0 = \frac{M_\lambda}{\pi} \times \frac{太阳光斑面积}{(距地球距离)^2} \tag{2.3}$$

光谱辐照度的单位和光谱辐射出射度的单位一样,都是 $W \cdot m^{-2} \cdot \mu m^{-1}$,即它们都是光谱通量密度。太阳辐射的光谱容量在空间传播过程中不会发生改变,但在一年中到达地球的太阳辐射幅度会随着太阳和地球之间的距离变化而稍微发生变化。图 2.1 的实线绘制的是顶层大气的大气辐射密度曲线,虚线绘制的是利用 MODTRAN(一种能够预测大气透射系数和辐照度的计算机程序)模拟的大气辐照度曲线。从图中不难发现,处在热力学温度 5900 K 下的黑体曲线近似接近 MODTRAN 模拟的曲线。

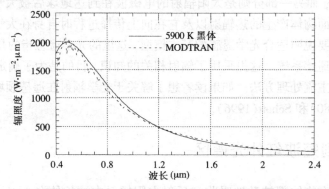

图 2.1　大气层顶部的太阳光谱辐照度曲线比较图,其中实线表示的是利用 MODTRAN 程序模拟的顶层大气的辐照度曲线(Berk et al.,1989),虚线表示的是处在热力学温度 5900 K 下的黑体的大气辐照度曲线,两者和太阳的距离相等。在太阳光谱中,两者的偏差主要集中在一个很窄的波段

随着波长逐步增加到短波红外区域,被遥感器接收到的太阳辐射就会越来越少。如果我们忽略大气本身的影响,那么就可以认为到达地球的太阳辐射能量和地球自身发出的波长在 4.5 μm 左右的热辐射能量相等(见图 2.2)。地球表面辐射的电磁能量和遥感器接收到的电磁波能量相等,波段不仅和地球表面的反射率和发射率有关(见 2.3 节),还会受到大气的影响,其波长大概在 2.5~6 μm 之间(Slater,1980)。

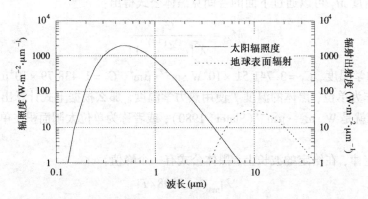

图 2.2　可见光到热红外光谱区域,两个辐射源在大气层顶部的光谱分布曲线。这里假设地球是热力学温度 300 K 下的黑体,太阳为热力学温度 5900 K 下的黑体,忽略地球大气层的影响。处在不同温度下,黑体的辐射曲线是不会相交的,在图中之所以会出现两条曲线相交,是因为这里采用了式(2.3)近似计算了太阳辐射出射度

2.2.2 辐射组成

图 2.3 中给出了可见光到短波红外光谱区域的太阳辐射的电磁波主要组成, 图中的阴影表示随着高度的增加大气的密度在逐渐减小。遥感器接收到的还有其他类型的辐射, 例如"邻近部分", 其中附近 GIFOV 的直接反射, 或者向上散射被传感器接收, 或者向下散射到了 GIFOV, 被二次反射到了遥感器。相邻效应增加了空间像元校正的难度, 减小了明暗边界的对比度, 例如海岸线。总体来说, 表面反射和大气的散射对辐射的影响不可小视, 主要原因就是辐射的大部分电磁波在多次反射和散射过程中都被减弱。值得一提的是, 因为地球距离太阳很远, 太阳辐射的电磁波在进入地球大气层时几乎都是近似平行的。

从图 2.3 中可以看出遥感器接收到该光谱区域的电磁波主要有 3 个来源:

- 地球表面反射、非散射的部分, L_λ^{su}
- 地球表面反射、向下散射的部分, L_λ^{sd}
- 向上散射, 直接到达遥感器的部分, L_λ^{sp}

于是, 在某一个高度或者卫星中, 向上传播的辐射就是上述 3 部分的总和[①]:

$$L_\lambda^s = L_\lambda^{su} + L_\lambda^{sd} + L_\lambda^{sp} \tag{2.4}$$

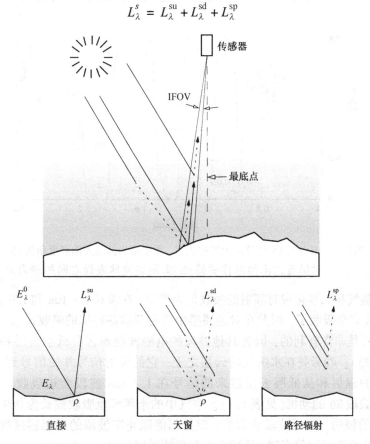

图 2.3 被动太阳辐射遥感器接收的辐射主要由三部分组成, 分别是地面的直接反射部分、"天窗"部分和"路径辐射"部分(通常称为阴霾)

---

① 公式里的上标 s 代表的是太阳能(Solar), 以区别于地面发出的热辐射。

地球表面反射的未散射部分(L_λ^{su})

大气对可见光到短波红外的卫星和高空航天遥感器必然会有影响,它在从太阳到达地球的照射路径和从地球到达遥感器的观测路径过程中,都会散射和吸收辐射。最初到达地球表面的太阳辐射部分称为太阳辐射路径的通过率$\tau_s(\lambda)$,由定义可知该值处在 0 到 1 之间,并且是无量纲单位。图 2.4 给出了典型的太阳辐射光谱透光率曲线。从图中可以看出,吸收带主要和空气中的水蒸气及二氧化碳有关。如不做特殊说明,本图以及本章其他插图都是利用MODTRAN 在特定大气参数下计算得出的(Berk et al., 1989),这里的大气模型指的是中等高度、夏天、能见度为 23 km。23 km 的能见度是一个相对比较大的距离,在这种模型中,相对于瑞利散射来说,米氏散射就比较小;太阳仰角为 45°;方位角为北 135°。特别要感谢 Kurt Thome 博士,他负责运行 MODTRAN 程序,并在数据插值等方面提供了很多帮助。这里要提醒广大读者的是,本章的图表和曲线等都是用来说明相关原理的例子,特定的大气条件或者使用不同的大气模型计算程序,都可能得到不尽相同的结果(Vermote et al., 1997),但是结果的偏离应该不太大。

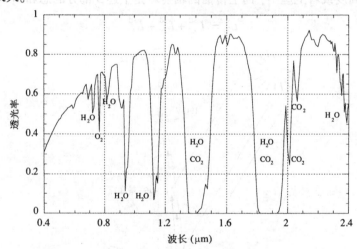

图 2.4 MODTRAN 计算的大气透光率,图中给出的是太阳高度角为 45°
时沿着太阳辐射传播路径,太阳和地球表面之间的透光率

空气中水蒸气和二氧化碳对辐射的吸收最为严重,在波长 1.4 μm 和 1.9 μm 附近的两个波段,辐射就被完全吸收了,因此在对地遥感中要避开这些特殊的吸收区域。然而这种现象对我们观测卷云是非常有利的,因为其他波段的电磁波很难区分低空云层和地面的特征物(Gao et al., 1993)。卷云处在水蒸气的云层之上,它能反射信号并使信号到达高空遥感器,而从地面过来的辐射和从低层云层过来的信号在 1.4 μm 波段会被吸收。这种应用就是MODIS 中设置波段 26 的动机(见表 1.1)。空气中的水蒸气也吸收波长为 0.9 μm 和 1.1 μm两个波段附近的辐射,虽说波段非常窄,但是仍能阻止窄波段的遥感器接收地面反射的辐射。当空气中的水蒸气比较多时,这两个波段仍能减弱信号。

在光谱谱段上,在向蓝光过渡的过程中,大气透光率会逐渐减小,这主要是因为太阳光被空气中分子半径小于 λ/π 的分子散射到了传播路径之外(Slater, 1980)。被散射的光近似服从参数为 Lamda-4 的瑞利分布。波段较短的蓝光比波长较长的红光更容易被散射,这就是为什么在太阳距离地球最远的日出和日落时天空是红色的原因。在大气中有很多悬浮颗粒（烟、浓雾、灰尘、阴霾和雾等）时，会出现米氏散射。当悬浮颗粒的尺寸大于 2 倍波长/π 时，米氏散射和辐射与波长无关。从上面看，浓厚的云层都是白色的，主要原因就是水滴形成的米氏散射造成的。对于尺寸处在波长/π 和 2 倍波长/π 之间的颗粒，其形成的米氏散射和波长有关，但此时更主要的是瑞利散射。实际上，存在着各种尺寸的空气分子、悬浮颗粒和气溶粒子的大气，同时也存在瑞利散射和米氏散射。

太阳辐射透过大气的传输效能如图 2.5 所示。大气在很大程度上影响了到达地球表面的辐照度。在地球表面，垂直于太阳入射方向的辐照度可由下述公式计算得出：

$$地球表面：\quad E_\lambda = \tau_s(\lambda)E_\lambda^0 \tag{2.5}$$

其中，τ_s 表示沿太阳辐射传播方向的大气透过率。通过上面的定义不难发现，E_λ 一定小于 E_λ^0。

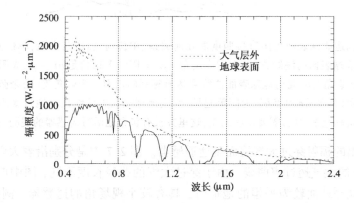

图 2.5　可见光到短波红外光谱区域的太阳辐照度（太阳高度角为 45°），
其中实线表示大气层外的辐照度，虚线表示地球表面的辐
照度。两曲线的比率就是图 2.4 中描述的传输路径之透过率

如果存在投射阴影或者云层，对于某些遥感器，我们可以假定在遥感器的观测视角内 E_λ^0 为常量，例如 ETM +。地球表面的辐照度与太阳的入射角有关，当入射角与表面垂直时辐照度最大，随着入射角的减小，该值也逐步减小，减小的量与入射角的余弦值正相关，并可以由两个向量的点积计算得到（见图 2.6）（Horn，1981）。此外入射辐照度 E_λ 还受地形影响。综上所述，地球表面的入射辐照度的计算公式如下：

$$\begin{aligned}地球表面：\quad E_\lambda(x,y) &= \tau_s(\lambda)E_\lambda^0 \boldsymbol{n}(x,y) \bullet \boldsymbol{s} \\ &= \tau_s(\lambda)E_\lambda^0 \cos[\theta(x,y)] \end{aligned} \tag{2.6}$$

下一次能量转换发生在地球表面反射能量时。向下照射到朗伯体表面的能量被转换为从表面离开的表面辐射度 L_λ。该值由地球表面的入射辐照度除以几何因子 π，再乘以传输光谱反射系数 ρ 而得，即

$$\begin{aligned}地球表面：\quad L_\lambda(x,y) &= \rho(x,y,\lambda)\frac{E_\lambda(x,y)}{\pi} \\ &= \rho(x,y,\lambda)\frac{\tau_s(\lambda)E_\lambda^0}{\pi}\cos[\theta(x,y)] \end{aligned} \tag{2.7}$$

与透过率一样，反射率也是无量纲单位，在 0 到 1 之间取值。第 1 章给出了一些地球表面自

然物体的光谱反射曲线。对于理想的朗伯体表面[①]，反射率随波长和空间位置变化而变化，但和遥感器的观测方向无关。对于实际物体，存在一定的偏差，可以用二向反射分布函数（BRDF）来描述。对于某一特定物体的 BRDF，可以通过计算辐射出射度和入射辐照度的比值来计算，BRDF 是关于入射角和观测角度的函数。可以使用 BRDF 来代替式(2.7)中的 $\rho(x,y,\lambda)/\pi$ 值(Schott, 1996)。

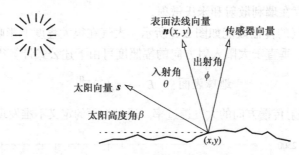

图2.6　到达地球表面太阳直接照度的几何关系。单位向量 s 指向太阳，单位向量 n 沿
　　　　地球表面的法线方向。太阳高度角为 β，太阳的天顶角是 $90° - \beta$，太阳辐射的
　　　　入射角为 θ，偏离地球表面法线到达遥感器的出射角为 ϕ。角度 θ 的余弦值是向
　　　　量 s 和向量 n 的点积。为简单起见，假设地球表面的法线处在通过太阳入射向
　　　　量垂直平面内。需要说明的是，这里并没有包含地形对遥感器的观测角度影响

　　地球向外发出的辐射穿过大气层而到达遥感器。图2.7 中是分别沿着太阳天顶路径和天顶位置偏 40° 路径的大气透过率曲线。由于穿过大气的路径长度不同，图中曲线和图 2.4 的也有所不同。在观测地面较为平坦的地形时，具有较小视场角的遥感器，例如 Landsat TM，大气状况变化(例如局部的云、烟和阴霾)对遥感器影响变化不大，这是因为在这种地形下透过大气的距离对各个像元点都是差不多相等的。在高山丘陵地带，Landsat 的遥感图像因受到大气影响较大，像元与像元之间都会存在一定的偏离，这主要是因为各个像元的高度不同(Proy et al., 1989)；对于宽视场角的遥感器，例如 AVHRR，在扫描过程中由于穿过大气的路径发生变化而造成的扫描角度影响是不可忽略的。我们不难发现，图 2.7 和图 2.4 主要是在波长较短的光谱区域差别较大。可见光和红外遥感图像在一定程度上对视场角内的观测角度发生的变化比较敏感(见彩图 2.1)。在 MISR 遥感器中，利用 9 个摄像机，在 4 个波段的不同观测角度进行观测的基本原理是，考虑大气观测路径和植被冠层辐射的偏差受观测角度的影响。

　　现在，为了得到遥感器端接收的正确辐射，必须根据观测路径透过率 $\tau_v(\lambda)$ 来修正式(2.7)得到的值。这部分辐射值携带了我们感兴趣的信号，称为空间光谱反射分布 $\rho(x,y,\lambda)$，

$$\text{遥感器端：} \quad L_\lambda^{\text{su}} = \tau_v(\lambda)L_\lambda$$

$$= \rho(x,y,\lambda)\frac{\tau_v(\lambda)\tau_s(\lambda)E_\lambda^0}{\pi}\cos[\theta(x,y)] \tag{2.8}$$

---

① 朗伯体的表面在各个方向上辐射出的能量都相等，表现为在各个角度都具有相等的亮度。这样的表面又称为理想的散射表面，不存在类似镜面反射的光谱反射。很多自然界的物体在一个有限的观测角度范围内都可以近似看成朗伯体，这个范围一般是 20°~40°，随着观测角度的增加，很多物体都变成了非朗伯体，在不同的方向上辐射的能量也就不同了。很多遥感器，例如多角度成像光谱辐射计(Multi-angle Imaging SpectroRadiometer, MISR)，都可以通过测量物体的这种属性来改善对地表的反射特性的测量(Diner et al., 1989)。

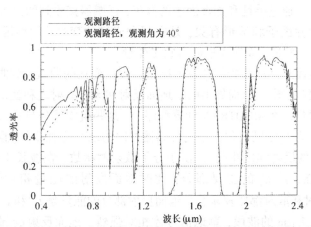

图 2.7　从卫星角度观测,大气路径透光率随波长的变化曲线图。观测角度指的是偏离天顶
角的角度。与图 2.4 的曲线相比,两者的形状相似,只是幅度不同。由于较长的传
输路径,在传输过程中造成更多的散射和吸收,观测角为 40° 时大气透光率较小

大气向下散射经地面反射的部分(L_λ^{sd})

遥感器同样能够接收大气向下散射后经地面反射再进入遥感器观测角内部的那部分辐射
$L_\lambda^{sd}(x,y)$。可以用它来解释为什么平时观测带的阴影并不是完全的黑色。地面反射的天空光
与地面散射反射比 ρ 成正比,与地面的辐照度 E_λ^d 也成正比。之所以用到这个量,是因为它可
以通过地面的测量仪器直接测量得到。对于我们感兴趣的像元区域可以调整比值,由于地形
干扰等因素 $F(x,y)$[1],天空可能不完全可见,

$$\text{遥感器端:}\quad L_\lambda^{sd} = F(x,y)\rho(x,y,\lambda)\frac{\tau_v(\lambda)E_\lambda^d}{\pi} \tag{2.9}$$

路径散射部分(L_λ^{sp})

路径散射辐射部分主要由大气分子的瑞利散射和气溶胶或者空气中悬浮粒子等造成的米
氏散射组成。瑞利散射和波长的四次方成反比,而米氏散射与波长几乎无关。在较为干净的
大气中,这两部分组成的辐射量与 λ^{-2} 和 $\lambda^{-0.7}$ 成正比相关(Curcio, 1961)。

路径散射的辐射部分与场景有关,例如城市和农村之间,是否存在着火产生的烟雾等情况
会使路径散射出现很大的区别。同样,它和观测角度也有关,特别是大视场角的遥感器(例如
AVHRR) 或者遥感器的指向背离天顶角(例如 SPOT)。对于观测场景中同质的场景或者视场
角相对较小的正下视的遥感器来说,路径散射辐射 L_λ^{sp} 在整个观测场景内可以假定为一个常数。

遥感器接收到总的太阳辐射(L_λ^s)

遥感器接收到总的太阳辐射是上述 3 种组成部分的总和,

$$\text{遥感器端:}\quad L_\lambda^s(x,y) = L_\lambda^{su}(x,y) + L_\lambda^{sd}(x,y) + L_\lambda^{sp}$$

$$= \rho(x,y,\lambda)\frac{\tau_v(\lambda)\tau_s(\lambda)E_\lambda^0}{\pi}\cos[\theta(x,y)] + F(x,y)\rho(x,y,\lambda)\frac{\tau_v(\lambda)E_\lambda^d}{\pi} + L_\lambda^{sp} \tag{2.10}$$

$$= \rho(x,y,\lambda)\frac{\tau_v(\lambda)}{\pi}\{\tau_s(\lambda)E_\lambda^0\cos[\theta(x,y)] + F(x,y)E_\lambda^d\} + L_\lambda^{sp}$$

---

[1]　F 是对感兴趣的像元可见的天空大气的分形数,对于非常平的地表,F 等于 1,在 Schott(1996) 中有对 F 的详细描
述和计算实例。

式(2.10)的含义如下：通过乘性和加性因子的修正，遥感器接收到的总太阳辐射与地面漫散射比近似成正比。乘性因子和地形有关，是空间和光谱的变量；加性因子是路径散射造成的，对空间而言它是不变量，而对光谱而言它是变量。

　　图2.8描述的是遥感器接收到的总辐射能量随波长变化的曲线，该曲线是针对 Kentucky Bluegrass 的反射地表(见图1.7)而做出的。地面反射和天空散射之和就是卫星和高空机载遥感器接收到的总辐射量。在 MODTRAN 计算程序中，这些组成部分与式(2.10)中的各个项相对应。路径散射部分为 L_λ^{sp}，同时包括偏离传感器方向的地面反射部分(假设地表是个理想的散射体，在各个方向的反射强度相同)。由于分子散射的缘故，在波长小于 0.7 μm 的波段，路径散射的能量较强，是 L_λ^{sp} 的主要部分，此时地面发射的能量相对较小。在波长大于 0.7 μm 的波段，反射和散射都比较显著。地面反射部分的能量是 L_λ^{su} 和 L_λ^{sd} 之和。在地面反射部分，在波长大于 0.7 μm 的波段，草地信号才相对强烈。地面反射的部分只有在波长大于 0.7 μm 的波段才比路径散射部分强烈，但是两者都包含草地反射信号。与图2.4相比，可以看到在波段 0.9 μm，1.1 μm，1.4 μm 和 1.9 μm 波段附近，大气中水蒸气对辐射的吸收较为强烈。

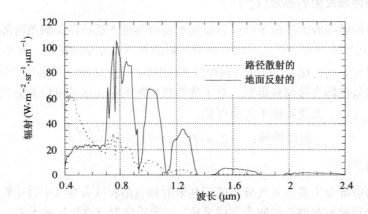

图2.8　卫星接收到的 Kentucky Bluegrass 地区的总的向上辐射能量的地面反射和路径散射的组成部分

　　图2.9中描述的是包含草和树的地表在 AVIRIS 得到的光谱曲线。即便没有考虑大气状况、地面反射系数、太阳对特定 AVIRIS 区域的入射角等因素，得到的数据和 MODTRAN 仿真得到的结果也是相似的。MODTRAN 大气模型显然是可行的。如果在仿真过程中使用真实的大气参数，则得出的结果和实际结果将会更加吻合。但实际上，定标得到的数据对给定的场景几乎是不可用的。对大气参数和地面反射系数的测量需要和过境卫星或者飞机协同完成，这需要严密的安排和努力，同时会受到天气和仪器故障的影响。因此，很多人开始研究基于图像的大气参数定标技术(Teillet and Fedosejevs, 1995)。

　　遥感器接收到的光谱辐射和 Kentucky Bluegrass 的光谱反射存在很大差别(见图2.10)。怎样用遥感技术识别不同的地物呢？事实上，这种信号光谱的改变并不太严重，主要是因为很多图像处理算法只依赖像元间的相对光谱差别。但是我们必须清楚，在把遥感数据和光谱反射曲线库进行比较时必须进行大气、地形和太阳辐射校正。更进一步讲，在一幅图像数据与另一幅图像数据比较时，必须进行大气校正。关于数据定标方面的详细内容将在第7章中论述。

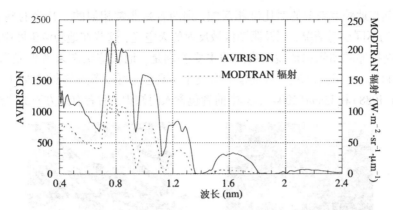

图 2.9　利用 MODTRAN 模型预测得到的 Kentucky Bluegrass 地区的光谱响应曲线和从 Palo Alto
AVIRIS 图像(见彩图 1.1)得出的草和树木混合响应曲线。从图中可以看出,两条曲线在
形状上十分相似,尽管 MODTRAN 模型参数和这个特定的 AVIRIS 数据没有直接的关系

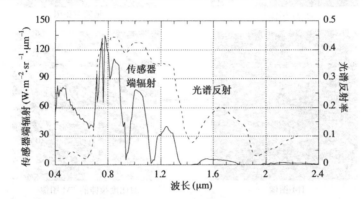

图 2.10　草类地表的反射和遥感辐射光谱信号的比较图。反射曲线上的特征都受光学遥感器
的各个因子的影响和修正。在波长 0.71 μm 附近的红光边缘的一个特征却是个例外

2.2.3　太阳辐射区域的图像实例

本节使用一些图像例子来说明在太阳光谱的反射区域光学辐射传输的理论和模型。

地形阴影

式(2.10)中描述的地形地貌余弦因子可以用图 2.11 中的图像空间分布进行解释。数字
高程模型(DEM)①的 GSI 是 30 m,与 TM 的 GSI 匹配。我们通过 DEM 数据计算每个像元的余
弦因子 $\cos[\theta(x,y)]$ 而得到一幅地貌渲染图像,在计算中假定地球表面是散射体(如朗伯
体),并且表面反射系数是常数。这里将太阳的入射角和方位角设定为和图 2.11 中 TM 图像
相对应的值,由于地貌因素造成的阴影就可以清楚地通过 DEM 数据展现出来。

在图 2.11 中,DEM 图像的亮度反映了实际地表的高度信息。图像的获取时间是 1984 年
12 月 25 日,太阳的入射角为 35°,方位角为 151°,TM 图像通常用来从 DEM 中获取地表的起
伏形状。TM 图像的对比度明显小于地貌渲染图的对比度,一方面由于大气降低了图像的对
比度,另一方面图像的对比度主要受图像左下角高反射人造地物的控制。如果调整 TM 图像

---

①　数字高程模型值是地理网格的一个估值,可以通过很多方法计算得出,例如通过分析立体成像数据(见第 8 章),
或者通过干涉 SAR 卫星数据,或者通过机载激光测距雷达等。

的对比度,使其与地貌渲染图的对比度相匹配,则两者是非常相似的。其余的差别是由于 TM 图像覆盖区域的不同反射情况,以及阴影区域反射的天空光,这些在地貌渲染图中未考虑。

　　TM 对比度拉伸的图像和地貌渲染图的主要差别是,地貌渲染图未考虑光谱反射的空间分布(见图 2.11)。对植被区域进行建模非常复杂,但它是可以考虑的研究方向。感兴趣的读者可参考 Goel(1988)和 Liang(2004),其中前者包含入门知识,后者有这方面的详细介绍。

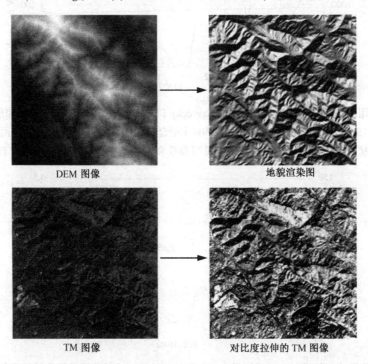

DEM 图像　　　　　　　　　　　　　地貌渲染图

TM 图像　　　　　　　　　　　　对比度拉伸的 TM 图像

图 2.11　地表起伏对图像结构的影响,以美国加州伯克利附近的一个区域的 TM 波段 4 图像
和校正的 DEM 为例(DEM图由美国地质调查局的William Acevedo和Len Gaydos提供)

　　Horn(1983)和 Proy et al. (1989)都讨论了关于地形几何分布对遥感测量的影响,包括山区周围邻近像元可能反射而进入 IEOV 的像元。仔细分析式(2.10)不难发现,图像的空间分布受空间两个变量的影响,一个是地表反射率,另一个是与地形有关的余弦因子(假定向下散射的部分非常小)。其中任一个变量都在空间上和另外一个有关。两者之间的关系,对特定的图像融合算法是非常有益的,相关内容会在第 8 章中介绍。

阴影

　　通过对 DEM 数据进行分析(见图 2.11),可为 TM 图像提供阴影信息(Dubayah and Dozier, 1986; Giles et al., 1994)。例如,可以在地貌渲染图上直接找到图像的阴影点(见习题 2.1),这些点都处于背离太阳辐射入射方向的地形区域。通过"光-线"算法,我们不难发现,在投射阴影内部也会有像元(见图 2.12)。由于地形杂乱无章,并且太阳的入射角比较大,投射的阴影会比较少。对地面反射系数进行了很好的估计后,这两种类型的阴影对计算大气路径辐射是非常有帮助的。

　　在图 2.13 中不难发现,对于不同的太阳入射角,图像的变化会很大。4 个不同月份得到的数据之所以会有很大差别,就是因为太阳高度角的变化;其次是由于方位角的变化导致了式(2.10)中余弦因子 $\cos[\theta(x,y)]$ 的变化及阴影的变化。

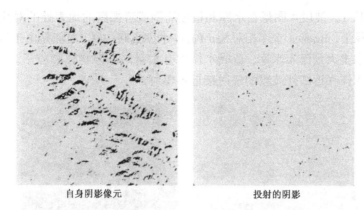

自身阴影像元   投射的阴影

图 2.12   自身阴影像元和沿着太阳入射角的投射阴影的分布图(见图 2.11)
(太阳投射阴影分布图由 Oasis 研究中心的 Justin Paola 提供)

1981 年 6 月 11 日   1980 年 10 月 20 日

图 2.13   分别在两天获取的亚利桑那州 Grand Canyon 地区的 Landsat MSS 图像。10 月份和 6 月份获得图像的太阳入射角为 38° 和 65°，前者获取的图像上的阴影比后者明显少

大气校正

图 2.14 展示了加利福尼亚州奥克兰市附近的波段 1 至波段 4 的 Landsat TM 部分场景图像。这些数据尽管没有经过遥感器增益和偏置的校正(见第 3 章和第 7 章)，仍然反映出大气的总体影响是波长的函数。对高光谱图像的大气校正，常用的方法是一种称为"黑体"定标目标的方法(Chavez, 1988)。地图上的黑体可能是一块投射阴影区域，例如深水。我们一般假定黑体对任何波段的辐射都是零辐射的，其他非零辐射物体的辐射都是由于大气散射到物体像元造成的[①]。对于图 2.14 来说，我们可以选择 Briones 水库作为参考黑体(在更短的波长处，它比 San Pablo 的水库还要显得深)。该水库区域的波段 1 到波段 4 平均灰度值分别是 53, 20, 11 和 14。如果假定遥感器接收到辐射和数字量校正成线性关系，就可以通过在每个像元点减去其相应波段的数字量值而去掉大气路径散射的偏差，然而我们不可能对遥感器的增益进行数据校正，所以此时的校正不是完全的。本书将在第 7 章对原始图像的遥感器辐射增益校正和反射校正进行讨论。

在图 2.14 中，单一波段的图像没有经过校正，按照自己的亮度和对比度显示。波段 1 由于大气散射而使图像对比度较低，波段 2 和波段 3 的图像由于植被反射和传感器增益较低，

---

①   如果已知黑体表面的真实辐射值，则可以利用它来更好地估计遥感器传输路径上的辐射校正(Teillet and Fedosejevs, 1995)。

其对比度低于波段1。波段4图像在水库和植被周围或者裸露的地表处的对比度非常高。注意,在低波段图像上,Briones水库相对San Pablo水库更暗一些,可能是由于后者处在较低海拔,周围地表的水土大量流入水库,造成水体中有大量的悬浮物体和粒子。在波段4,两者都比较暗,因为水体在近红外波段的辐射接近零辐射。

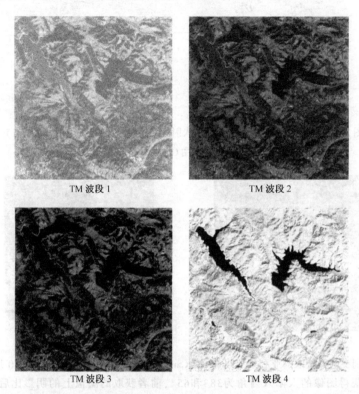

图2.14　San Pablo地区(左)和加利福尼亚州伯克利北部的Briones水库(右)
的波段1到波段4的TM图像(图2.11中用到了该TM场景的一部分)

2.3　中波段到热红外波段

随着波长的增加,在短波红外以上到中波红外的光谱区域,太阳辐射量逐渐减少,而对于朗伯反射体来说,物体自身辐射的热辐射却在逐渐增加(见图2.2)。在波长较长的长红外区域,除了太阳辐射导致物体表面的温度升高,太阳辐射的直接部分与物体自身发射的热辐射相比则非常小。对于某些特定的反射体,情况可能会有所不同,在有些情况下,即使在长红外区域,也可能会出现太阳反射部分比物体自身辐射部分还要多的情况(Slater, 1996)。在本章的其余部分,我们将不考虑这种相对较少出现的情况。

2.3.1　热辐射

任何处在热力学温标零度以上的物体由于分子运动都会反射热辐射。如果物体是一个理想的反射和吸收体(如黑体),则物体反射的热辐射符合普朗克公式(2.1)。实际物体不可能是理想的反射和吸收体,于是必须用物体辐射效率因子对式(2.1)进行修正,通常辐射效率因子是波长的函数。有时实际物体被认为是"灰体",而由于物体辐射效率和波长有关,所以实际物体的光谱辐射曲线和黑体不完全符合。

2.3.2　热辐射组成

遥感器接收到的热辐射有三个来源:

- 地球表面发射的辐射 L_λ^{eu}
- 大气向下发射,后经地球表面反射的辐射 L_λ^{ed}
- 路径发射的辐射 L_λ^{ep}

图 2.15 是三个组成部分的示意图,为方便比较,图中也提供了太阳辐射组成部分的示意图。

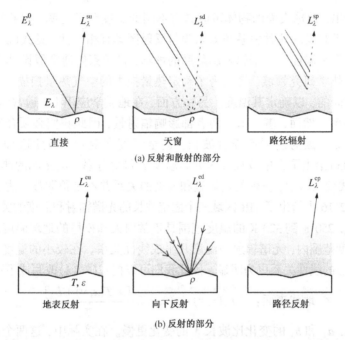

(a) 反射和散射的部分

(b) 反射的部分

图 2.15　传感器接收到的辐射中反射和散射组成部分(见图 2.3)和模拟的地表辐出能量。在 2.5 ~ 6 μm 光谱区域,两者都需要考虑。在热红外区域(8 ~ 15 μm),地表辐出能量是主要部分

遥感器接收到的总热辐射的计算公式如下:

$$L_\lambda^e = L_\lambda^{\mathrm{eu}} + L_\lambda^{\mathrm{ed}} + L_\lambda^{\mathrm{ep}} \tag{2.11}$$

在中波红外,公式可以简化成下式[①]:

$$\text{遥感器端(MWIR):} \quad L_\lambda^{\mathrm{MWIR}} = L_\lambda^s + L_\lambda^e \tag{2.12}$$

其中 L_λ^s 可以通过式(2.10)计算得出。在 8 ~ 15 μm 波段,与物体本身发射的热辐射相比,太阳辐射的能量可以忽略,于是此时上式简化成下面的形式:

$$\text{遥感器端(TIR):} \quad L_\lambda^{\mathrm{TIR}} = L_\lambda^e \tag{2.13}$$

地球表面发射的辐射(L_λ^{eu})

热辐射图像能量的来源主要是地球本身,地球表面的典型温度为 300 K。对于地球表面的

---

① 本节中额外使用了一个上标 e,这是为了区分太阳反射项中与发射相关的项。

物体来说,即使它们处在相同的温度下,所辐射的能量也不尽相同。大多数地物都不可能像理想黑体那样具有 100% 的辐射效率。实际地物辐射不同波长的热能量效率取决于它们自身的发射率 ε。发射率在热辐射区的作用和反射率在可见光光谱区的作用一样,它是实际地物的光谱辐射出射度和处在相同温度下理想黑体的光谱辐射出射度[式(2.1)中的 M_λ]之比值,从定义中可以看出,发射率 ε 也是无量纲单位,处在 0 到 1 之间。因此,地球表面发出的辐射能量的计算公式如下:

$$\text{地球表面:} \quad L_\lambda(x,y) = \varepsilon(x,y,\lambda)\frac{M_\lambda[T(x,y)]}{\pi} \tag{2.14}$$

从上述公式可以看出,地球表面的物体可能具有不同的温度和发射率,因此它们具有不同的光谱辐射出射度。不难发现这关系和太阳辐射反射区具有相似性,见式(2.7)。

为了区分发射率和温度对光谱辐射出射度的影响,科学家们通常假设其中一个量在空间分布上是常量。在热学研究领域,例如为了确定热量损失的空气热量扫描,假定不同地物顶部的发射率都是相同的,以确定其温度。另一方面,在地质学应用上,通常假定温度是常量,以确定地物的发射率。然而,事实却是两者都影响辐射量,因此我们必须合理地忽略其中一个元素的影响。但是,因为发射率随着波长,甚至温度在变化,因此这种情况比较复杂。Mushkin et al. (2005)给出了在中波红外区分离温度 T 和发射率 ε 的影响的典型分析例子。

在式(2.1)和式(2.14)中,发射的辐射量和温度的关系并不是很明显。为了对它有个清楚的认识,我们在图 2.16 中给出了 TIR 区域三个固定波长的光谱辐射和温度的关系曲线,这里假定发射率是个常量。250 K 到 320 K 的温度范围是正常白天和夜里的地球温度范围,从图中可以发现,在这个温度范围内,光谱辐射与温度几乎成线性关系。在较小的温度范围内,例如热辐射图像,这种近似的线性关系更为明显。因此我们可以把式(2.14)改写成下述形式:

$$\text{地球表面:} \quad L_\lambda(x,y) \approx \varepsilon(x,y,\lambda)\frac{[a_\lambda T(x,y)+b_\lambda]}{\pi} \tag{2.15}$$

其中,相比较来说,a_λ 和 b_λ 的变化比波长 λ 的变化更慢。在实际中,这两个系数,我们一般都取遥感器光谱带通的平均值(见第 3 章)。式(2.15)给出了温度和光谱辐射之间简单明了的关系。在有限的温度范围内,复杂系统近似采用这种线性关系也是有效的。如果为了计算遥感成像时的温度,则需要使用精确的计算公式(2.14)。

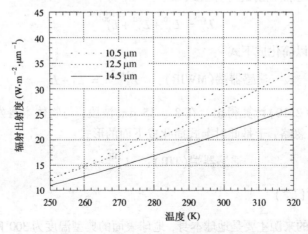

图 2.16　在三个不同波长上,黑体的辐射出射度与黑体温度的关系曲线。这里假设发射度恒等于1,然而对于一个灰体来说,事实上它的发射度随着温度和波长都会变化。温度坐标范围是地球表面正常温度的范围

地球表面发射的热辐射沿着观测路径透过大气传到遥感器：

$$遥感器端：\quad L_\lambda^{eu}(x,y) = \tau_v(\lambda)L_\lambda(x,y)$$

$$= \varepsilon(x,y,\lambda)\frac{\tau_v(\lambda)[a_\lambda T(x,y)+b_\lambda]}{\pi} \tag{2.16}$$

图 2.17 给出了从波长 2.5 μm 到热红外光谱区的大气透过率曲线。在这个光谱区存在适合遥感的 4 个不同光谱窗口，这些光谱窗口是由于分子吸收带而形成的。与前面提到的类似，在这个光谱区内太阳辐射能量的贡献非常小，在波长大于 2.5 μm 的光谱区域，太阳辐射量急剧下降(见图 2.18)。

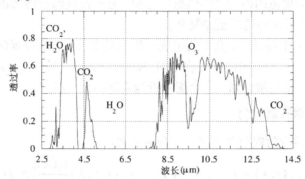

图 2.17　中波红外和热红外区大气的传输透过率曲线(太阳的入射角为 45°)。这条曲线同样是利用 MODTRAN 计算得到的，这条曲线比图 2.4 展现了更多的细节，因为在相同的分辨率下其覆盖的波长范围是后者的 6 倍

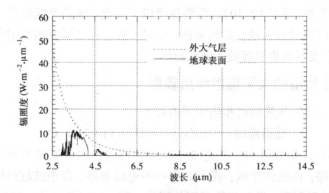

图 2.18　中波红外和热红外区太阳辐射曲线(太阳的入射角为 45°)。上述两条曲线的比值就是图 2.17 中描述的路径透过率曲线

大气发射的经地面反射的辐射(L_λ^{ed})

大气发射的热辐射，有一部分向下传播，后经地面反射穿过大气而到达遥感器。这部分和可见光区域散射的天空光相似

$$遥感器端：\quad L_\lambda^{ed} = F(x,y,\lambda)\rho(x,y,\lambda)\frac{\tau_v(\lambda)M_\lambda^a}{\pi} \tag{2.17}$$

其中，M_λ^a 表示大气的辐射出射度。因子 F 是从地球表面 (x,y) 看过去的天空半球的一部分，与反射天空光中用到的函数是一样的[见式(2.9)]。

如果地物比较稠密且不传播辐射，则物体的发射率和其反射率遵循基尔霍夫定律：

$$\rho(x,y,\lambda) = 1 - \varepsilon(x,y,\lambda) \tag{2.18}$$

上述公式对任何波长的辐射都是有效的。它表明对于任何物体，如果该物体是一个比较好的热辐射发射体($\varepsilon \cong 1$)，则它一定不是一个很好的反射体，反之亦然。如果需要，可以在式(2.17)中替换它。

路径发射的辐射(L_λ^{ep})

根据普朗克黑体定律，大气发射向上的热辐射量在不同的海拔高度下是温度的函数。遥感器接收到的总能量包括了辐射沿观测路径向上传播中整合的不同高度大气发射的热辐射量，我们称这部分辐射为路径发射的辐射L_λ^{ep}。最终的光谱分布不仅仅吸收单一温度下的黑体辐射，它是在一定温度范围内的黑体辐射的总和，另外在低海拔吸收的辐射在高海拔也被吸收，后又被发射，使得这种情况更加复杂。

一般我们假设在一个场景中，其中的组成变化不是太大，只是在观测角度偏离天顶角时较大，例如$\pm 20°$，此时路径发射的部分将增加(Schott, 1996)；另外，地表温度分布具有较大的分布方差，例如着火的植被区域，它会影响近地表面的大气温度。

遥感器接收到的总发射辐射(L_λ^e)

遥感器接收到的总发射辐射是上述 3 部分的总和：

$$遥感器端:\quad L_\lambda^e(x,y) = L_\lambda^{eu} + L_\lambda^{ed} + L_\lambda^{ep} = \varepsilon(x,y,\lambda)\frac{\tau_v(\lambda)}{\pi}[a_\lambda T(x,y) + b_\lambda]$$

$$(2.19)$$

$$+ F(x,y,\lambda)\rho(x,y,\lambda)\frac{\tau_v(\lambda)M_\lambda^a}{\pi} + L_\lambda^{ep}$$

与太阳光谱反射区类似，见式(2.10)，需要注意以下几点：遥感器接收到的总光谱热辐射与地球表面的温度近似成线性关系；受到乘性、空间可变、光谱可变的发射因子影响；受到加性、空间不变、由于发射视角引起的光谱项影响。

2.3.3　总的向上传播的太阳辐射和热辐射

遥感器接收到的总的非热辐射和热辐射的和为

$$遥感器端:\quad L_\lambda(x,y) = L_\lambda^s(x,y) + L_\lambda^e(x,y) \qquad (2.20)$$

其中，L_λ^s由式(2.10)计算得到，L_λ^e由式(2.19)计算得到。在可见光和短波红外光谱区，式中的第二项可以忽略；在热红外区，式中的第一项可以忽略；在中波红外区，两者都是非常重要的，受到地表的反射率、发射率和温度的影响。Boyd and Petitcolin(2004)给出了短波红外的总体评述。

图 2.19 描述了卫星热辐射遥感器接收到的辐射曲线。在 MODTRAN 仿真中，假设反射率和发射率具有光谱一致性。在地球表面的太阳照度直射部分比较小，但是在波长位于 2.5 μm和 5 μm 之间的光谱区，这部分贡献的能量占主要部分；在波长大于 5 μm 的波段，向上传播的辐射主要由前面讨论过的 3 部分组成。随着海拔的增加导致温度降低，路径发射的辐射漂移到较长的波长区，因此向下观测的遥感器接收到的结果是多个温度级辐射的混合。由于上述原因，图 2.19 中遥感器接收到的总辐射曲线和单一温度下理想黑体的曲线(见图 2.1)不尽相同。

2.3.4　热辐射区的图像实例

由于夜里没有太阳照射，此时的热辐射图像是比较有用的。图 2.20 是黑夜 HCMM 的图像和 Landsat MSS 图像的对比。在这里可以放心地假定湖水表面的发射率是常量，HCMM 测量的辐射是湖水温度的代表量。然而,具有较大 GIFOV 的 HCMM 遥感器同时接收来自湖水和周围地形(大多是植被覆盖的区域)的辐射。如果要利用 MSS 图像进行详细分析,把每个 HCMM 像元区分为水体和陆地,就必须利用相对较低分辨率的 HCMM 数据确定湖水表面的温度(Schowengerdt,1982)。最近出现的 ETM + 热辐射图像在空间上解决了湖水温度方差的问题。

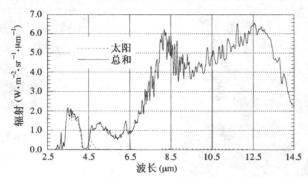

图 2.19　中红外和热红外区的大气上方遥感器辐射曲线。图中可看出在短波红外到热红外区,太阳辐射和热辐射交替成为辐射的重要来源。卫星观测的角度与天顶角的夹角为 0°,同时假设地面发射角度为 0°。同样假设在各个波段的光谱反射都是一致的

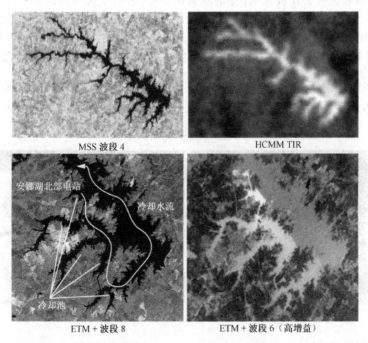

图 2.20　弗吉尼亚安娜湖 Landsat MSS 波段 4 图像(1978 年 6 月 12 日上午 9 点 30 分);HCMM 热辐射波段(1978 年 6 月 11 日上午 3 点 30 分);Landsat ETM + 图像(1999 年 9 月 30 日上午 10 点 30 分);湖中的水用来冷却安娜湖北部的反应堆,首先通过一系列的沟渠和池塘将水抽走,最终水又流回湖中,这样做的目的就是为了保持湖水的温度和生态平衡。尽管 HCMM GIFOV 遥感器的高度只有 600 m,依然可以清楚地看到冷区池塘中的水比湖体的水体温度低。ETM + 波段 8 全色图像更清楚地表现了这种现象,TIR 波段 6(60 m GIFOV)展现了冷却水的温度从冷却渠到湖体的过程中逐步降低的过程。ETM + 通过高低两种不同的增益模式来记录热红外图像。高增益模式对于低辐射场景非常有用(见第 3 章)(美国地质调查局 Alden P. Colvocoresses 博士提供了 MSS 和 HCMM 图像;马里兰大学全球陆地覆盖机构和美国地质调查局提供了 ETM + 图像)

　　尽管大气本身发射热辐射,但是只有地球表面的那层空气温度大概在 300 K,随着海拔的增加,大气温度急剧下降。对于白天的 TIR 图像,具有相同海拔高度的云比陆地的温度低(见图 2.21)。

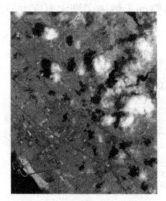 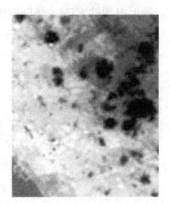

TM 波长 4　　　　　　　　　　　　TM 波长 6

图 2.21　旧金山地区的 TM 波段 4(30 m GSI)和波段 6(120 m GSI)的图像。波段 4 图像上的亮度较大的云比波段 6 图像的陆地都要暗,表明了夜间云的温度比白天的陆地温度还低。波段 4 上每个云左上角的阴影在波段 6 图像上比周围的区域表现稍微暗一些,表明了阴影陆地比太阳直射陆地的温度低一些。我们看到电视上气象卫星展示的热红外图像灰度都是反转的,这样可以使云看起来更明显

　　城市地区在热辐射图像中显示为“热岛”。在图 2.22 中,新奥尔良地区要比周围未开发的区域和水体表现得暖和。然而,我们必须认识到不同地物的反射率代表了它们的温度差异。

TM 波段 2　　　　　　　　　　　　TM 波段 6

图 2.22　美国路易斯安那州新奥尔良地区(包括 Pontchartrain 河和密西西比河)的 Landsat TM 波段 2 和波段 6 的图像(1982年9月16日)。农村地区,特别是作物稠密地区表现的温度比周围的植被温度高,尽管它们的相对发射率是个小数。城市中心的较暗矩形形状和湖水相连的区域就是城市中的公园

　　热红外图像的地形阴影和可见光图像的地形阴影成因不同。因为热辐射是地球表面发出的,所以与外部的照度没有直接关系。然而,在热红外图像上存在一种所谓的“热阴影”,是由于太阳方向造成的地球表面加热不均造成的。图 2.23 清晰地展现了太阳加热的效果。这导致了地形在图像上的表现和可见光有所不同。在图中可以看到,面向山体下半部东南斜面的区域表现得更亮一些。

TM 波段 2　　　　　　　　　　　　　　　　　　TM 波段 6

图 2.23　1983 年 1 月 8 日美国亚利桑那州图森市 Santa Rita 山区的 Landsat TM 图像。该山区处在 1000～2800 m 的海拔高度,同时该山区海拔较高的地方的植被都比较茂密。我们不难发现,背向太阳辐射入射方向(从图的右下角看)的山脊都呈现为热"阴影"。在冬天的早上,面向太阳的山脊的温度比背向太阳的山脊的温度高

2.4　小结

本章描述了地球表面和大气中光辐射传输的基本模型。遥感领域的最主要部分都有所涉及并加以例证。本章的主要内容有:

- 遥感器接收到的能量和地球表面的反射(太阳反射区域),地球表面发射及温度(热辐射区域)成比例。
- 遥感的信号中包含了大气散射(太阳反射区域)和大气发射(热辐射区域),它们随空间变化,但是和光谱无关,是固定的偏置项。
- 大气和地球表面的影响同时存在,它们的相互作用是地面反射系数、发射率和地形的函数。

下一章将会探讨遥感测量上由于遥感器造成的各种影响,其主要影响是信号在局部空间和光谱上的整合,通过它也就确定了图像数据的分辨率。

2.5　习题

2.1　假设你有一个地区的 DEM 数据,想通过它得到该地区的地貌渲染图。你可以使用式(2.6),但是该公式对于那些自身产生阴影的点并不起作用,例如那些背向太阳的点。应该给式(2.6)附加什么样的限制条件才能准确描述上述位置点? 如何确定一个点是不是其他阴影的点? 例如那些点是投影点。(这需要进行复杂的数学分析,在你的回答中,只需说明应该做哪些工作?)为简单起见,可以只考虑垂直平台的一维问题。

2.2　假设我们要通过遥感方法在波段 920 nm 和 1120 nm 处的吸收特性来测量农作物叶子中的含水量。可以利用大气的何种效果来获得精确的测量值?

2.3　在推导式(2.6)的过程中,我们注意到,在缺少投影数据或云信息时,对于 185 km 地球视场角的 Landsat ETM + 卫星来说,太阳辐照度近似等于常量。对于具有 2800 km 地球视场角的 AVHRR 或 MODIS 遥感器来说,是不是也是这种情况呢?

2.4　是什么物理因素导致了图 2.9 中的两条曲线出现差异?

2.5　我们依据什么物理假设或者观点做出"波段 4 图像上亮度较大的云比波段 6 图像的陆地都要暗,表明了夜间云温度比白天的陆地温度还低"的结论(见图 2.21 的图题)? 为什么这个结论没有"云阴影下的陆地表面比周围陆地的温度低一些"重要呢?

第 3 章　遥感器模型

3.1　概述

　　遥感器把输入辐射(反射和发射)转换为图像,图像是按空间分布的辐射值,在这个转换过程中,有几个重要的特征(如辐射、空间及几何特性)会发生变化。通常,遥感器会衰减诸如地表总辐射的部分信息。理解这种衰减特征对设计合适的图像处理算法并对其结果进行解译是非常重要的。

3.2　遥感器模型简介

　　一个光电遥感器模型可以由图 3.1 进行描述。扫描过程(见第 1 章)将传输到遥感器端的辐射信息在探测元件处转化为连续的时变光学信号,而探测元件将光学信号进一步转化为电子信号,并通过遥感器的电子器件进行放大和处理。在模数(A/D)转换器中,被处理的信号按时间采样并量化为表达图像像元的数字量值。

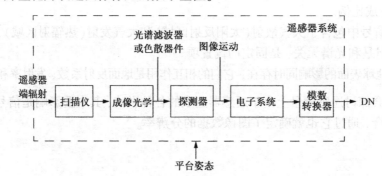

图 3.1　光电遥感系统的主要组成部分,此模型同样适用于摆扫型系统。平台的姿态信息未包含在该模型中,姿态信息对成像特征和质量起着很重要的作用

3.3　分辨率

　　在遥感图像的诸多特性中,被提到最多的是分辨率,虽然它是具有显而易见含义的术语,但定量地定义它是比较困难的。遥感系统在光谱、空间和时间尺度上都有分辨率的概念,而且,鉴于辐射量化的原因,数据本身也有一个数值分辨率的问题。本节将讨论分辨率的概念,同时还要涉及卷积、混合像元和采样等概念。

3.3.1　仪器响应

　　没有哪一种仪器(包括遥感系统)能绝对精确地测量某一物理信号。如果信号随时间变化,则仪器必须综合某一时间段内的信号;如果信号随波长变化,则仪器必须综合某一光谱波段内的信号;如果信号随空间变化,则仪器必须综合某一空间尺度内的信号。通常,可以定义仪器的输出为

$$o(z_0) = \int_W i(\alpha)r(z_0 - \alpha)\mathrm{d}\alpha \tag{3.1}$$

其中，$i(\alpha)$ 为输入信号，$r(z_0 - \alpha)$ 为仪器响应（单位面积），由 z_0 对其进行反转和平移，$o(z_0)$ 为输出信号（当 $z = z_0$ 时），W 为仪器响应足够显著所需的尺度。

式（3.1）的物理解释为：仪器在 z_0 处的 W 尺度范围内对输入信号进行加权并对其积分。如果有 z_0 连续值 z，那么以上过程称为卷积。式（3.1）可简化成更方便、更常用的形式：

$$o(z) = i(z)*r(z) \tag{3.2}$$

即输出信号等于输入信号与响应函数的卷积。这一数学描述可以应用到大量的仪器中[1]。在下面的章节中，这一公式将用来描述遥感成像系统的空间和光谱响应。

3.3.2　空间分辨率

遥感器或其图像的空间分辨率通常表示为 GSI 或 GIFOV，如果环境背景的反差足够高，那么这一概念常用来表示仪器能够检测到较小物体的能力。虽然这些目标能检测到，但在通常意义下的图像上却难以识别。在 TM 图像上，人们能够看到 10 m（三分之一）甚至更窄的道路或水面上的桥梁（见图 3.2）。同样，小于一个像元的高对比度线性特征在 MODIS 和 IKO-NOS 图像上也是可见的（见图 3.3）。

1X　　　　　　　　　　　　　　　　　4X

图 3.2　亚像元目标检测举例。这是 TM 波段 3 图像上旧金山的 Berkeley 码头，码头为水泥材质，7 m 宽。老化的码头延伸部分为同样宽度、具有低于水泥辐射率的木质结构，但在图像上几乎不可见（感谢 Joseph Paola 提供了相关数据）

假设某一遥感器对于场景反射[2]产生一个线性数字量输出。某一地面面积大于方形[3] GIFOV 且有零反射、产生零数字量值，另一个地面的反射产生最大的数字量值（例如 255）。现在假设包含在其中的地面有两类材质，其反射分别为 0 和 1，其他像元为黑色物体包围，表现为背景，与感兴趣的像元是可比较的，则在该像元中由遥感器产生的信号是两类混合成分（目标和背景）在 GIFOV 内综合作用的结果。如果它们在 GIFOV 中的组成比例各为 50%，则数字量值为 128（或与 128 接近的整数数字量）。如果在 GIFOV 中，两目标比例为 10%，则数

---

① 特别地，当输出信号为多个输入信号之单个输出信号的和时，系统是线性的；当 $r(z_0 - \alpha)$ 不依赖于 z_0 时，系统是不变的。
② 为简化讨论，假设没有干扰图像，遥感测量值是反射的直接函数。
③ 指顺轨和交轨的 GIFOV，为简便起见，以下章节把这样的二维区域都称为 GIFOV。

字量值为 26。由于假设遥感器由一个像元可以区分两个数字量,如果图像没有噪声,则理论上可以把亮目标从黑色背景中检测出来,即使亮目标在 GIFOV 中只占 0.4% 的比例(见图 3.4)。

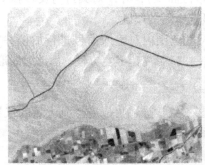

TM 波段4

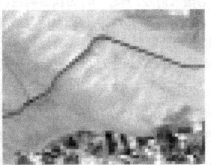

MODIS 波段 2

IKONOS 全色波段

图 3.3 亚像元目标检测举例。上图为 TM 和 MODIS 图像上的美国加利福尼亚州的河渠,该河渠用于灌溉,宽 60 m(在 TM 图像上为 2 个像元)。由于与大片沙丘有较强的对比度,因此该河渠在 250 m 的 MODIS 的波段 2 图像上也可以看到,甚至细小的第八州际高速公路也依稀可见。下图为亚利桑那州图森的一个停车场和建筑物的 IKONOS 图像,停车位标志大约 10 cm 宽,在 1 m 分辨率全色 IKONOS 图像上约为 1/10 个像元(IKONOS 图像由 Space Imaging LLC 和 NASA 的 Scientific Data Purchase Program 提供)

假设目标的反射较为理想,暗环境有 4% 的反射,亮目标有 8% 的反射,两者具有 2:1 的对比度。如果目标占有 GIFOV 的 50%,且像元的数字量值为 15,而纯背景像元的数字量值为 10,则由于与背景的数字量值相差 5,仍能检测出目标。如果目标尺寸小于一个像元的 10%,则由于辐射值低于阈值(数字量 1)而不能检测出目标。由此可以看出,目标和背景的辐射以及遥感器的 GIFOV 综合起来决定着图像的"分辨率"。如果图像中存在噪声,则检测目标的阈值将会比较高,为了可靠检测需要较大的目标-背景对比度。

图像分辨率常常被忽略的一个影响因素是采样场景状态(sample-scene phase),即目标和像元的相对位置(Park and Schowengerdt, 1982;Schowengerdt et al., 1984)。对于一幅图像,这种相对空间状同是不可知的,并以正负 1/2 个像元的正态分布变化。如图 3.5 所示,两类低对比度的情况说明了两种可能的采样场景状态。左图表示目标均匀地部分占据了 4 个 GIFOV,右图表示目标非均匀地部分占据了 4 个 GIFOV。包含目标的 4 个像元的数字量值表示在下方。对于平分目标的情况,4 个像元的数字量值都是 11,且能够检测出目标。在右图中目标被非均匀分割的情况下，在 4 个 GIFOV 中的面积百分比分别为30、5、2 和 13(以左上角为起点的逆时针方向)，对于这 4 个像元的数字量值分别为 13、11、10 和 12。如果没有噪声，则仍然有 3 个像元的目标能够被检测出来。

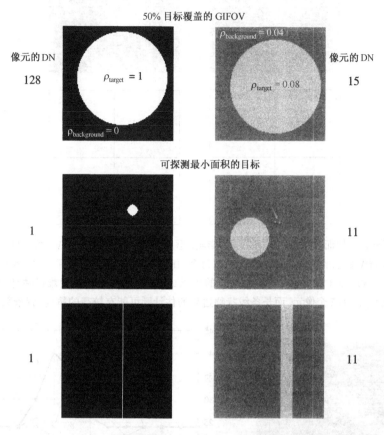

图 3.4　单个目标在两个不同对比度背景下及理想遥感器的检测能力分析。正方形代表一个 GIFOV 采样的区域。最小可检测目标区域在图像上表现为与背景可区分的一个数字量值。目标不必在GIFOV中心(如果遥感器响应与GIFOV一致);被综合的任意位置上的信号表现为一致。如果目标为线状的,如道路或桥梁,那么其形状可以通过背景的几个像元推断出来,如图3.2和图3.3所示

　　采样场景状态对于更复杂的目标也很重要，例如目标包含相对于暗背景的等间隔亮条情况。如果遥感器的 GIFOV 等于一个亮条的宽度，则两个极端采样场景状态所产生的信号或者具有极大的对比度，或者没有对比度。如果遥感器的 GIFOV 是亮条宽度的两倍，则对于任何采样场景状态的信号都为零。

　　图 3.2 中 TM 图像的放大部分如图 3.6 所示，可以看出沿码头的每条扫描线的数字量值是不一样的。这是由于码头与扫描线夹角不为90°而导致采样场景状态变化的结果。因此，某些扫描线上的码头表现为一个像元，而其他的一些表现为两个像元。为了估计亚像元目标的真实宽度，需要根据像元的构成比例构建包含许多线条的一种模型。这个模型相当于遥感器空间响应函数与码头辐射剖面的卷积，见式(3.2)，该剖面采用一个比像元 GSI 更精细的间隔采样。这一分析方法将用于本章中分析 ALI 和 QuickBird 遥感器的空间响应函数。

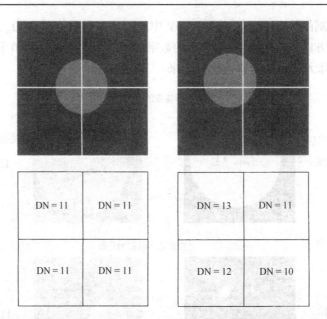

图 3.5   像元网格和地面目标之间空间采样的影响。图中有 4 个相邻的 GIFOV,整个目标的面积为一
个 GIFOV 面积的 50%。左图,目标占据每个 GIFOV 的 12.5%,右图目标占据一个 GIFOV 的比例
分别为 30% 5% ,2% 和 13%。对这样的场景成像,其网格点的位置难以估计,估计误差为
等概率的 ±1/2 个像元,而长条线状物边界的估计则可能有较高的精度。背景数字量值为 10

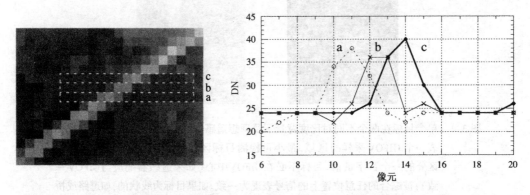

图 3.6   该图为图 3.2 强对比的放大部分,还画出了码头中部的三个相邻
扫描线的数字量剖面图,以说明采样场景状态效果。每条线的码
头剖面是不同的(单个像元之间的插值只是为了图示的效果)

　　在真实图像中,考虑遥感器噪声、非一致性目标、背景、不同的太阳高度角及地形等因素,图像分辨率将更为复杂。"一幅图像的分辨率为 30 m"这样的表述通常指的是 GIFOV 或 GSI,如上所述,这样的表述并不严谨。本书中用"分辨率"这一术语简单地指代 GSI。

3.3.3　光谱分辨率

　　遥感器每个光谱波段的总能量是图像透过光谱窗口感光后的一个光谱加权和,见式(3.26)。波长加权是遥感器在光谱信号内分辨细节能力的主要因素。为了说明这一点,我们选取矿物明矾石在 1350 ~ 1550 nm 波长之间(见第 1 章),且在 OH 附近双吸收峰的光谱反射数据,并用一个多光谱遥感器进行模拟测量。这个双吸收峰的每一个峰只有 10 ~ 20 nm 宽,之间有 50 nm

间隔宽度。现在用一个具有很多光谱波段(每个光谱宽度为 10 nm,即峰值响应的50%,且波段之间间隔为 10 nm)的高光谱遥感器对这些数据成像并测量。每个末端能够观测到一个有效的反射,该发射也被加权,加权函数是各波段的遥感器响应函数(见图3.7)[①]。我们将使用钟形函数来逼近实际光谱波段响应。由于光谱窗口宽度能够体现信号细节,因此细节被保留下来。然而,由于很难确定某一波段在波谱[②]中的位置,所以难以找到准确的最小反射点。

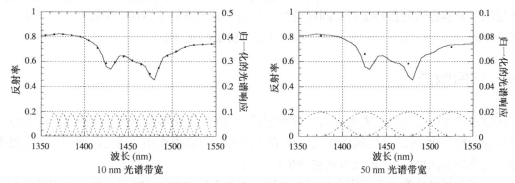

图 3.7 多光谱遥感器测量明矾石的有效反射图示。实线表示以 1 nm 采样光谱的原始反射,虚线为单个光谱响应。每个黑点为相应波段的输出。10 nm 宽的光谱波段图示代表了 AVIRIS 或 HYDICE 等高光谱遥感器的响应。50 nm 宽的光谱波段图示代表了诸如 TM 遥感器的响应(虽然 TM 的各个波段不在图示的光谱中)

用 50 nm 宽的光谱进行类似的实验,结果表明由于被较宽的波段平均化而使以上的双峰完全消失(见图3.7)。即使平移光谱波段的位置,双峰仍然不能被分辨。如果光谱波段不像图 3.7那样重叠(如 TM 的波段 3 至波段 5 及波段 7),则遥感器分辨粗略特征的能力也会大打折扣。而交替使用光谱段会使光谱采样精细化,从而导致数据量的增加。

为了说明实际的 TM 光谱响应如何改变遥感器端辐射,我们将使用第 1 章中的 Kentucky Bluegrass 光谱反射和第 2 章中的大气传输模型。遥感器端的净辐射如图 3.8 所示。这个净辐射被 TM 的 4 个 VNIR 波段(见图 3.22)的每一个光谱响应相乘,以产生每个波段的加权光谱分布。该函数作用于每一波长范围,并产生每一波段的有效总辐射。

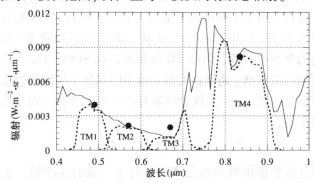

图 3.8 实线代表 Kentucky Bluegrass 遥感器端辐射,虚线代表 TM 波段的加权光谱分布,实心圆代表总的有效辐射(由加权光谱分布作用的结果)。需要特别注意的是,在较宽的波段3和波段4如何平滑掉原始辐射的细节信息

---

① 为简化讨论,没有考虑第 2 章提到的太阳辐射和大气传输等因素。这些因素会改变输入函数,但不会影响该概念的阐述。

② 这是采样场景状态的另一个例子,它是在光谱维而非空间维的。

实际上,自然界中许多物质的光谱反射很少是平滑的,不能表现为吸收直线(见第1章中土壤和植被的反射曲线)。最初,在这些情况下,高光谱分辨率的高光谱遥感器的作用看起来似乎很小。随着对物质吸收特性和自然物质中成分(如植被中的纤维素、木质素和蛋白质)之间生化作用的深入了解,这些高分辨率的光谱在光谱成像中得到了充分的利用(Verde-bout et al., 1994;Wessman, 1994)。从上面的例子中可以看出,光谱波段的位置与光谱宽度对于遥感器分辨物质光谱特征具有同样重要的作用。高光谱遥感器在一个较宽的波段范围内提供连续的波段,并且优于多光谱遥感器提供更为精细的光谱波段位置。

3.4　空间响应

遥感器场景的空间特性主要有以下两种方式:(1)由遥感器光学系统、探测元件和电子器件引起的模糊化;(2)几何扭曲作用。本节将讨论空间模糊作用,相比扭曲而言,它通常作用于较小的空间尺度内(该尺度内包括少量像元)。

遥感器对场景成像是不可完全复制的过程。相对于较大的地物特征,微小的细节常被模糊化;这个模糊化过程可被遥感器的(总)点扩散函数(PSF_{net})刻画,PSF_{net}可当成遥感器的空间响应(如前面章节描述的光谱响应一样)。PSF_{net}是空间卷积的加权函数[见式(3.1)],并产生电信号 e_b,

$$e_b(x,y) = \int_{\alpha_{\min}}^{\alpha_{\max}} \int_{\beta_{\min}}^{\beta_{\max}} s_b(\alpha,\beta)\,\text{PSF}_{\text{net}}(x-\alpha, y-\beta)\,\mathrm{d}\alpha\mathrm{d}\beta \tag{3.3}$$

遥感器响应函数对量测的物理信号进行加权,该物理信号在响应函数范围内被综合为输出值。点扩散函数定义了坐标(x,y)周围的整合信息。式(3.3)的左边依赖于连续的空间坐标(x,y),在信号被采样[1]时将它离散化。

PSF_{net}由以下几个成分组成。首先是光学元件点扩散函数导致的模糊。在某些情况下,在每一个像元综合过程中,由光学探测元件所成的像会发生移动,这导致了图像的点扩散函数移动。因此,第二部分是探测元件点扩散函数引起的模糊。第三部分是由于电子点扩散函数引起的退化。这一过程在图3.1中得到了描述。下面将对 Landsat MSS(Park et al., 1984),TM(Markham, 1985)和 AVHRR(Reichenbach et al., 1995)进行相应的分析。模型的遥感器参数通常能够在承包商的报告中找到,例如 TM 参数可以在 SBRC(1984)中找到,然而这些参数是飞行前在实验室测量的数据,通常在发射后或遥感器做了可能的改变后不再适用。

在分析中,一个重要的假设是:二维遥感器总点扩散函数是由两个在顺轨和交轨方向上的一维点扩散函数给出的,

$$\text{PSF}_{\text{net}}(x,y) = \text{PSF}_c(x)\,\text{PSF}_i(y) \tag{3.4}$$

如果该公式成立,则总点扩散函数是可分离的。对于一般的遥感器,这种可分离性是有效的,并能够用一维函数进行较为简单的分析(附录 B 给出了可分离函数的解释)。

下面的章节将分别阐述遥感器总点扩散函数的各个组成部分。除非特别指出,坐标(x,y)及所有的参数都是图像空间的(而不是物方空间的,见图1.11),因为遥感器模型的

---

① 在本章及本书的其余部分,坐标(x,y)代表图像空间中的顺轨和交轨方向。飞行方向坐标系能够满足所有相对于平台轨道指向天底的遥感器,而对于指向非天底方向成像的遥感器需要另外考虑。

绝大部分参数数据来自遥感器工程文档且特指适用于图像空间。图像与地面之间的距离和速度之转换因子由遥感器的放大倍率进行简化，

$$\text{地面距离 = 图像距离 / 放大倍率 = } (H/f) \times \text{图像距离} \tag{3.5}$$

且，

$$\text{地面速度 = 图像速度 / 放大倍率 = } (H/f) \times \text{放大倍率} \tag{3.6}$$

3.4.1　光学点扩散函数

光学点扩散函数定义为点光源(如恒星、实验室中的孔洞照明)在图像上的能量空间分布。一个点光源形成一个点图像，对于一个光学系统而言是不可能完美的。从点光源反射的能量在焦平面上的一个较小区域内扩散，扩散范围依赖于很多因素，包括衍射、光行差和机械安装质量等。

没有退化只有衍射(这是不可避免的)的光学系统称为是"有限衍射的"。所形成的点扩散函数称为光晕模式，一个明亮的圆形光斑由亮度递减的圆环包围(见图 3.9)。其数学表达式为

$$\text{PSF}(r') = \left[2\frac{J_1(r')}{r'} \right]^2 \tag{3.7}$$

其中，J_1 为第一类贝塞尔函数，归一化半径 r' 由下式给出：

$$r' = \frac{\pi D}{\lambda f} r = \frac{\pi r}{\lambda N} \tag{3.8}$$

其中，D = 孔直径，f = 焦距，N = 光波数，λ = 光的波长。并且第一个环的非归一化半径，即碟形半径(Airy Disk)为

$$r = 1.22 \left[\frac{\lambda f}{D} \right] = 1.22 \lambda N \tag{3.9}$$

其中，N 为光波数，由比例因子，即光学焦距 f 除以孔的半径 D[①] 给出。

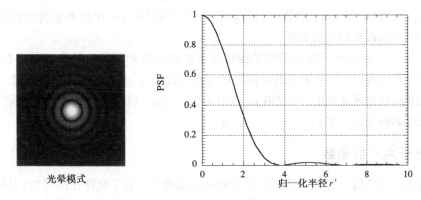

图 3.9　有限衍射光学点扩散函数及其沿半径方向的剖面图

由于以上提到的诸多因素，一个真实的光学系统可能不是"有限衍射的"。也可能点扩散函数不能被刻画，因此只能在系统建立后测量。对于一个待测的光学点扩散函数，其通用模型一般是一个二维高斯函数

[①]　实际上系统的入瞳直径就是被利用的图像孔径光阑。在此不再赘述几何光学，感兴趣的读者可以参阅 Slater (1980)或其他有关光学的教科书。

$$\mathrm{PSF}_{\mathrm{opt}}(x,y) = \frac{1}{2\pi ab}\mathrm{e}^{-x^2/a^2}\mathrm{e}^{-y^2/b^2} \tag{3.10}$$

参数 a 和 b 分别决定了交轨和顺轨方向的光学点扩散函数宽度。对于一个设计良好的光学系统，a 应该等于 b。高斯函数是可分离的，这与式(3.4)是一致的。

3.4.2　探测器点扩散函数

它是由于遥感器每一个探测元件非零空间区域导致的空间模糊。虽然在探测元件平面内有较小的非一致性响应，但做如下的假设是合理的：

$$\mathrm{PSF}_{\mathrm{det}}(x,y) = rect(x/w)rect(y/w) \tag{3.11}$$

它是一个可分离的归一化平方脉冲函数(见附录 B)。

3.4.3　图像运动点扩散函数

在对一个像元的信号进行综合的过程中，如果图像在探测元件上移动，则会产生模糊[①]。图像运动模型只用一维平方脉冲点扩散函数(见附录 B)来描述，

$$摆扫式遥感器：\quad \mathrm{PSF}_{\mathrm{IM}}(x,y) = rect(x/s) \tag{3.12}$$
$$推扫式遥感器：\quad \mathrm{PSF}_{\mathrm{IM}}(x,y) = rect(y/s) \tag{3.13}$$

其中，s 是焦平面内图像空间的"拖尾污点"，由下式给出：

$$摆扫式遥感器：\quad s = 扫描速度 \times 积分时间 \tag{3.14}$$
$$推扫式遥感器：\quad s = 平台速度 \times 积分时间 \tag{3.15}$$

对于某些推扫遥感器，如 AVHRR 和 TM，相对于采样间隔(像元间隔或 GSI)而言，综合时间可以忽略不计。特别地，综合时间可以导致这些系统 1/10 个像元的模糊。然而，作为摆扫式遥感器的 MODIS，其图像运动的综合时间大致对应于交轨方向的一个探测元件。对于推扫式遥感器，如 SPOT 和 ALI，顺轨空间运动的综合时间对应于一个探测元件的宽度，在顺轨方向对总点扩散函数有较大的贡献。

在图 3.10 中，MODIS 的设计说明了探测器点扩散函数和图像运动点扩散函数之间的相互作用。在所有波段中，每个像元的采样区域与相邻像元之间有 50% 的重叠。例如，对于每个 GSI 的尺度参数是成比例的，如 250 m、500 m 和 1 km。这种设计得较大的探测元件更能提高信噪比而不损失分辨率。

3.4.4　电子点扩散函数

从探测器过来的信号有时需要通过电子滤波去除噪声，电子元件在信号被扫描和从探测器中读取出来的时间段内工作。时间的依赖性可以转化为等价的空间依赖性：

$$摆扫式遥感器：\quad x = 扫描速度 \times 采样间隔 \tag{3.16}$$
$$推扫式遥感器：\quad y = 平台速度 \times 采样间隔 \tag{3.17}$$

在 AVHRR，MSS，TM 和 ETM + 摆扫式遥感器中，电子滤波是一个在交轨方向的巴特沃

---

① 在传统的胶片相机中，如果在曝光期间相机移动或物体相对于相机移动，则这种成像的拖尾污点效应也是可见的。

思低通滤波器(Reichenbach et al., 1995; Park et al., 1984; Markham, 1985; Storey, 2001)。这种滤波器在交轨方向[①]平滑数据。在推扫式电荷耦合元件(CCD)遥感器中,这种电子滤波器不常见。然而,那些有内在特性的遥感器阵列,如二维阵列光电空间扩散或线性 CCD 阵列转换效率,可以由电子点扩散函数来建模。第 6 章和附录 B 中将阐述 ALI 模型中的这种点扩散函数。

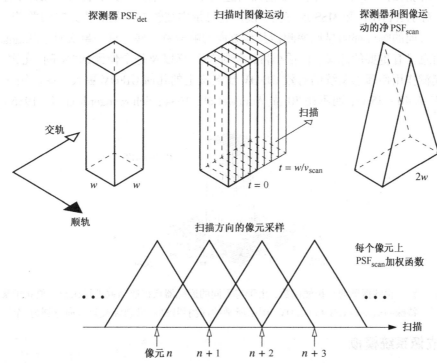

图 3.10　MODIS 扫描镜连续地扫过焦平面。这与探测器扫过一个静止图像(图中为透视图)等价;中间的图画出了探测器的瞬时定位,用于描述图像运动。像元以 83.333 μs(250 m 波段), 166.667 μs(500 m 波段), 333.333 μs(1 km 波段)间隔采样(Nishihama et al.,1997)。在一个采样间隔内,图像(所有波段)移动一个探测像元的宽度并被综合,除了 10 μs 用于读取探测元件数据(此处忽略)。PSF_{scan}(是 PSF_{det} 和 PSF_{IM} 的卷积)通过一个三角函数引入了一个非归一化局部图像。三角形的底边为扫描方向探测元件宽度的两倍;邻近像元由于采样图像区域的重叠被相关

3.4.5　总点扩散函数

由第 6 章的定理可以看出总点扩散函数是各个点扩散函数的卷积,

$$PSF_{net}(x, y) = PSF_{opt} * PSF_{det} * PSF_{IM} * PSF_{el} \qquad (3.18)$$

总点扩散函数的宽度是各个点扩散函数宽度的总和,以上公式可改写为

$$PSF_{net}(x, y) = PSF_{opt} * PSF_{scan} * PSF_{el} \qquad (3.19)$$

其中,

$$PSF_{scan}(x, y) = PSF_{det} * PSF_{IM} \qquad (3.20)$$

对此,从图 3.10 的 MODIS 摆扫式遥感器中可得到进一步的解释。

---

① 参考第 6 章中有关空间滤波和低通滤波器的阐述。

3.4.6　遥感器各个点扩散函数之间的比较

　　为了强调具有不同尺度 GSI 的不同遥感器点扩散函数之间的相对差异，一般需要通过归一化得到同样的 GSI，如图 3.11 所示。这样，对于具有 1 km GSI 的 AVHRR 和具有 30 m GSI 的 TM，归一化后的尺度是一样的。如前面所述的模型，在图 3.12 中表示了几种卫星遥感器的总 PSF。对于 AVHRR 和 MSS 遥感器，模糊的总量中交轨方向是顺轨方向的两倍。而所有系统在交轨方向的响应都明显比探测器其他方向的响应宽一些。这一事实对于从遥感图像上提取各类信息具有重要的意义，包括小目标特征的计算以及每个像元的"空间-光谱"混合特征。这种模糊作用使遥感系统的有效 GIFOV 比名义上的几何 GIFOV 更大一些。例如，TM 的有效 GIFOV 为 40 ~ 45 m，而不是 30 m(Anuta et al., 1984；Schowengerdt et al., 1985)。

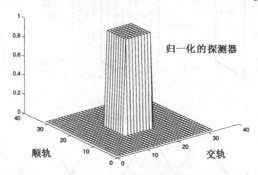

图 3.11　归一化的探测器点扩散函数，用于与不同的遥感器点扩散函数进行比较。独立于某一特殊的遥感器 GSI 和 GIFOV，图中所画的探测器 PSF 在顺轨和交轨方向分别为 8 个采样

3.4.7　成像系统模拟

　　成像系统的模拟对于成像遥感器各种参数的作用效果的可视化是非常有用的。例如，图 3.13 的上部为一幅具有较小的 GSI，分别沿行、列方向按 2 倍和 4 倍间隔采样的航空图像。随着 GSI 的增加，识别人工地物如建筑物、道路的难度也增加。由于场景细节在图像上无法体现，放大图像的做法对于识别细节是无用的(类似于显微镜的无效放大)。

　　GIFOV 也会影响图像的细节层次，如图 3.13 的最下部图像所示。此处，原始航空图像在采样之前按 2×2 或 4×4 像元进行平均化，这样可以模拟 GIFOV 等于 GSI 的遥感器。随着 GIFOV 和 GSI 的增加，更多的场景细节在数字化显示中消失了，然而整个视觉效果并不像单独由于 GSI 变化引起的结果那样。这是由于空间平均导致降采样随着 GIFOV 的增加而减少了锯齿效应造成的。通常遥感器的 GSI 等于 GIFOV。

　　为了说明成像过程中遥感器各 PSF 成分之间的层叠效应，我们用 TM 成像进行模拟。如图 3.14 所示，TM 的 3 个 PSF 用于模拟。模拟从图 3.15 的扫描式航空图像开始，该图像的 GIFOV 和 GSI 都是 2 m。首先，图像旋转到与 Landsat 轨道的顺轨和交轨一致的方向，这样就保证了观测到的 TM 辐射空间分布是由各个 PSF 卷积得到的。

　　整个成像过程产生的模拟图像结果如图 3.16 所示。第一幅图为光学 PSF 的效果，它揭示了 TM 焦平面上探测元件发光的空间分布。接下来的图像为探测元件 IFOV 引起的模糊效应。如果我们也模拟探测元件噪声(TM 中很小)，则其也能被添加到图像中。后一幅图像为电子滤波器运用在交轨方向上的结果。考虑到模拟精度，原始的 2 m GSI 被保留，图 3.16 中间的图像 GSI 被降低为 30 m TM GSI。

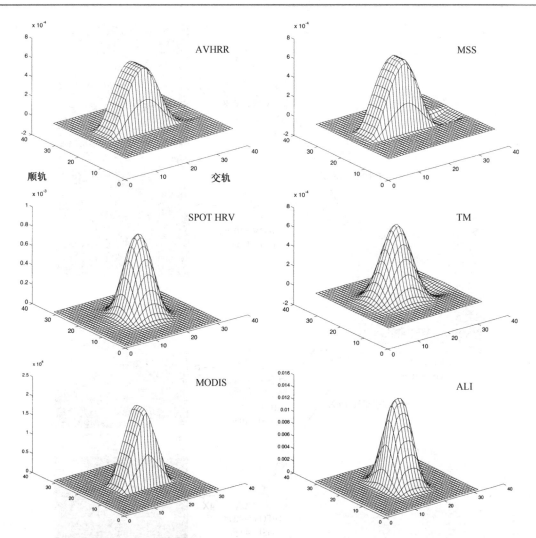

图 3.12　几种遥感系统的整个系统 PSF 的透视图。各个 PSF 都归一化到同一尺度(见图 3.11)，且探测器 PSF 都明显比其他 PSF 宽一些。三个摆扫式遥感器(AVHRR,MSS 和 TM)由于低通电子滤波器的作用在交轨方向有不均匀的空间响应。这样的滤波器在 PSF(在图中导致了垂直方向的偏移量)的某一侧会导致较小的负响应。MODIS 由于每个像元上的运动模糊，导致了交轨方向有较大尺度的 PSF(类似于图 3.10)。同样地，ALI 推扫式系统由于图像运动模糊，其顺轨方向的 PSF 比交轨方向的宽。AVHRR,MODIS 和 MSS 在顺轨方向上的 PSF 几乎等于探测器 PSF，这是由于光学 PSF 相对于探测器而言较小的缘故。SPOT 和 TM 具有较小的探测元件，光学系统 PSF 相比探测器在两个方向上更容易导致模糊

　　最后，模拟 TM 图像的放大部分与 4 个月后(与用于模拟的航空图像相比而言)获得的实际图像进行比较。模拟过程获得了与 TM 空间分辨率类似的清晰图像。虽然考虑到辐射差异而对 TM 图像进行了对比度调整，但没有模拟其他一些辐射特征，包括不同的太阳高度角、阴影、大气条件光谱响应，这些因素也会造成辐射差异。

　　在 Justice et al. (1989)中描述了与上述类似的空间退化过程，文章提到从 Landsat MSS 图像模拟低分辨率图像。在作者的工作中，MSS 的原始转换函数被作为"源"退化到"目标"转换函数(代表低分辨率遥感器，如 AVHRR)。

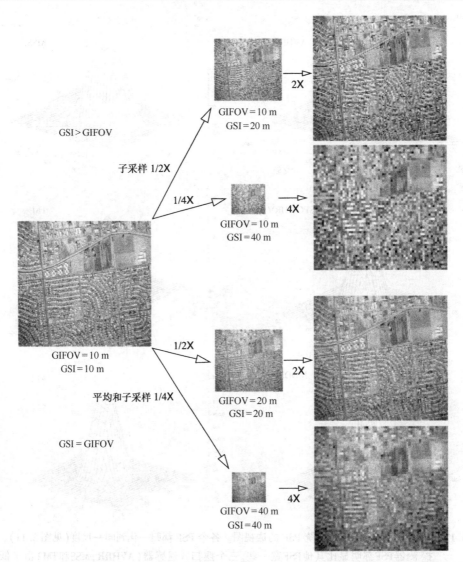

图 3.13　在可视化图像上模拟 GSI 和 GIFOV 的效果。上面两个例子按 GSI > GIFOV 进行过采
　　　　样(混叠)。在下面两个例子中,GSI = GIFOV。虽然后者的GIFOV更大,但图像质量更好

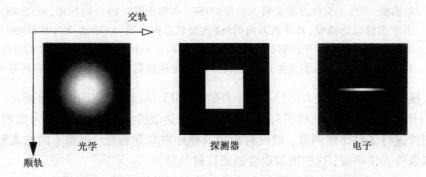

图 3.14　TM 的各个 PSF。所有 PSF 以同一尺度显示;探测元件宽度对应于 30 m
　　　　GIFOV。每个PSF周围的背景值设为0。这些31 × 31采样阵列(2m/采
　　　　样)用于和图3.15中图像的数字卷积(见第6章),以模拟TM成像

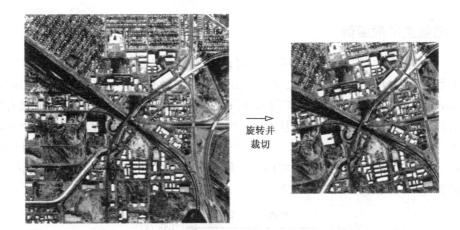

图 3.15　亚利桑那州图森一个地区的扫面航空照片，用来模拟 TM 图像。扫描照片为 2 m GSI 的全色波段，
其光谱响应类似于 TM 波段2和波段3的平均。图像底部的黑色特征为焦平面的基准标志，用
于相机的变形校正。右图旋转至 TM 轨道顺轨和交轨一致的方向，并裁切了一部分用于模拟

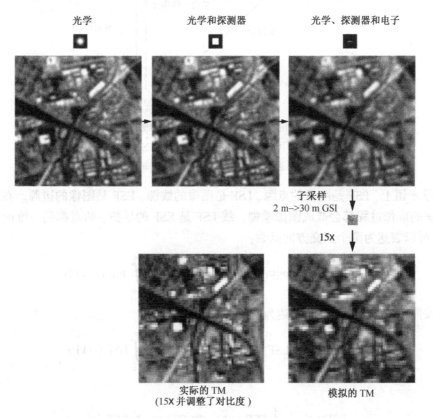

图 3.16　上图为 TM 各个空间响应所产生的图像序列，一个 PSF 就会导致加性模糊。
为了模拟，图像需要上采样到30 m GSI。最终模拟采样放大的TM图像与真
实的 TM 图像为图示的下半部分。TM图像是波段2和波段3的平均，能够近似
模拟全色影像的光谱响应。TM图像对比度的调整弥补了由于大气效应和遥
感器增益与偏置导致它与模拟 TM 图像之间的差异，但不改变空间细节特征

3.4.8　测量点扩散函数

通常，通过在实验室中控制一些条件，可以对光学 PSF 进行测量。一个特殊的目标源(如点、直线、边缘)用光学系统成像，图像被用来产生二维的 PSF，一维的线扩散函数(Line Spread Function, LSF)或一维的边缘扩散函数(Edge Spread Function, ESF)。由于具有较亮水平，ESF 和 LSF 一般比较容易测量，但在 PSF 中只要存在不对称性，就必须在多个方向对它进行测量。其他的空间响应可以通过 PSF 的傅里叶变换进行计算，此处不对傅里叶变换进行详细描述。在这里，我们专注于空间域内的空间响应分析；第 6 章将描述有关的傅里叶域。PSF, LSF 和 ESF 之间的关系如图 3.17 所示。

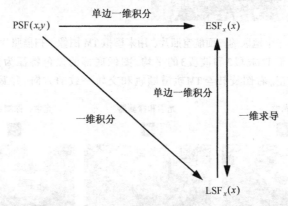

图 3.17　不同光学空间响应之间的数学关系。二维 PSF 转换到一维 LSF
的过程是不可逆的，这就是说不能从 ESF 或 LSF 恢复到 PSF。
这样，后者通常至少要测量两个方向以处理不对称性

在光学术语上，PSF 是图像的点源，LSF 是图像的线源，ESF 是图像的边源。在每种情况下，不完美的成像过程都会造成图像模糊。线 LSF 是 ESF 的导数，两者都是一维函数。按照 PSF, LSF 可以表达为两个正交方向函数：

$$\text{LSF}_c(x) = \int_{-\infty}^{\infty} \text{PSF}(x, y)\mathrm{d}y, \quad \text{LSF}_i(y) = \int_{-\infty}^{\infty} \text{PSF}(x, y)\mathrm{d}x \tag{3.21}$$

进一步，按照 LSF，我们将 ESF 表达为

$$\text{ESF}_c(x) = \int_{-\infty}^{x} \text{LSF}_c(\alpha)\mathrm{d}\alpha, \quad \text{ESF}_i(y) = \int_{-\infty}^{y} \text{LSF}_i(\alpha)\mathrm{d}\alpha \tag{3.22}$$

或等价于

$$\text{LSF}_c(x) = \frac{\mathrm{d}}{\mathrm{d}x}\text{ESF}_c(x), \quad \text{LSF}_i(y) = \frac{\mathrm{d}}{\mathrm{d}y}\text{ESF}_i(y) \tag{3.23}$$

实际上，测量的是线或边缘响应，而不是点响应。如果测量边缘响应，则 LSF 可以通过计算 ESF 的导数而得到，但这一计算对于噪声比较敏感。

对于数字遥感器而言，由于包含了像元采样的效果，而使测量系统总的 PSF 变得更为复杂(Park et al., 1984)。在探测元件综合过程中也有电子滤波器和图像运动的问题。在实验室测量过程中，很难对所有这些因素进行模拟。而且，发射后由于热聚焦或在太空环境中遥感

器的排气①过程，可能会造成系统 PSF 的改变。因此，发射后在轨测量和监测遥感器的 PSF 是很重要的。

有许多技术可用来测量表 3.1 所列图像的 PSF，LSF 和 ESF。通常，这些方法考虑人工目标(如镜面或规则几何体)或桥梁之类的特殊目标。虽然不是为了测量 PSF，但可以将这些目标作为图像上的具体地面定位标志。人们用特殊的亚像元镜面目标做过成功的试验：在第一代 Landsat MSS(Evans，1974)，一个只有 56 cm 的平面镜在 80 m 的 GIFOV 中被检测出来。

Park et al. (1984)提出了一种考虑像元采样效果并在数字遥感器中通过在空间响应重采样而重建的方法。然而，绝大部分测量分析试图避免像元采样效果(见图 3.5)，并产生连续采样的 PSF，LSF 和 ESF 的估计。有效点源的相控阵用来测量 TM 的 PSF(Rauchmiller and Schowengerdt，1988)，而小镜面的相控阵用来测量 QuickBird 的空间响应(Helder et al.，2004)。相控阵的概念指的是一个点源阵分布在非整数倍的 GSI。如果有足够的空间，则每个点源产生一个独立采样的 PSF 图像。它们保持原始相对相位并被平均化，以提高采样-场景的平均化相位响应(Park et al.，1984)。或者通过从每一个 PSF 图像间隔采样，以获得 PSF 的亚像元采样。同样的效果可以通过与像元采样网格成较小角度的线或边缘目标得到。这样的目标称为"相控线"或"相控边缘"，指沿目标改变"采样 – 场景相位"(Park and Schowengerdt，1982)。

下面将阐述从在轨运行图像中测量 LSF 的两个例子。一个用到了相控线目标，另一个用到了线状目标的相控阵，它们用来产生亚像元采样且避免了被测 LSF 的采样效应。

表 3.1　一些图像的遥感器空间响应举例，其中 ADAR 1000 系统是航空多光谱遥感器

遥　感　器	目标类型	参考文献
ADAR System 1000	边缘	Blonski et al.，2002
ALI	农田小道	Schowengerdt，2002
ETM +	桥梁	Storey，2001
HYDICE	桥梁	Schowengerdt et al.，1996
Hyperion	冰架边缘、桥梁	Nelson and Barry，2001
IKONOS	边缘	Blonski et al.，2002
IKONOS	停车场间隔道	Xu and Schowengerdt，2003
IKONOS	边缘	Ryan et al.，2003
IKONOS	线状物	Helder et al.，2004
MODIS	高分辨率图像	Rojas et al.，2002
MSS	高分辨率图像	Schowengerdt and Slater，1972
OrbView-3	边缘	Kohm，2004
QuickBird	相控阵的镜子、边缘	Helder et al.，2004
模拟系统	没有专门指定	Delvit et al.，2004
SPOT4(模拟的)	点源阵列	Robinet et al.，1991
SPOT5	边缘、聚光灯	Leger et al.，2003
TM	边缘、高分辨率图像	Schowengerdt et al.，1985
TM	相控阵的亚像元目标	Rauchmiller and Schowengerdt，1988

ALI LSF 测量

作为第一个例子，我们来分析 ALI LSF(Schowengerdt，2002)。一幅 ALI 图像显示了亚利

---

① 排气运动会导致一些物质落在光学系统的表面，并导致模糊效果，PSF 和图像的信噪比将降低。可以通过热循环对遥感器"烘焙"，从而控制或减少一些负面效应。在 ALI 发射早期会发生这种情况，通过热循环进行校正(Mendenhall et al.，2002)。排气过程会在 Landsat-5 MSS 中导致辐射校正误差，并通过周期性加热进行校正(Helder and Micijevic，2004)。

桑那州凤凰城的海洋生物养殖田块,2001 年 7 月 27 日获取了该图像,其中两个区域用于分析 LSF(见图 3.18)。该区域是平坦地区,并按周期进行灌溉。养殖田块之间有堤岸,还有一些干土路,用以蓄积灌溉水。这个田块坐落为北-南与东-西方向,且与 ALI 顺轨方向夹角为 13.08°(从 ALI 图像中测量而得)。

用于提取顺轨 LSF 的子像元采样横切面

用于提取交轨 LSF 的子像元采样横切面

顺轨和交轨波段 3 LSF

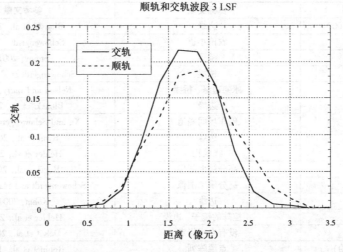

图 3.18　在 ALI 波段 3 中,田块堤岸的交叉口用白色表示,用于测量 ALI 的 LSF(Schowengerdt, 2002)。沿列方向上的像元实际上是沿堤岸(与列方向存在较小的夹角)的交轨方向的亚像元采样。类似地,沿行方向上的像元实际上是跨堤岸的顺轨方向的亚像元采样。只有在目标田块及其堤岸相对均一的情况下才成立。注意,对于 ALI 推扫系统,顺轨方向的 LSF 比交轨方向宽,这是因为顺轨采样综合的作用。这类似于 MODIS 摆扫系统(见图 3.10)交轨采样综合的效果

2001 年 7 月 26 日获取的一幅 IKONOS 图像(1 m 全色和 4 m 多光谱),显示其中的堤岸宽为 7~10 m。两个田块的不同侧堤岸上各有一个农作物遮篷。堤岸形成了一种线性、高对比度(在可见光波段)的亚像元特征,可以用来测量顺轨与交轨方向多光谱波段的 LSF。由于堤岸与两个主扫描方向之间存在一定夹角,因此可以选择跨堤岸来体现亚像元采样的像元。

例如，跨越北-南方向堤岸的列方向像元序列，等价于沿顺轨方向的亚像元采样序列(假设田块及两边堤岸在辐射特征上是空间一致的)。

提取几个交叉口，在行、列方向上进行平均以降低噪声。考虑到两个相邻田块之间存在较小的辐射差异，因此去除了线性趋势。对数据归一化，以产生 LSF 的估计(见图 3.18)。由于目标与扫描方向之间存在一个小的夹角，所得到的 LSF 有一些偏差；较理想的情况是目标恰好与行列方向对齐，但这样却不能获得亚像元采样。

在分析测量 LSF 时，需要考虑目标(本例为堤岸)的宽度。如果目标过窄，则会由于较低的信号水平而不能产生很好的结果。如果目标过宽，则估计的 LSF 会被目标样本本身加宽。图 3.19 为一个简单的测试，其中有不同尺度的目标及其探测器 LSF，如一个探测元件的正方形函数。目标只是 LSF 宽度的 1/5 至 1/3 时，它不会显著放宽而测得 LSF，这与利用线源测量光学 LSF 的指导思想是一致的。

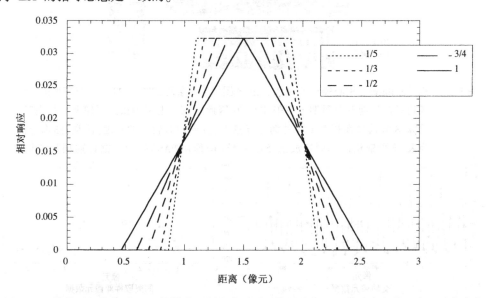

图 3.19　线状目标宽度对 LSF 的影响。图中表示了目标尺度与 LSF 宽度之间的比率。目标在宽度上等于 LSF 时，会得到一个三角形 LSF，类似于图像移动和探测器 LSF(见图 3.10)，这两种情况都是由于两个正方形函数卷积的结果。在空间域测量时，不容易校正目标的宽度，但对简单几何形状的目标，在傅里叶域校正起来相对比较容易一些

QuickBird LSF 测量

使用特殊的人工目标和使用地面上的随机目标各有利弊。前者需要在图像采集过程中预先安置和维护目标，而后者不需要。然而，那些随机目标在尺寸和形状上可能不是最优的，且成像时这些目标的状态是未知的。高分辨率商业遥感卫星越来越能够充分利用这些随机目标来测量成像性能。特别是城市中大量的人工目标是很好的选择。本例中(见图 3.20)，沥青停车场上的标志线用于测量 QuickBird 的 LSF(Xu and Schowengerdt, 2003)。

本例中的目标参数见表 3.2。单个停车标志线只有 1/7 GIFOV 宽，但与背景有足够高的对比度，能够产生较好的信号水平。标志线的间隔产生非整数像元，这意味着每个标志线具有不同的采样-场景-相位成像。而它们的长度有几个像元，这样可以通过平均几行或几列数据以降低测量 LSF 的噪声。

　　通过从每一个标志线的正确相对空间定位进行间隔采样,可以产生由亚像元采样组成的剖面。针对顺轨和交轨的 LSF,分别平均几行或几列数据,可以得到 LSF(见图 3.21)。其结果类似于对建筑物屋顶边缘所做的边缘分析(Xu and Schowengerdt,2003)。

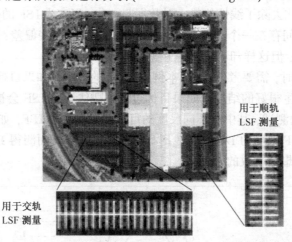

图 3.20　Tucson Bargain 中心停车场的 QuickBird 图像,图像是 2002 年 11 月 4 日获取的。该场地只在星期五至星期天下午才开放,因此星期一上午拍摄的图像上会很空旷。目标区域选择在相对干净的沥青背景上,且周围有较大的空地。注意,图像上因为采样场景相位不同造成的条纹差异(图像由 NASA 科学数据订购项目提供)

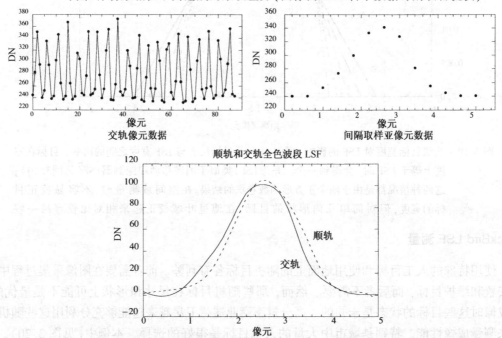

图 3.21　利用停车场标志线对 QuickBird 进行 LSF 分析。左上图为沿标志线的图像像元值。每个黑点为一个像元值,其他值通过线性插值得到。采样场景–相位的变化是显著的;沿扫描方向每个标志线以略微不同的相位进行采样。如果认真考虑不同的采样–场景–相位,则通过间隔取样数据可以获得亚像元间隔的平均标志线的剖面成分。假设沿扫描方向标志线和背景的辐射不变。几个扫描线被平均化,且通过一条平滑的曲线来估计 LSF 的数据点(Xu and Schowengerdt,2003)。由于数值技术的应用,LSF 图的左端出现了较小的负数,这种现象对 ALI 来说还没有相应的物理解释

表 3.2　QuickBird 图像上停车场标志线的相关参数

参　　数	尺　　寸		像元（重采样的）	
	英　　寸	米	顺　　轨	交　　轨
宽度	4	0.102	0.148	0.145
间隔	120	3.05	4.42	4.40
长度	240	6.10	8.84	8.80

3.5　光谱响应

到达遥感器的辐射（如第 2 章所述）通过遥感器光学系统转换到探测器焦平面上而成像。光轴上探测器的光谱辐射与遥感器端的辐射 L_λ 有关，相机方程为（Slater，1980），

$$\text{在图像平面：} E_\lambda^i(x,y) = \frac{\pi\tau_0(\lambda)}{4N^2}L_\lambda(x,y) \quad (\text{W·m}^{-2}\text{·μm}^{-1}) \tag{3.24}$$

其中，N 是前文定义的光学波长数。为了叙述方便，我们假设地面与图像平面（见第 1 章）的几何比例尺

$$m = f/H \tag{3.25}$$

为 1，然后用地面与场景相同的坐标系 (x,y)。对于绝大多数的全反射光学系统（不包含任何滤波器）而言，其透射比 $\tau_0(\lambda)$ 比较高（90% 或更高），且在光谱上是近似平坦的，也很少因为光学系统而引起明显改变。

在这一点上，多光谱滤波器或波长分离元件（如棱镜）可以将能量分离为不同波长的波段。例如，在 MSS，TM，ETM + 及 MODIS 中，其光路被分离为多个通道，每个通道有不同的光谱波段滤波器。如果将光谱滤波透射和探测器光谱敏感度乘积记为 $R_b(\lambda)$，则在波段 b 由遥感器测得的信号 s_b 为

$$s_b(x,y) = \int_{\lambda_{\min}}^{\lambda_{\max}} R_b(\lambda)E_\lambda^i(x,y)\mathrm{d}\lambda \quad (\text{W·m}^{-2}) \tag{3.26}$$

其中，$\lambda_{\min}$ 和 $\lambda_{\max}$ 定义了波段的敏感度范围。虽然该方程不是一个卷积过程，但式（3.26）所示光谱综合与式（3.3）所示空间综合非常相似。在这两种情况下，被测信号通过遥感器响应函数加权并对整个响应范围进行综合。

式（3.26）定义了接收辐射的光谱综合过程，并随后将它转换为探测器电流，R 的单位是 A·W^{-1} 或 V·W^{-1}（Dereniak and Boreman，1996）。一些多光谱遥感器的光谱响应见图 3.22。Landsat MSS 的光谱特征有详细的官方说明文档；特别地，各探测元件（MSS 有 6 个，TM 有 16 个）之间响应能力的微小差异是导致图像条带噪声的原因（Slater，1979；Markham and Barker，1983）。ETM + 与 TM 在波段设计上几乎一样；但全色波段 8 只在 ETM + 上才有。注意，SPOT5 全色波段范围覆盖了绿、红波段，而 ETM + 全色波段覆盖了绿、红和近红外波段。

随着时间的推移，光谱分辨率得到了提高，部分原因是有了更低噪声的优良探测元件以及遥感器数据存储和传输更多波段等性能方面的提高。图 3.23 比较了 MODIS，ASTER 和 ETM + 的 VSWIR 波段。高光谱遥感器在每一个波段上都有较窄的光谱敏感性，在形状上通常是高斯分布型的，但各波段宽度在整个波长范围内有所不同。各波段大致线性分布

于整个波长范围, 如图 3.24 所示。在交叉定标分析和遥感器模拟中, 更宽的多光谱之光谱响应可以通过高光谱光谱响应与多光谱响应卷积而合成。

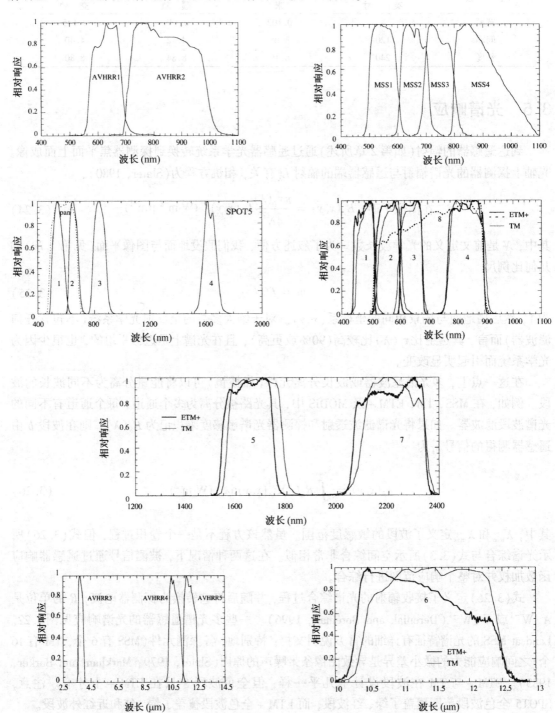

图 3.22　几种遥感器的归一化光谱响应函数。这些图形很具有代表性; 某一波段内的各个探测元件之间存在几个百分比的差异。传输频带不是正方形的, 且相邻波段通常会重叠。探测元件响应决定绝对垂直尺度并按电子单位(如每单位辐射的安数或瓦数) 进行测量

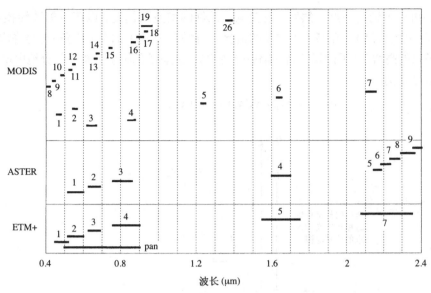

图 3.23 MODIS，ASTER 和 ETM + 的 VSWIR 波段比较。MODIS 有相对较窄的光谱波段，ASTER 的 SWIR 有精细的光谱采样。后者通过测量SWIR 的吸收特征进行矿物识别（见第1章）

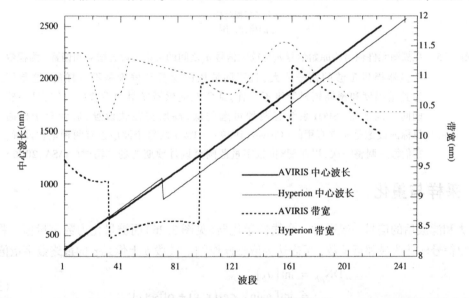

图 3.24 AVIRIS 与 Hyperion 遥感器的光谱特征。在多年运行以后，AVIRIS 在光谱计工艺上做了一些改变，使该遥感器的光谱特征也有所改变，而光谱数据库中其他的一些光谱特征得到了应用。此处的数据来源于1997年的图像。AVIRIS由4个不同的光谱仪构成；整个波长中间范围内的3个不连续曲线画出了4个光谱仪的光谱范围。Hyperion 有 2 个光谱仪，其中一个的波段范围为360 ~ 1060 nm，另一个为850 ~ 2580 nm。850 ~ 1060 nm 的重叠范围使两个仪器能够交叉定标（Pearlman et al.,2004）

3.6 信号放大

b 波段的电子信号 e_b 通过电子 PSF 放大和滤波。设计放大过程是为模数转换器量化提供足够的信号等级但不至于饱和。在遥感器设计阶段，通过估计场景最大辐射范围及探测元件的输出范围可以做到这一点。然后，设置电子元件的增益与偏置，以产生模数转换器的整个数字量范围(见图 3.25)。在某些不常见的情况下(例如，沙地上的高太阳角)可容许饱和，以获得大部分场景的高增益(可得到较高的辐射分辨率)。遥感器的辐射分辨率部分地由增益设置控制。放大信号 a_b 为

$$a_b = \text{gain}_b \times e_b(x, y) + \text{offset}_b \tag{3.27}$$

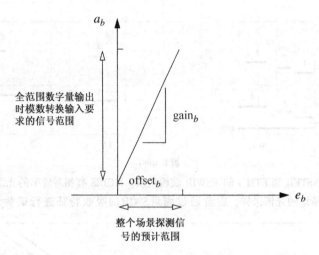

图 3.25　从探测元件输出的原始信号 e_b 与放大信号 a_b 之间的关系。设置增益和偏置，为模数转换器提供足够的信号放大，且不同波段的增益和偏置是不一样的，这是因为其敏感度和预期辐射等级不一样。通常在遥感器发射前设置好它们，且在轨期间不能改变。SPOT 系统有两种可选的低、高增益在轨设置，后者对于极暗目标的成像是非常有用的(Chavez，1989)。ETM + 的每个波段也有两种增益设置，它们每月调整一次，以匹配8位数字量范围至该月预期的场景辐射(NASA，2006)

3.7　采样与量化

放大和滤波后的信号一般通过一个线性量化器(见图 3.26)而被量化为数字量值。将放大后的输出信号转化为最邻近整数，可表达为取整操作[ ]。波段 b 上像元 p 的最终数字量值为

$$\begin{aligned} \text{DN}_{pb} &= \text{int}[a_b] \\ &= \text{int}[\text{gain}_b \times e_b(x, y) + \text{offset}_b] \end{aligned} \tag{3.28}$$

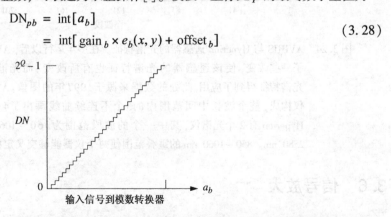

图 3.26　模数转换器的信号等级与输出数字量之间的关系。在遥感系统中，其转换通常是线性的，在图中可以看出，这将导致归一化量化。为了清晰，图中 Q 的值只为6

公式表达的模数空-时采样，是将连续空间坐标转换为离散坐标①。虽然模数转换器的取整操作[ ]会造成数字量值与 e_b 之间的非线性关系，但这种非线性对于中间范围和高信号等级而言是可以忽略不计的，这是因为量化误差在整个信号中只占很小的百分比。然而，对于低数字量量化值，量化误差很重要，必须仔细加以考虑。离散数字量值是由像元比特数 Q 决定的，并且决定了系统的光谱分辨率。可以把辐射分辨率表达为辐射动态范围的 2^{-Q} 倍。

3.8 简化的遥感器模型

虽然式(3.28)比较简单，但它包含了三方面的综合，一个是式(3.26)中系统的光谱响应 λ，另外两个是式(3.3)中 x 和 y 上的系统空间响应。在实际应用中，式(3.28)通常按如下方式简化：在有效光谱波段(Palmer, 1984)，遥感器的光谱响应 $R_b(\lambda)$ 被假定为一个平均常量。类似地，遥感器的空间响应 PSF(x,y) 被假定为有效 GIFOV 上的平均常量。这样，这两个方程可以从综合过程中去掉，而得到下式，

$$\text{DN}_{pb} = \text{int}\left[K_b \iiint L_\lambda(x,y)\text{d}\lambda\text{d}x\text{d}y + \text{offset}_b\right] \tag{3.29}$$

其中，遥感器响应与其他各种常量归一化到一个常量 K_b，式(3.29)包括了有效的光谱波段和有效的 GIFOV。尽管有量化过程，但仍能得到数字量与遥感器辐射之间的线性关系。如果把波段 b 的像元 p 的"遥感器端辐射的波段与空间综合"记为 L_{pb}，则以上公式可以得到进一步的简化：

$$\text{DN}_{pb} = K_b L_{pb} + \text{offset}_b \tag{3.30}$$

这个简化式将图像的数字量值与遥感器端的辐射、有效光谱传输频带和 GIFOV 的综合直接联系起来。反推式(3.30)就可以从图像数字量值得到波段辐射值，这个反推过程称为遥感器定标或辐射定标。进一步利用此公式和第 2 章的有关公式将辐射转化为反射，则可以得到地物定标或反射定标。由于需要知道大气条件和地形数据，所以地物定标很困难，在第 7 章中将有更详细的讨论。

3.9 几何变形

本章前面几节分析了影响图像辐射质量的遥感器特征，这能够回答"我们看到了什么？"的问题。另一个相关问题是"我们所看到的在什么位置？"回答这个问题需要分析图像的几何特征，主要包括轨道、平台姿态、遥感器特征、地球自转与形状。

传统的对固定场景的框幅式成像方式可以作为讨论的理想参照。如果场景是规则网格形状的且地势平坦，相机光学系统没有变形，则所成的图像也是规则的网格，只是尺度不一样而已。现在想像一个推扫式相机，按固定的姿态和速度沿笔直的路径推扫某个场景，所成的图像与框幅式相机在几何特征上类似。如果上述条件发生任何变化，都将导致图像上网格的变形，这种非理想状况的实际情况是本节的重点。

---

① 空-时采样可以在数学上清楚地表达出来，但为了叙述简洁，我们没有这样做。采样的数学处理可参阅 Park and Schowengerdt(1982)和 Park et al. (1984)。

3.9.1　遥感器定位模型

由于需要成像的比例尺一致,绝大部分地球遥感卫星的轨道是近似圆形的。对于精确模型,则需要考虑椭圆轨道①。卫星的轨道速度在时间上可以认为是常量,例如 Landsat-1 和 Landsat-2 的角速度是 1.0153×10^{-3} rad/s(Forrest, 1981)。航空遥感器则是另外一种情况,平台姿态和地面速度不可忽视。在许多情况下,如果没有记录足够的数据就不能对图像进行校正。如果数据量充分,则通过多项式时间模型对这些采样数据进行插值是有用的。

3.9.2　遥感器姿态模型

由于高空飞行器或卫星遥感器具有较长的作用距离,因此较小的姿态变化也会导致地面观测点位置发生较大的变化。为了说明这一点,可以参见表 3.3 两个相邻像元之间与 GSI 对应角度的计算值。卫星姿态任何这样量级的变化将导致一个像元的定位误差。现在民用高分辨率遥感器已经有高精度姿态控制和记录仪器。

用平台三个旋转角(横滚角、俯仰角和偏航角)来表示姿态。如图 3.27 所示,这些角度通常表示在一个坐标系中。有多种设计方案来自动监测和控制卫星姿态,使卫星稳定在一定的范围内,包括水平仪和陀螺飞轮。实际的横滚角、俯仰角、偏航角被采样并记录在图像数据中。遗憾的是,这些数据对于普通用户是难以得到的,即使可以得到,它们也是按复杂的非标准格式记录的。然而,航天器的任何姿态信息都是有用的,足够的数据记录频率和精度对于图像几何校正是很重要的。

表 3.3　几种遥感器两个相邻像元之间的角度,AVHRR 和 Landsat是非指向的,其他遥感器都是可指向的

系　　统	高　度(km)	顺 轨 GSI (m)	角　度(mrad)
AVHRR	850	800	0.941
Landsat-4 和 Landsat-5 TM (多光谱)	705	30	0.0425
SPOT-1 至 SPOT-4 (多光谱)	822	20	0.0243
Landsat-7 ETM + (全色)	705	15	0.0213
SPOT-5 (多光谱)	822	10	0.0122
SPOT-5 (全色)	822	5	0.006 08
OrbView-3 (全色)	470	1	0.002 13
IKONOS (全色)	680	1	0.001 47
QuickBird (全色)	450	0.6	0.001 33

虽然飞行器的姿态不会按预期的方式在偏移控制范围内变化(例如,姿态变化是非系统性的),但可以假设它们是随时间缓慢变化的。通过在成像时间内以时间为变量对姿态变量进行多阶多项式拟合,这方面取得了一些成功,如 TM(Friedmann et al., 1983)和 SPOT 图像(Chen and Lee, 1993),

$$\alpha = \alpha_0 + \alpha_1 t + \alpha_2 t^2 \dots \tag{3.31}$$

航空遥感器的姿态由于风力和湍流的影响,导致其姿态变化相对比较剧烈。如果没有使用陀螺稳定平台,则图像会形成严重的变形(见图 3.28)。

---

① 由于重力场和轨道星下点高程的变化会导致较小的扰动,这些因素难以建模,此处可以忽略不计。

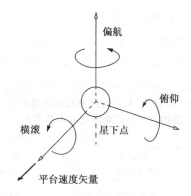

图 3.27　遥感器平台三个姿态轴的传统定义。虽然坐标轴的方向选
　　　　　择是任意的(Puccinelli, 1976; Moik, 1980), 但通常都用到了
　　　　　右手坐标系(任意两个矢量的叉积指向第三个方向轴)

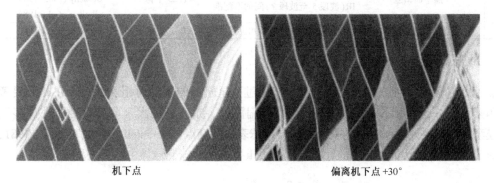

图 3.28　亚利桑那州凤凰城附近 Maricopa 农场的 ASAS 航空图像, 其中一幅为机下点
　　　　　图像, 另一幅为偏离机下点 + 30°的图像。注意两幅图像之间的变形, 它们
　　　　　随航空平台姿态时间连续变化。由于大气差异和田地非朗布特反射特征
　　　　　造成两个视角引起辐射差异(亚利桑那大学 Alfredo Huete 博士提供图像)

3.9.3　扫描仪模型

扫描仪引起的变形是模型中较容易处理的因素, 因为它们通常可以用一个时间的函数来描述。例如, MSS 数据有一个扫描镜的非线性速度, 它被很好地记录下来(Anuta, 1973; Steiner and Kirby, 1976)。这种速度导致了每个扫描线上的像元位置分布为正弦曲线, 在天底点扫描线的中心点附近最大误差为 ± 400 m。只要每条轨道的每幅图像变形是一致的, 这种变形就很容易被标定和校正。

摆扫式遥感器比推扫式遥感器有更内在的变形, 这是因为前者有过多的运动部件。交轨方向的像元定位由扫描镜运动决定(MSS 得到的数据为一个方向的, 而 TM 与 ETM + 得到的数据是和交替扫描方向相反的), 与卫星运动一起决定顺轨方向的像元定位。另一方面, 推扫式遥感器(线阵或其他阵列式的)在交轨方向具有刚性几何特征, 相应地在顺轨方向上这种几何特征有所减弱。扫描器变形的一些重要因素见表 3.4。

扫描仪引起的变形可以通过飞行前测量并建立合适的函数模型而应用于飞行图像处理中, 可以先假设飞行时的系统性能没有变化。如果可以建立变形因素的物理模型(例如, MSS 扫描镜的运动分析), 就能得到很好的校正效果。

早期的 Landsat MSS 数据以未校正的格式①给出,因此需要对那些由于遥感器和平台相对于地球运动造成的变形建立物理模型(Anuta,1973;Steiner and Kirby,1976)。由于这些变形随时间变换是一致的,因此可以利用轨道模型和扫描几何定标数据进行校正。

表3.4 几种遥感器内部的特殊变形举例。读者应注意某些变形的测量是在地面图像处理过程中得到的,分析给定遥感器图像的假定误差应仔细阅读相关的参考资料。例如,TM的前期数据在内焦平面是不匹配的,由于地面数据处理的改善,后期数据的匹配精度在0.5个像元内(Wrigley et al.,1985)

遥 感 器	误 差 源	对图像的影响	最大误差	参考文献
MSS	不一致的纵横比采样	交轨和顺轨尺度不同	1.41:1	USGS/NOAA,1984
	非线性的扫描镜速率	非线性的交轨变形	±6 个像元	Anuta,1973;Steiner and Kirby,1976
	探测器偏差	波段和波段间的不配准	波段间2 个像元	Tilton et al.,1985
TM	焦平面偏差	可见光(波段 1 至波段 4)和 IR(波段 5 至波段 7)间的不配准	−1.25 个像元	Bernstein et al.,1984;Desachy et al.,1985;Walker et al.,1984
SPOT	探测单元未对准	顺轨和交轨上像元与像元位置误差	±0.2 个像元	Westin,1992

3.9.4 地球模型

虽然地球几何特征独立于遥感器,但它们通过卫星轨道的运动而相互影响。在此需要考虑两个因素。其一,地球不是正规的圆形,而是扁圆的,赤道直径大于两极直径。在许多卫星成像模型中,需要计算遥感器的视线矢量与地球表面的交点(Puccinelli,1976;Forrest,1981;Sawada et al.,1981)。因此,精确的地球形状是很重要的。地球椭球体由以下方程描述:

$$\frac{p_x^2+p_y^2}{r_{eq}^2} + \frac{p_z^2}{r_p^2} = 1 \tag{3.32}$$

其中,(p_x,p_y,p_z)是地球表面点 P 对应的地心坐标(见图3.29),r_{eq}是赤道半径,r_p是极半径。地图中的测量纬度 φ 和经度 λ 与 p 有关(Sawada et al.,1981),

$$\varphi = \mathrm{asin}(p_z/r) \tag{3.33}$$

$$\lambda = \mathrm{atan}(p_y/p_x) \tag{3.34}$$

其中,r是点 P 处的地球局部半径。地图投影时地球椭球体的偏心率是一个有用的变量(见第7章),

$$\varepsilon = \frac{r_{eq}^2 - r_p^2}{r_{eq}^2} \tag{3.35}$$

圆的偏心率为0。表3.5列出了地球的一些基本特征。由于越来越精确的空间测量,地球参数(如半径)在不断地更新。而且,不同的国家在制图中使用不同的数值(Sawada et al.,1981)。

第二个因素是,地球以一个恒定的角速度 ω_e 旋转。卫星沿轨道运动,并与轨道方向正交扫描地球,而地球自西向东运动。地球表面的速度为

$$v_0 = \omega_e r_e \cos\varphi \tag{3.36}$$

其中,r_e是地球半径,φ是大地纬度。由于 Landsat 与 SPOT 卫星与地极之间的轨道倾角 i 为

---

① 不常见的 X 格式。

9.1°(为了满足重访周期和太阳同步)，地球旋转与交轨扫描不严格平行。在扫描方向投影后，地球旋转速度简化为

$$v_e = v_0\cos(i) = 0.987\,69v_0 \tag{3.37}$$

表 3.5　地球形状和自转速度参数。参数值来源于
1980 大地参考系统(GRS80)(Maling,1992)

参　数	数　值
赤道半径	6 378.137 km
极半径	6 356.752 km
赤道圆周长	40 075.02 km
极圆周长	39 940.65 km
偏心率	0.006 69
角速度	$7.272\,205\,2\times10^{-5}$ rad/s

图 3.29 所示的地球-轨道模型中描述了最重要的几何参数。三个矢量 s, g 和 p 构成了基本观测三角(Salamonowicz,1986)，且服从视线矢量方程(Seto,1991)

$$p = s + g \tag{3.38}$$

Puccinelli(1976)给出了计算 P 的简单算法。实际模型涉及了较多的数学，但所有的方法都是以上面的框架为基础的。

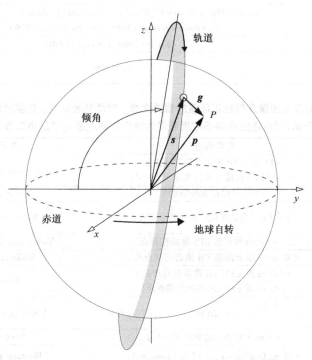

图 3.29　处于近极地降轨且为太阳照射面时地球-轨道卫星(如 Landsat 和 Terra)的成像几
何模型的关键参数。倾角是轨道面与赤道面之间的夹角，太阳同步轨道的倾
角一般为98°。地面(非旋转)地心坐标系统由(x,y,z)定义。在该系统中，以下三个
矢量定义卫星位置(s)，指向地球表面(g)上某一点P的视线方向，以及位置$P(p)$。
虽然在此忽略地形，但它也可以包含在矢量g和p中。对于升轨(如Aqua)，其
几何分析类似，除了倾角的符号相反，卫星轨道方向与地球光照一侧相反

图 3.29 的轨道为降轨方式，这在地球遥感卫星中很常见。对于 NASA Terra 卫星，它在早上10：30 由北向南穿越赤道的阳面。而 NASA Aqua 卫星为升轨模型，它于下午 1：30 由南向北穿越轨道。这样的轨道组合使 Terra 和 Aqua 遥感器能够在同一天对地球进行完整的测量，当太阳辐射较强时，Aqua 遥感器在下午对大气进行测量。Terra 和 Aqua 的轨道路径形成了交叉的模式。

对卫星轨道和图像变形进行建模已经有较长的历史了(见表 3.6)。关于图像校正产品的误差分析也有大量的文献(见表 3.7)。AVHRR 图像产品几何质量缺乏相关的文献，这是因为没有 AVHRR 图像生产和评价的机构。可以从接收站获得相对低价的数据，用户通常参考大量的 AVHRR 模型文献编写自己的几何校正软件。

表 3.6　遥感器与卫星轨道模型的文献。MSS 扫描仪的几何模型有 5 个与 Landsat
卫星的是一样的，Landsat-4 和 Landsat-5 的 TM 轨道模型和 MSS 轨道模
型是一样的。Toutin(2004)给出了详细的遥感器几何模型的综述

遥 感 器	参考文献
AVHRR	Emery and Ikeda(1984)；Brush(1985)；Ho and Asem(1986)；Brush(1988)；Emery et al. (1989)；Bachmann and Bendix(1992)；Moreno et al. (1992)；Moreno and Meliá(1993)；Krasnopolsky and Breaker(1994)
IRS-1C PAN	Radhadevi et al. (1998)
MISR	Jovanovic et al. (2002)
MODIS	Nishihama et al. (1997)；Wolfe et al. (2002)
MSS(Landsat-1，Landsat-2 和 Landsat-3)	Anuta(1973)；Puccinelli(1976)；Forrest(1981)；Sawada et al. (1981)；Friedmann et al. (1983)；Salamonowicz(1986)
SPOT	Kratky(1989)；Westin(1990)
TM(Landsat-4 和 Landsat-5)	Seto(1991)

表 3.7　一些卫星图像几何校正质量的相关文献。除非特别说明，数据针对系统级校
正产品，利用地图或 GPS 数据获得的地面控制点经过了最小二乘多项式校正

遥 感 器	典型误差	参考文献
ASTER	±15 m(L1B 波段 2 的星下点) ±30 m(L1B 波段 2 的偏离星下点 10°)	Iwasaki and Fujisada, 2005
ETM +(Landsat-7)	±54 m(L1G 无控制的)	Lee et al., 2004
IKONOS	±5～7 m(全色波段的标准原始产品)	Helder et al., 2003
IRS-1D PAN	±3 m(差分校正的 GPS 地面控制点)	Turker and Gacemer, 2004
MODIS	<50 m(全波波段的 TM 地面控制点库)	Wolfe et al., 2002
MSS(Landsat-1 至 Landsat-3)	+160 m 至 ±320 m(散装胶片产品) ±40 m 至 ±80 m(多项式调整后)	Wong, 1975
MSS(Landsat-4 和 Landsat-5)	±120 m	Welch and Usery, 1984
SPOT	±3 m(P 波段、地球轨道模型)	Westin, 1990
TM(Landsat-4 和 Landsat-5)	±45 m(Landsat-4)，±12 m(Landsat-5) ±33 m(Landsat-4) ±30 m(Landsat-4) ±30 m(Landsat-5) ±21 m ±18 m(Landsat-4)，±9 m(Landsat-5) ±45 m(地球轨道模型)	Borgeson et al., 1985 Walker et al., 1984 Welch and Usery, 1984 Bryant et al., 1985 Fusco et al., 1985 Welch et al., 1985 Wrigley et al., 1985

由于 AVHRR 具有较大的 FOV 和相对较低的分辨率，对 AVHRR 图像的定位模型也做了许多研究。采用一个相对简单的遥感器和大地水准面模型(地球形状)，并结合卫星星历数

据,可以得到 1 至 1.5 个像元的定位精度(Emery et al., 1989);用更复杂的模型结合 AVHRR 地面站的 TBUS 星历信息,可以获得亚像元的精度(Moreno and Meliá, 1993)。有关 AVHRR 的校正参见表 3.8。在所有的情况中,利用具有较高位置精度的地面控制点(Ground Control Point, GCP)可以获得较高的图像校正精度。在 TM 图像中,利用双向扫描模型(Seto, 1991)可以获得优于 0.5 个像元的校正精度。对于 TM 和 AVHRR,这种精度适用于高程起伏较小的区域,例如假设地球表面是球面或椭圆面的。

全球定位系统(GPS)显著提高了地面控制点的测量,减少了正射校正影像时对地形图的依赖(Ganas et al., 2002)。另外,人们利用高分辨率图像"切片"数据库(Parada, 2000;Wolfe et al., 2002),自动校正低分辨率影响而达到像元定位精度。待校正图像与数据库图像切片之间运用空间相关技术(见第 8 章)来精化地理位置。

表 3.8 利用遥感器和大地水准面模型对 AVHRR 图像进行校正的实验

模型和数据	定位精度(像元)	参考文献
圆轨道和地球	2 ~ 3	Legeckis and Pritchard, 1976
椭圆轨道和地球 + 星历	1 ~ 2	Emery and Ikeda, 1984
椭圆轨道和地球 + TBUS	<1	Moreno and Meliá, 1993

3.9.5 摆扫几何模型

交轨方向的像元采样对于线扫式或摆扫式遥感器在固定时间内是常量,给定一个恒定的扫描速度,产生固定的角度增量 $\Delta\theta$,其中 θ 是与星下点的夹角。对于线扫式和推扫式遥感器,交轨的 GSI 随着扫描变化,随着扫描角的增加而增加(Richards and Jia, 1999),

$$\text{平坦地球:} \ \text{GSI}_f(\theta)/\text{GSI 0}) = [1/\cos(\theta)]^2 \tag{3.39}$$

此处假设地球是平坦的。这种近似对于非常大的扫描角是准确的,对于 AVHRR 也是如此(见图 3.30)。然而,在大的扫描角中,需要考虑地球弯曲因素,交轨 GSI 的公式变为(Richards and Jia, 1999)

$$\text{球面地球:} \ \text{GSI}_e(\theta)/\text{GSI}(0) = \frac{[H + r_e(1 - \cos\phi)]}{H\cos(\theta)\cos(\theta + \phi)} \tag{3.40}$$

其中,ϕ 是对应于在扫描角 θ 处的地表点的地心角度,且有(Brush, 1985)

$$\phi = \text{asin}\{[(r_e + H)/r_e]\sin(\theta)\} - \theta \tag{3.41}$$

交轨 GIFOV 也进行相似的变化,产生一个地面投影的蝴蝶结扫描模式(见图 3.31)。由于从星下点到地表的距离与 ϕ 成比例,且以扫描中心为索引的像元与 θ 成比例,所以式(3.41)也描述了每个扫描像元到地表之间的距离。

3.9.6 推扫几何模型

假设成像系统的线阵放大倍率是常量(见图 3.32),则推扫式遥感器的交轨 GSI 变化与摆扫式不一样。在推扫系统中(线阵或面阵,见第 1 章),图像交轨方向形成的每一条扫描都与传统光学框幅式相机成像方式一致。推扫元件在阵列中以等效距离 w 间隔(等于推测元件的宽度),因此阵列交轨方向的 IFOV 是变化的,例如它是交轨视角的函数①。如果地球是平

---

① 注意推扫式遥感器用的是"视"角;而摆扫式遥感器用的是"扫描"角。

坦的, 且光学系统没有变形, 则焦平面的等效距离 w 与归一化地面交轨 GSI 对应,

$$平坦地球: \mathrm{GSI}_f = w \times \frac{H}{f} \tag{3.42}$$

而交轨 IFOV 是变化的,

$$\mathrm{IFOV}(\theta) / \mathrm{IFOV}(0) = \left[\cos(\theta)\right]^2 \tag{3.43}$$

从式(3.43)和式(3.40)可以看出, 对于真实地球面, 交轨方向的 GSI 随着视角变化,

$$球面地球: \mathrm{GSI}_e(\theta) / \mathrm{GSI}(0) = \frac{[H + r_e(1 - \cos\phi)]\cos(\theta)}{H\cos(\theta + \phi)} \tag{3.44}$$

其中, ϕ 由式(3.41)给出。该函数在图 3.32 中给出, 对于 832 km 高度的 SPOT 卫星, 以平坦地球近似。由于 SPOT HRV 遥感器偏离星下点的 FOV 为 $\pm \arctan(30/832)$, 或 ± 0.036 rad, 平坦地球近似在 0.03% 以内是有效的。HRV 能够指向偏离星下点 $\pm 26°$ 的方向, 这种情况下的几何特征会比星下点复杂得多。

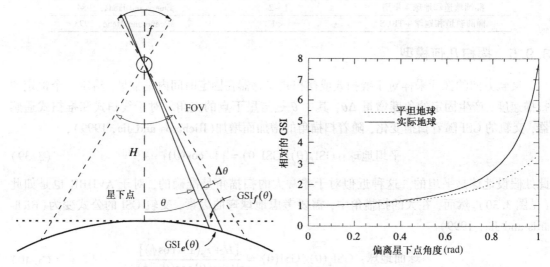

图 3.30　摆扫式遥感器在交轨方向的几何特征, 用于推导式(3.39)和式(3.40)。沿扫描方向以固定时间间隔采样生成像元。假设扫描旋转速度是一致的, 固定时间间隔对应于固定的角度间隔 $\Delta\theta$。如图所示, 交轨方向的 GSI 随着 θ 增加而增加。扁平地球在4%范围内的近似效果较好, 对应于0.4 rad或23°

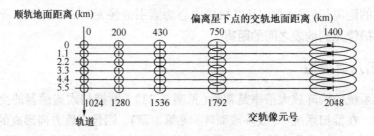

图 3.31　AVHRR 数据的蝴蝶结效应, 即线扫式和摆扫式遥感器的特征。这类似于广角相机的变形。上图的水平和垂直尺度与地面距离是线性成比例的。椭圆代表系统空间响应函数综合的区域, 而十字叉代表像元采样。图中, 为了强调效果, 相对于扫描长度, GIFOV 和 GSI 的尺度被极度放大, 且只显示5个交轨采样[摘自Moreno et al. (1992)]

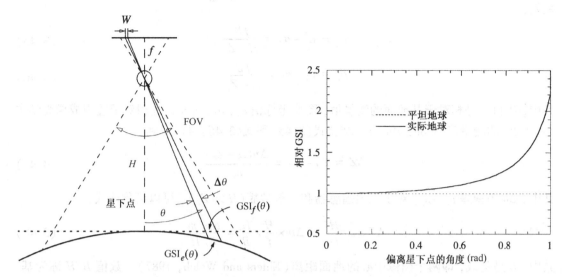

图 3.32 式(3.42)和式(3.44)的推扫式遥感器交轨几何特征。在近似平坦地球的情况下,交轨GSI是一个常量,但在真实的球形地球情况下,它随视角θ的增加而增加。SPOT卫星的高度是832 km

3.9.7 地形扭曲

前面章节讨论了影响卫星图像成像的一些最重要的几何因素,但为了精确计算,地形因素必须加以考虑。地球表面的基准面以上的任意点的高程都会影响图像的定位。图3.33 是一个简单的例子。根据偏离星下点的视角和考虑基准面的物方高程,人们能直觉地明白图像点与正射定位之间的位移,偏离星下点的角度越大或高程越高,图像点的位移越严重。

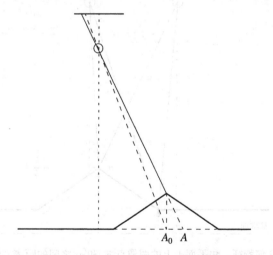

图 3.33 在交轨方向上偏离星下点的地形通过推扫式遥感器成像的几何特征。顺轨矢量指向图外。由于光线的视差,山峰点看似来自于 A 点,如果图像经过正射校正则图像上的山峰应该是A_0点

只给定一幅图像,很难推导像元与像元之间的高程差异。然而,如果有两幅图像,利用两个点之间的视差(见图3.34)可以确定高程差异。可以很容易地确定地面点 A 和 C 的图像

视差,

$$p_a = a_1 - a_2 = \frac{fB}{H - Z_A} \tag{3.45}$$

$$p_c = c_1 - c_2 = \frac{fB}{H - Z_C} \tag{3.46}$$

其中, H 和 Z 是相对于基准面的测量值, 图像坐标值 a_1, a_2, c_1 和 c_2 是相对于透视成像光学中心(主点)的测量值(Wolf, 1983)。结合式(3.45)和式(3.46)可以得到

$$\Delta Z = Z_A - Z_C = \frac{\Delta p(H - Z_C)}{p_a} \tag{3.47}$$

其中, Δp 为视差 $p_a - p_c$, 对于高轨遥感器和一般地貌($H \gg Z_C$), 可以简化该式,

$$\Delta Z \cong \Delta p \frac{H^2}{fB} = \Delta p \times \frac{H}{f} \times \frac{H}{B} = \frac{\Delta p / m}{B / H} \tag{3.48}$$

其中, B 是基线, 即两个图像中心的地面距离(Ehlers and Welch, 1987)。数值 B/H 称为基-高比。对于一个给定的遥感器, 高度、焦距和基线决定了从图像视差测量高程的敏感度。术语 $\Delta p / m$ 是指由于遥感器与地面之间比例尺而造成的视差之差。从图像分析的角度来看, 式(3.48)的重要性在于, 指出了两个地面点的高程差异与两个图像的视差之差成比例, 这一关系用于立体图像的高程测量(见第8章)。

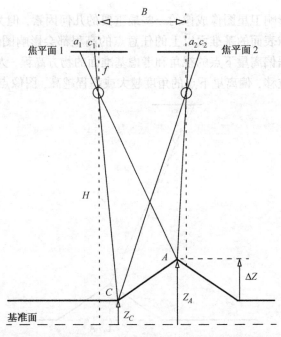

图 3.34　立体成像几何特征。焦平面 1 上的图像点 a_1 和 c_1 之间的距离,与焦平面 2 上的图像点 a_2 和 c_2 之间的距离不相等,这是由于地面点 A 和 C 的高程及焦平面视角不一致造成的。两个视点之间的距离(在航空图像学中称为摄站)称为立体像对的基线 B

　　以上假定了非常简单的情况, 即推扫式扫描器平行于基准面。事实上, 它们可能不平行, 会产生倾斜的成像面。这种情况一般发生在偏离星下点的视线下。所产生的几何特性更为复杂, 但依然遵循基本的原理(此处不再叙述)。

3.10　小结

本章阐述了遥感器如何改变感兴趣的遥感信号。遥感器影响信号的空间和辐射质量。遥感器影响的几个重要方面如下：

- 场景空间特征被遥感器空间响应加权，包括光学系统、图像运动和遥感器电子系统 引起的模糊。
- 遥感器接收的场景光谱辐射在每一个波段内由遥感器光谱响应加权。
- 在合理的假设条件下，整个成像过程是遥感器端辐射的线性变换。
- 几何变形是由遥感器本身、外在的平台和地形因素引起的。

我们将在下一章讨论数据模型，它是第 2 章中物理遥感模型、本章遥感器模型和图像处理算法之间的纽带。

3.11　习题

3.1　验证图 3.5 的像元数字量值。

3.2　利用式(3.2)或图形计算一个正方形遥感器 GIFOV 和一个波形辐射目标的卷积。当允许 GIFOV 是该模式中某一条形的 1/2，1 和 2 倍宽度时，讨论场景–采样–相位的结果。

3.3　合理设计成像系统的目的是使碟形半径(Airy Disk)直径与探测器尺寸相匹配。这保证了遥感器能够收集到绝大部分 PSF 的能量。如果操作上允许，假设探测器为 12 μm 尺寸的正方形，光学焦距为 10 m，则在绿波段、红波段、近红外波段内的光瞳直径分别为多少？如果一个光学系统要满足所有这三个波段，则其瞳径为多少？

3.4　如图 3.18 所示，线状目标与遥感器扫描线之间的夹角为 13.08°，如何计算有效亚像元采样间隔的剖面？

3.5　由于地球旋转，在亚利桑那州图森地区的 Landsat TM 图像中产生由上而下的效应，通过它，解释什么是像元的自东向西位移？

3.6　从式(3.40)推导出式(3.44)。

3.7　以 H 为变量(在 10 ~ 1000 km 范围内)并固定 20°的"扫描角/视角"画出式(3.40)和式(3.44)对应的函数图。航空扫描器和卫星扫描器相比，用平坦地球近似哪一个会更好？

3.8　推导出式(3.47)和式(3.48)。

第4章　数据模型

4.1　引言

遥感分析有时把图像仅仅看成"数据"，而与创造"数据"的基本物理处理是断开的。这常常是一种错误，因为它会导致人们更少考虑处理算法的优化。第2章和第3章所讨论的各种辐射和遥感器模型常被认为是数据模型。数据处理中常常假定一个数据模型，它们提供了遥感物理和图像处理算法之间的联系(见图4.1)。本章讨论遥感的通用数据模型，并将其与基本物理处理模型联系起来。

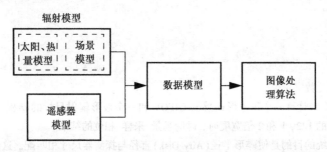

图 4.1　在物理辐射、遥感器模型与图像处理算法之间建立联系的数据模型

4.2　符号中的世界

用来表示二维图像中的像元及其位置的分类符号一般是模糊的。工程师采用的符号不同于地学科技人员所用的符号，而地学人员采用的符号又不同于统计人员所用的符号。遥感的多学科本质是将这些不同学科汇集在一起，使用不同的术语和符号显得特别明显。

这些问题的一部分是由于不恰当使用离散函数的连续符号而引起的，现实世界场景在空间、波长和时间上都是连续的(见第2章)，而遥感器的模数转换器把信号转换成采样量化的数字量值后(见第3章)，数学上的连续描述被离散化了。例如，所有的数字图像处理函数都采用了离散符号。

在数字图像中如何指定一个特殊的像元呢？我们认为图像是带 i 和 j 索引号的数字矩阵。矩阵的值就是像元数字量值，在 i 行 j 列的像元值可以表示为 DN_{ij}(或如前面章节中那样简单采用 DN_p)。行数和列数的计数习惯是从图像阵列的左上$(1,1)$开始到右下(N,M)结束[1]，如图4.2所示。由于采用顺序存储格式，因此对计算机编程而言这种符号是很自然的。但必须注意，行索引为 y 而列索引为 x 时是左手坐标系统。如果行号为 x，列号为 y，就好像阵列被旋转了 $-90°$，它们之间的差别(除了离散和连续)是原点出现平移，从$(0,0)$到$(1,1)$。例如，Gonzalez and Woods(1992)就采用了这种符号，它将导致右手系(x,y)，但是 y 为平面，而 x 是垂直的，

---

[1]　读者应注意，也有一些计算机程序中使用$(0,0)$到$(N-1,M-1)$这样的系统，在不同系统的程序中使用时很可能会出现错误。

与笛卡儿系统相反。在本书中，我们在上下文的合适方式下既采用(行，列)，也采用右手(x,y)坐标系。如果在某种计算时像元的空间顺序并不重要，那么用一个下标 p 代替双下标会很方便，这样用索引 p 一个符号就能表示二维空间的运算，偶尔我们会采用这样的简捷符号。

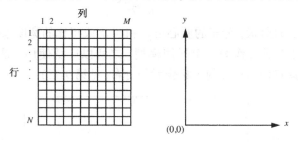

图 4.2　离散矩阵(行，列)符号和连续笛卡儿符号(x,y)的比较

4.3　单变量的图像统计

下面首先定义应用于单波段图像最基本的单变量图像统计，接着将它拓展到讨论包括多光谱和多遥感器图像的多变量统计。

4.3.1　直方图

图像直方图根据每个数字量值的像元数来描述图像像元的统计分布。通过把每个数字量值的像元数分别进行计数，并除以图像的总像元数 N，可得到

$$\text{hist}_{\text{DN}} = \text{count}(\text{DN})/N \tag{4.1}$$

直方图常常和统计学的概率密度函数(PDF)联系起来，

$$\text{hist}_{\text{DN}} \approx \text{PDF}(\text{DN}) \tag{4.2}$$

但是这种联系在数学上是有问题的，因为(1) PDF 是定义的连续变量，(2) 从随机过程来讲，它只适用于统计分布。除了离散和连续变量的问题，很少把图像看成一个随机过程的实例，而是把它看成单独的数据阵列[①]。因此，直方图更合适用来描述数字图像。

陆地地区的图像直方图是典型的单峰(即它们只有一个"峰")，并有一个向较高数字量值(即较高的场景辐射)延伸的尾巴(见图4.3)。要记住，一幅图像直方图只是指出了每个数字量值对应的像元数，这是很重要的。它并不包含这些像元的空间分布。但有时可以从直方图推断出空间信息，例如很强的双峰直方图通常表明场景中存在两种主要要素(比如陆地和水面)，但不能推断出哪些像元在空间上是相连接的。例如，有许多小湖的一幅 NIR 图像和一幅海岸带地区的图像有相似的双峰直方图。

图像直方图是对比度增强的有效工具。例如，一种通用的对比度增强技术就是拉伸数字量值的范围，并在一端或两端阈值化，从而使某一比例的图像被饱和。从直方图可以获得合适的数字量阈值，因为直方图给出了图像中具有某个数字量的像元占全部像元的比例。

正态分布

与大多数科学和工程领域类似，在遥感界也习惯把正态分布作为对随机过程的独立同分

---

① 一个值得注意的例外是特定噪声的处理。

布采样的假设。在一维情况下,连续分布具有如下形式:

$$N(f;\mu,\sigma) = \frac{1}{\sigma\sqrt{2\pi}} e^{-\left[\frac{(f-\mu)^2}{2\sigma^2}\right]} \tag{4.3}$$

该分布具有图4.3所示的形状,分布的质心由 μ 和与 σ 成正比的宽度来确定。但是对大多数图像而言,正态分布并不适合作为一个通用模型,之所以广泛使用,是为了进行图像分类,从而模拟一幅图像中具有相似特征的子集像元的分布(见第9章)。

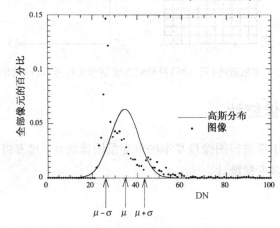

图4.3　图像直方图与相同均值和方差的高斯分布的对比

注意,直方图为典型的不对称,它看上去也是多峰的

4.3.2　累积直方图

一些图像处理算法,尤其是直方图均衡化、直方图匹配和去条带(Richard and Jia, 1999),要求累计直方图函数,它由直方图推导而来:

$$\text{chist}_{DN} = \sum_{DN=DN_{min}}^{DN} \text{hist}_{DN} \tag{4.4}$$

累计直方图是图像中等于或小于指定值的比例,由于它只随直方图数值的累计而增加,因此是数字量值的单调函数。因为式(4.1)定义的直方图具有单位面积,所以累计直方图的渐近最大值是1(见图4.4)。在这种标准形式中,累计直方图又称为累计分布函数(Cumulative Distribution Function, CDF)(Castleman, 1996),这样联系也有和式(4.2)相似的理论问题。

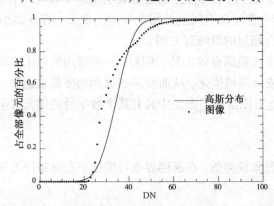

图4.4　与图4.3采用同样数据的图像累计直方图和高斯累计直方图的对比

4.3.3 统计参数

数字量的均值可以利用两种计算方法求得：

$$\mu = \frac{1}{N}\sum_{p=1}^{N} DN_p = \sum_{DN=DN_{min}}^{DN_{max}} DN \times hist_{DN} \tag{4.5}$$

第一种方法把图像中所有像元的数字量值相加，再除以像元的总数而得到数字量的均值。第二种方法对每个数字量值根据相应的直方图数值进行加权处理（具有相同数字量值的像元数占图像总像元数的比例），并对加权的数字量值求和。如果已经获得了直方图，则采用后一种形式，也即直方图的一阶矩，计算会更快，数字量值的方差由下式计算：

$$\sigma^2 = \frac{1}{N-1}\sum_{p=1}^{N}(DN_p - \mu)^2 = \frac{N}{N-1}\sum_{DN=DN_{min}}^{DN_{max}}(DN - \mu)^2 \times hist_{DN} \tag{4.6}$$

其中都需要采用式(4.5)那样的计算。第二种形式是直方图的二阶矩。如果要估计数据的均值而不是分布的先验值，则像元和采用 $N-1$ 而不是 N(Press et al., 1992)。数字量值的标准偏差 σ 是方差的平方根。

均值和方差对正态或高斯分布[见式(4.3)]是足够的。如果直方图为单峰且对称的，对于实际数据而言，高斯分布或许是一个不错的模型。但是，如前面所讲，全图直方图趋向于不对称且有时会出现多峰。无论分布是否为正态的，数字量值的均值和方差都有用。正如下面所讨论的，图像标准偏差可用于测量图像的对比度，因为它是直方图宽度，即数字量值延伸范围的一个测量。

其他统计参数有时也有用，包括模式（直方图达到最大值时的数字量值）、中值（将直方图等分成两个数字量值，50%像元小于中值，50%像元大于中值）、高阶统计量偏斜度（对称性），

$$偏斜度 = \frac{1}{N}\sum_{p=1}^{N}\left(\frac{DN_p - \mu}{\sigma}\right)^3 = \sum_{DN=DN_{min}}^{DN_{max}}\left(\frac{DN - \mu}{\sigma}\right)^3 \times hist_{DN} \tag{4.7}$$

和峰度（相对于正态分布，尖峰的尖锐度）(Press et al., 1986；Pratt, 1991)

$$峰度 = \left[\frac{1}{N}\sum_{p=1}^{N}\left(\frac{DN_p - \mu}{\sigma}\right)^4\right] - 3 = \left[\sum_{DN=DN_{min}}^{DN_{max}}\left(\frac{DN - \mu}{\sigma}\right)^4 \times hist_{DN}\right] - 3 \tag{4.8}$$

对称直方图偏斜度为0。具有较大数字量值的长拖尾直方图具有正的偏斜度，这是典型的遥感图像。正态分布的峰度为0。如果直方图具有正的峰度，那么尖峰要比高斯的尖锐。负的峰度意味着尖峰不如高斯的尖锐。注意，不像均值和标准偏差，偏斜度和峰度是由 σ 标准化得到的，也没有单位。图 4.3 显示的图像，其 $\mu = 34.1$，$\sigma = 9.12$，偏斜度 = 1.78，峰度 = 4.32，表明直方图有一定程度的不对称和尖锐的尖峰。由于偏斜度和峰度是高阶量，所以它们对粗差特别敏感，粗差是数字量值远离主体分布的像元。

4.4 多变量图像统计

上一节的图像统计测量可以直接推广到 K 维情况。数字量变量 **DN** 变成了具有 K 个分量的测量矢量（见图4.5）。

$$\mathbf{DN}_{ij} = \left[\mathrm{DN}_{ij1} \ \mathrm{DN}_{ij2} \ \cdots \ \mathrm{DN}_{ijK} \right]^{\mathrm{T}} = \begin{bmatrix} \mathrm{DN}_{ij1} \\ \mathrm{DN}_{ij2} \\ \vdots \\ \mathrm{DN}_{ijK} \end{bmatrix} \tag{4.9}$$

正如前面所建议的, 可以采用简单的符号表示, 其中下标 p 表示某个特定的像元,

$$\mathbf{DN}_{p} = \left[\mathrm{DN}_{p1} \ \mathrm{DN}_{p2} \ \cdots \ \mathrm{DN}_{pK} \right]^{\mathrm{T}} = \begin{bmatrix} \mathrm{DN}_{p1} \\ \mathrm{DN}_{p2} \\ \vdots \\ \mathrm{DN}_{pK} \end{bmatrix} \tag{4.10}$$

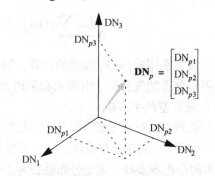

对二维或三维数据进行可视化的一种方法是扩散图。图 4.6 显示了 Landsat TM 图像的波段 2 至波段 4 的例子。这是一个二值图, 表示如果一个多光谱矢量具有至少为 1 的直方图, 就显示为一点。因此, 并没有显示多光谱矢量的像元数量。由于直方图是三维的, 所以不同的观测视角会展示出数据的不同特征。一些软件程序允许交互旋转以帮助理解。通过把每个点投影到一个平面上 (见图 4.7), 三维图就能简化为二维图。投影会损失一些光谱信息, 因为沿着投影线的所有点在二维图中只用一个点来表示。而当二维图投影成一维图时又会损失更多的信息。

图 4.5　可视化描述了一个三波段多光谱图像像元 $\mathbf{DN}_p$ 作为三维空间的一个矢量

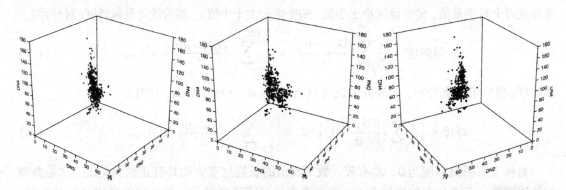

图 4.6　从不同方向观察 TM 图像波段 2 至波段 4 的三波段扩散图。只有图像的每隔 20 个采样且每隔 20 行的数据用来计算扩散图, 因此散点并不十分密集。图上的每个点代表了具有该光谱矢量的一个或更多的像元。要注意的是, 图像数据只占整个数字量范围的一小部分

虽然扩散图实现了数据量的压缩, 但多光谱数据的可视化仍是极富挑战的。对于波段 7 的 Landsat TM 图像就有 21 种可能的扩散图来表示波段对 (见图 4.8)。通过把积分值用灰度来表示并将扩散图显示为灰度图像 (称为散布图), 可以保留沿着投影线分布密度的附加信息。图 4.9 显示了各种遥感器波段组合的一些例子。在这些图中可以看出多光谱空间像元数量的分布情况。

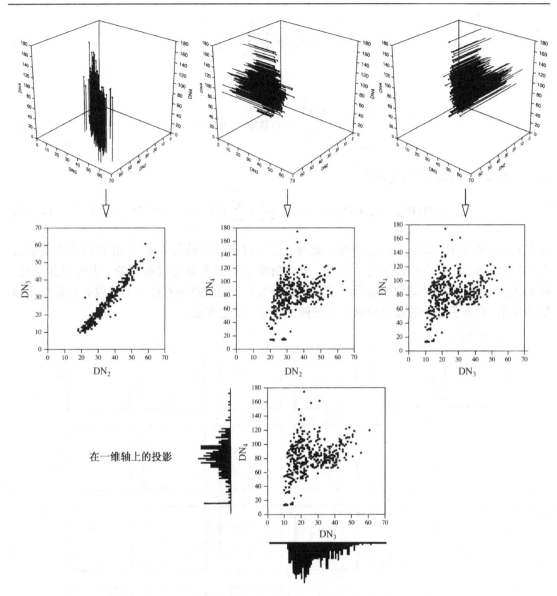

图 4.7　通过投影到第三个平面将三维扩散图简化成二维。二维扩散图提供了数据的多个视角,但是不包含三维的信息。如果把二维扩散图投影到二维数据分布的任一轴上,就变成了每个波段的直方图

在 K 维情况下,可以给出如下直方图:

$$\text{hist}_{\text{DN}} = \text{count}(\mathbf{DN})/N \tag{4.11}$$

注意,这是 K 维矢量的分级函数。在一维时,式(4.3)给出了正态分布,且只需均值和方差两个参数就能完全确定函数。类似地, K 维正态分布的参数是均值矢量,即 $\mathbf{DN}$ 的期望值[①]:

$$\boldsymbol{\mu} = \begin{bmatrix} \mu_1 & \cdots & \mu_K \end{bmatrix}^{\text{T}} = \langle \mathbf{DN} \rangle \tag{4.12}$$

其中波段 k 的均值是

---

① 一个随机量的期望值表示为 $E\{q\}$,为了简化起见,我们把一个随机过程有限数目的样本均值和协方差等同于无限样本的真正均值和协方差。实际应用中只能得到有限样本统计。详细讨论可参考 Press et al. (1992)和 Fukunaga(1990)。

$$\mu_k = \langle \mathrm{DN}_k \rangle = \frac{1}{N} \sum_{p=1}^{N} \mathrm{DN}_{pk} \tag{4.13}$$

和协方差矩阵

$$C = \begin{bmatrix} c_{11} & \cdots & c_{1K} \\ \vdots & & \vdots \\ c_{K1} & \cdots & c_{KK} \end{bmatrix} = \langle (\mathbf{DN} - \boldsymbol{\mu})(\mathbf{DN} - \boldsymbol{\mu})^{\mathrm{T}} \rangle \tag{4.14}$$

其中波段 m 和 n 之间的协方差为

$$c_{mn} = \langle (\mathrm{DN}_m - \mu_m)(\mathrm{DN}_n - \mu_n) \rangle = \frac{1}{N-1} \sum_{p=1}^{N} (\mathrm{DN}_{pm} - \mu_m)(\mathrm{DN}_{pn} - \mu_n) \tag{4.15}$$

协方差阵是对称的,即 c_{mn} 和 c_{nm} 相等。此外,由于对角线上的元素 c_{kk} 是沿着每个维度的方差[见式(4.6)],它们总是正的。但是,非对角线上的元素既可以是正的,也可以是负的。换句话讲,多光谱图像的两个波段可以有负的协方差。这就意味着在一个波段有较低数字量值的像元,而在另一个波段有较高数字量值的像元,反之亦然。

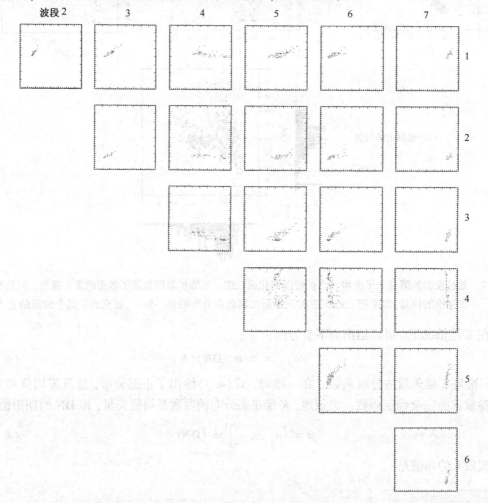

图4.8　波段7 TM 图像的波段对的扩散图之不同组合。上部的行号显示了 TM 的波段,它的数字量值被绘制成沿着扩散图的横坐标,右边的列号显示了TM波段的数字量值,它被绘制成纵坐标

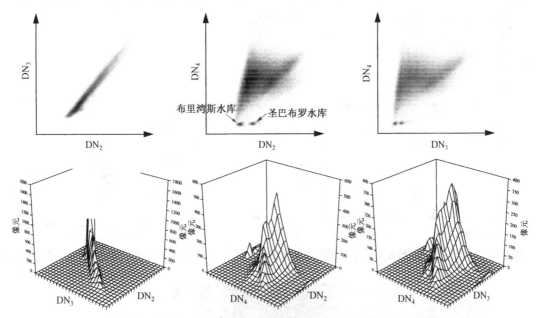

图 4.9　灰度密度编码(为更好地显示而被颠倒了)的二维散布图并显示为曲
面。数据来自图2.15的TM图像。注意,像元的两"族"来自布里湾
斯和圣巴布罗水库。曲面图的单位是每个数字量值对应的像元数

协方差阵中非对角线上的元素项可以用相关矩阵的定义来更好地理解,

$$\boldsymbol{R} = \begin{bmatrix} 1 & \dots & \rho_{1K} \\ \vdots & & \vdots \\ \rho_{K1} & \dots & 1 \end{bmatrix}, \quad -1 \leqslant \rho_{mn} \leqslant 1 \text{ 或 } |\rho_{mn}| \leqslant 1 \tag{4.16}$$

其中,波段 m 和 n 的相关系数定义为

$$\rho_{mn} = c_{mn}/(c_{mm} \cdot c_{nn})^{1/2} \tag{4.17}$$

即两个波段的协方差除以它们各自的标准偏差。ρ_{mn} 的数值必须在 +1 和 −1 之间。对角线上的项是标准化的 1,此时 m 等于 n。图 4.10 显示了不同相关系数时二维正态分布的形状。注意,当 ρ_{mn} 的数值接近 −1 或 +1 时,表明二维数据之间有较强的线性相关性;而当 ρ_{mn} 接近于 0 时,表明二维数据间几乎不相关。在第 5 章将会看到通过对 K 维图像的适当变换,协方差和相关矩阵中非对角元素可转化为 0。变换后图像的 K 维特征是不相关的,这对数据分析十分有用。

K 维离散正态(高斯)分布可以按照连续正态分布进行类似的定义:

$$N(\mathbf{DN}; \boldsymbol{\mu}, \boldsymbol{C}) = \frac{1}{|\boldsymbol{C}|^{1/2}(2\pi)^{K/2}} e^{-(\mathbf{DN}-\boldsymbol{\mu})^{\mathrm{T}} \boldsymbol{C}^{-1}(\mathbf{DN}-\boldsymbol{\mu})/2} \tag{4.18}$$

它是 **DN** 矢量的标量函数。图 4.11 显示了正态分布,它是二维的灰度图像,并叠加了概率等值线。注意,等值线是椭圆形的(见习题4.2)。正态分布的重要特征之一是,无论 **DN** 矢量如何远离均值,概率从不完全等于 0。其结果是,在正态分布假设下,**DN** 矢量总是具有非零的概率值,这个事实会影响某些分类算法(见第 9 章)。

图 4.12 显示了一幅 TM 图像不同波段对之间光谱散布图的例子。很明显,实际数据偏离图 4.10 的理想图。扩散图也能用于可视化显示彩色图像的数据分布(见彩图4.1)。

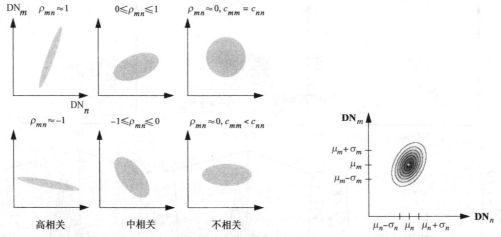

图 4.10　不同的相关系数显示了多光谱图像扩散图的形状

图 4.11　二维正态分布密度函数, 叠加显示了概率等值线的灰度图像

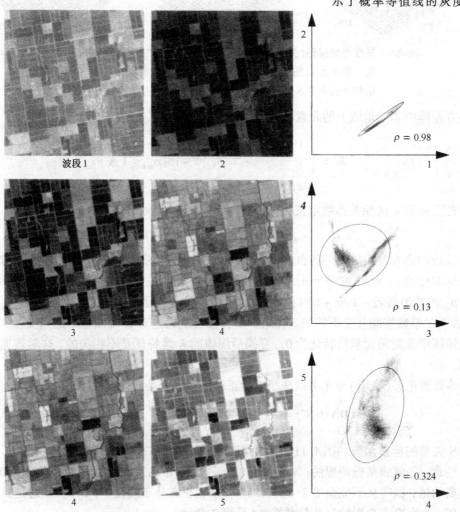

图 4.12　一幅农业地区(见彩图 4.1)TM 图像的波段对之散布图。这些都是未定标的数字量数据。可见光波段1和波段2在暗的植被和沙地具有很强的相关性。红外波段3和 NIR 波段4有较弱的相关性, 因为植被在 NIR 有很高的反射率, 而在红外有较低的反射率。NIR 波段4和 SWIR 波段5有一定的相关性。椭圆是高斯模型分布的两倍

4.4.1 约简为单变量统计

一般情况下，多变量统计的完整矢量–矩阵形式是必要的。只有当

$$\mathrm{PDF}(\mathbf{DN}) = \mathrm{PDF}(\mathrm{DN}_1) \cdot \mathrm{PDF}(\mathrm{DN}_2) \cdot ... \cdot \mathrm{PDF}(\mathrm{DN}_K) \tag{4.19}$$

时，才可以在数学上约简为一维描述，即整个维度上概率密度分布函数是互相独立的。这是信号处理中（见第 3 章和附录 B）可分离函数的一个例子。每个图像波段的一维分布称为边缘分布。波段间互相独立的重要结果是协方差阵为对角阵，非对角线上的元素均为 0。在这种情况下，相关系数也是 0。实际上，式（4.19）可以用式（4.1）、式（4.2）和式（4.11）来近似。

4.5 噪声模型

噪声是由遥感器引入数据中的，它是遥感器输出的变量，会干扰我们从图像中提取场景信息的能力。图像噪声会以各种方式出现（见图 4.13 至图 4.16），而且很难模型化。由于这些原因，许多噪声抑制技术是很特殊的。对噪声类型进行分类并给出简单的描述模型是很有益的，这也是我们下面要追求的目标。

最简单的噪声模型是给每个像元 p 加上一个独立的信号分量，即

$$\mathbf{DN}_p = \mathrm{int}[\boldsymbol{a}_p + \boldsymbol{n}_p] \tag{4.20}$$

其中 3 个量都是多光谱空间内的矢量。噪声可以源自沿第 3 章阐述的成像链中的几个地方，如果知道了具体根源，就可以采用相应的模型来描述。我们把噪声看成探测器信号幅度 $\boldsymbol{a}_p$ 的一个附加量，见式（3.16）。

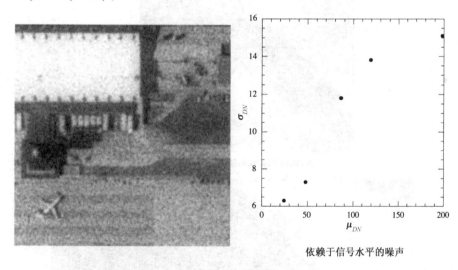

依赖于信号水平的噪声

图 4.13 颗粒状图像的例子，图像是采用华盛顿特区附近的杜勒斯机场的航空照片数字化而得到的 1 m 的 GSI。注意噪声的随机性，但是看上去有一些邻域像元的空间"聚集"，符合胶片的颗粒效应。图像中 5 个非特征区域的数字量标准差与数字量均值的关系图，也清楚地显示了信号和噪声的依赖关系。这种关系的精确形式是由颗粒度和胶片扫描特征共同决定的，对这幅图像而言，都是未知的

式（4.20）中的 $\boldsymbol{n}_p$ 没有具体限定，它表示几种常见的噪声模型。在图像的大片区域将噪声看成零均值是合理的，因而 $\mathbf{DN}_p$ 表现为无噪声信号 $\boldsymbol{a}_p$ 的上下波动。

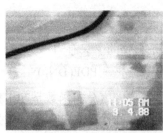

航空视频非周期扫描线噪声
Landsat-4 MSS 相干噪声

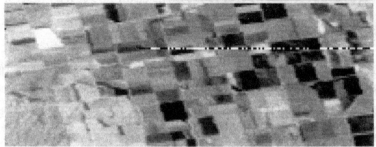

Landsat-1 MSS 坏扫描线噪声

图 4.14　扫描噪声样图。为强化噪声的模式图像，增强了对比度

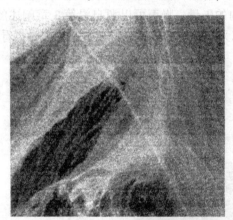

AVIRIS 扫描线和随机像元噪声

Landsat-4 TM 条带噪声

图 4.15　扫描噪声的更多例子。TM 条带噪声是探测器在每个扫描行结束时饱和所致，通常由亮云
引起。在上面的例子中，它主要影响向东扫描（由左到右）；在向西扫描期间，探测
器会从饱和状态缓慢恢复到正常工作状态。　第 7 章将会讲述消除 TM 条带噪声的算法

在某些情况下,采用独立于信号且为加性的噪声模型是很实用的,即

$$\mathbf{DN}_p = \mathrm{int}[a_p + n_p(a_p)] \tag{4.21}$$

例如,由于卤化银细粒分布的随机性,相片胶片噪声(颗粒度)依赖于信号,因为细粒在图像上任何给定点显影的可能性依赖于该点的曝光情况。为了展示这一点,我们考察图 4.13 的杜勒斯机场航空照片中几个没有明显场景细节的典型区域,计算数字量的均值和标准偏差,并绘制在图 4.13 中。在这个例子中,由 σ_{DN} 给出的噪声明显依赖于信号的 μ_{DN}。

总体而言,光电扫描系统中的随机噪声并不像图 4.13 那样,因为量化间隔(见图 3.26)是探测器噪声标准偏差的两倍。和扫描相关的周期噪声更有可能出现,像 TM 和 MODIS 那样每行有多个探测器的摆扫式扫描仪更容易产生交轨条纹噪声,它是由于各个探测器的标定和响应差异所导致的。由于同样的原因,推扫式遥感器会出现顺轨条纹噪声。TM 还显示有条带噪声,所有探测器在不同扫描周期内会随着不同行的变化而出现响应变化。由于 TM 在交轨方向上扫描,因此条带噪声经常出现在交替行,而且经常和高对比度的辐射转换联系在一起(见图 4.14)。

用式(4.20)或式(4.21)很容易对探测器的扫描噪声模型化。作为例子,我们对 TM 或 ETM + 图像每个波段的 16 个探测器中每个探测器的不同颗粒和偏移进行了模型化。根据式(3.17),采用如下公式对每个波段进行了描述:

$$\mathrm{DN}_{ij}^{\mathrm{det}} = \mathrm{int}[\,\mathrm{gain}^{\mathrm{det}} \times \mathrm{e}_{ij}^{\mathrm{det}} + \mathrm{offset}^{\mathrm{det}}\,] \tag{4.22}$$

其中,上标 det 分别表示探测器索引号 1 至 16。因为式(4.22)已经指定了具体的波段,在这里忽略了数字量的矢量符号,行列序号 ij 也是很清楚的,因此我们只需对顺轨方向的噪声模型化。按下式计算给定探测器的行序号(见图像行):

$$i = (\mathrm{scan} - 1) \times 16 + \mathrm{det} \tag{4.23}$$

它是扫描索引 scan 和探测器索引 det 的函数。第 7 章会阐述基于这个模型的噪声相关性技术问题。

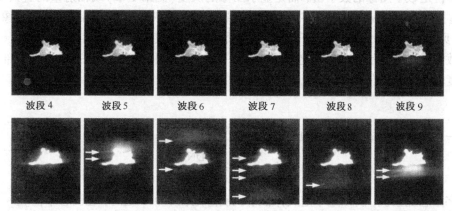

图 4.16　ASTER 数据中光谱"串话"的例子(亚利桑那大学 Wit Wisniewski 和遥感研究组提供了图像)

习惯上图像噪声只被认为是空间噪声。然而,渐渐地人们认识到它也具有光谱特性。一个例子就是"光谱串话",已经在 ASTER(见图 4.16),MODIS Terra(MODIS Aqua 的改进遥感器)和 Hyperion 数据中发现了这个噪声。现代遥感器复杂的焦平面(见第 1 章)上具有许多光谱波段,空间上又彼此离得很近,这样就会导致波段间出现光学或电子"串话"。

图 4.16 所示图像是 2001 年 4 月 28 日获取的日本东北 Taraku 岛的。上一行显示了 SWIR 的波段 4 至波段 9，而在下一行中，每个图像的对比度都被拉伸处理到最大值 13。一个或多个波段的光会以多个"鬼影"(箭头所示)出现，并已经被记录在感兴趣的波段上。波段间会有 360 ms 的时间差，对应 81 行图像(ASTER 是推扫式遥感器)，因此出现"鬼影"偏移效应。可以推断，是波段 4 的光线造成了波段 5 至波段 9 的"鬼影"，目前已经研究了相应的修正算法(Iwasaki and Tonooka, 2005)。虽然"鬼影"的对比度只有少数数字量值超过了 256，但它们会在反演地球物理产品时带来问题。

4.5.1 图像质量的统计测量

有许多因素会影响数字图像质量或显示图像的质量，也很难用单一数字度量来表达它。本节将给出一些常用的图像质量衡量方法。

对比度

有好几种方法定义对比度，例如

$$C_{ratio} = \frac{DN_{max}}{DN_{min}} \tag{4.24}$$

$$C_{range} = DN_{max} - DN_{min} \tag{4.25}$$

或

$$C_{std} = \sigma_{DN} \tag{4.26}$$

其中，DN_{max} 和 DN_{min} 是图像中最大的数字量和最小的数字量，而 σ_{DN} 是标准偏差。在特定应用中可以采用其他合适的定义。例如，C_{ratio} 和 C_{range} 可能对一些噪声并不合适，因为一两个坏像元可能会导致虚假的高对比度值；C_{std} 不容易受到粗差值的影响，注意，在对比度的这三种定义中，只有 C_{ratio} 和数据的单位无关。

显示图像的虚拟对比度是另一种衡量图像质量的指标。这里，式(4.24)和式(4.26)中的量值不再是数字图像的数字量，而是显示图像的灰度(见第 1 章)或辐射量的直接测量值。但是，虚拟对比度不仅依赖于数字图像的数字量范围，还依赖于心理因素，例如图像内的空间结构(见 Cornsweet(1970)的例子)、周围环境的光线程度及显示器的特性。此外，虚拟对比度和数值对比度都是随空间变化的量，因为一幅整体对比度高的图像或许会在局部地区出现对比度较低、中等或很高的情况。

调制

另一个测量图像的特征是调制 M，其定义为

$$M = \frac{DN_{max} - DN_{min}}{DN_{max} + DN_{min}} \tag{4.27}$$

因为数字量总是正值，所以这个定义保证了调制总是在 0 和 1 之间，也没有单位。

调制是最适用于周期信号(空间重复)。下面就是描述周期正弦函数(见图 4.17)的一个例子：

$$f(x) = 均值 + 幅度 \times \sin\left(2\pi\frac{x}{周期} - 相位\right) \tag{4.28}$$

该函数的空间频率和它的周期相关，

$$频率 = \frac{1}{周期} \tag{4.29}$$

它的单位是距离的倒数[①]。对于图 4.17 中的周期信号,如果把式(4.27)中的分子和分母都除以 2,则可得到

$$M = \frac{(DN_{max} - DN_{min})/2}{(DN_{max} + DN_{min})/2} = \frac{幅度_{DN}}{均值_{DN}} \tag{4.30}$$

它表示调制是数据范围和数据均值比率的一半。对于周期信号,例如多数图像,式(4.30)还是很有意义的,但是必须更加仔细地进行解译。

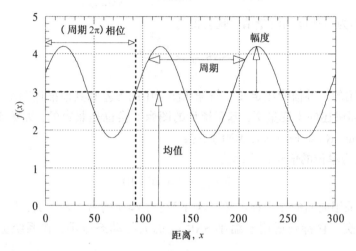

图 4.17 空间坐标的一维周期函数,周期是 100 空间单位,均值为 3 个单位,幅度为 1.2 个单位,相位是 5.8 rad,对应于空间 92.3 个单位的偏移量。这个函数的调制值是 0.4

注意,调制与对比度 C_{ratio} 的一种测量有如下关系:

$$M = \frac{C_{ratio} - 1}{C_{ratio} + 1} \tag{4.31}$$

一般而言,和 C_{ratio} 或 C_{range} 一样,调制也对粗差非常敏感。

信噪比

信号是测量值中不含噪声的部分,即传送信息的分量。因此,信号的定义随着应用的不同而有所变化。在光学图像里,如果我们的目的是测量反射率,就可以称反射率为信号。如果我们的目的是分析遥感器对接收辐射的影响,就可以定义遥感器的辐射为信号。由于图像是由空间变量组成的,因此必须把信号看成空变的。

如刚才描述的,各种类型的噪声会恶化信号,使得信息提取更加困难。在工程设计、数据质量评估、噪声抑制算法和特定的信息提取算法中,必须给出衡量信号和噪声的相对值。信噪比(Signal-to-Noise Ratio, SNR)就是这样的测量值,它无单位,因此独立于数据单位。难题是如何有意义地定义信号和噪声。对于每个像元上出现的随机噪声图像,信噪比的"幅度"可以定义为无噪声图像对比度与噪声对比度之间的比值,

$$SNR_{amplitude} = \frac{C_{signal}}{C_{noise}} \tag{4.32}$$

---

① 如第 6 章描述的那样,这种函数在傅里叶变换中起主要作用。

其中，C 为式(4.24)至式(4.26)的任一种定义。由于粗差的问题，C_{std} 测量值一般是最可靠的。因此，根据信号标准偏差和噪声标准偏差的比率，我们就有了另一种信噪比的定义：

$$\text{SNR}_{std} = \frac{\sigma_{signal}}{\sigma_{noise}} \qquad (4.33)$$

信噪比的能量如下：

$$\text{SNR}_{power} = (\text{SNR}_{amplitude})^2 = \left(\frac{C_{signal}}{C_{noise}}\right)^2 \qquad (4.34)$$

如果也采用 C_{std} 作为对比度的测量值，就会得到

$$\text{SNR}_{var} = \frac{\sigma^2_{signal}}{\sigma^2_{noise}} \qquad (4.35)$$

它可能是最常使用的一种信噪比定义。信噪比测量中的方差和其他描述图像的统计量是兼容的，例如本章后面讲述的半变量图，基于统计的图像变换也是兼容的，如第 5 章描述的最大噪声分数(Maximum Noise Fraction, MNF)变换。

以分贝(dB)为单位的信噪比表示为

$$\text{SNR}_{dB} = 10\log(\text{SNR}) \qquad (4.36)$$

其中信噪比可以采用前面的任一种定义。这并不是信噪比的另一种定义，只是信噪比测量值的简单非线性变换。它特别适用于缩小 SNR_{power} 的大的动态范围，在系统分析时也有益于计算。

现在必须清楚，信噪比并没有一种简单的定义。必须选择对处理问题有意义的一种定义。同样，读者也应该总是对文献中给出的信噪比定义进行质疑。但是人们往往只简单给出信噪比值，而没有其具体的定义。在一些情况下，可以从上下文的论述中推断出它所使用的定义。

当然，试图从数据估计信噪比的首要问题是实际中很难获得纯粹的信号。如果噪声水平不高，用噪声图像作为对信号的近似是足够的。可以从图像的均衡区域估计噪声水平(对于均衡的随机噪声)，假设该区域没有信号内容(见图 4.13 的讨论)。图 4.18 给出了模拟的一幅图像，每个像元上附加了具有不同量级的全局加性随机噪声。

任何周期噪声比随机噪声更明显(见图 4.19)，但一般也更容易被校正(见第 7 章)。但是，目前还没有研制出对条纹或独立(局部)随机噪声信噪比的稳健测量方法(见习题 4.5)。

国家级图像解译尺度(NIIRS)

空间特征(例如 GIFOV 或 GSI)和辐射特征(例如量化水平或探测器噪声)，对图像系统的数字设计、比较和评价是十分必要的。但是，它们与要从图像实现的预期任务参数并不相关。试图建立这样联系的概要度量是国家级图像解译尺度(National Imagery Interpretability Scale, NIIRS)。NIIRS 是为了军事应用而开发的，在军事应用中，有经验和资质的判读人员对图像进行目视解译。它基本由空间分辨率指标，即 GSI 来决定，但也受图像的信噪比和 PSF 等相关指标的影响。目前已经开发了军事应用的 A10 级 NIIRS 尺度。表 4.1 中给出了全色图像 NIIRS 的简要描述。从 Leachtenauer et al. (1997) 和 IRARS(1996) 中可以找到更详细的说明。现在也已经开发了多光谱图像的 NIIRS(IRARS, 1995)。通过把未经评价的图像交给受训练的解译员(获得 NIIRS 认证)，并让他们根据图像中细节的清晰程度进行评分，这样来实现 NIIRS 的应用。Ryan et al. (2003) 讲述了一个处理 IKONOS 1 m 全色图像的具体应用例子，它获得的 NIIRS 平均评分是 4.5。

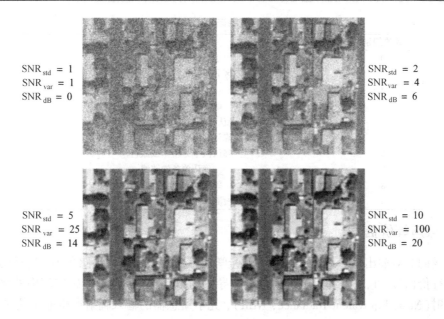

图 4.18　通过对位于俄勒冈州波特兰附近的居民区航空照片的每个像元增加正态分布随机数而模拟随机噪声对图像质量的影响。即使信噪比为 1,由于相邻像元的空间相关也能辨别出图像结构。这个相关表明数字量均值在局部邻域内是十分稳定的,但是在整幅图像内是变化的。因此,即使信噪比很低,仍能够检测出屋顶、树木和街道,但是较小的物体(如汽车)就被模糊了(原始图像由美国地质调查局免费提供)

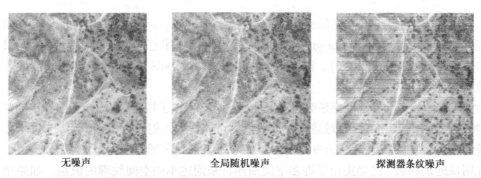

无噪声　　　　　　　　全局随机噪声　　　　　　　探测器条纹噪声

图 4.19　随机噪声和条纹噪声的视觉效果比较。采用航空照片模拟了全局、加性的随机噪声和不同的探测器偏移量。随机噪声是正态分布的,条纹噪声具有 16 行的周期(与 TM 图像中的情况类似)。两种噪声分布的均值都为 0,标准差为 8,原始图像的标准差为 18

　　粗看起来,NIIRS 好像并不特别适用于本书强调的民用遥感。但是,随着高分辨率多光谱系统的发展,如 IKONOS,QuickBird 和 OrbView,在民用和军用领域采用同样遥感器而服务于不同目的的应用时也越来越有交叉。而且,NIIRS 所表达的把任务性能参数和系统特征联系起来的总体目标是有用的,对定量遥感系统分析也是一种有价值的方法。例如,可以把遥感参数和 NIIRS 进行数学关联,从而采用通用的图像质量公式来预测某个遥感系统将来能否为指定的任务运行良好(General Image-Quality Equation, GIQE)(Leachtenauer et al., 1997)。为了在民用地球遥感系统上应用这个概念,必须对任务进行明确规定,例如安德森陆地覆盖和土地利用制图(见第 9 章)。另一个主要变化是不应该由目视解译人员而是由计算机分类或其他信息提取处理来规定任务,需要通过数值方法对它们的性能进行描述。

表4.1　国家级图像解译尺度(NIIRS)的示例

评价级别	示例标准
0	由于云或质量差不能解译
1	能区分机场滑行道和飞机跑道
2	检测大的建筑物
3	确认大型船舶的类型
4	确认铁路站的各个铁路轨迹
5	确认铁路各个车辆的类型
6	确认汽车为轿车或旅行车
7	确认单条铁路线
8	确认汽车风挡雨刷器
9	检测单条铁路线上的道钉

4.5.2　噪声等价信号

有时我们会对输出信号等于噪声水平的光学遥感器输入信号水平感兴趣,这种输入信号就是噪声等价信号,它的解释是输入信号水平导致输出信噪比为1。遥感应用中的例子是噪声等价辐射(Noise Equivalent Radiance,NER),光学遥感器的输入辐射产生输出信噪比为1,以及噪声等价反射差异(Noise Equivalent Reflectance Difference,NE$\Delta\rho$),它是对地面反射差异产生了一幅对比度(式(4.25)中的 C_{range})为1图像的不同衡量方法(Schott,1997)。因此,有人认为只有通过探测才能知道 $\Delta\rho$ 值,这一点还有待商榷。

4.6　空间统计

人们已在应用中对空间数据的统计特性研究了很多年,例如采矿和非再生资源(石油、天燃气)勘探(Journel and Huijbregts,1978)。近年来该技术已通用于其他空间数据(Isaaks and Srivastava 1989;Carr,1995),包括遥感数据(Curran,1988)。空间统计领域被从业者们称为地学统计学。

地学统计学的一个关键概念是空间连续性概念,它表述了特定位置上(见图像中的某个像元)的特定数值给出其相邻或区域数据中该数值的可能性。人们已经设计了相关技术,如采用二阶统计以测量数据的连续性(协方差和半变量图),并通过内插方法优化估计出缺失值。

在图像处理领域,已经提出了许多空间描述符来阐述不同空间纹理的识别。如果把一幅图像看成由 DN(x,y) 确定的实际自然表面,那么纹理就描述了该表面的视觉"粗糙度",类似于手指触摸实际表面的感觉。图像中的纹理被表示为数字量的局部准周期的变化,且是由地面反射率的空间分布以及地形的阴影和遮挡造成的。根据空间相关矩阵来定义了一种纹理描述符(Haralick et al.,1973)。其他的描述符基于分形几何(Mandelbrot,1983;Pentland,1984;Feder,1988)。我们将在下面几节中讨论这些内容及地学统计测量。

4.6.1　空间协方差的可视化

在给定方向上提取间隔 h 的两个像元得到一对数字量值,其联合概率可用联合直方图来逼近:

$$\text{hist}_h = \text{count}(\text{DN}_1,\text{DN}_2)/N_h \qquad (4.37)$$

它是式(4.11)的特例;N_h 是给定 h 后用于计数的像元对数量。我们用形象化的直方图来表示二维散布图,它的一个轴对应一个像元的数字量值,另一轴对应在指定方向上总是间隔 h 的另一个像元的数字量值。图4.20给出了一个具体例子。在很短间隔(小的 h)时,散布图显示出很强的相关性,即相近的邻域是相似的。随着间隔的增大(大的 h),散布图的相关性变小,最终甚至成同向性的,它表明像元对没有相似性。后面将会看到,这种散布图等同于空间上的同现矩阵。

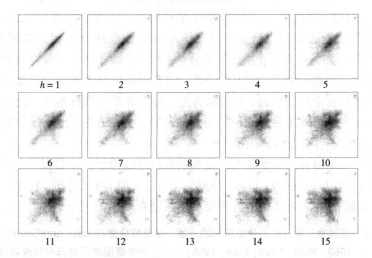

图 4.20 TM 波段 4 的农田图像(上图)和水平间隔像元对之间的一系列散布图。散布图估计出了同一行数据内一对间隔像元数字量值的联合概率。当相隔间距大于5个像元时,数据的空间相关性会呈现迅速减小。对每个散布图分别进行了对比度拉伸,以强调分布的形状。实际上,随着分布的扩散,计算散布图的像元对数量在减少,峰值也会减小。这些散布图在密度上类似于 Isaaks and Srivastava(1989)阐述的"h 散布图"(TM图像由NASA/Stennis空间中心的技术开发研究所、空间遥感中心及普度大学提供)

4.6.2 协方差和半变量图

在地学统计领域,一维数据的协方差函数定义为(Isaaks and Srivastava,1989)

$$C(h) = \frac{1}{N(h)} \sum_{(i,j)|h_{ij}=h} DN_i DN_j - \mu_{-h}\mu_{+h} \tag{4.38}$$

参数 h_{ij} 称为间隔,是 i 和 j 数据点对之间的距离。μ_{-h} 和 μ_{+h} 为距离 $-h$ 和 $+h$ 之间所有数据点的 DN 均值。这两个数在实际中很少相等,$N(h)$ 是间隔 h 的数据点对的数量。

半变量图的定义为(Isaaks and Srivastava,1989)

$$\gamma(h) = \frac{1}{2N(h)} \sum_{(i,j)|h_{ij}=h} (DN_i - DN_j)^2 \tag{4.39}$$

或者,按等价符号表示为(Woodcock et al.,1988a)

$$\gamma(h) = \frac{1}{2N(h)} \sum_{i=1}^{N} (DN_i - DN_{i+h})^2 \tag{4.40}$$

式(4.40)测量了图4.20空间散布图在45°方向线上的惯性矩。因此,它测量了散布图的散布情况和不同像元间空间相关的程度。

协方差函数和半变量图是相关的,

$$\gamma(h) = C(0) - C(h) \tag{4.41}$$

如果使用的采样数据量足够大,以至于对任何采样数据,$C(0)$是相同的(即统计学角度假设静态),则协方差函数和半变量图实际上包含图像的同样信息。

半变量图通常显示了形状特征,从小间隔到大间隔时会增大。γ变得或多或少恒定时就达到了稳定的状态。从0到稳定开始的距离是范围。根据定义,对零间隔的半变量图,其数值是零。但是,对于实际数据,由于距离小于采样间隔,噪声会导致非零的半变量图数值。这个残差在小间隔上是已知的小值。可以用该小值估计空间分布相关的图像噪声(Curran and Dungan,1989)。而另一方面,基台值是另一个极端,即非常大间隔得到的半变量图对应的值。基台值通常或多或少渐近达到某个范围,该范围是度量数据相关长度的一种方法。

根据协方差函数在原点的数值,即数据方差,对协方差函数标准化,就可以强化数据的空间特征。这种标准化消除了数据组不同引起的差异,而且更清楚地显示了零间隔相对于那些差异的空间相关性,后面会给出例子。

表4.2总结了一维协方差函数和半变量图的几种连续模型。指数型马尔可夫协方差模型广泛应用于图像处理(Jain,1989;Pratt,1991),从式(4.41)可以看出,它等同于半变量图的指数模型(尺度变成h)。表4.2中的各种模型都绘制在图4.21中。

表4.2　离散空间协方差和半变量图的一些一维连续模型(Isaaks and Srivastava, 1989;Pratt,1991;Carr,1995)。注意半变量图模型被标准化成基台值为1

空间统计	模　型	方　程
协方差	指数(Markov 模型)	$C(h) = C(0)e^{-\alpha h}$
半变量图	高斯	$\gamma(h) = 1 - e^{-3(h/\alpha)^2}, \ \alpha = \gamma(0.95\ 基台值)$
	指数	$\gamma(h) = 1 - e^{-3(h/\alpha)}, \ \alpha = \gamma(0.95\ 基台值)$
	球形	$\gamma(h) = \begin{cases} 1.5h/\alpha - 0.5(h/\alpha)^3, & h \leq \alpha \\ 1, & h > \alpha, \ \alpha = \gamma(基台值) \end{cases}$

一般我们只能获得不规则采样网格的地球物理数据,使测量数据点之间的间距较大。在这种情况下采用一种称为kriging的步骤,可用下半变量图来估计缺失值(Isaaks and Srivastava,1989)。只有连续模型才能内插半变量图的值,该值的位置不同于式(4.40)中所用的离散值。表4.3总结了遥感数据分析中半变量图的一些有趣应用。

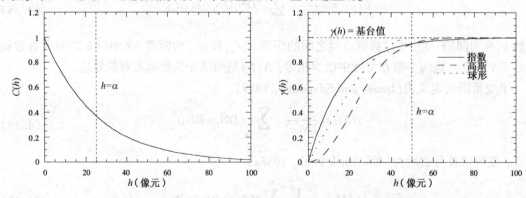

图4.21　指数协方差模型和3种标准化半变量图模型的图形

表4.3 遥感中半变量图的典型应用

应　　用	数　据　源	参考文献
农田、森林	TM，航空照片和 TM 航空模拟系统	Woodcock et al., 1988b
土地覆盖分类	航空 MSS	Curran, 1988
估计信噪比	AVIRIS	Curran and Dungan, 1989
海面温度	AVHRR	Wald, 1989
估计随机像元误差	AVHRR, CZCS	
图像未配准	模拟的 MODIS	Townshend et al., 1992
海面温度	AVHRR	Gohin and Langlois, 1993
土地覆盖分类	野外光谱辐射计，HCmm,SPOT 和 TM	Lacaze et al., 1994
阴影区的土地覆盖制图	TM	Rossi et al., 1994
立体视差图	SPOT	Djamdji and Bijaoui, 1995
森林冠木结构	MEIS-II	Stonge and Cavayas, 1997
纹理分类	IRS LISS-II, TM, SPOT，微波	Carr and Miranda, 1998
水淹植被和山地植被	JERS-1 SAR	Miranda et al., 1998

图 4.22 给出了沙漠地区航空照片，用来说明如何由一幅图像来计算半变量图。该图像包含了几个植被密度明显不同的区域。在 3 个不同特征区域内分别提取了 3 个横断面，计算出每个横断面的半变量图，并对每个区域进行平均。结果清楚显示了 3 种植被密度类别的不同特征(见图 4.23)。例如，低密度植被区显示出最大的基台值，这是因为图像中它有最大的对比度。相对于高密度植被区，它具有更大的范围，表明植被的平均尺寸比低密度区的更大。这些经验数据与 Woodcock et al. (1988a) 分析描述的统一背景下的圆盘模型是一致的。

图 4.22 用来解释不同空间特性的航空扫描照片。从密度不同和尺寸不同的植被区分别提取3组，每组3个横断面：无植被(上)、低密度(中)和高密度(下)。每个横断面长度为100个像元

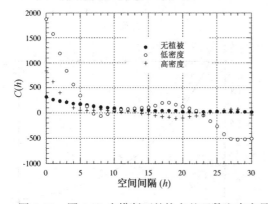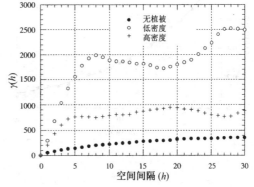

图 4.23 图 4.22 中横断面的协方差函数和半变量图。也绘制了每种类别中 3 个横断面的平均函数

为了从对照中隔离出尺寸变化，按图 4.24 中的零间隔方法对协方差标准化。从这些空间相关曲线就可以估计三种植被密度类别中每个类别的相关长度或范围。我们采用了表 4.2 的指数模型，并用它来拟合图 4.24 的协方差函数。指数模型只采用了距离值较小的协方差，并不能清晰描述

大距离的情形。拟合的模型曲线显示在图4.25中,都能很好地逼近每个例子数据。相关长度可以定义为模型参数 α 的倒数,对应于协方差函数降到零间隔的 $1/e$ 值处的间隔(见表4.4)。

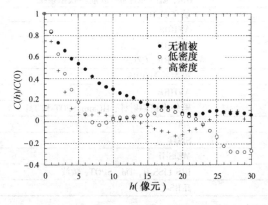

图4.24　标准化的协方差函数。实际上,每类数据的方差都被置成1

表4.4　根据图4.25中拟合的指数模型而得到的相关长度

类　别	α(像元$^{-1}$)	相关长度(像元)
无植被	0.114	8.78
低密度	0.422	2.37
高密度	0.560	1.79

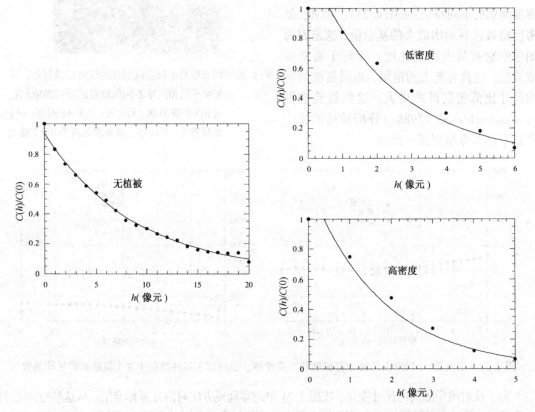

图4.25　用来拟合图4.24协方差函数的指数模型。注意每个图的横轴比例不同

这些值可以用来对图像中不同区域的空间模式进行量化和特征化。协方差函数的斜率或接近 0 间隔的半变量图就显示了植物的平均尺寸，因为它衡量了离开某个给定像元时像元失去相关性的速度。因为植物变大了，所以低密度植被的斜率小于高密度植被的斜率。由于缺乏空间结构，非植被区的斜率远低于任何有植被区的斜率。

最后，注意图 4.23 中的曲线与式(4.41)并不十分符合，因为它只用了有限(比较少)的数据组。但是对于实用目的，它们之间的关系还是令人满意的。

可分离性和各向异性

本节的一维空间统计模型可以按两种方法扩展到二维图像。一种是直接用二维半径距离 r 代替一维的间隔 h。例如，指数协方差模型(见表 4.2)变成了一个各向同性函数

$$C(r) = C(0)e^{-\alpha r} \tag{4.42}$$

其中

$$r = (h_x^2 + h_y^2)^{1/2} \tag{4.43}$$

对于给定起点，各向同性函数在各个方向都是相同的。但是，一般来讲，遥感图像并不是各向同性的，因此它们的空间统计也不是各向同性的。作为选择，我们可以通过两个一维函数相乘而在正交方向建立一个可分离模型，

$$C(x, y) = C(0)e^{-\alpha|x|}e^{-\beta|y|} = C(0)e^{-(\alpha|x|+\beta|y|)} \tag{4.44}$$

在关于图像处理的 Jain(1989)和关于地学统计的 Isaaks and Srivastava(1989)中提出了一种更一般的非分离的各向异性模型，

$$C(h_x, h_y) = C(0)e^{-\sqrt{\alpha h_x^2 + \beta h_y^2}} \tag{4.45}$$

图 4.26 显示了各向同性、可分离和各向异性的二维形式的指数协方差函数模型。哪一种更实用呢? 答案当然取决于图像。为了大体上能够模型化图像，应该采用各向同性的形式，因为没有先验原因确认不同方向上的图像统计是不同的[1]。如果想要模型化某种特定的图像，则各向异性的指数模型可能是一个较好的选择。如果要拟合的实际协方差能够旋转坐标轴的方向，则在 Isaaks and Srivastava(1989)中讨论了如何组合这些模型来拟合更复杂的数据。

4.6.3　功率谱密度

协方差函数的傅里叶变换称为功率谱密度(Power Spectral Density, PSD)或功率谱[2]。它刻画了协方差函数的空间频率容量特征。功率谱的宽度和空间相关长度的倒数成正比。如果数据的相关长度小，则协方差函数窄并且功率谱宽。相反，在长距离上相关的数据将具有很窄的功率谱，而在高空间频率上具有较低的功率。

采用前一节的数据，可以计算图 4.22 中每个覆盖类型的一维空间功率谱，即对图 4.24 中各个协方差函数进行傅里叶变换。图 4.27 证明了功率谱宽度和协方差函数的宽度成反比。

---

① 若遥感器由一个不对称的 PSF 而导致顺轨和交轨方向的不对称图像(见第 3 章)，则其空间统计信息也会不对称。一个方向上 PSF 投影越宽，图像方差函数的范围也越宽(例如 MODIS，见图 3.12)。GSI 的不对称(例如 MSS，见图 1.12)，若以像元为单位绘制，则会导致协方差或半变量图横坐标的比例变化。若以绝对距离为单位绘制，则这种不对称会消失。

② 如果读者对傅里叶变换不熟悉，则可以在阅读本节之前先阅读第 6 章的相应章节。

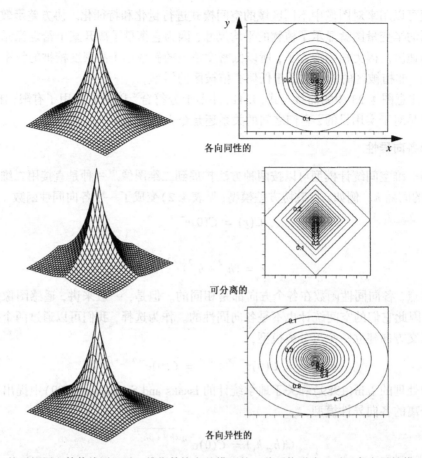

图 4.26　按透视图和等值线图显示二维指数协方差模型的 3 种可能形式。对于各向异性模型, $\alpha = \beta/4$

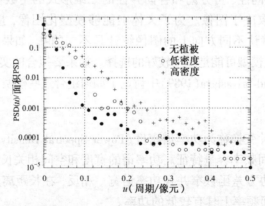

图 4.27　由图 4.24 中的数据计算的功率谱。协方差函数的标准化对应于功率谱区域的标准化,因此后者更清楚地显示了每个空间频率的方差之相对分布。注意,与图 4.24 相比,3 个曲线的序号是反的

图 4.28 显示了一些例子图像块和它们的功率谱。图像被分割成了 128×128 像元大小的图像块,计算出每个图像块傅里叶变换的幅度平方并作为它的功率谱[①]。功率谱中包含了图像中线状特征(边缘、线)的方向信息。最高的功率分量和图像中这些物体的方向是成正交的。

---

① 功率谱这个概念的不同使用在图像处理中很常见,在统计中使用它并不十分合适,但很多人这样用它,我们也不免俗。方差函数的傅里叶变换和数据块的傅里叶谱函数幅度的平方相关,并传达大致相同的信息。

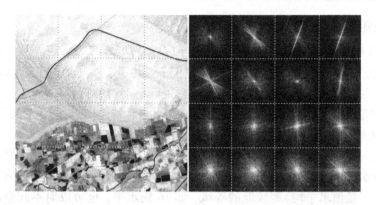

图 4.28　亚利桑那州尤马附近沙丘和非灌溉农田的 Landsat TM 波段 4 图像(分割成 128×128 像元的图像块)及每个图像块相应的功率谱。见第 6 章关于功率谱所采用空间频率坐标系的相关描述

指数马尔可夫协方差模型(见表 4.2)得到的相应功率谱模型为

$$\mathrm{PSD}(u) = \frac{2\alpha}{\alpha^2 + (2\pi u)^2} \qquad (4.46)$$

其中 u 是空间频率。图 4.29 绘制了这个模型所对应的三种植被密度类别。正如指数模型适合协方差函数一样,式(4.46)的模型也非常适合 PSD。

虽然已经详细论述了图像协方差模型和功率谱密度函数,但还是建议读者,对于绝大多数给定的图像,通过我们使用的函数(注意图 4.28)也不能对它进行很好的模型化。对于分析工作,它们可以作为最佳的平均模型。

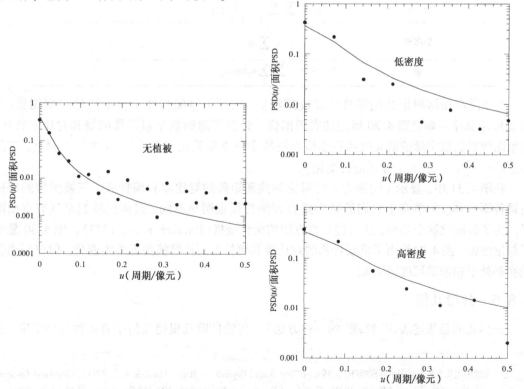

图 4.29　通过对图 4.25 协方差函数的傅里叶变换计算得到的功率谱,
和式(4.46)模型进行比较。每个例子所用的 α 值取自表 4.4

4.6.4　共现矩阵

在给定方向上相隔 h 的像元构成联合概率 $p(DN_1, DN_2)$ 的二维矩阵称为共现矩阵(Co-occurrence Matrix, CM)[①]。图 4.20 的散布图就是例子。共现矩阵包含了图像内局部空间信息的大量信息，主要的问题是如何提取这些信息。Haralick et al. (1973)(见表 4.5)中提出了从共现矩阵获取纹理特征的方法。这些特征表示了共现矩阵的各种特性，但它们并不都是互相独立的。

对于给定的间隔 h 和方向，共现矩阵是 $2^Q \times 2^Q$ 的，其中 Q 是比特数/像元的数量。若 Q 是 8 比特/像元，则共现矩阵就是 256×256 的。为了完整描述图像，必须计算出全部间隔和各个方向(至少水平、垂直和对角线方向)的共现矩阵。为了减少计算量，通常把数字量值减少(对相邻的数字量值求平均)到较低的等级，如 16 级水平，也可以对不同空间方向的共现矩阵进行平均。

表 4.5　从共现矩阵导出的一些空间纹理特征，最早由 Haralick et al. (1973)
提出。p_x 和 p_y 是共现矩阵的边缘分布，定义为 $p_x = \sum_j p_{ij}, p_y = \sum_i p_{ij}$

名　称	公　式	相应的图像特性
角二阶矩(ASM)	$f_1 = \sum_i \sum_j p_{ij}^2$	均匀性
对比度	$f_2 = \sum_i \sum_j (i-j)^2 p_{ij}$	半变量图
相关性	$f_3 = \dfrac{\sum_i \sum_j ij p_{ij} \mu_1 \mu_2}{\sigma_1 \sigma_2}$	协方差
平方和	$f_4 = \sum_i \sum_j (i-\mu)^2 p_{ij}$	方差
逆差矩	$f_5 = \sum_i \sum_j \dfrac{p_{ij}}{1 + (i-j)^2}$	—
平均和	$f_6 = \sum_{i=2}^{2Q+1} i p_{x+y}$	—
熵	$f_7 = - \sum_i \sum_j p_{ij} \log(p_{ij})$	—

为了说明如何根据共现矩阵计算纹理特征，采用了空间特征十分不同的三幅图像(见图 4.30)；其中一幅是图 4.20 所用的农田图像。计算了原始数字量图像的熵和对比度特征，每幅图像根据数字量的最大值和最小值而把数字量重新量化成 32 级。在水平方向上，空间参数从一个像元到 15 个像元进行变化。

在图 4.31 中，显示了间隔为 h 时对应的共现矩阵的对比度和熵特征。三幅图像的特征显得各不一样，但事实上它们的数字量直方图特征也明显不同，这样比较起来就有点糊涂了。为了标准化这个差异，建议进行直方图均衡化变换(Haralick et al., 1973)。图 4.30 显示了结果图像，图 4.32 给出了重新计算的对比度和熵特征，其形状并无多大变化，但每幅图像现在都处于相似的尺度间隔 h。

4.6.5　分形几何

分形几何是描述表面"纹理"的一种方法[②]。传统的欧几里得几何中有 4 种拓扑维度：点

[①] 文献中用几个名称来表示共现矩阵，包括 Grey-Tone Spatial-Dependence Matrix(Haralick et al., 1973)，Grey-Level Co-occurrence Matrix(Gonzalez and Woods, 1992)，Grey Level Dependency Matrix(Pratt, 1991)和 Concurrence Matrix(Jain, 1989)。

[②] 我们没有讨论分形几何的相关数学背景。自然界中有很多例子，读者可以在 Mandelbrot(1983)或 Feder(1988)中看到一些简单易懂的应用和讨论。

的零维,直线的一维,平面的二维,球或立方体之类体目标的三维。一个"分形"物体具有中间维度,比如不规则直线为1.6,图像"表面"为2.4。一般来讲,分数维越高,则纹理就越精细和"光滑"。

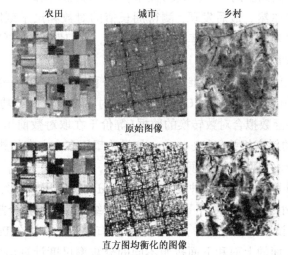

图 4.30   用于共现矩阵分析的三幅 TM 图像。直方图均衡化处理生成的图像在 DN 图像 的各个部分具有近似相同的DN像元数/DN密度(详见第5章的描述)

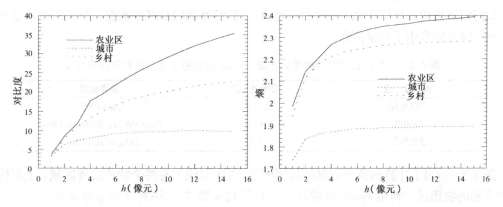

图 4.31   图 4.30 例子图像的空间对比度和熵特征。注意,它和图 4.23(根据航空图像计算) 的半变量图十分相似,即随着h从0开始增加会快速变化,h较大时会出现渐近形状

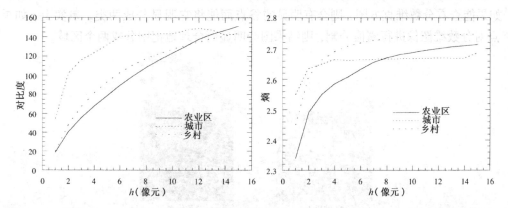

图 4.32   图像直方图均衡化后 CM 的对比度和熵的特征。特征的形状是 h 的函数,与图 4.31 相比变化并不大,三幅图像中的两个特征都被标准化了,在大的h值处逼近于相同的值

"分形"的物体还遵循这样的观念：在统计上它们是"自我相似"的。这意味着无论观测的尺度如何，物体在统计上是相同的。一个经典的例子是测量大不列颠海岸线长度(Mandelbrot, 1967)。如果用不同刻度的尺子(尺度)测量，则会得到不同的结果。较小尺度的尺子会得到较长的结果，反之亦然。最后发现，测得周长值的对数和尺子刻度的对数成线性关系(Feder, 1988)，这两个对数关系的斜率和分数维相关。人们发现，在有限的刻度范围内，许多自然物体和表面维数都逼近于分数。

现在已经有几种从图像估计分数维 D 的工具。一种方法是采用一维数据横断面。分数维与横断面的半变量图或功率谱相关(Carr, 1995)。对于半变量图或功率谱，可计算两个对数比的图形，并用线性函数拟合对数转换的数据(等价于在取对数前用功率函数拟合数据)。分数维 D 和拟合曲线的斜率相关(见表4.6)。如果希望用多个方向的数据，而不考虑各向异性，那么可以对图像中感兴趣的区域计算其二维功率谱，经过方向平均后得到平均径向功率谱，再按一维数据的方式计算分数维。这种技术被 Pentland(1984) 用来对图像生成分数维图。对图像按照 8×8 像元大小的数据块顺序测量分数维，按结果可把图像分割为不同的纹理区。

Pelig et al. (1984) 试验了估计图像分数维的一项有趣技术，并在 Peli(1990) 中对它进行了详细描述。对图像表面的上面和下面按照不同的分辨率尺度计算出"盖毯"。可以把毯子想象为盖在图像上面(下面)，因此它能限制数字量表面。随着分辨率的降低，这两个"毯子"会变得光滑。在两个连续尺度上按照对数-对数的关系把毯子之间容量随尺度的变化绘制成图，和前面讲述的一样用于估计分数维的斜率。虽然处理的是二维数据，但最终结果是各向同性的，因为它只用了容量信息。

表4.6　几种估计图像分数维的方法。对数-对数拟合直线的斜率标志为 s

测　量　值	分数维(D)	参考文献
半变量图	$2 - s/2$	Carr(1995)
功率谱	$2.5 - s/2$	Carr(1995); Pentland(1984)
盖毯容量	$2 + s$	Pelig et al. (1984)

图4.33 给出了计算图像分数维的具体例子。TM 图像上有两个特征纹理区域：上部的沙丘和下部的农田区。利用 Pentland 的技术，采用 32×32 像元块并在功率谱分析中去除了直流(零)频率分量。得到的分数维图看上去和图像纹理区密切相关。现在如果看看原始图像的直方图，并不会看到一个明显点，在这个点上，数字量阈值可以分割两个区域(见图4.34)。但是，如果能查看分数维直方图，则会有明显的谷点而能将它明显分成两类。事实上，如果根据谷点对分数维图像进行阈值分割，则结果图会明显而合理地把图分成两个区域。

TM 波段4　　　　　　　　　分数维图

图4.33　TM 波段4 的图像(见图4.28)，32×32 像元块分数维图(亚利桑那大学的 Per Lysne 提供了分形图)

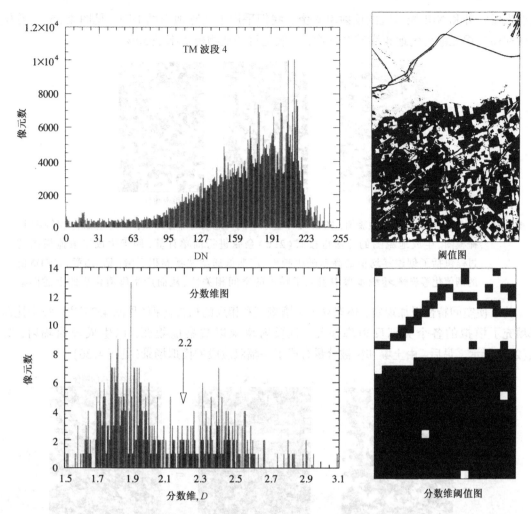

图 4.34 原始图像和分数维图的直方图。也显示了原始图像的阈值图(DN=170)和分数维阈值图(D=2.2)。注意,若采用简单的1个数字量阈值,则原始图像的两个区域就显得不可分,而在分数维图中它们是可分的。沙地的平均分数维是2.45,而农田是1.88。它小于2,实际上表示的是非分形结构(Pentland,1984)。Pentland发现,对比度明显的边界一般是非分形的,图像上半部的不规则运河和下半部的暗线地块边界就属于这一类

4.7 地形和遥感器效应

对于给定的图像,绝大多数数据模型和相应参数都会部分地受到地形和遥感器的影响。第2章和第3章已讨论过地形、遥感器的光谱分辨率和空间分辨率如何影响记录图像的场景信息的再现。在仿真技术和本章讨论的空间与光谱模型的帮助下,本节中将形象地看到这些效果。

4.7.1 地形和光谱散布图

假设表面具有朗伯反射特征,则它的辐射率与由太阳方向和表面法线构成的夹角余弦成正比[见式(2.6)]。假如有一个场景图像,包含土壤和植被两种地物,且每种地物具有特定的内部差异,而波段和波段之间没有相关性。根据每个波段中每个类别的随机高斯分布,我

们能生成红外和 NIR 光谱区的反射率图像。我们采用了实际地形的 DEM(见图 4.35),希望土壤和植被像元能均匀地布满整个图像,即假定每个地物覆盖都是 50% 。

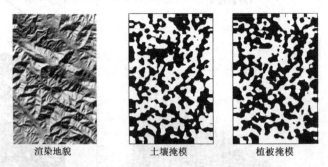

渲染地貌　　　　　　土壤掩模　　　　　　植被掩模

图 4.35　由 DEM 得到的渲染地貌图,图 2.11 中显示了同一地区的部分区域,以及合成的土壤和植被掩模图。生成地貌图的算法也按式(2.6)余弦进行简单计算。用于生成二值掩模图的过程包括了创建零均值的高斯随机噪声、高斯低通滤波器卷积平滑(见第6章)、零DN值的阈值化等步骤。卷积步骤中引入了噪声的空间相关性,从而产生阈值化后的上述图案

　　为了使空间特性更加现实,还建立了土壤掩模和相反的植被掩模(见图 4.35)[1]。每个掩模都填充了模拟的各个类别反射率像元,且反射率乘以渲染地貌图,以生成表面辐射,如式(2.7)所示。最后,由土壤和植被分量合成了一幅双波段的模拟场景(见图 4.36)。

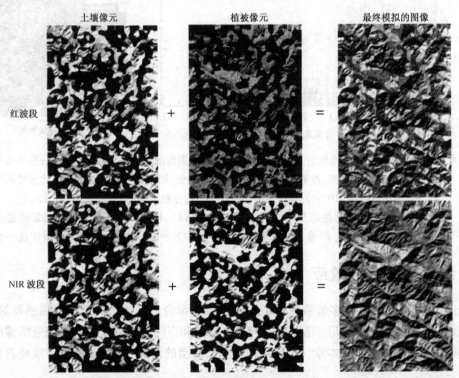

图 4.36　渲染地貌图乘以每个类别掩模图的像元就得到了左边的土壤和植被分量,然后这些分量再分别与红波段和NIR波段合成就得到了右边的最终模拟图像。图中都保留了每个类别和波段的相对亮度,即在红波段上植被比土壤暗,而在NIR波段上植被比土壤亮

---

[1]　模拟的土壤和植物分布接近于这幅 DEM 的实际地面覆盖分布,这幅 DEM 是加利福尼亚州奥克兰附近的一片山区,它们被有林间小道的土壤和植被均匀覆盖。

查看模拟图像的 NIR 红外散布图(见图 4.37),可以看到最初并不相关的分布现在沿着穿过散布图原点到零反射率的线上出现了强相关。这是因为入射的辐射被余弦因子减少了,在这个例子中,通过把负数饱和为 0,使数值按比例变成了[0,1]范围。这种地形调制被认为是对遥感数据光谱信号的影响,目前已经给出了这种特性的详细模型(Proy et al., 1989)。虽然大多数工作目的是减少地形效应(见表 4.7),但是用模型可以从多光谱图像提取地形(Eliason et al., 1981),且可以用地形调制的物理模型把成像光谱数据分解为它的光谱成分(Gaddis et al., 1996)。

表 4.7　分析遥感图像时测量和修正地形效应的研究例子

数　据	参考文献
野外测量	Holben and Justice(1980)
CASI	Feng et al. (2003)
DAIS 和 HyMap	Richter and Schlapfer(2002)
ETM +	Dymond and Shepherd(2004)
MSS	Holben and Justice(1981);Eliason et al. (1981);Justice et al. (1981);Teillet et al. (1982);Kawata et al. (1988)
TM	Civco(1989);Conese et al. (1993);Itten and Meyer(1993);Richter(1997);Gu and Gillespie (1998);Gu et al. (1999);Warner and Chen(2001)
SPOT-4	Shepherd and Dymond(2003)

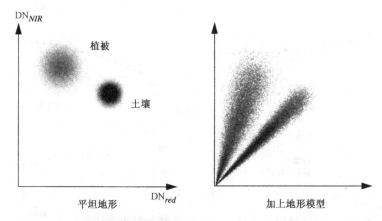

图 4.37　原始土壤和植被数据的 NIR 相对红外散布图,与地形模型融合前后的比较。现在每个类别的信号在两个波段间相关了,且它们的分布延伸到散布图的零反射率原点

4.7.2　遥感器特性和空间统计

遥感器也会对图像造成许多影响,其中有两个影响值得注意:噪声和模糊。在本节中,我们将看到这两个因素如何影响图像的空间统计特性。首先我们会讨论图像噪声。图 4.22 的航空照片中每个像元被调制而增加了正态分布、空间独立的噪声,数字量标准差为 20。噪声水平被设置得相对较高,以说明它的效果(见图 4.38)。

图 4.39 给出了图 4.22 中横断面的空间协方差。不相关的噪声出现在零间隔的尖峰,尖峰在每个例子中大约比原始协方差高出 400 个单位,即总数等于附加噪声的方差。在非零间隔上,图像噪声引入了一些协方差噪声,但没有整体偏移,因为不同像元的噪声是不相关的。图 4.39 的半变量图包含了不同形式的同样信息,基台值大约高出全部间隔 400 个单位,但根据定义,在零间隔上仍然为 0。小值是通过外推最低的非零值得到的,比零稍大一点,小值现在大约等于 400。事实上,半变量图的小值代表了不相关噪声,可以用它来估计图像噪声(Curran and Dungan, 1989)。

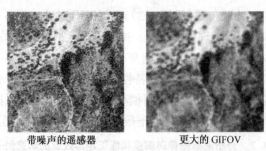

带噪声的遥感器　　　　　　　　　更大的 GIFOV

图 4.38　两个模拟的图像说明了遥感器对图像空间统计测量的影响。左图中，数字量标准差为 20、不相
　　　　关正态分布的随机噪声被添加到图 4.22 所示的原始图像中。它对应于式（4.20）的噪声模
　　　　型且用式（4.26）得到的 C_{std} 大约为 2。右图中，原始图像和 5×5 均匀的空间响应函数进行了
　　　　卷积，这个函数模拟了该尺寸的 GIFOV。为了便于分析，我们也提取了与图 4.22 同样的横断面

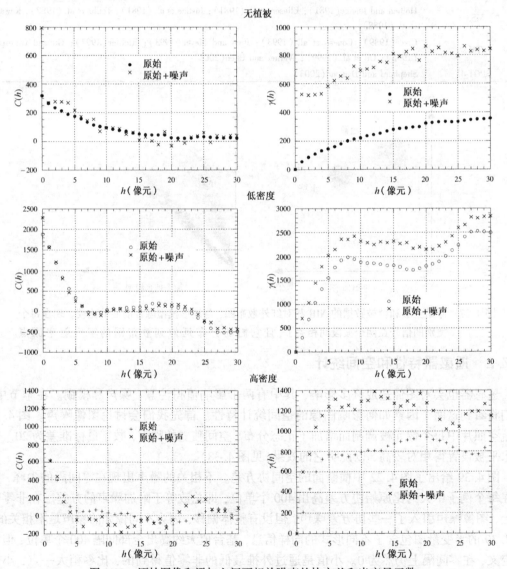

图 4.39　原始图像和添加空间不相关噪声的协方差和半变量函数，
　　　　注意每种类别的垂直尺度是不同的（与图 4.23 相比）

为了分析遥感器 GIFOV 对空间统计的影响，我们返回到原始航空照片，不添加任何噪声，并将它和 5×5 像元正方形大小的 GIFOV 进行卷积(见图 4.38)。场景细节被模糊了，但我们可以看到在所有间隔上协方差都有较大的减小(见图 4.40)。通过标准化使零间隔为 1 (见图 4.41)，就更容易比较协方差函数的形状。现在，GIFOV 使得协方差函数更宽，因为 GIFOV 内的空间平均增加了相邻像元的相关性。此外，GIFOV 也改变了小间隔的协方差形状。现在它不像以前那样尖锐并在零间隔处逼近于 0 的斜率。这表明合成的数据模型比前面讨论的 3 种模型能更好地拟合图像数据。半变量图展示了基台值的降低和范围的增加，也对应于协方差函数的宽度增加(见图 4.41)。

Atkinson(1993)曾报告过，通过试验研究了半变量图对 GIFOV 的依赖性，试验中航空遥感器在同一试验区沿着不同高度进行飞行。它提出的半变量图数据显示了和我们的模拟结果相同的表现，甚至于对低分辨率图像半变量图的合成模型也一样。

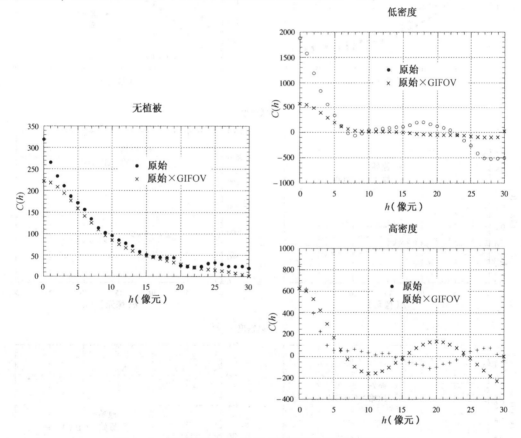

图 4.40　经过模拟 5×5 像元 GIFOV 而得到原始图像的协
方差函数。注意每个类别的垂直尺度是不同的

4.7.3　遥感器特性和光谱散布图

我们已经看到了遥感器如何影响空间特性，现在转向研究它对光谱特性的影响。在这个例子中，我们采用计算机程序模拟建立一个双波段、三类别的场景。这个场景显示了这样一个地貌：沥青道路穿过土壤和由草地、灌木、树构成的植被。模拟图像的辐射值接近于红外和近红外谱段记录的相对值(见图 4.42)。

　　现在,我们给每个类增加一些空间"纹理"。首先,加入了空间的和光谱的非相关随机变量,沥青和土壤类的每个波段中加入随机变量的标准差是5,而对植被类(见图4.42的中间行)则是10。然后,对每个类都在4个场景点的距离上引入空间相关性(见图4.42中的最后一行)①。注意,加入空间相关性后,会看到图像空间内有明显的视觉变化,但在光谱域内并不十分明显。

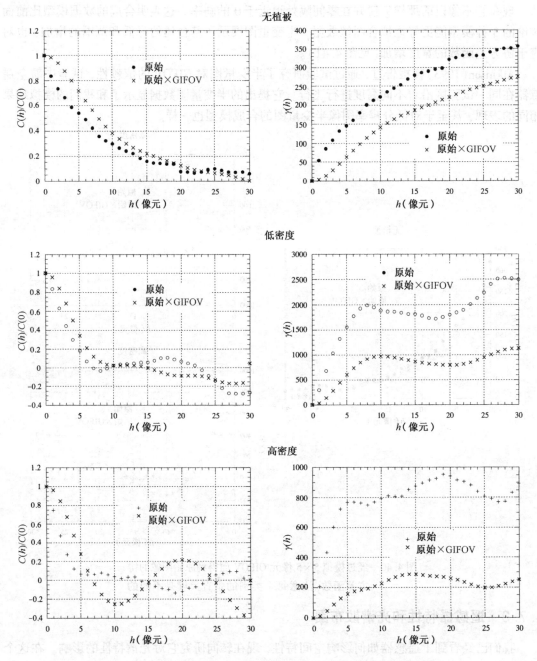

图 4.41　经过模拟 5×5 像元 GIFOV 而得到原始图像的标准化协方差和半
变量图函数。注意每个类别的垂直尺度是不同的(与图4.23相比)

---

①　相关是通过增加噪声和指数函数卷积实现的,它和前面提到的指数协方差模型不太一样,但能满足现在的需要。

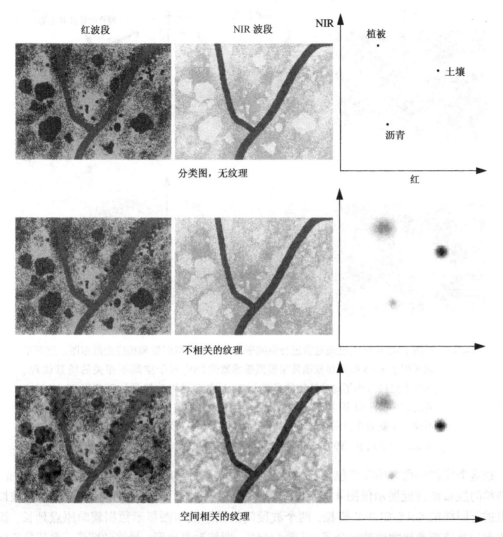

图 4.42 模拟建立的包含三类地物和不同数量的空间纹理的两波段场景及其响
应的散布图。每一类的空间相关函数分别和 LPF 卷积(中间行)。将
结果组合起来,在穿过类别边界时并没有模糊。类方差被重新标准化
为 5 到 10,以对应于不相关的纹理情况。在这些及后面的散布图中,已
经大大拉伸了对比度,以使点数分布相对较少的散布图也更加明显

最后,通过与直径为 5 个像元的高斯系统空间响应函数进行卷积而模拟遥感器的空间平
均效应(见第 3 章)。图 4.43 显示了对图像域和光谱域数据的影响,可以明显说明如下两点:

- 在空间不相关的情况下,遥感器的空间响应通过对相互独立的邻域像元点的平均而减
  小了纹理方差。在空间相关的情况下,类内方差的减小也少多了,因为在遥感器积分
  之前,场景数据已经在几个点上相关了。
- 对于两种场景纹理,只要两类物体在空间上相邻,遥感器的空间响应就会混合光谱信
  号。这样,最初只有 3 个点组成的散布图开始填充混合信号。我们将在第 9 章的图像
  分类中讨论这种现象。

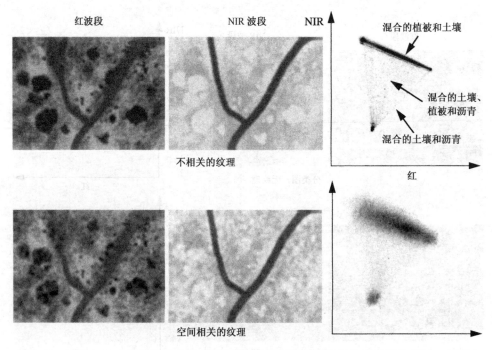

图 4.43　对图 4.42 中两类纹理地物进行空间平均得到的模拟图像和相应的散布图。空间平
　　　　　均采用了 5×5 高斯加权函数来模拟遥感器的 PSF。对于空间不相关的场景纹理,
　　　　　遥感器已经减小了每类地物的光谱方差,而在空间相关场景纹理情况下,光谱方
　　　　　差的减小要少得多。在这两种情况下,通过遥感器空间响应函数内部混合3类地物
　　　　　而建立了新的光谱向量。新向量位于初始三个信号所确定的三角形内部(Adams
　　　　　et al.,1993);在第9章谈论的专题分类中,这些混合像元会有十分明显的作用

　　在这个模拟中我们还没有包含三维场景, 尤其是阴影和遮挡。如果也能模拟地形变量,
则纯粹的散布图就能展示像图 4.37 和图 4.43 那样的特征。对合成的图 4.36 所示两波段图
像也进行同样的 5×5 GIFOV 模拟, 两个波段间的结果散布图显示数据簇向原点延长, 而且
土壤和植被这两类地物也被混合了(见图 4.44)。即使没有地形, 最终的图像, 尤其是空间相
关的场景纹理, 在视觉上也是相当令人信服的。但是, 这并不是说, 它们就充分代表了现实
世界的精确模型。在 Woodcock et al. (1988a), Woodcock et al. (1988b); Jupp et al. (1989a)
和 Jupp et al. (1989b)中介绍了更多细节和场景建模。而 Jasinski Eagleson(1989, 1990)则详
细分析了红外-近红外反射散布图中的半植被覆盖场景的信息。

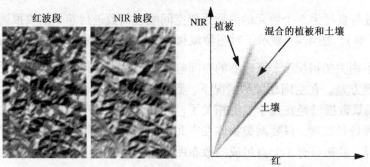

图 4.44　对图 4.36 的合成图像模拟 5×5 像元的 GIFOV 和相应的
　　　　　散布图,它显示了地形因素导致的相关性和光谱混合

4.8 小结

本章描述了图像数据分析中的一些通用模型,并用例子进行了说明;另外还讨论了辐射和遥感器模型、数据模型之间的关系,并通过模拟进行了阐述。本章的要点如下:

- 遥感图像数据的光谱统计特性受场景地形的影响。地形效应使光谱波段间的数据沿着穿过反射率散布图原点的直线相关。
- 遥感图像数据的光谱统计特性也受遥感器的光谱传输频带位置和宽度及噪声特征的影响。空间不相关的遥感器随机噪声会同等地增加所有地物的类内方差。
- 遥感图像数据的空间和光谱统计特性受遥感器的空间响应函数影响,它会增大空间相关的长度,减小类内方差,并建立混合光谱向量。

有了第 2 章至第 4 章提供的背景知识,我们现在准备从遥感物理内涵方面看看图像处理技术和算法。第 5 章和第 6 章会给出光谱和空间变换,它们对第 7 章讲述的图像大气校正、定标及遥感器效应很有帮助,对第 8 章阐述的图像融合也会有帮助。最后,本章讨论的许多数据模型对第 9 章讨论的专题分类也很有用。

4.9 习题

4.1 如果一幅多光谱图像在光谱波段间不相关,那么在数据统计上一定是独立的吗?如果每个波段的数据都是正态分布的,又会怎样?

4.2 用数学方法表明二维高斯分布的等概率曲线是椭圆。

4.3 确认图 4.17 中函数的调制和相位数值。

4.4 对于一个图像横断面的 100 个数据点,有多少点对可以用来计算 h 等于 2 的半变量图?对于 h 等于 50 又有多少对呢?

4.5 如果图像内噪声分布或多或少是均匀的,则式(4.32)、式(4.34)或式(4.36)定义的信噪比是评价图像质量的有效工具。这些定义并不适合孤立的噪声,如落点、落线和探测器条带。给出对这三种情况下信噪比有意义的建议,并描述如何测量它们?

4.6 在图 4.28 的 TM 图像上覆盖一页纸,并检查功率谱以鉴别图像块具有如下特点:

- 少量或没有线特征
- 相对较小的相关长度

通过图像比较确认你对这两种情形的选择。

4.7 假设根据图 4.32 的对比度和信息熵 CM 特征,水平空间间隔 h 的数值是多少时可以十分明显地辨别三种类型的图像。

4.8 假设入射的余弦因子在[0.2, 0.5]范围内,试绘出 4.7.1 节的散布图。

第5章 光谱变换

5.1 概述

图像处理和分类算法通常依据其操作所在的空间进行分类。图像空间一般采用$\mathbf{DN}(x,y)$，空间关系非常清楚。第4章介绍了多维光谱空间的概念，由高光谱向量$\mathbf{DN}$进行定义，空间关系不是很明确。本章将要讨论的光谱变换中，所要变换的是光谱空间，下一章将要介绍的空间变换中，所要变换的是图像空间。这些变换空间对专题分类（见第9章）都非常有用，在第9章中将其统称为特征空间。本章将描述从光谱空间得到的各种特征空间。这些变换得到的空间并没有增加图像的信息，但是它将原始图像重新分布为一种有用的形式。我们将会讨论$\mathbf{DN}$向量的各种线性和非线性的变换，目的就是为了找到比原始图像更优的特征空间。

5.2 特征空间

从图像光谱向量$\mathbf{DN}$到特征空间$\mathbf{DN}'$的变换f如下：

$$\mathbf{DN}' = f(\mathbf{DN}) \tag{5.1}$$

如果上述变换是线性的，就可以写成下面的形式：

$$\mathbf{DN}' = W \cdot \mathbf{DN} + B$$
$$= \begin{bmatrix} w_{11} & \cdots & w_{1K} \\ \cdots & \cdots & \cdots \\ w_{K1} & \cdots & w_{KK} \end{bmatrix} \begin{bmatrix} \mathrm{DN}_1 \\ \cdots \\ \mathrm{DN}_K \end{bmatrix} + \begin{bmatrix} B_1 \\ \cdots \\ B_K \end{bmatrix} \tag{5.2}$$

其中W是原始光谱波段的权向量，B是偏置向量。这种变换形式对应$\mathbf{DN}$光谱空间的旋转、缩放和平移等操作（见图5.1）[①]。很多重要的光谱变换都是线性的。如果W是单位矩阵，B是零向量，变换得到的还是原来的光谱空间：

$$\mathbf{DN}' = \begin{bmatrix} 1 & \cdots & 0 \\ \cdots & \cdots & \cdots \\ 0 & \cdots & 1 \end{bmatrix} \begin{bmatrix} \mathrm{DN}_1 \\ \cdots \\ \mathrm{DN}_K \end{bmatrix} + \begin{bmatrix} 0 \\ \cdots \\ 0 \end{bmatrix} = \mathbf{DN} \tag{5.3}$$

我们称式(5.2)中的线性变换为几何变换，这种变换在图像几何处理中非常有用（见第7章）。在这种应用中，K是二维的，分别对应着空间坐标(x,y)和(x',y')，矩阵W描述的是诸如旋转、尺度变换和裁剪等操作，向量B描述的是空间平移。

如果f不能写成式(5.2)的形式，那么它就是非线性的变换，例如

$$\mathbf{DN}' = \mathbf{DN}^2 \tag{5.4}$$

---

① 在有些文献中，比如Fukunaga(1990)，线性变换的定义式为$\mathbf{DN}' = U^{\mathrm{T}} \cdot \mathbf{DN}$，其中$U = W^{\mathrm{T}}$。这样的定义与上面的定义是一致的，因为$(W^{\mathrm{T}})^{\mathrm{T}} = W$。

上式就是数字量的一个非线性变换。一些特定的非常有用的线性或非线性变换都可以用遥感器成像的物理原理来解释，本章接下来的内容将会对此进行介绍。

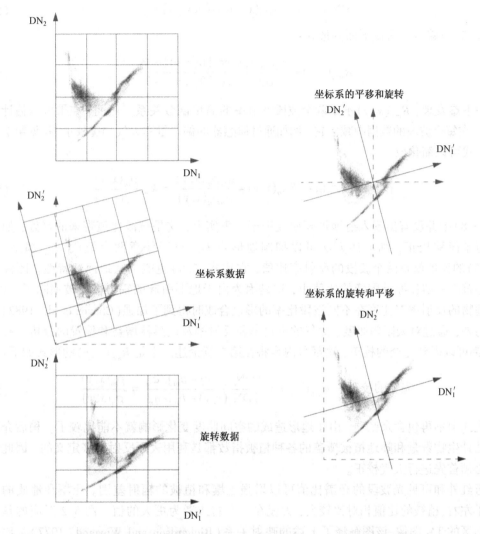

图 5.1   二维线性特征空间变换的一些性质。本章后面将要介绍的主成分变换既可以看
成坐标轴的旋转(反向)，也可以看成数据的旋转。本章后面的很多图表中
采用的是前者的描述方法。同样，旋转之前的平移和旋转之后的平移是
相同的。在所有例子中，坐标轴旋转和数据旋转的角度都是相等的。唯一
不同的地方就是平移，对于主成分变换来说，它是矛盾的(RichardsandJia,1999)

5.3   波段比率法

一种最早应用在遥感图像处理中的特征空间是通过对每个像元计算波段 m 和波段 n 之间的比值而得到的。这种变换是 **DN** 向量的一种非线性变换：

$$R_{mn}(x, y) = \frac{DN_m(x, y)}{DN_n(x, y)} \tag{5.5}$$

通过对第 2 章和第 3 章的分析,特别是式(2.10)和式(3.30)的分析,处在波段 b 的 DN 近似是地球表面反射率①的线性函数:

$$DN_b(x, y) \approx a_b \rho_b(x, y) \cos[\theta(x, y)] + b_b \tag{5.6}$$

于是式(5.5)就可以写成下面的形式:

$$R_{mn}(x, y) \approx \frac{a_m \rho_m(x, y) \cos[\theta(x, y)] + b_m}{a_n \rho_n(x, y) \cos[\theta(x, y)] + b_n} \tag{5.7}$$

从式中不难发现,$R_{mn}(x, y)$ 不是两个波段反射率的简单函数关系。然而,如果可以估计偏置量 b_b 并在每个波段的数据中减去它,例如通过遥感器的偏置量和大气阴霾校正等(见第 7 章),那么上式可以简化成

$$校正的偏差值: \quad R_{mn}(x, y) \approx \frac{a_m \rho_m(x, y)}{a_n \rho_n(x, y)} = k_{mn} \frac{\rho_m(x, y)}{\rho_n(x, y)} \tag{5.8}$$

在式(5.8)中并没有出现入射地形辐照度因子。事实上,这是波段比值带来的好处,如果事先进行了偏移校正,则上述方法可以抑制地形阴影。对于任意两个波段,k_{mn} 都是常量,式(5.8)的比值就是两个波段的反射率比值,它比式(5.5)更能反映地面的特性。图像比值的动态范围一般比原始图像的比值小,这是因为由于地形引起的辐射极值被消除了。因此,不同地物的反射率对比度在不同波段比率的彩色合成时得到了加强(Chavez et al., 1982)。

另外,通过对太阳辐照度、大气的透过率和反射率及遥感器增益和偏置的分析,系数 a_b 和 b_b 都可以得到完全的校正,这部分内容将在第 7 章论述。于是 $R_{mn}(x, y)$ 的形式如下:

$$完全的校正: \quad R_{mn}(x, y) = \frac{[DN_m(x, y) - b_m]/a_m}{[DN_n(x, y) - b_n]/a_n} = \frac{\rho_m(x, y)}{\rho_n(x, y)} \tag{5.9}$$

由于上式中不再包含余弦项,由于地形造成的空间照度变化影响就不能比较了。稍后介绍的用来估计生物数量和陆地植被覆盖的各种植被指数都是利用表面反射率来定义的,因此遥感数据必须首先进行大气校正。

近红外和可见光波段的光谱比值可以增强土壤和植被的辐射差别。土壤和地质的比值都在 1 左右,植被的比值相对比较大,大概在 2 左右或者为更大的值。图 5.2 对应的是一块农田地区的 TM 图像,该图解释了上述的映射关系(Richardson and Wiegand, 1977)。比值处在 1 左右的区域对应图像中大面积的裸露土地。在近红外和红色波段的光谱空间定义了一个"土壤线"的概念。沿着这条线的光谱向量代表图像中暗色到较亮的土壤区域的连续区域。随着比率的增加,等值线逆时针旋转到散射图上的植被区域。比值处在 3 附近的区域代表农作物生长旺盛的区域。比值处在 1 和 3 之间的区域代表部分植被覆盖的区域,例如图像右上角的短时农作物和沙漠区域。

调制比率是简单比率的一种有用变量:

$$M_{mn} = \frac{DN_m - DN_n}{DN_m + DN_n} = \frac{R_{mn} - 1}{R_{mn} + 1} \tag{5.10}$$

两者的关系见图 5.2 和图 5.3,在调制比率中两个波段都含有的增益因子被约去。

---

① 这里只考虑了太阳反射的辐射部分。

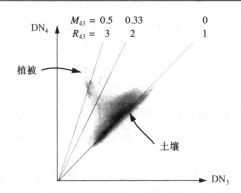

图 5.2　美国亚利桑那州 Marana 地区附近一幅农田地区的 TM 波段 4 和波段 3 比率的数字量
　　　　散点图(见彩图 9.1)。在散点图上添加了一些比率的等值线,相应的值都标在了等
　　　　值线的上部。这些数据都没有经过校正,所以在校正后 M 和 R 的值可能会发生变化

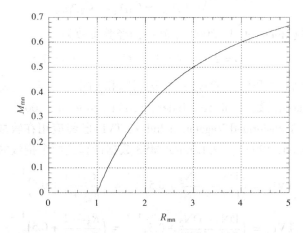

图 5.3　调制比率随简单比率变化的曲线图。如果假定这是一个简单比率图像对比度拉
　　　　伸变换曲线,那么调制比率就相应地把对比度较小的值调制到了对比度相
　　　　对较大的值。这种现象的物理解释是对于较小比率的值来说,M 比 R 更敏感

5.3.1　植被指数

前一节已经提及近红外波段和红色波段的光谱比可以显示植被。如果要定义一个和遥感器无关的系数,该比值就必须用地球物理参数来说明。植被指数比率(Ratio Vegetation Index, RVI)就是在遥感应用中较早使用的系数之一:

$$\text{RVI} = \frac{\rho_{\text{NIR}}}{\rho_{\text{red}}} \tag{5.11}$$

相似地,我们将近红外和红色反射的调制比值称为归一化的植被指数(Normalized Difference Vegetation Index, NDVI),

$$\text{NDVI} = \frac{\rho_{\text{NIR}} - \rho_{\text{red}}}{\rho_{\text{NIR}} + \rho_{\text{red}}} = \frac{\text{RVI} - 1}{\text{RVI} + 1} \tag{5.12}$$

它被广泛用于利用 AVHRR 数据监视陆地和全球规模的植被变化(Townshend and Justice, 1986;Tucker and Sellers, 1986;Justice et al., 1991),但如果地面的植被覆盖率比较低,例如在干旱和半干旱地区,那么这种方法的作用就很弱(Huete and Jackson, 1987)。同时,对于雨林这种植被浓密的地区,它趋于饱和,监测的灵敏性比较差(Huete et al., 2002)。

对于植被覆盖较低的地区，我们可以使用土壤自适应植被指数(Soil-Adjusted Vegetation Index，SAVI)(Huete，A. R.，1988)来表示：

$$SAVI = \left(\frac{\rho_{NIR}-\rho_{red}}{\rho_{NIR}+\rho_{red}+L}\right)(1+L) \tag{5.13}$$

其中 L 是个常量，靠经验确定，保证植被指数对地面反射率变化的灵敏度较小。如果 L 等于零，则 SAVI 和 NDVI 相等。对于中等植被覆盖的区域，L 一般取值为 0.5。指数 $(1+L)$ 保证了 SAVI 和 NDVI 的范围相同，在 -1 到 1 之间。

SAVI 具体表现为植被冠层背景校正，例如底部土壤背景的校正。另一个与植被指数本身无关的影响植被指数的外部因素就是大气。结合大气校正量的经验项，就得到了增强的植被指数(Enhanced Vegetation Index，EVI)：

$$EVI = G\left(\frac{\rho_{NIR}-\rho_{red}}{L+\rho_{NIR}+C_1\rho_{red}-C_2\rho_{blue}}\right) \tag{5.14}$$

对于 MODIS 数据来说(Huete et al.，2002)，其中的经验参数为

$$G = 2.5, \quad L = 1, \quad C_1 = 6, \quad C_2 = 7.5 \tag{5.15}$$

在植被浓密的地区，EVI 并没有和 NDVI 一样达到饱和，同时它表现为对树木冠层的结构特性比较敏感，例如叶面积指数(Leaf Area Index，LAI)(Gao et al.，2002)。

变换的植被指数(Transformed Vegetation Index，TVI)已经应用在牧场的生物数量估计上(Richardson and Wiegand，1997)。从 Landsat MSS 数据计算这两个指数的公式如下：

$$TVI_1 = \left(\frac{DN_4-DN_2}{DN_4+DN_2}+0.5\right)^{1/2} = \left(\frac{R_{42}-1}{R_{42}+1}+0.5\right)^{1/2}$$
$$TVI_2 = \left(\frac{DN_3-DN_2}{DN_3+DN_2}+0.5\right)^{1/2} = \left(\frac{R_{32}-1}{R_{32}+1}+0.5\right)^{1/2} \tag{5.16}$$

其中 0.5 的偏项是为了保证求平方根的值非负。从式(5.16)可以看出，TVI 仅是 RVI 的函数，和其他量无关。在有些情况下，TVI 比 NDVI 更具有优越性，例如它和植被数量更具线性关系，放大了衰减的计算。

Richardson and Wiegand(1977)给出了垂直植被指数(Perpendicular Vegetation Index，PVI)的定义，它在二维分布上和土壤线垂直：

$$PVI = \left[(\rho_{red}^{soil}-\rho_{red}^{veg})^2+(\rho_{NIR}^{soil}-\rho_{NIR}^{veg})^2\right]^{1/2} \tag{5.17}$$

PVI 在几何上的解释是，在近红外和红色波段光谱空间内，点向量到达土壤线的垂直距离(见图 5.4)。不难看出，PVI 是通过反射率来定义的，没有尺度限制，因此来自任何遥感器的校正数据都可以使用它。

Jackson(1983)给出了 K 维空间中定义植被指数的一种通用方法。这种方法提供了对各种二维和多维植被指数的统一描述，例如将要介绍的缨帽(Tasseled Cap，TC)变换。上面对植被指数的描述仅对几种很少用的系数适用，关于它们之间更复杂和详细的描述可以参考 Liang(2004)。这里的论述强调了能够从遥感数据中直接获得的植被覆盖和叶绿素的经验测量方法。还有很多基于物理模型的测量方法，例如 LAI，光合作用辐射部分(Fraction of Photosynthetically Active Radiation，FPAR)，吸收的光合作用辐射部分(Fraction of Absorbed Photosynthetically Active Radiation，FAPAR）等，这些模型考虑了几何关系、化学组成和冠层叶面的辐射传输等，这些部分结合形成了最终的信号（Liang，2004）。通过辐射传输模型（Myneni et al.，1997）、经验关系模型（Liang，2004）、遥感数据的反演模型（Knyazikhin et al.，1998）等应用，上述的测量方法和遥感领域发展起来的测量方法是有一定关系的。

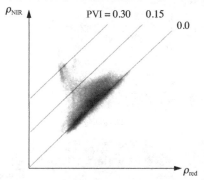

图 5.4 PVI 等值线。这里使用的数据和图 5.2 是相同的，同样其数字量值没
有经过校正。因为 PVI 是通过物理场景属性，也就是土壤线来定
义的，所以只有在参考空间中才是严格有效的。这里随机假定参考
值处在 0 到 0.5 之间。PVI 等于 0 的那条线对应着图像上的土壤线

5.3.2 图像示例

图 5.5 是一幅农田地区的遥感图像，我们将利用它来说明 RVI 和 NDVI 这两个植被指数。这两种方法都清楚地显示了植被区域的存在，并在特定区域表现出和植被数量的相关性（见彩图 4.1），然而，如果没有地面仪器的精确测量，这种相关性在定性和定量上都是无法确定的。

RVI   NDVI

图 5.5 彩图 4.1 的 TM 图像的 RVI 和 NDVI 的灰度图。在计算中使用的
是波段 4 和波段 3，灰度值都是从未校正的数据中计算得出的

如果遥感数据经过遥感器偏置和大气路径辐射校正，那么光谱比率变换带来的一个益处就是可以抑制地形阴影因子（见图 5.6）。我们首先将原始数据利用遥感器增益和偏置进行遥感器辐射校正，然后在每个波段上都减去图像上黑体对应的值，具体的处理步骤将在第 7 章详细论述。我们注意到，在波段 2 和波段 1、波段 3 和波段 2 之间的比值依然存在地形阴影，然而在误差校正后的数据之比值不明显。

赤铜矿地区的表面都是矿石，植被覆盖比较少，不同矿石返回的信号在波段 5 和波段 4、波段 7 和波段 5 的比值图上表现得比较明显。通过对黏土矿地区的分光计数据成像图像进行分析，我们发现在后者的比值图上，较黑的区域大都对应着富含黏土的区域，这种区域对波段 7 的吸收很强；而在波段 5 上表现出比较强的反射特性（Avery and Berlin，1992），它们对应着黏土或者高岭石(Kruse et al., 1990)。同时发现,波段比值的另一个特性是两个波段的反射率相近时,尤其是反射率比较低时,波段比值中的噪声都会被放大。

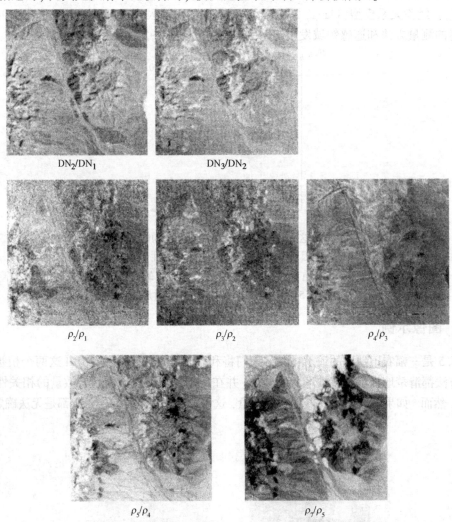

图 5.6　内华达 Cuprite 地区 Landsat TM 图像(1984 年 10 月 4 日)的光谱波段比率图。最上面一排的波段没有进行大气和探测器偏置校正,下面的两行图像都进行了偏置校正,同时进行了对比度拉伸。两个波段相对于参考比率是成比例的[见式(5.8)]

5.4　主成分分析法

高光谱图像波段之间在视觉和数值上都表现出较强的相关性,造成波段间相关性的因素如下(见图 5.7)。

- **地物光谱的相关性**。造成这种相关性的因素有很多,例如在可见光波段,植被都表现出较低的反射特性,因此在所有可见光谱区域都表现出相似性。高相关性的波段范围是由地物光谱反射特性决定的。
- **地形因素**。对于所有实际的应用,地形阴影的影响对所有太阳反射波段是近似相同的,尤其是在太阳入射角较低的山区,在这种地方,地形阴影是影响的主要组成部分,于是造成了在太阳反射区域的波段和波段之间的相关性,这种相关性和地物类型无关(见图4.44)。在热辐射图像上,情况有所不同(见图2.23)。

- **遥感器波段的重叠**。在遥感器设计阶段,应该使这种因素的影响最小。但是在实际应用中,却很难完全避免。一般重叠的数量都比较小(见图3.22),但是对精确校正造成的影响却不可忽视。

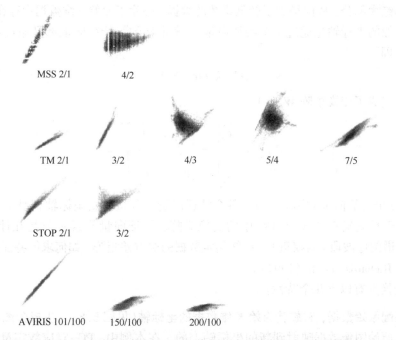

图5.7 来自两个不同遥感器的两幅图像之两波段散点图。我们注意到,NIR 和
可见光波段对不同遥感器都表现出相似特性(表明在相应图像上都
对应着植被)。所有遥感器在可见光波段都具有相对比较高的相关度

由于波段之间的数据冗余,直接对原始光谱波段数据进行处理的效率将会很低。主成分变换(Principal Component Transformation, PCT)[1]是一种能够降低波段之间数据冗余的特征空间变换(Ready and Wintz, 1973)。它是一种线性变换,见式(5.2),图像光谱矩阵是 W_{PC},偏移矩阵 B 是零矩阵,

$$\mathbf{PC} = W_{PC} \cdot \mathbf{DN} \tag{5.18}$$

这种变换将原始数据的协方差矩阵变成了

$$C_{PC} = W_{PC} C W_{PC}^{\mathrm{T}} \tag{5.19}$$

主成分变换是所有可能变换中最优的,W_{PC}是唯一能使原始图像协方差矩阵对角化的变换矩阵,于是有

$$C_{PC} = \begin{bmatrix} \lambda_1 & \cdots & 0 \\ \vdots & & \vdots \\ 0 & \cdots & \lambda_k \end{bmatrix} \tag{5.20}$$

第 k 个特征值 λ_k 是特征公式的第 k 个根,

---

① 该变换又称 KL 变换或者霍特林变换。

$$|C - \lambda I| = 0 \tag{5.21}$$

其中 C 是原始数据的协方差矩阵，I 是单位正交矩阵。每个特征值都等于主成分图像的各个坐标轴上的方差值，同时所有特征值之和等于原始图像各个波段的方差之和，只有这样才能保持原始图像总的方差。因为 C_{PC} 是对角矩阵，主成分图像各成分之间就不存在相关性，通过变换将各方差降序排列，因此 PC_1 具有最大的方差值，而 PC_k 的方差最小。通过变换保留了原始方差的绝大部分，从而得到了较低维数的数据，去除了原始 k 维数据中存在的相关性。

主成分图像的坐标轴是通过 k 个特征向量 e_k 来定义的。特征向量都是通过各个特征值 λ_k 来计算的，即

$$(C - \lambda_k I)e_k = 0 \tag{5.22}$$

这些特征向量组成了变换矩阵 W_{PC}，即

$$W_{PC} = \begin{bmatrix} e_1^t \\ \vdots \\ e_k^t \end{bmatrix} = \begin{bmatrix} e_{11} & \cdots & e_{1k} \\ \vdots & & \vdots \\ e_{k1} & \cdots & e_{kk} \end{bmatrix} \tag{5.23}$$

其中，e_{ij} 是第 i 个特征向量的第 j 个值。各个特征向量的分量是新坐标轴相对于原始坐标轴的方向余弦，于是就确定了式(5.18)中的变换矩阵。特征向量元素 e_{ij} 就是在计算主成分 i 时，原始高光谱图像波段 j 的权重[1]。已知给定数据的协方差矩阵，如何求解特征值和特征向量，可以参考 Richards and Jia(1999)。

主成分变换具有以下几个特性：

- **为了匹配原始数据，它旋转原始 K 维数据的坐标轴(见图5.8)**。主成分图像中的数据都是从原始图像数据映射到新的坐标轴上的。在本例中，PC_2 对应数字量值为负，主成分空间的坐标原点可以任意平移，使所有主成分都为正，而这样做并不会影响其他属性值(Richards and Jia, 1999)。

- **尽管主成分坐标轴和其他坐标轴之间是正交的，但是当变换到原始光谱空间之后，它们之间就不再存在正交关系**。图5.8是一个二维主成分变换，这些正交的主成分坐标轴和图5.9中较高维变换的映射并不是正交的。这样就使得利用二维散点图难以解释高维的情形。

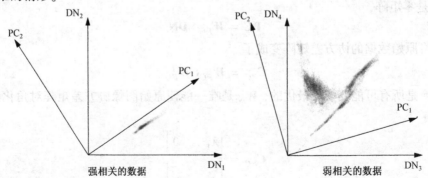

图5.8 图中分别是波段高相关($\rho = 0.97$)沙漠地区和近似不相关($\rho = 0.13$)植被地区的 TM 波段的二维主成分变换图。在后者中，植被覆盖和裸露土地的数量大概相等，这就解释了 PC 轴的方向

---

① 特征向量的权重值在统计学中一般称为负载或负载因子。

- **它将变换后的图像总方差进行最优化重新分布**。第一主成分包含了原始波段线性组合的最大方差,第二主成分包含了和第一主成分正交的最大可能方差,其他主成分与此类似。主成分变换[①]保持了原始数据总的图像方差。正因为具有这种特性,主成分变换也是一个重要的数据压缩工具。图 5.10 是对这种特性的一个解释。如果忽略高阶分量中具有较少方差信息,就可以在数据存储、变换和处理中节省很多时间。同样,在原始数据中,任何波段间不具相关性的噪声将主要分布在排序靠后的成分中,因此可以通过将这些成分设置成常量而将它们去除(见图 7.27)。但需要注意的是,波段间差异虽然很小,但同样可能只出现在排序靠后的成分中。

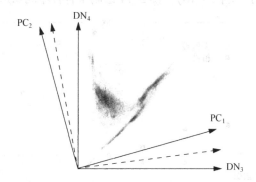

图 5.9　图 5.8(带箭头的虚线)中的二维主成分和六维的 PC_1 和 PC_2 坐标轴(带箭头的实线)映射到波段 3 和波段 4 的数据平面内。它们是不同的,六维空间映射的坐标轴不是正交的

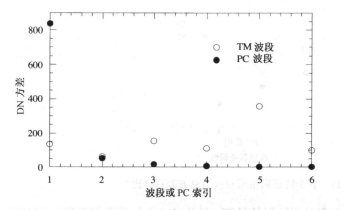

波段	%	PC	%
1	14.7	1	91.5
2	6.7	2	5.7
3	16.8	3	1.9
4	12.1	4	0.6
5	39.1	5	0.2
7	10.7	6	0.2

图 5.10　原始光谱波段和主成分图像总的图像方差分布剖面图。图像对应的场景是图 5.12 的无植被覆盖的场景。在这里没有使用热红外波段 6,上面的波段 6 实际上是 TM 的波段 7。图中同时给出了各个原始波段和主成分的方差占总体方差的百分比

- **变换核 W_{PC} 和数据有关**。两者之间相互依赖的关系可以参看图 5.11。我们对两幅 TM 图像的部分进行了特征值计算,一个具有较高的植被覆盖率,另一个是几乎无植被覆盖的地区,结果发现,具有较高植被覆盖的地区在第二个特征值处具有较高的分布,它反映出了数据的高维特性。如果在对植被区域的分析中包含长红外波段,可以发现,它将会带来一定的附加误差,对于这幅图像来说,主要出现在第四主成分中。因为长红外波段比非长红外波段具有较小的误差,因此它带来的误差也较小。图 5.12 中是对同为植被覆盖较低

[①]　矩阵的迹,也就是矩阵对角元素的和,对于变换前后的协方差矩阵都是相等的。

的地区的 TM 图像和 MSS 图像进行的分析比较。在图中, TM 图像比 MSS 图像具有较高的数据维数, 这主要是因为 TM 图像 SWIR 波段对不同矿物的光谱对比度较大(见图 5.14)。

　　图 5.12 和图 5.13 是对陆地卫星 TM 图像的主成分分析例子。在这里使用了不包括热红外在内的 6 个波段, 对上面讨论所用到的无植被覆盖地区进行分析。前两个主成分之间的关系(代表了一般变换坐标轴之间存在的关系)在两个新坐标轴之间不存在相关性。排序靠后的成分一般情况下都包含较少的图像信息和较多的噪声信息, 表明了变换后的图像压缩。为了增强视觉效果, 图 5.12 和图 5.13 中的图像都进行了对比度拉伸。但它们的方差揭示了主成分变换实现的图像对比度重新分布了(见图 5.10)。图 5.14 绘制了各种不同情形下的特征向量图。

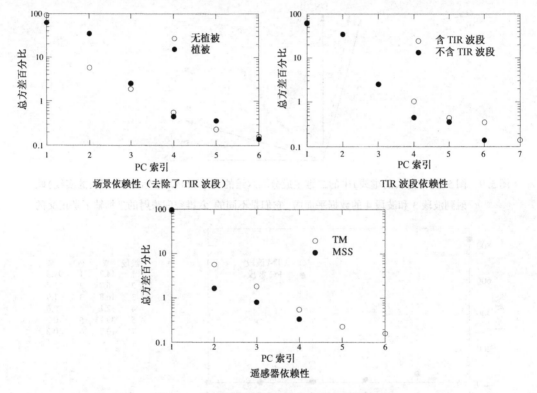

图 5.11　各个特征向量所对应的总方差百分比

　　主成分变换同样可以应用于多时相数据的处理, 见表 5.1。如果来自不同时间的高光谱图像只是简单的堆积, 就像单个的高光谱图像, 此时主成分变换就成了光谱-时相变换, 但是数据之间存在较高的耦合性。如果假设该地区变化的区域与未变化的区域相比非常小, 通过主成分变换后, 后者将主要分布在排序靠前的成分中, 而那些变化的地区主要分布在排序靠后的成分中(Richards, 1984; Ingebritsen and Lyon, 1985)。如果对高光谱图像进行主成分变换后, 计算出不同图像之间存在的特征, 就可以较容易地进行地区的时相变化分析。

表 5.1　多时相图像进行主成分变换的应用实例

数　　据	描　　述	PCT	参考文献
MSS	陆地覆盖, 两个日期	8	Byrne et al. (1980)
	被火烧过的地区, 两个日期	8	Richards(1984)
	地面矿产, 两个日期	8	Ingebritsen and Lyon(1985)
	陆地覆盖, 两个日期	8	Fung and LeDrew(1987)

（续表）

数 据	描 述	PCT	参考文献
AVHRR-NDVI	36 个月的 NDVI 数据集	36	Eastman and Fulk（1993）
TM	多时相的 NDVI 数据的标准化	2	Du et al.（2002）
评论文章	生态变化检测	—	Coppin et al.（2004）
评论文章	变化检测	—	Lu et al.（2004）

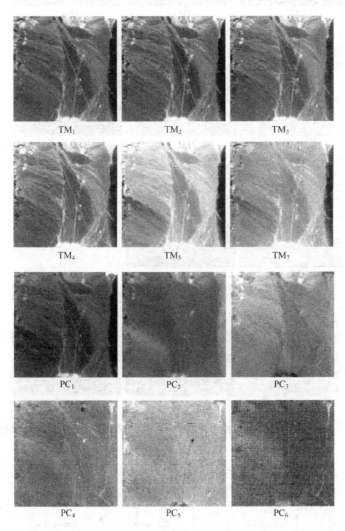

图 5.12 无植被覆盖的一幅 TM 图像的主成分变换，其各个成分都是单独拉伸的

5.4.1 标准化的主成分变换

有些研究人员认为，在对遥感数据进行主成分变换时，使用相关矩阵比协方差矩阵更具优越性（Singh and Harrison，1985）。使用前者，就能更有效地把原始波段规则化到均匀单位化的方差向量，而后者一般是规则化到协方差矩阵。如果遥感数据具有不同的动态范围，那么这个优势就更加明显。当然，标准化的主成分变换（SPCT）并不具有主成分变换的所有最优压缩特性。图 5.15 是标准化的主成分变换使用的两个例子，使用的数据是与图 5.12 和图 5.13 一样的 TM 数据。

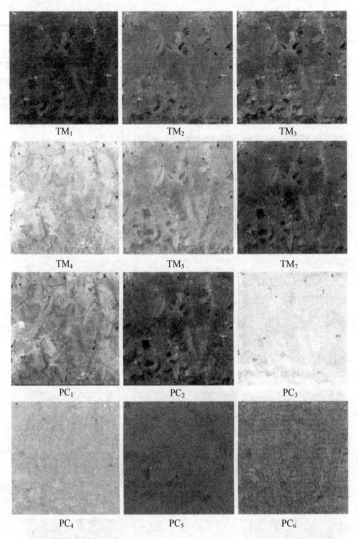

图 5.13　植被覆盖区的一幅 TM 图像的 PC 变换。PC 的各个成分都是单独拉伸的

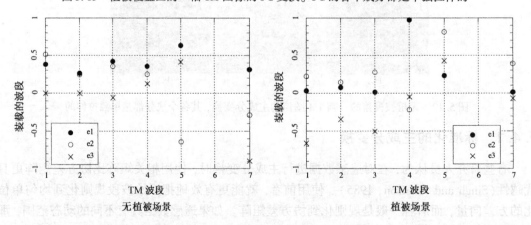

图 5.14　前三个特征向量是无植被覆盖地区和植被覆盖地区场景的。它们都去除了波段 6 的主成分变换。在
　　　　这两种情形下,第一个特征向量在所有波段上的成分都是正的。对于无植被覆盖地区,重要的光
　　　　谱拉伸处在波段 5 和波段 7(在这两个波段发现了矿产信号,见图5.6),然而对于植被场景,波
　　　　段 3、波段 4 和波段 5 包含了大部分的光谱拉伸,因为在 700 nm 处有一个植被反射的边缘

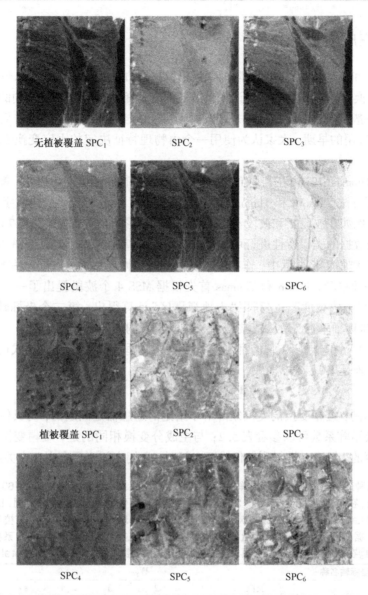

无植被覆盖 SPC₁ SPC₂ SPC₃

SPC₄ SPC₅ SPC₆

植被覆盖 SPC₁ SPC₂ SPC₃

SPC₄ SPC₅ SPC₆

图 5.15 标准化的主成分变换与图 5.12 和图 5.13 所示常规主成分变换的比较

5.4.2 最大噪声分量[①]

最大噪声分量(Maximum Noise Fraction, MNF)变换技术又称为噪声自适应主成分(Lee et al., 1990)变换,是 Green et al. (1988)提出的,这是一种采用协方差矩阵的变换,目的是为了更好地分离信号和可能只存在于几个波段中的噪声。该方法对高光谱数据的处理特别有效,因为在高光谱数据中,不同波段上各个波段的信噪比是不同的。然而,在使用最大噪声分量变换时必须首先计算数据的协方差矩阵。

---

① 在有些文献中称 MNF 为最小噪声分量算法(RSI, 2005)。然而 Green et al. (1988)最早发布的文章中称它为最大噪声分量算法。

5.5　缨帽主成分变换

　　主成分变换和数据相关，变换矩阵的系数是数据协方差矩阵的函数。从数据压缩的角度来看，主成分变换对不同的数据可以计算出最佳的变换矩阵，所以对于不同的图像，其主成分是不同的。一般来说，主成分分量是场景物理特性的插值，这些插值随着场景的变化而变化。在 Landsat 应用的早期，大家认为使用一个由物理特征决定的固定变换矩阵对数据处理来说比较有用。

　　Kauth and Thomas（1976）在利用 Landsat MSS 数据进行农业监测应用时，首先提出了固定特征空间的处理方法。Kauth 和 Thomas 注意到，Landsat MSS 农业场景的数字量散射图存在一些一致特性，例如在波段 2 和波段 4 中存在一个三角形区域分布（见图 5.7）。在作物生长过程中，对多维数据的类似特性进行可视化分析，就可以得到一个类似缨帽的形状，底部有个"土壤面"。在作物生长过程中，作物区域向上部的缨帽处移动，当作物枯萎时，作物区域向底部的土壤平面移动。Kauth 和 Thomas 首先根据 MSS 4 个波段提出了一个线性变换。第一个坐标轴称为"土壤亮度"，它利用"土地裸露区"计算得出；第二个坐标轴称为"绿色分量"，与第一个坐标轴垂直，是从植被信号中提取出来的；第三个和第四个坐标轴分别称为"黄色分量"和"不存在分量"，它们都和第一个坐标轴垂直。缨帽变换是式（5.2）的一个特例，它的变换矩阵是 W_{TC}，

$$\mathbf{TC} = W_{TC} \cdot \mathbf{DN} + B \qquad (5.24)$$

与主成分变换不同，缨帽变换的变换矩阵对于给定的遥感器是固定的，与具体场景无关。不同遥感器的变换矩阵系数可以参看表 5.2；与主成分变换相同的是，缨帽变换得到的各个坐标轴也都是垂直的，但当它投射到较低维度空间时，它们之间不再存在正交关系，见图 5.16。

表 5.2　几种遥感器的缨帽变换矩阵系数。MSS 数据相关系数在波段 4 具有 0 ~ 63 个数字量值，在其他波段具有 0 ~ 127 个数字量值，与提供给用户的数据相同。Landsat-4 和 Landsat-5 的相关系数对数字量值进行了处理。Landsat-7 对大气校正的反射数据进行了处理。Landsat-5 TM 相关系数是通过参考 Landsat-4 相关系数而得到的。在这里使用了其他额外计算两个遥感器缨帽特征的项（Crist et al.，1986）

遥　感　器	坐标轴名称			W_{TC}				偏　　差
		波段	1	2	3	4		
L-1 MSS	土壤亮度		+0.433	+0.632	+0.586	+0.264		
	绿色分量		−0.290	−0.562	+0.600	+0.491		
	黄色分量		−0.829	+0.522	−0.039	+0.194		
	不存在分量		+0.223	+0.120	−0.543	+0.810		
L-2 MSS	土壤亮度		+0.332	+0.603	+0.676	+0.263		
	绿色分量		+0.283	−0.660	+0.577	+0.388		
	黄色分量		+0.900	+0.428	+0.0759	−0.041		
	不存在分量		+0.016	+0.428	−0.452	+0.882		
	波段	1	2	3	4	5	7	
L-4 TM	土壤亮度	+0.3037	+0.2793	+0.4743	+0.5585	+0.5082	+0.1863	
	绿色分量	−0.2848	−0.2435	−0.5436	+0.7243	+0.0840	−0.1800	
	湿度	+0.1509	+0.1973	+0.3279	+0.3406	−0.7112	−0.4572	
	阴霾	+0.8242	−0.0849	−0.4392	−0.0580	+0.2012	−0.2768	
	TC_5	−0.3280	+0.0549	+0.1075	+0.1855	−0.4357	+0.8085	
	TC_6	+0.1084	−0.9022	+0.4120	+0.0573	−0.0251	+0.0238	

（续表）

遥 感 器	坐标轴名称	W_{TC}						偏　　差
L-5 TM	土壤亮度	+0.2909	+0.2493	+0.4806	+0.5568	+0.4438	+0.1706	+10.3695
	绿色分量	−0.2728	−0.2174	−0.5508	+0.7221	+0.0733	−0.1648	−0.7310
	湿度	+0.1446	+0.1761	+0.3322	+0.3396	−0.6210	−0.4186	−3.3828
	阴霾	+0.8461	−0.0731	−0.4640	−0.0032	−0.0492	+0.0119	+0.7879
	TC_5	+0.0549	−0.0232	+0.0339	−0.1937	+0.4162	−0.7823	−2.4750
	TC_6	+0.1186	−0.8069	+0.4094	+0.0571	−0.0228	+0.0220	−0.0336
L-7 ETM +	土壤亮度	+0.3561	+0.3972	+0.3904	+0.6966	+0.2286	+0.1596	
	绿色分量	−0.3344	−0.3544	−0.4556	+0.6966	−0.0242	−0.2630	
	湿度	+0.2626	+0.2141	+0.0926	+0.0656	−0.7629	−0.5388	
	阴霾	+0.0805	−0.0498	−0.1950	−0.1327	+0.5752	−0.7775	
	TC_5	−0.7252	−0.0202	+0.6683	+0.0631	−0.1494	−0.0274	
	TC_6	+0.4000	−0.8172	+0.3832	+0.0602	−0.1095	+0.0985	

缨帽变换(TCT)是为了在特征空间找到一组能代表美国中东部地区作物物理特性的固定坐标轴而发展起来的。土壤坐标轴表示作物在发芽阶段，随着作物的生长，它们沿着绿色分量的坐标轴移开。当作物成熟或者枯萎时，这些区域就会在黄色分量坐标轴中出现，而在绿色分量坐标轴上会减少。如果把从美国中东部农业地区得到的变换矩阵应用到不同气候下的农业区或者植被区时，可以通过类似的方式对矩阵系数进行插值，但是新场景可能不存在某个分量，例如颜色不是绿色的植被或者不同的土壤类型(Crist，1996)。黄色分量坐标轴和不存在分量的坐标轴可以表现大气条件的变化，因此对于不同图像的相对大气校正来说比较有用(Lavreau，1991)。对于 TM 图像的缨帽变换空间，第 4 个成分称为"阴霾"分量，可以利用类似的方法解释。

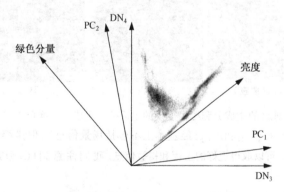

图 5.16　从六维主成分变换和缨帽变换的两个成分坐标轴到 TM 波段 4/波段 3 数据映射。其中的亮度-绿色分量映射是固定的，并与数据无关。注意，这里的亮度-绿色分量比 PC_1 和 PC_2 空间更能反映土壤和植被的物理组成

图 5.17 是对同一农业区域的 TM 图像分别进行主成分变换和缨帽变换分析的比较(见彩图 4.1)，相关程度最大的是 PC_1 和 TC_1(相关系数为 0.971)，PC_1 和 TC_6(0.868)，PC_4 和 TC_5(0.801)。单凭这些观察就得出一般结论是不科学的，主成分变换的各成分会随着场景的不同而不同，而缨帽变换的成分与场景无关。一般来说，缨帽变换对于场景中的各个成分的分离，特别是土壤和植被，更具有优越性。它的主要缺点是与遥感器相关(主要是光谱的波段)，所以对每个遥感器都要计算其特定的变换矩阵系数。

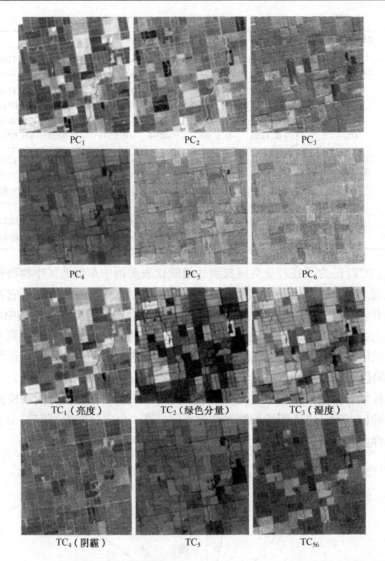

图 5.17　Yuma 地区的主成分和缨帽变换的主成分。主成分变换可以得到更好的数据压缩效果（PC_5 和 PC_6 已经基本上不包括场景信息），但是缨帽变换的 TC_1 和 TC_2 可以取得更好的土壤和植被信息。我们注意到 PC_2 和 TC_2 是反转的

5.6　对比度增强

到目前为止讨论的光谱变换方法都以提高高光谱图像分析质量为目的。相反，对比度增强仅仅是提高图像视觉效果的方法。一般来说，用来增强图像对比度的变换不具有改善图像分析质量的作用。

进行图像增强的目的是为了满足遥感器设计的需求，这一点已在第 3 章中论述过。一般来说，一个遥感器系统，特别是全球观测的卫星遥感器，所观测的场景辐射度变化很大，从辐射度很低的场景(比如海洋、太阳入射角比较小的地方或高纬度区域)到高辐射度的场景(比如雪地、沙地、太阳入射角较大的地方或低纬度区域)都可能存在。因此，在遥感器的设计阶段就必须考虑其动态范围，以便适应场景辐射度大的变化范围，同时必须设置足够多的

数据位数，以满足测量数据的精确性。然而，任何遥感器都没有覆盖整个动态范围的能力。对数据进行成像时，通常只使用 8 字节/像元或者更高的数据格式，毕竟大多数显示系统都使用 8 字节/像元来表示一个颜色。当处于只使用黑白二个色调的极端情况时，显示图像的对比度就会很低，因为它没有使用显示器的全部色彩。

5.6.1　全局变换

对比度增强是从原始数字量数据空间到灰度显示空间的映射。原始输入图像上的每一个数字量值都通过一个给定的变换函数映射到输出图像上。全局变换是最简单的一个变换，它的映射函数是由整个图像的统计特性决定的，对图像上的每个像元都是一样的。因为这个变换的目的就是为了把原始图像的数字量拉伸到适合显示图像的灰度，因此这个变换通常称为灰度拉伸。图 5.18 是一些典型的变换函数形式。变换的斜率 $d(GL)/d(DN)$ 通常称为变换增益，与电子放大器中的增益倍数类似。对于线性拉伸来说，增益对于所有数字量值都是相同的。对于分段线性和直方图均衡化拉伸，增益会随数字量的变化而变化，因此能够达到对特定数字量范围的灰度值进行优先拉伸。

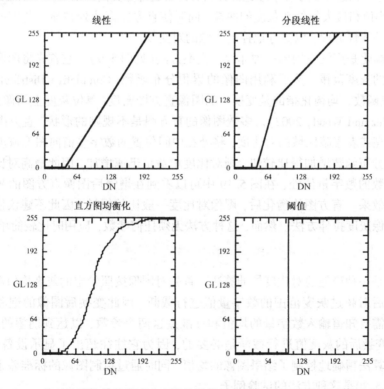

图 5.18　一些对比度拉伸的类型。变换的局部斜率代表的是不同数字量值处的增益

线性拉伸

图 5.19 中描述了对图像直方图进行线性拉伸的效果。最小最大值拉伸法把原始图像的数字量拉伸到显示设备的动态范围，例如 $[0,255]$。这种方法依赖图像的最小和最大数字量值，因此对图像的轮廓特别敏感。例如，个别像元点不处在正常数字量范围内时，灰度拉伸的效果就不如将这些个别轮廓点排除后再进行灰度拉伸的效果好。

为了取得更好的拉伸效果，在对数字量进行线性拉伸时可以采用处于最小最大范围之内的数字量范围对所有像元进行饱和度拉伸，处于动态范围之外的像元被变换到 0 或 255。这种在数字量范围两端进行饱和度处理的技术是可以接受的，只是在处理中会丢失一些比较重要的图像结构信息。一般来说，1% 到 2% 的饱和度是一个安全的范围，但是这主要取决于要处理的图像和应用目的。比如要观测云的结构，高数字量值区域的饱和度就很小。

如果数字量范围超出了显示的动态范围，那么线性拉伸就可以用降低图像对比度的方法。比如雷达图像，一些高光谱遥感器，例如 AVHRR(10 比特/像元)，MODIS(12 比特/像元)和 QuickBird 遥感器(12 比特/像元)。这时显示图像不能包含原始图像的所有辐射信息。但是换句话说，通常人眼是不能立即分辨 50 的灰度值。

非线性拉伸

事实上，图像的直方图大多数是不均匀的，因此不能使用简单的线性拉伸来显示灰度的范围和直方图两端的饱和度数量。使用分段线性拉伸变换，可以增强图像对比度的控制，图像的不均匀性也得到了改善，图像显示的灰度范围得到了充分合理的利用。图 5.19 是一个两段拉伸的例子，在这个例子中，左边部分具有比右边部分更高的增益。可以通过调整变换参数使数字量最小值和最大值处在灰度的两端，同时使直方图模式处在显示范围的中心(128)。可以使用更多的线性分段，以更好地控制图像的对比度。

直方图均衡化是广泛应用的一种非线性变换方法(见图 5.9)。它首先将图像的坐标轴缩放到适合输出的灰度范围，然后利用图像的累积分布函数(Cumulative Distribution Function, CDF)作为变换函数。均衡化指的是变换后的图像直方图密度(单位灰度上的像元数)分布比较均匀(Gonzalez and Wood, 2002)。多数图像的直方图是不规则的形状，直方图均衡化趋于降低图像中很亮或者很暗区域的对比度，将处在中间位置的数字量值向图像灰度值的两端拓展。如果累积分布函数增加得比较快，则对比度增益也迅速增加，因此最高对比度增益处在具有最多像元数的数字量值处，在图 5.19 中可以看到在增强后图像直方图的灰度空间变化所显示的这种效果。直方图均衡化后，图像对比度一般比较粗糙，因此不建议使用这种方法作为一般的图像灰度拉伸方法。然而，这种方法无须任何参数，应用时比较简单。

正态拉伸

正态拉伸是一种稳健的对比度拉伸算法。首先对图像按照给定的灰度均值和标准差进行线性拉伸，然后对超过灰度范围的数字量值进行截断，因此变换后图像的饱和度会发生变化。这种方法需要知道输入数字量的均值和标准差这两个参数，以达到期望的二阶统计量，见表 5.3。对变换后的灰度值进行截断是必要的，因为它往往超出了显示设备的显示范围。这种两参数的算法精确地控制了结果图像的均值，同时通过控制图像的标准差也控制了图像的对比度。图 5.20 是这种方法的试验例子。

参考拉伸

不同观测时间、不同遥感器之间存在的差别，使得比较不同遥感器和不同时相的遥感图像变得非常困难。由于观测日期间隔几天，观测角度和大气条件不同，处在不同轨道上的同一遥感器的即使相邻的图像也会在辐射特性上存在很大差别。因此，有必要使一幅图像的辐射特性与另一幅图像的辐射特性相匹配。这种处理的合理性建立在两幅图像的直方图相似的基础上。如果这个前提不满足，例如在这两幅图像上存在地物变化，那么这种方法就不合理了。

使两幅图像的对比度和亮度相匹配的一种方法是利用其中一个直方图对另一个进行归一

化的线性拉伸。然而，这种做法只能保证两幅图像的均值和方差匹配。一般方法是使两者的直方图形状匹配。累积分布函数参考拉伸通过使图像的累积分布函数与参考图像的累积分布函数相匹配来实现(Richards and Jia, 1999)。它首先通过图像的累积分布函数将图像的 DN 值前向映射，然后建立 CDF_{ref} 到 DN_{ref} 的后向映射(见图 5.21)[①]。CDF_{ref} 可以是另一幅图像的累积分布函数，也可以具有某种规定累积分布函数的图像，比如具有高斯分布直方图的图像。这两步的映射为 $DN_{ref}(DN)$ 建立了一个查找表。这种做法的一个问题是：计算的累积分布函数与规定累积分布函数所对应的 CDF_{ref} 并不一定是整数值，因此必须对 DN_{ref} 值进行插值。由于累积分布函数一般是关于数字量的平滑函数，因此线性插值就可以满足要求。

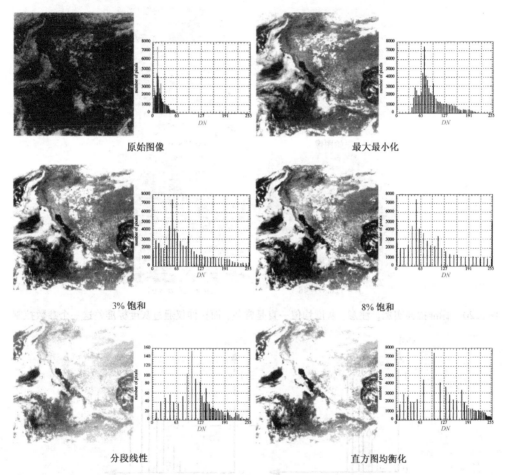

图 5.19　利用点变换和全局统计特性进行对比度拉伸的实例。测试图像来自 GOES 可见光波段遥感器，展示了美国北部地区的云特征。随着拉伸变换的增益增加，数字量值逐渐扩展分离开。这种现象并不明显，除非在整个范围内只有为数不多的几个数字量值。注意，分段线性变换直方图将直方图在高数字量区域的间隔变小，而将在低数字量区域的间隔变大

　　第一个变换矩阵是通过要拉伸图像的累积分布函数建立的，与直方图均衡化相同，第二个变换矩阵表示的是反转的直方图均衡化，使图像的累积分布函数与其参考图像的累积分布函数类似。这里指的是直方图均衡化后图像的累积分布函数是相同的，不同的是直方图在数

[①]　这种技术又称为直方图匹配或直方图规定化。

字量坐标轴上的平移。图 5.22 表示的就是这种对比度匹配技术的实例。这两幅图的观测时间相隔 8 个月,由于太阳辐射的变化导致图像存在明显的差异。在图中,我们对累积分布函数参考拉伸和线性拉伸做了比较,其中线性拉伸的参数是由两幅图像中的两个目标确定的,一个是灰度较小的目标,另一个是灰度较大的目标。后者是一种对不同日期图像的经验校正变换方法,经常应用在辐射比较等方面(见第 7 章)。累积分布函数参考拉伸得到的图像匹配在视觉效果上比较好,但它是非线性拉伸方法,同时两幅图像存在明显变化,因此这种方法并不精确。例如,机场跑道在 12 月的灰度较小,而在 8 月较大,这表明或者跑道具有非兰波特反射特性,或者跑道的材料发生了实质变化,图 5.23 对图像的直方图进行了比较。

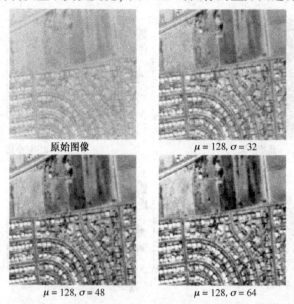

原始图像　　　　　　　　$\mu = 128, \sigma = 32$

$\mu = 128, \sigma = 48$　　　　　　　　$\mu = 128, \sigma = 64$

图 5.20　标准拉伸实例。注意,灰度均值一直是常数,而拉伸仅通过灰度标准差这一个参数控制

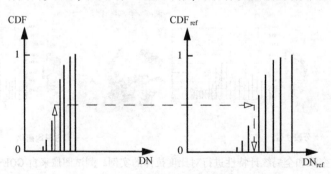

图 5.21　两幅图像的累积分布函数的匹配过程。注意,DN_{ref}
必须通过位于现有值中间的 CDF_{ref} 进行插值得到

　　值得注意的是,直方图匹配可以使用任意累积分布函数作为参考。高斯累积分布函数通常用来对图像进行高斯拉伸。对于灰度级处在 0 到 255 之间的图像,高斯拉伸使其均值为 128,标准差为 32,并允许灰度级范围内有 ±2 的偏差。用图 5.21 所示的累积分布函数对图像进行拉伸,得到的图像直方图就近似服从指定参数的高斯分布。它和直方图均衡化很类似,但这种方法考虑了直方图的形状因素,因此对参数不均匀的图像特别有用。图像的饱和度可以帮助增强图像的对比度。

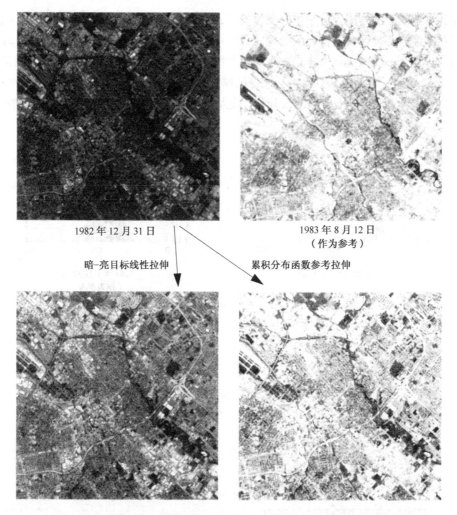

图 5.22　美国加利福尼亚州圣何塞地区两幅 TM 的波段 3 图像的对比度匹配。我
们利用上面介绍的两种技术完成了 12 月图像到 8 月图像的对比度匹配

对图像进行参考拉伸的另一种技术是统计像元匹配,起初用在医学图像处理上(Dallas and Mauser, 1980)。它要求两幅图像覆盖同一区域(不要求图像的累积分布函数匹配)。因此在遥感方面,这种方法只能用在高光谱图像或者对同一地区多个遥感器的图像进行处理。在进行图像镶嵌时,只要有重叠区就可以利用此算法。这种算法的处理流程如下:

● 首先,对要拉伸的图像灰度建立一个累积表,同时将表中元素全部初始化为零。
● 对每个像元,累积计算其在参照图像上的对应像元 DN_{ref},并更新累积表中相应的DN 值。
● 计算完所有像元后,找出每个数字量对应的平均数字量值,然后建立 DN_{ref} 到灰度值的线性变换函数,此函数就是变换函数。
● 进行变换。

这种算法比较适合对只有小部分不同的图像操作。

阈值化

阈值化是通过单一阈值把图像分割成两类,从而增强图像对比度的一种处理方法。对一些

含有陆地和水域或雪地的图像进行单一阈值操作, 可以很好地得到鲜明的空间边界, 利用这些边界可以对图像的部分区域进行屏蔽处理。我们可以对每个部分进行单独的处理, 计算完毕后再在空间上进行合并。阈值化操作是一种简单的图像分类技术, 相关内容会在本书的第9章详细论述。图5.24是一幅 GOES 气象卫星图像的阈值化操作实例。较低的阈值只能把水和陆地、云分开, 中间的阈值就可以把多数的云分开, 较大的阈值只能把最亮的云和最厚的云层分开。

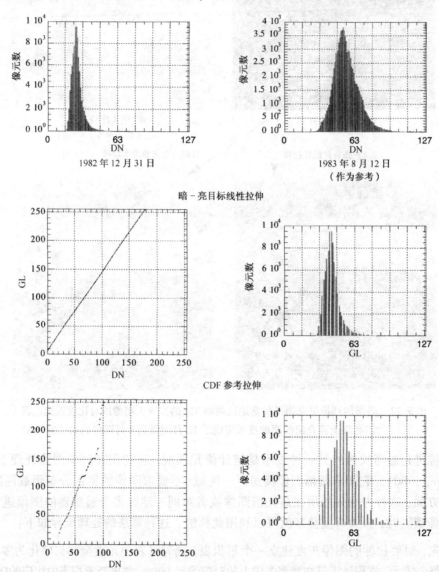

图 5.23　原始多时相图像的直方图对比度变换曲线, 完成了从12月图像到8月图像的对比度匹配后的直方图。累积分布函数参考拉伸将整个图像的直方图与参考图像的直方图进行匹配, 其中暗-亮目标拉伸仅取决于数字量范围上的两个点, 它对目标的选择特别敏感

可以非常简单地把灰度阈值应用到交互模式操作上, 但事实上最优阈值的选择仍是个艰巨的任务, 它需要事先对图像的统计分布特性非常了解。有很多直接利用图像直方图信息来计算图像分割最优阈值的算法和技术(Pun, 1981)。

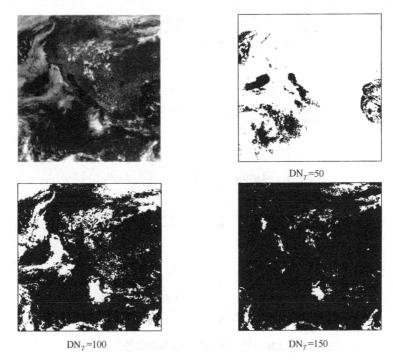

$DN_T = 50$

$DN_T = 100$　　　　　　　　$DN_T = 150$

图 5.24　图 5.19 中 GOES 图像阈值化的实例

5.6.2　局部变换

到目前为止, 我们讨论的对比度拉伸技术都是采用图像的全局统计特征对图像的像元点进行变换, 图像所有像元的增强都是相同的(见表 5.3)。很明显, 图像局部的对比度都是不尽相同的。因此, 最优的对比度增强应该是随着图像像元局部对比度变化的自适应算法。下面会讨论一种 LRM(局部尺度修正)算法, 这种算法具有自适应算法的一般特性(Fahnestock and Schowengerdt, 1983)。

表 5.3　对比度增强算法小结。假设灰度范围是 0 ~ 255

算　　法	公　　式	备　　注
最小最大值算法	$GL = \dfrac{255}{DN_{max} - DN_{min}}(DN - DN_{min})$	对轮廓敏感
直方图均衡化	$GL = 255\,CDF(DN)$	产生均衡的直方图
直方图规定化	1. $GL = \dfrac{\sigma_{ref}}{\sigma}(DN - \boldsymbol{\mu}) + \boldsymbol{\mu}_{ref}$ 2. $GL = 255, \; GL > 255$ 　$GL = 0, \; GL < 0$	匹配均值和方差
阈值化	$GL = 255, \; DN \geqslant DN_T$ $GL = 0, \; DN < DN_T$	产生二值结果
参考	$GL = CDF_{ref}^{-1}[\,CDF(DN)\,]$	直方图匹配

这种算法首先将图像分成彼此相连的几个小块, 例如 A 和 B 等, 然后对像元进行不同的对比度拉伸, 该拉伸与像元所处的小块和周围小块有关(见图 5.25)。拉伸效果随像元变化而平滑地改变, 否则会在区块的边界处出现亮度不连续(见图 5.26)。同时, LRM 算法的增强图像灰度是可以预测的, 并且不超出灰度规定的最小值和最大值。

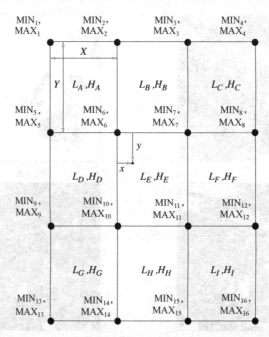

图5.25　LRM自适应对比度增强算法的各个分块参数

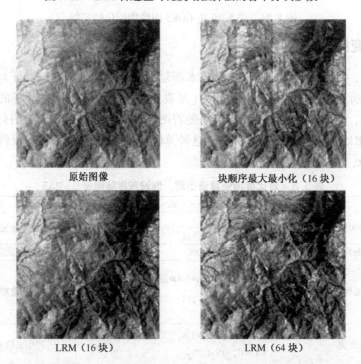

图5.26　带有分块拉伸的自适应对比度拉伸算法和LRM算法,其中后者并没有带来小块的不连续性

第一步,首先找到每个分块数字量最小值L和最大值H,4个相邻分块的数字量最小值和最大值通过下面的公式计算(以节点6为例):

$$MIN_6 = minimum(L_A, L_B, L_D, L_E)$$
$$MAX_6 = maximum(H_A, H_B, H_D, H_E)$$

(5.25)

然后把最小值和最大值赋给它们的公共点,这要求利用原始图像划分大小两倍宽度和高度的

重叠区块,计算一个区块的相应值。在图像的角落,只有一个小块,以左上角为例:

$$MIN_1 = L_A$$
$$MAX_1 = H_A \tag{5.26}$$

对于图像左边边缘,有

$$MIN_5 = minimum(L_A, L_D)$$
$$MAX_5 = maximum(H_A, H_D) \tag{5.27}$$

计算的最小值 MIN 和最大值 MAX 用来设定对应小块的增强像元灰度范围。对于小块内任意一点(x,y),使用线性插值来计算其变换 GL 的最小值和最大值,

$$GL_{min} = \left[\frac{x}{X}MIN_7 + \left(\frac{X-x}{X}\right)MIN_6\right]\left(\frac{Y-y}{Y}\right) + \left[\frac{x}{X}MIN_{11} + \left(\frac{X-x}{X}\right)MIN_{10}\right]\frac{y}{Y}$$
$$GL_{max} = \left[\frac{x}{X}MAX_7 + \left(\frac{X-x}{X}\right)MAX_6\right]\left(\frac{Y-y}{Y}\right) + \left[\frac{x}{X}MAX_{11} + \left(\frac{X-x}{X}\right)MAX_{10}\right]\frac{y}{Y} \tag{5.28}$$

使用线性插值可以保证计算的灰度处在周围小块的最小值和最大值之间,

$$MIN \leqslant GL_{min} \leqslant MAX$$
$$MIN \leqslant GL_{max} \leqslant MAX \tag{5.29}$$

通过式(5.6)计算得到范围值后就可以采用下面的公式对像元点(x,y)进行变换:

$$GL' = \frac{255}{GL_{max} - GL_{min}}(DN - GL_{min}) \tag{5.30}$$

图 5.26 是利用 LRM 算法进行对比度增强的一个例子。我们注意到,LRM 算法提供了分块间对比度拉伸效果的平滑过渡。尽管全局增强技术改变了图像的相对辐射量,但是它可以简单地将原始图像上低对比度的特征区分开来,并且不存在块间变化间断问题。

然而,使用自适应增强技术还可能产生其他的问题。如果用来计算的区域像元值比场景中一般物体像元值低一些,例如湖泊,那么这种算法就会极大地拉伸图像中的低对比度区域,导致这些像元的噪声对比度较高。

任何一种全局增强算法都可以在自适应算法中使用,比如直方图均衡化(Pizer et al., 1987)。对于自适应的直方图均衡化来说,首先计算每个分块的累积分布函数,然后对相邻的分块累积分布函数进行插值,以达到图像平滑过渡的效果。

5.6.3 彩色图像

真彩色的使用在图像显示和增强方面具有很大意义。使用真彩色可以简单地显示高光谱图像,也可以通过图像处理技术来增强图像的视觉效果。

乍看,我们可以使用黑白灰度图像拉伸的方法对真彩色图像进行处理。这种说法不完全正确,但是为了取得更好的图像增强效果,应该单独讨论真彩色图像的处理问题。这一节将讨论相对比较简单的真彩色图像处理技术。图像视觉建模等方面的知识是比较复杂的,在这里不会讨论这些内容。

最小值最大值拉伸

对彩色图像最简单的处理方法就是对每个波段分别按照数字量最大值和最小值进行直方图拉伸。这种方法确实能增强各彩色分量的对比度,但是得到的图像彩色平衡可能和原始图

像有出入。之所以出现这种问题,是因为这种方法利用了图像的数字量最小值和最大值,而这些值对图像的边缘比较敏感。

归一化拉伸

前一节介绍的归一化拉伸方法对连续的彩色图像也可以取得较好的拉伸效果。这种方法综合考虑了图像的均值和标准差,解决了最大最小值拉伸的缺点。对于真彩色图像,分别对各个波段进行单独操作,各个波段的均值和标准差都设置为相同的(见图5.27)。因此,增强后图像的各个波段的平均图像是一幅灰度图像,图像的其他光谱信息表现为平均值的偏差。对于一些图像来说,其图像的主体是水体或者植被,由于颜色平均存在偏差,

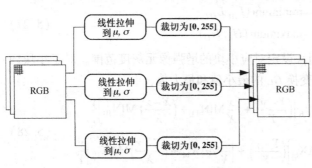

图 5.27　彩色图像标准化算法

这种方法并不是很好。对于包括地物类型较多的图像,这种方法可以取得较好的效果。

参考拉伸

直方图匹配技术,使图像的直方图和另外一幅图像的直方图匹配,或者与规定形状的直方图匹配,例如高斯分布,这种技术可以很好地用来对彩色图像进行处理。可以分别对彩色图像的各波段单独应用数字量变换矩阵。

去相关拉伸

对真彩色进行对比度拉伸处理的一个难点在于彩色图像的各波段之间存在相关性。如果同时显示图像的三个相关波段,它们的数据就会在彩色空间呈现从低灰度到高灰度的线性分布,这样就会造成颜色空间的不合理利用。如果将图像的各波段去相关,对各个波段进行拉伸以便充分利用颜色空间,然后再逆变换到 RGB 空间,那么这样数据的任何光谱信息都得到了增强。去相关拉伸算法就利用了上面的思想(Gillespie et al., 1986; Durand and Kerr, 1989; Rothery and Hunt, 1990)。图 5.28 是这种算法的流程。对各颜色分量进行对比度拉伸处理而将图像数据变换到正值,同时使各波段的标准差相等,这样就保证了数据分布在光谱空间的球内。然后对去相关的各个波段进行主成分变换的逆变换。因为特征向量变换矩阵是正交的,它的逆和其转置相等,因此我们可以简单地通过交换其行和列而计算得出。对 TM 图像处理的应用实例见彩图 5.1。

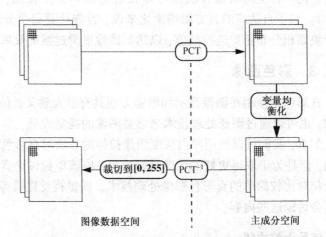

图 5.28　主成分变换去相关对比度拉伸算法,该算法产生的图像不一定落在 8 位范围内,为了显示方便,需要对其进行裁切。控制彩色变换图像的数字量值落在一定范围内的必要性可以参考 Schetselaar(2001)

彩色空间变换

为了描述图像的可视化信息,我们一般不使用图像的 RGB 分量,而是使用图像的其他分量,例如亮度、颜色和颜色纯度等,这些量分别与计算机图形中的强度、色调和饱和度对应。只需简单调整图像的强度或者色调就能取得很好的可视化效果,这比直接操作图像的 RGB 分量简单得多。在进行增强之前,首先把图像的 RGB 分量通过变换转换成 HSI 分量,从 RGB 变换到 HSI 的算法统称为彩色空间变换(Color-Space Transform, CST)。在 HSI 彩色空间,可以对某个或者全部分量进行操作以满足我们的要求。例如,可以对任何波段的图像进行强度拉伸操作,或者通过适当的变换以提高所有像元的饱和度,然后再通过 CST 的逆变换将处理后的图像变换到 RGB 空间(见图 5.29)[1]。

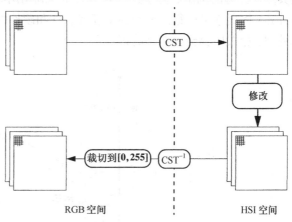

RGB 空间　　　　　　　　　　　　　HSI 空间

图 5.29　利用彩色空间变换修改图像的彩色特性

现在已经定义了多种 HSI 坐标系统,例如圆柱坐标系统,描述了大多数 HSI 空间的一般性质。在图像处理中,我们一般对坐标系的正变换和逆变换比较感兴趣。我们将使用六锥彩色空间变换来解释其中的思想。六锥彩色空间变换没有使用任何颜色处理的理论,但它是大多数彩色图像和图形处理的典型算法(Smith, 1978; Schowengerdt, 1983)。

六锥 CST 算法使用了本书第 1 章介绍的 RGB 色度图。如图 5.30 所示,假设 RGB 子立方体区域是通过分布在灰度线上的顶点位置来定义的,同时假设任何一个子立方体的投影都在其顶点处与灰度线垂直。当顶点位置从黑色到白色移动时,在投影面上会产生一系列从小到大变化的六边形。这一系列六边形就被定义为六锥。沿灰度线移动的距离称为六边形投影的强度[2]。对于给定强度的像元,其色调和饱和度都在其相应的六边形投影上给出几何定义。像元点的色调值由六边形覆盖的角度决定,像元点的饱和度由其位置距离中心点(例如灰度点)的距离来决定。距离中心点较远点的颜色比距离中心点较近点的颜色更纯。这种变换的简便之处在于使用了简单的线性距离来定义饱和度和色调,而未使用三角函数等定义变换。

图 5.31、彩图 5.2 和彩图 5.3 是在 HSI 空间对图像进行处理的例子。例如,我们可以通过降低图像的饱和度得到粉彩的图像,可以通过降低图像的强度分量得到较暗的图像。图 5.31 中的双渐变变换就是在 RGB 空间对颜色进行旋转的变换因为色调维是周期性的。

空间域融合

Haeberli and Voorhies(1994)介绍了对彩色图像进行融合的简单方法。该算法是对两幅图像进行线性合并:

---

[1]　HSI 在有些文献中可能会写成 IHS。

[2]　Smith 使用的是另一个代表值,通过计算 RGB 中的最大值而得到(Smith, 1978)。此处的代表值同画家描述颜色的方法最为接近。代表值和密度(RGB 的平均值)的区别就是它能够影响多光谱图像的融合(见第 8 章)。

$$output = (1 - \alpha) \times image0 + \alpha \times image1 \qquad (5.31)$$

其中 image1 是我们感兴趣的图像,image0 是要和 image1 合并的基准图像。α 可以取任何值。如果 $0 \leqslant \alpha \leqslant 1$,那么得到的图像将是两幅图像的线性插值。如果 $\alpha < 0$ 或 $\alpha > 1$,则其中的一幅图像就会被另一幅图像排除。也就是说,如果 $\alpha > 1$,则 image0 的一部分会被 image1 减去,如果 $\alpha < 0$,则 image1 的一部分会被 image0 减去。表5.4 是彩色图像增强的比率,彩图5.4 是其图像处理的例子。由于这种算法只需要利用两幅图像进行加权平均,没有涉及 HSI 分量的计算,因此它可以很简单地在交互式软件和硬件中实施。这种算法同样可以用于图像的锐化处理,相关内容会在本书的第6章讨论。

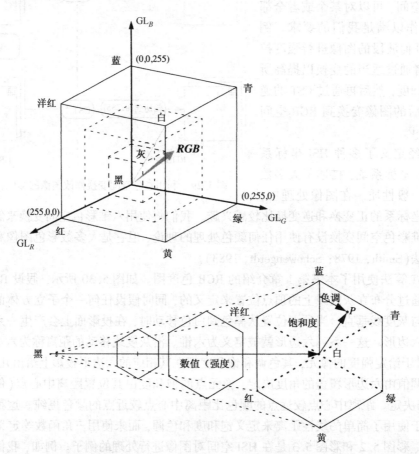

图5.30　CST 六锥的产生过程。上面展示的是三个可能的 RGB 立方体,下面展示的是与灰度轴正交平面上的投影结果。所有可能的子立方体都定义了一个六锥。图中展示了一个特定的RGB点P到各个六边形的投影。在点P处,密度就是中心的灰度值,色调就是环绕六边形的角度,饱和度就是分形数到中心的半径。色调和饱和度都是简单的线性关系,这样可以使原始算法快速有效(Smith,1978)

表5.4　使用插值和外推融合算法对不同彩色图像进行操作的基准图。所有正增益对应为 $\alpha \geqslant 1$,所有负增益对应着 $0 \leqslant \alpha \leqslant 1$

要修改的属性	基准图(image0)
亮度	黑色
对比度	灰色
饱和度	image1 的灰度化图像

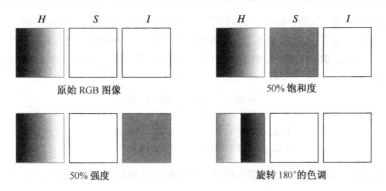

图 5.31 同一幅测试图像的 HSI 空间分量的 4 个实例。在这些分量中使用了反转的六锥模型

对于显示多源空间配准的图像，彩色变换非常有用。例如，我们将分辨率较高的可见光图像指定为图像的强度分量，将分辨率低的热红外图像指定为图像的色调分量，然后使用相同的数据对图像的饱和度分量进行赋值(Haydn et al., 1982)。在地理学上，我们可以利用 Gamma 射线图和 Landsat 图像进行合并以便对图像进行解译(Schetselaar, 2001)。通过 HSI 逆变换，得到的图像就会既包含遥感图像强度所表示的细节结构，又包含 Gamma 射线变量所组成的彩色分量。这是一种图像融合方法，将会在本书的第 8 章详细讨论。

5.7 小结

本章介绍了许多光谱变换的方法，从非线性的光谱波段比率到各种线性变换。其中一些方法用来提高遥感图像的分析质量，另一些方法用来增强图像的视觉效果。本章的重点主要包括如下几个方面：

- 光谱波段比率可以通过降低地形阴影而从图像中分离出信号。NIR 和红色波段的比率对植被测量比较有效。
- 主成分变换能够对图像数据进行压缩，但这种算法对数据存在依赖性，因此不同的图像得出的结果特征是不同的。
- 相对于主成分变换，缨帽变换与数据无关，但是和遥感器相关，它利用土壤和植被信号进行变换。
- 通过多种光谱变换方法可以增强对彩色图像的视觉解译，但是这些变换对提高数据的分析质量却不是必要的。

下一章将讨论图像的空间变换，在图像融合或图像分类的特征提取等应用方面可以结合光谱变换。

5.8 习题

5.1 需要知道什么样的 W，才能利用式(5.1)从 7 波段的 TM 图像提取近红外和红色波段的信息？比如，波段中的子波段。需要什么样的 W 才能完成对下述 DN 范围的三个 TM 波段的彩色图像进行最小最大值拉伸？

$$\begin{aligned}
&\text{TM4：} \quad 53 \sim 178 \\
&\text{TM3：} \quad 33 \sim 120 \\
&\text{TM2：} \quad 30 \sim 107
\end{aligned}$$

5.2 假定视场内既包括土壤,又包括植被,测得的像元点净反射是各个地物反射的加权和,其权重分别是各种地物覆盖面积占总面积的比例(例如第9章将要介绍的线性混合模型)。对于下面两种情况,分别计算并绘制 NDVI 和 SAVI,其中 $L = 0.5$,并与瞬时视场内的植被成分进行比较。哪种情况与植被覆盖率有更好的线性关系?

	情况1:干地		情况2:湿地	
	ρ_{red}	ρ_{NIR}	ρ_{red}	ρ_{NIR}
土壤	0.35	0.40	0.20	0.20
植被	0.10	0.50	0.10	0.50

5.3 详细论述式(5.6)产生的实际结果和近似结果。其中最主要的物理条件是什么? a_b 和 b_b 的物理含义是什么?

5.4 一个多光谱图像的 DN 协方差矩阵为

$$C = \begin{bmatrix} 1900 & 1200 & 700 \\ 1200 & 800 & 500 \\ 700 & 500 & 300 \end{bmatrix}$$

试求它的自相关函数?现在你需要对上述数据进行校正,通过下述公式计算 L,

$$L_1 = 2 \times DN_1 + 11$$
$$L_2 = 3 \times DN_2 + 4$$
$$L_3 = 5 \times DN_3 + 2$$

试求经过校正后数据的自相关矩阵和协方差矩阵。对校正后数据进行的主成分变换和对原始 DN 数据进行的主成分变换相同吗?两者的标准主成分变换相同吗?请给出数学和图表解释。

5.5 对一个二维散点图而言,试说明一块面积不大区域的变化能够在多时相 PC$_2$ 主成分中被检测到的原因。

5.6 假定你现在对一幅彩色图像进行主成分去相关拉伸,试在 HSI 空间比较结果图像的直方图和原始图像的直方图。你认为会存在哪些不同?并解释原因?

5.7 给定一个三波段图像 HSI 主成分的直方图如下,试通过三种数字量变换使得每个像元的饱和度都为 200,通过拉伸亮度增强图像的对比度,同时保持图像的色调不变。

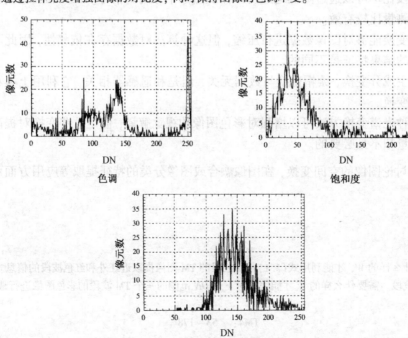

第6章 空间变换

6.1 引言

空间变换提供了许多用于提取和修改遥感图像空间信息的工具。一些变换，如卷积，只用了图像的局部信息，即给定像元周围很小邻域的像元。其他的变换，如傅里叶变换，则采用了全局的空间信息。在这两种极端情况之间，正在新增尺度空间滤波器之类的一些变换，主要包括了高斯金字塔、拉普拉斯金字塔和小波变换，这些变换提供了一种新的数据表现方法，可以获得从局部到全局较大尺度范围内的空间信息。

6.2 空间滤波的图像模型

理解空间滤波器的一个有用概念是：任何图像都是由不同尺度的空间信息组成的。假设我们处理一幅图像，如图6.1所示，每个输出像元的数值由输入像元周围小邻域内的平均（3×3）而得到。处理的结果是原始图像的一个模糊版本。现在我们把这个结果和原始图像相减，就得到了图6.1内右侧的图，它代表了原始像元和其周围邻域平均值的差值。为了在不同尺度上观察空间信息，我们可以用更大的邻域进行重复处理，比如7×7大小的像元区域。正如后面所讨论的，我们称模糊的图像是图像的低通滤波（Low-Pass，LP），而把它和原始图像的差称为高通滤波（High-Pass，HP），可以写出如下的数学公式：

$$\text{image}(x, y) = \text{LP}(x, y) + \text{HP}(x, y) \tag{6.1}$$

它对任何大小邻域（尺度）都是适用的。随着邻域大小的增加，低通滤波图像上会出现越来越大的独立结构，而高通滤波图像上则出现低通滤波图像丢失的较小结构，这样才能保持式（6.1）的关系。

把图像分解成许多不同尺度分量的和是所有滤波器的基础，而其逆处理过程，即把分量相加而合成一幅图像，就是重构[①]。在式（6.1）中，实际上这两个分量的每个分量包含了一个尺度范围。在一个类似方式中，尺度空间滤波把图像分解为几个分量，而每个分量包含一个尺度范围。我们会在后面看到，傅里叶变换就能把一幅图像分解成许多分量，而每个分量代表一个尺度。

6.3 卷积滤波

卷积滤波的基本操作是在图像上使用一个移动窗口。对输入的像元在一个窗口内执行运算，计算值被放到输出图像的相同位置，也就是输入图像窗口的中心位置，然后窗口沿着同一行内再移动一个像元，以处理下一个输入像元的邻域图像数据，窗口内的后续计算是不变的。当一行图像处理结束后，窗口会移到下一行，再重复进行处理（见图6.2）。在移动窗口内几乎可以采用任何函数进行编程计算，表6.1列出了一些例子，在后面章节中也会详细讨论。

---

① 这种双重变换有时称为分析和合成，特别是在小波的文献中。

image(x,y)   — $LP(x,y)$ = $HP(x,y)$

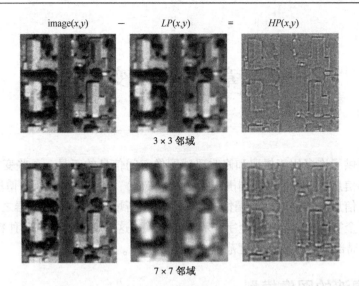

3×3 邻域

7×7 邻域

图6.1 两个尺度的全局空间频率图像模型例子。差值图像有正负数
字量值,为便于显示已把正负值按比例变成了正的灰度值

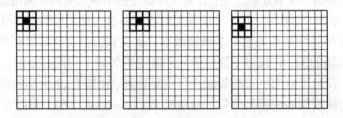

图6.2 空间滤波的移动窗口。计算的第一个输出像元(左)、计算
的同一行下一个输出像元(中间),一行完成后对下一行
进行重复处理。输出的像元位于输出图像暗色像元的位置

表6.1 局部滤波器类型目录

类　型	输　出	例　子	应　用
线性	加权和	低通滤波器(LPF) 高通滤波器(HPF) 高频提升滤波器(HBF) 带通滤波器(BPF)	增强、遥感器模拟和噪声去除
统计	给出的统计	最小、最大滤波 中值滤波 标准差模式	噪声去除、特征提取和信噪比测量
梯度	梯度向量	Sobel, Roberts	边缘检测

6.3.1 线性滤波器

第3章介绍了仪器测量之后的卷积是一个基本的物理处理。在那段内容里,卷积描述了系统响应函数(光谱或空间)如何影响仪器的数据分辨率。在数字图像处理中,这样的运算也是十分有用的。但是,在这种情况下可以指定响应函数,而且可以完全自由地使用适合目前应用的任何加权函数。卷积的灵活性使它成为图像处理领域中最有用的工具。我们正在建立一个具有某种指定响应的虚拟设备,并把它应用于输入图像,而输出图像就代表了虚拟设备的输出。

卷积

在空间域计算的线性滤波器是移动窗口内像元的加权和。对于同样 $N_x \times N_y$ 大小的输入图像 f 和窗口响应函数 w，它们的离散卷积作为输出像元 g_{ij}，用数学公式表示如下：

$$g_{ij} = \sum_{m=0}^{N_x-1} \sum_{n=0}^{N_y-1} f_{mn} w_{i-m, j-n} \qquad (6.2)$$

为方便，采用符号表示为

$$g = f * w \qquad (6.3)$$

由于窗口的非零范围比图像小得多，对式(6.2)的求和并不能实施于每个像元，如果窗口大小是 $W_x \times W_y$，则可以写成如下替代公式：

$$g_{ij} = \sum_{m=i-W_y/2}^{i+W_y/2} \sum_{n=j-W_x/2}^{j+W_x/2} f_{mn} w_{i-m, j-n} \qquad (6.4)$$

其中 w 的中心为 0，非零范围是 $\pm W_x/2$，$\pm W_y/2$[①]。在这种形式下，我们可以清晰地看出输出像元是输入像元邻域的加权和。

线性滤波器的突出特点是重构原理，它阐述了对两个或多个输入信号求和的滤波器输出等于各自输出的总和这一原理，该输出是每个单独输入分别产生的。它是通过卷积实现的，因为式(6.2)是输入像元的线性加权求和。此外，如果权重不随窗口在图像上的移动而变化，则滤波器是移不变的。读者可以把式(6.3)和式(6.4)与式(3.1)和式(3.2)进行比较，以更好地理解物理函数的连续卷积和数据矩阵离散卷积之间的关系。

式(6.2)的实现包括了如下步骤：

1. 对窗口函数的列和行进行翻转（等价于 180° 旋转）。
2. 移动窗口并保证它的中心位于要处理的像元上。
3. 将窗口的权重和相应原始图像上的像元相乘。
4. 将加权的像元求和并作为输出像元进行保存。
5. 重复第 2 步到第 4 步直到全部像元被处理完毕。

第 1 步，翻转窗口常常被忽略了，因为许多窗口函数是对称的。但是，对于非对称窗口函数，这一步对决定输出图像结果是十分重要的。

低通滤波器(LPF)和高通滤波器(HPF)

式(6.1)定义了图像的互补性，两幅图像的和等于原始图像。采用卷积符号，可以写成如下形式[②]：

$$
\begin{aligned}
\text{image}(x, y) &= \text{LPF} * \text{image}(x,y) + \text{HPF} * \text{image}(x,y) \\
&= (\text{LPF} + \text{HPF}) * \text{image}(x,y) \\
&= \text{IF} * \text{image}(x,y)
\end{aligned}
\qquad (6.5)
$$

---

① 若 W 是奇数，则 $W/2$ 向下取整，例如若 $W = 5$，则 $W/2 = 2$。

② 如果使用符号 $\text{LPF}[\text{image}(x,y)]$ 或 $\text{LPF} * \text{image}(x,y)$ 表示对图像进行低通滤波，则 $\text{LP}(x,y)$ 表示经过低通滤波的图像。

对于式(6.5)，LPF 与 HPF 的和必须是全通滤波器，即它是被零环绕的①。这个关系定义了两个互补的卷积滤波器。例如，一个 1×3 LPF 的权重为 $[\ +1/3\ \ +1/3\ \ +1/3\ ]$，其互补的 HPF 的权重为 $[\ -1/3\ +2/3\ -1/3\ ]$，它们的和就是具有 $[\ +0\ \ +1\ \ +0\ ]$ 权重的 IF。

　　图6.3 给出了应用 1×3 和 1×7 滤波器处理一维信号的具体例子。LPF 代表了局部均值(其权重的和为1)并平滑了输入信号；窗口越大就越平滑。HPF 除去了局部均值(其权重和为0)并生成了反映输入信号背离局部均值的一个输出。这些特征也同样适合于二维的 LP 和 HP 滤波器(见表6.2)。

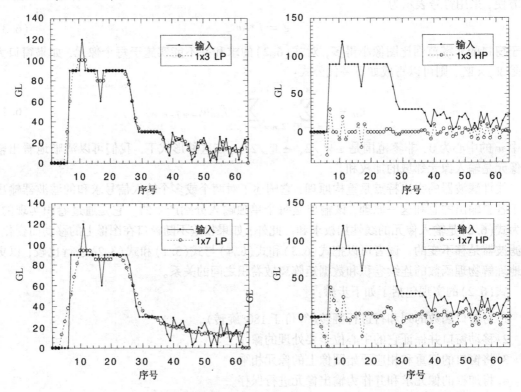

图6.3　用 1×3 和 1×7 LPF 和 HPF 处理的一维信号。LP 结果比较逼近原始信号，但它有些平滑。在原始信号有阶跃或脉冲的地方，HP 的输出具有零均值和过零点。1×7 LP 结果比 1×3 LPF 结果更加平滑，而且 HP 输出在过零点具有更宽的响应

表6.2　简单的窗口滤波器例子，体现了均匀权重的 LPF 和互补权重的 HPF。标准化因子用来保持式(6.1)的关系

大　　小		LPF					HPF			
3×3	$1/9 \cdot$	+1 +1 +1 +1 +1 +1 +1 +1 +1				$1/9 \cdot$	−1 −1 −1 −1 +8 −1 −1 −1 −1			
5×5	$1/25 \cdot$	+1 +1 +1 +1 +1 +1 +1 +1 +1 +1 +1 +1 +1 +1 +1 +1 +1 +1 +1 +1 +1 +1 +1 +1 +1				$1/25 \cdot$	−1 −1 −1 −1 −1 −1 −1 −1 −1 −1 −1 −1 +24 −1 −1 −1 −1 −1 −1 −1 −1 −1 −1 −1 −1			

---

① 就是科学和工程领域的 delta 函数。

高频提升滤波器(HBF)

图像和它的 HP 分量可以组合相加在一起而形成一幅高频提升的图像，

$$\text{HB}(x,y;K) = \text{image}(x,y) + K \cdot \text{HP}(x,y), \quad K \geqslant 0 \tag{6.6}$$

它是对原始图像进行锐化处理的结果，锐化的程度和参数 K 成正比。

表 6.3 给出了 HB 窗口滤波器的例子(见习题 6.2 如何推导 HBF)；它们的权重和为 1，这意味着输出图像和输入图像具有相同的数字量均值。图 6.4 显示了不同 K 值对应的图像例子。在 HB 处理中，相对于低频分量，我们增强(提升)了原始图像的高频分量(Wallis, 1976; Lee, 1980)。滤波器的参数实质上允许 K 改变，以实现所要求的图像增强，理想情况是按交互模式来实现的。

表 6.3　不同 K 值的 3×3 HB 窗口滤波器

$K=1$	$K=2$	$K=3$
$1/9 \cdot \begin{bmatrix} -1 & -1 & -1 \\ -1 & +17 & -1 \\ -1 & -1 & -1 \end{bmatrix}$	$1/9 \cdot \begin{bmatrix} -2 & -2 & -2 \\ -2 & +25 & -2 \\ -2 & -2 & -2 \end{bmatrix}$	$1/9 \cdot \begin{bmatrix} -3 & -3 & -3 \\ -3 & +33 & -3 \\ -3 & -3 & -3 \end{bmatrix}$

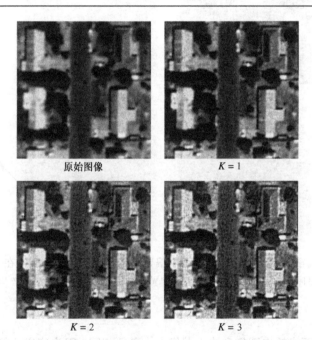

图 6.4　采用表 6.3 的 3×3 HB 滤波器处理图像的例子。为便于显示，每个图像被拉伸或饱和到[0, 255]

带通滤波器(BPF)

通过采用组合 LPF 和 HPF，就可以构建图像的带通滤波图像，

$$\text{BP}(x,y) = \text{HPF}[\text{LPF}[\text{image}(x,y)]] = \text{HPF}[\text{LP}(x,y)] \tag{6.7}$$

BPF 最基本的应用是对周期噪声的隔离和消除。第 7 章中会给出一些具体例子。

方向滤波

可以设计一个卷积滤波器来针对图像的某个特殊方向进行处理；表 6.4 显示了一些方向

滤波器。这些滤波器都是用离散偏导得到的变量，是一种典型的 HP 滤波器。图 6.5 描绘了对方向特征优先处理的结果。注意对角线滤波器是如何强化水平和垂直边缘，以及 –45°方向的边缘的。在解译那些进行空间滤波的图像时，需要特别注意，尤其是方向增强时，因为它们的性质很抽象。

表 6.4　方向滤波的例子。对于轴向滤波器，角度 α 是从水平轴起始并按逆时针方向测量的；在 ±90°方向 的 特 征 会 增 强

类 型	增强特征的方向			
	垂直方向	水平方向	对角线方向	任意角度方向
一阶导数	$\begin{bmatrix} -1 \\ +1 \end{bmatrix}$	$\begin{bmatrix} -1 & 0 \\ 0 & +1 \end{bmatrix}$	$\begin{bmatrix} 0 & -1 \\ +1 & 0 \end{bmatrix}$	$\begin{bmatrix} \sin\alpha & 0 \\ -\sin\alpha - \cos\alpha & \cos\alpha \end{bmatrix}$
二阶导数	$\begin{bmatrix} -1 & +2 & -1 \end{bmatrix}$	$\begin{bmatrix} -1 & 0 & 0 \\ 0 & +2 & 0 \\ 0 & 0 & -1 \end{bmatrix}$	$\begin{bmatrix} 0 & 0 & -1 \\ 0 & +2 & 0 \\ -1 & 0 & 0 \end{bmatrix}$	

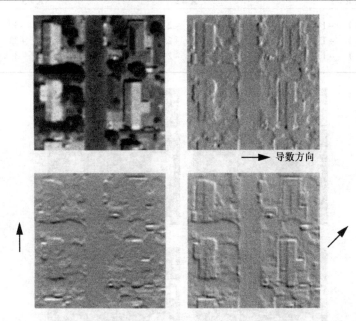

导数方向

图 6.5　采用偏导滤波器增强方向的例子。偏导的方向为箭头所指方向。在一些用户图像处理程序中，这种效果称为"浮雕"或"浮饰"，因为通过滤波产生了三维印象

边界区域

在空间滤波时，要求输出图像和输入图像大小必须相同，因为这样才能完成本章开始讨论的后续运算处理。如果卷积滤波器采用了 $W \times W$(W 是奇数)窗口，边界区域就包括了输入图像开始 $W/2$(截短成整数)的行和列以及最后 $W/2$ 的行和列(见图 6.6)。边界区域内输出的像元是不能直接计算的，因为窗口不能延伸到原始图像的外面，必须用一些"技巧"来保持输入输出图像具有相同的大小。可以用许多技术填充这个区域，使输出图像和输入图像大小相同：

- 在边界像元内重复最近的像元。
- 对边界区域的输入像元进行扩充，使输入图像的尺寸变大，在大图像上进行卷积，然后对输入图像进行截取，保证结果和输入图像一样大。
- 在边界区域时将窗口的高和宽减小为 1 个像元大小。

- 将输出图像的边界像元设为 0 或数字量均值。
- 将窗口弯曲到图像的反方向,并在计算时使用这些像元。这并不是一件显而易见可做的事情,而是受到循环卷积结果等于傅里叶变换卷积结果的启示。

每种方法会得到不同的边界处理结果。一般而言,前两种方法在保持图像大小而不引起严重问题方面是最有效的。

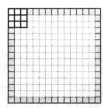

图 6.6 3×3 滤波器的边界区域。如果要使输出图像和输入图像的大小相同,必须使用一些小"技巧"计算图中暗色位置的输出像元

滤波图像的特征

图像的 LP 分量在统计上具有不稳定的特性,即它的特征(局部均值和方差)随着不同的像元点变化而变化,而 HP 分量可以被模型化,因为它在统计上具有稳定均值(零),且方差大小和局部图像对比度成比例(Hunt and Cannon,1976)。这一点可以从 HP 图像的直方图通常展示出类似零均值的高斯形状而明显看出来。HP 图像的方差明显小于原始图像的方差。LP 图像的直方图和原始图像的直方图十分相似,只是数字量的范围略微减小(见图 6.7)。

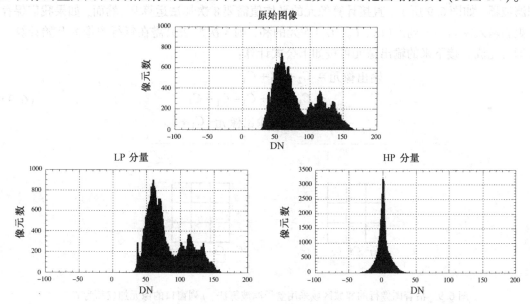

图 6.7 一幅 TM 图像的直方图及它的 LP 和 HP 分量。采用 5×5 卷积窗口生成两个分量。注意 LP 和 HP 直方图的幅度变大了,这是因为它们的宽度变窄了,HP 直方图的 DN 有正有负,均值接近于零

采用混合算法进行空间滤波

第 5 章描述的彩色图像处理中的混合算法也可以应用于空间滤波。为方便起见,这里也再次给出组合算法:

$$output = (1 - \alpha) \times image0 + \alpha \times image1 \tag{6.8}$$

我们感兴趣的图像是 image1,它与基本图像 image0 进行了混合。滤波的类型由基本图像来决定。例如,如果 image0 是 image1 的 LPF 处理结果,则结果可能是 image1 的 LP, HB 或 HP结果,这主要和 α 值有关。如果 α 介于 0 和 1 之间,则输出图像就是 image1 的 LP 结果。如果 α 大于 1,则输出图像就是 image1 的 HB 结果,当 α 变成更大的值时,则它就逼近一个完全的 HP 图像(见图 6.8)。

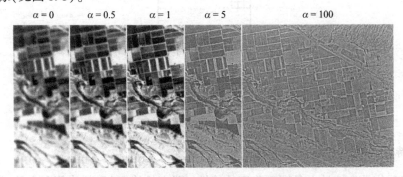

图 6.8　应用混合算法进行的空间滤波。基准图像($\alpha = 0$)
是对感兴趣图像($\alpha = 1$)进行5×5滤波的LP结果

盒子滤波器算法

　　简单的 LP 盒子滤波器可以按照十分有效的递归形式进行编程。考虑一个 3×3 的线性卷积滤波器,如图 6.9 所示,直接计算像元的平均值需要 8 次加法运算[①]。然而,如果我们保存并更新输入窗口的 3 列内(C_1, C_2, C_3)像元的和,则 8 次加法只需在每行图像的开始计算一次即可完成。接下来的输出像元可按如下公式计算:

$$\begin{aligned} 输出像元 &= C_2 + C_3 + C_4 \\ &= C_1 + C_2 + C_3 - C_1 + C_4 \\ &= 以前的输出像元 - C_1 + C_4 \end{aligned} \tag{6.9}$$

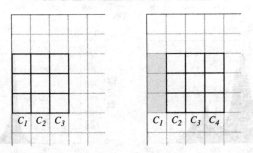

图 6.9　沿着图像行的邻域区域采用盒子滤波算法。j 列窗口的像元加权和为 C_j

　　很明显该算法可以拓展到一行内的全部像元。这样,除了每行的第一个输出像元,3×3滤波器中每个输出像元的计算只需 3 次加法和 1 次减法运算,递归算法比直接计算的运算效率提高了 1 倍。随着窗口大小的增加,优势会更加明显。内存中需要保存前面 3 行完整数

---

① 我们忽略了和滤波器权重的乘积,对于 LP 盒子滤波器可以在完成窗口内像元求和后执行乘积运算,这也只是一次额外操作。

据：前次计算的输出图像行、最早输入的图像行和最新输入的图像行，递归算法也能应用到垂直方向(McDonnell, 1981)。对于这两个方向完全实现的递归算法，每个输出像元的计算量和滤波窗口的大小无关。

只要窗口内每行的滤波权重不变，就可以沿着图像行使用盒子滤波算法。在这种情况下，毫无疑问它是最快的卷积算法。否则，采用傅里叶实现的卷积算法是一种较好的替代方法(见 6.4.4 节)，尤其是对较大的窗口进行卷积。

级联线性滤波

对一幅图像进行一系列滤波处理时，可以采用一个简单的净滤波器来代替，即它等于各个滤波器的卷积，

$$g = (f * w_1) * w_2 = f * (w_1 * w_2) = f * w_{net} \tag{6.10}$$

其中

$$w_{net} = w_1 * w_2 \tag{6.11}$$

假设 w_1 和 w_2 是 $W \times W$ 像元大小的，网络窗口函数 w_{net} 就是 $(2W-1) \times (2W-1)$，表 6.5 给出了具体例子。只要在处理过程中没有非线性运算(例如 DN 的阈值化)，则任何级联滤波器都可以用一个滤波器来代替。在第 3 章中已经采用线性滤波器的这个特性并根据单个遥感器响应而构建了遥感器的净空间响应。

表 6.5 级联滤波器例子和它们相应的净滤波器

滤波器 1	滤波器 2	净滤波器
$1/9 \cdot \begin{bmatrix} +1 & +1 & +1 \\ +1 & +1 & +1 \\ +1 & +1 & +1 \end{bmatrix}$	$1/9 \cdot \begin{bmatrix} +1 & +1 & +1 \\ +1 & +1 & +1 \\ +1 & +1 & +1 \end{bmatrix}$	$1/81 \cdot \begin{bmatrix} +1 & +2 & +3 & +2 & +1 \\ +2 & +4 & +6 & +4 & +2 \\ +3 & +6 & +9 & +6 & +3 \\ +2 & +4 & +6 & +4 & +2 \\ +1 & +2 & +3 & +2 & +1 \end{bmatrix}$
$1/3 \cdot \begin{bmatrix} +1 & +1 & +1 \end{bmatrix}$	$1/3 \cdot \begin{bmatrix} +1 \\ +1 \\ +1 \end{bmatrix}$	$1/9 \cdot \begin{bmatrix} +1 & +1 & +1 \\ +1 & +1 & +1 \\ +1 & +1 & +1 \end{bmatrix}$

6.3.2 统计滤波器

统计滤波器的输出图像是一个局部统计特性。在小邻域内计算的统计量由于样本数小而只有较低的统计意义，但它对诸如噪声抑制(局部中值)、边缘检测(局部方差)或纹理特征提取(局部方差)还是很有用的。图 6.10 显示了一些例子。

中值滤波是一种十分有用的统计滤波器。如果窗口内像元的 DN 值按照升序或降序进行排序，则中值滤波的输出是排序表中处于中间位置的像元(像元的个数必须是奇数)。中值运算能够去除明显不符合局部邻域统计特性的像元，即超限值。采用中值滤波可以去除孤立的噪声像元。通过生成带有 1 个或多个超限值的一组数，可以看出这种效果，例如，

10, 12, 9, 11, 21, 12, 10 和 10

如果用一个移动窗口来计算 5 个点的中值，则结果是(排除两端的边界点)

…, 11, 12, 11, 11, …

超限值 21 已经神奇地消失了！如果应用中值滤波器处理图 6.3 的数据，则会看到它能干净地去除数据中的两个毛刺点，而对其他特征只有最小的平滑(见图 6.11)。有效的数据排序算法，例如 HEAPSORT 和 QUICKSORT(Press et al., 1992)可以加速大窗口的中值滤波处理。

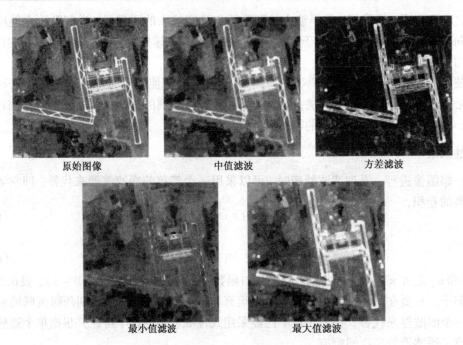

原始图像　　　　　　　中值滤波　　　　　　　方差滤波

最小值滤波　　　　　　　　　　最大值滤波

图 6.10　3×3 统计滤波器的处理例子

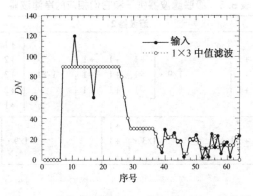

图 6.11　中值滤波器应用于前面使用的一维信号

形态学滤波器

最小值滤波器和最大值滤波器能够输出输入图像的局部最小或最大 DN。如果最小值滤波器应用于黑白物体的二值图像,其结果(即扩大黑色物体)与膨胀滤波器具有同样的效果;最大值滤波器应用于二值图像时等价于腐蚀滤波器。如果这两个操作级联起来,就能获得开或闭运算,

$$开[二值图像] = 膨胀[腐蚀[二值图像]] \tag{6.12}$$

$$闭[二值图像] = 腐蚀[膨胀[二值图像]] \tag{6.13}$$

图 6.12 说明了图像处理的类型,并应用于空间分割和噪声去除。

膨胀和腐蚀滤波器是形态学图像处理中的典型例子(Serra, 1982; Giardina and Dougherty, 1988; Dougherty and Lotufo, 2003; Soille, 2002)。窗口形状十分重要,因为它影响二值物体的变化。除了简单的正方形或矩形,它可以是其他正的或斜的形状,或任何想要的样式。在形

态学图像处理中，暗褐色的窗口称为结构元，可以设计用于执行模式匹配或修改为特殊形状。Schalkoff(1989)文献中给出了许多很好的例子。

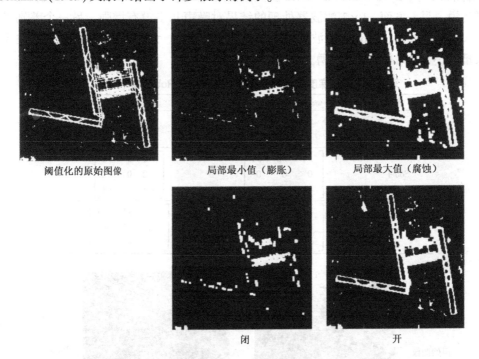

阈值化的原始图像　　　　　局部最小值（膨胀）　　　　　局部最大值（腐蚀）

闭　　　　　　　　　　　　　　开

图 6.12　对图 6.10 的图像进行 3×3 形态学滤波处理的例子。术语"腐蚀"
和"膨胀"总是指二值图像中的黑色物体，和内容无关。在这个
例子中，膨胀操作"腐蚀"了机场，而腐蚀操作"膨胀"了机场

6.3.3　梯度滤波器

检测 DN 从一个像元到另一个像元是否有明显变化，是图像处理中的一个常见问题。这种变化通常表明场景中有物理分界，比如海岸线、铺设的道路或阴影的边缘。虽然这么多年来人们提出了很多不同的方法来解决这个问题(Davis，1975)，但组合高通空间滤波器和 DN 阈值化的方法是一种简单而有效的检测技术，并被广泛应用。

表 6.4 所列的方向性高通滤波器生成的图像，其 DN 和相邻像元 DN 在给定方向上的差值成比例，即由它们计算方向梯度。在两个正交方向如水平和垂直方向对图像进行滤波，并且在矢量计算中组合这两个方向的结果，就可以计算出各个方向的梯度(见图 6.13)。局部图像梯度的大小由合成矢量的长度来确定，而局部梯度的方向由合成矢量与坐标轴的夹角给出，如图 6.13 所示。

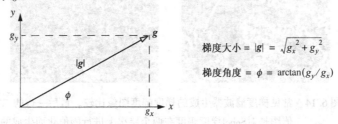

梯度大小 $= |g| = \sqrt{g_x^2 + g_y^2}$

梯度角度 $= \phi = \arctan(g_y/g_x)$

图 6.13　计算图像梯度的矢量几何。图像上某个像元的 x 导
数分量是 g_x，y 导数分量是 g_y，它们的矢量和是 g

　　虽然人们已经提出了许多局部梯度滤波器(见表6.6),但是它们的结果看起来差异并不明显(见图6.14)。3×3 Sobel 和 Prewitt 滤波器检测的边缘不如2×2 Roberts 滤波器检测的边缘那样尖锐。另一方面,3×3 滤波器处理的结果对噪声几乎没有增强。另一个差别是相对于奇数大小的滤波器,Roberts 滤波器输出平移了半个像元。无论采用何种滤波器,由于需要计算矢量大小,因此总的梯度计算是非线性的。

表6.6　局部梯度滤波器的例子。也可参见 Robinson(1977)

滤　波　器	水平分量	垂直分量
Roberts	$\begin{bmatrix} 0 & +1 \\ -1 & 0 \end{bmatrix}$	$\begin{bmatrix} +1 & 0 \\ 0 & -1 \end{bmatrix}$
Sobel	$\begin{bmatrix} +1 & +2 & +1 \\ 0 & 0 & 0 \\ -1 & -2 & -1 \end{bmatrix}$	$\begin{bmatrix} -1 & 0 & +1 \\ -2 & 0 & +2 \\ -1 & 0 & +1 \end{bmatrix}$
Prewitt	$\begin{bmatrix} +1 & +1 & +1 \\ +1 & -2 & +1 \\ -1 & -1 & -1 \end{bmatrix}$	$\begin{bmatrix} -1 & +1 & +1 \\ -1 & -2 & +1 \\ -1 & +1 & +1 \end{bmatrix}$

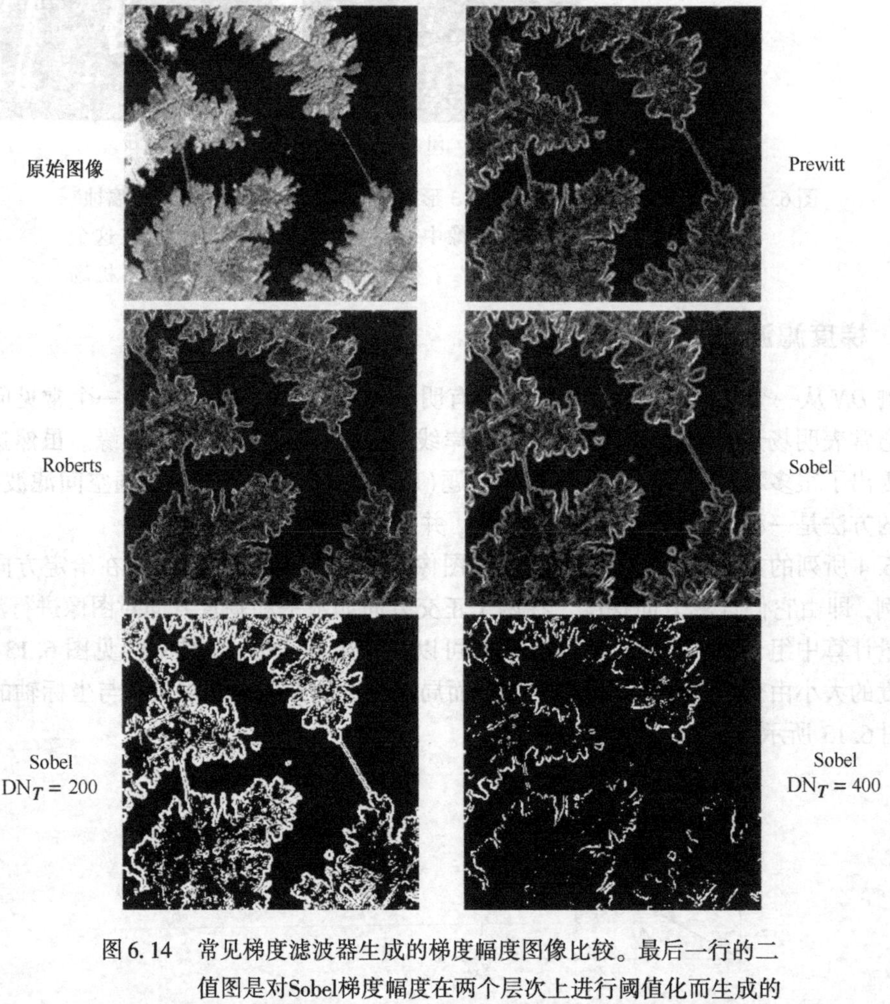

图6.14　常见梯度滤波器生成的梯度幅度图像比较。最后一行的二值图是对Sobel梯度幅度在两个层次上进行阈值化而生成的

边缘检测是一个二值化分类问题,它可以通过对梯度幅度进行 DN 阈值化处理。过低的阈值会导致许多孤立的像元被分类成边缘像元,从而得到许多边缘边界,而过高的阈值又会导致一些分布稀疏、断开的片段(见图 6.14)。产生这些问题的原因是我们只采用了梯度滤波器的局部信息。如果使用本章后面的尺度空间滤波器和过零点滤波器,将会极大地增强边缘检测的鲁棒性和边缘的空间连续性。

6.4 傅里叶变换

傅里叶理论源自 18 世纪并且已经广泛应用于几乎所有的科学和工程领域。把一维或多维信号作为正弦函数的线性组合进行分析是信号分析的基本结构。我们将在一维信号和二维图像的合成中介绍这个主题。

6.4.1 傅里叶分析和合成

6.2 节已经介绍了一幅图像可以用不同空间尺度的两个分量求和而进行表示的思想。傅里叶变换是这个思想应用于多尺度的一个拓展。我们将采用一维信号例子进行说明并拓展到二维。图 6.15 中给出了一维周期的无限方波信号,其空间周期为 100 单位。可以看出这个信号是由无限多个不同频率、幅度和相位的正弦波信号合成而得到的(见图 4.17)。第一个分量实际上具有零频率,因为它代表了信号的平均幅度,有时称为 DC 项①。最小的非零频率分量具有与方波同样的周期,就是熟知的基波;下一个高频分量和三次谐波,其频率是基波的 3 倍,等等。这些分量的相对强度是 1,1/3,1/5,把它们加起来就合成了原始方波。每当加进来一个更高频率的分量,总和就更逼近方波,脉冲的边缘会变得更尖锐,底部和顶部变得更平坦。但是,我们需要加上无限多的正弦波才能准确恢复原始方波。整个和称为方波的傅里叶序列。

在图 6.16 和图 6.17 中,我们将这个思想拓展到二维数字图像。因为图像是离散的(数字矩阵),所以傅里叶序列是无穷多个正弦与余弦的和。如果所有项都被包含进来,就能获得原始图像。该例子显示了部分和越大就越能逼近原始图像。部分和等于图像的低频信息,误差图是补充的高频分量,它们满足式(6.1)的关系,即:

$$图像 = 部分和 + 误差 = LP + HP \tag{6.14}$$

6.4.2 二维离散傅里叶变换

二维离散傅里叶序列的数学定义为

$$f_{mn} = \frac{1}{N_x N_y} \sum_{k=0}^{N_x-1} \sum_{l=0}^{N_y-1} F_{kl} e^{j2\pi\left(\frac{mk}{N_x}+\frac{nl}{N_y}\right)} \tag{6.15}$$

其中 F_{kl} 是分量 kl 的复数幅度。复数指数项可以写成②

---

① DC 是 Direct Current 的缩写,它在物理和电气工程中用来描述稳定电源如电池的恒定电流。它可描述任何具有恒定均质的信号。

② 基本的关系称为欧拉定理。

$$e^{j2\pi\left(\frac{mk}{N_x}+\frac{nl}{N_y}\right)} = \cos2\pi\left(\frac{mk}{N_x}+\frac{nl}{N_y}\right) + j\sin2\pi\left(\frac{mk}{N_x}+\frac{nl}{N_y}\right) \tag{6.16}$$

系数 j 为虚数 $\sqrt{-1}$。

　　式(6.15)代表了用 $N_x N_y$ 正弦和余弦波重构而合成原始图像 f_{mn}。式(6.15)的逆变换为

$$F_{kl} = \sum_{m=0}^{N_x-1}\sum_{n=0}^{N_y-1} f_{mn} e^{-j2\pi\left(\frac{mk}{N_x}+\frac{nl}{N_y}\right)} \tag{6.17}$$

它得到了图像的傅里叶系数。式(6.17)就是 f_{mn} 的离散傅里叶变换(Discrete Fourier Transform，DFT)，而式(6.15)是 F_{kl} 的离散傅里叶变换的逆变换。

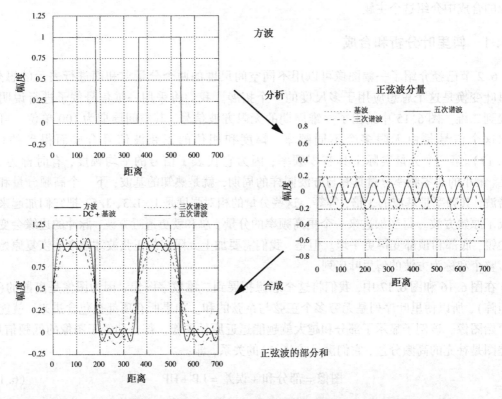

图 6.15　一维连续方波的傅里叶分析，方波分解成正弦波分量，通过正弦波的重构
　　　　　就可以合成原始的方波。即使只用DC项和三个正弦波，合成的信号就已
　　　　　经比较逼近方波了。在方波附近残留的振荡就是吉布斯现象，只有在
　　　　　合成 中包括了无穷多的正弦波时这个现象才能完全消失(Gaskill，1978)

　　当我们对数字图像执行二维傅里叶变换时，由于正弦和余弦分量的周期性，隐含假设了图像在各方向上是无限复制的(见图 6.18)[①]。类似地，它的傅里叶变换也是无限周期性的。当采用傅里叶变换实现空间卷积时，正是这个周期性表示才导致了环绕效应(圆形卷绕)。式(6.17)生成的傅里叶数列常常被重新排序为自然顺序，它源自光学傅里叶变换(见图 6.19)。

---

　　①　这是连续傅里叶变换和离散傅里叶变换之间的基本联系。

当我们不关心绝对数值时,图像处理的空间频率单位可以采用周期/像元。沿着每个坐标轴的空间频率间隔由如下公式给出:

$$\Delta u = 1/N_x , \ \Delta v = 1/N_y \ (\text{周期/像素}) \tag{6.18}$$

而空间频率由下式给出:

$$u = k\Delta u = k/N_x , \ v = l\Delta v = l/N_y \ (\text{周期/像素}) \tag{6.19}$$

如果绝对单位很有必要,则把空间频率的间隔除以单位长度的像元间隔 Δx 和 Δy,得到

$$\Delta u = \frac{1}{N_x \Delta x} , \ \Delta v = \frac{1}{N_y \Delta y} \quad (\text{周期/单位长度}) \tag{6.20}$$

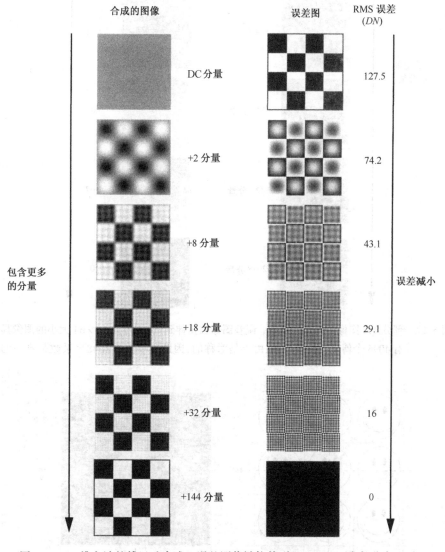

图 6.16 二维方波的傅里叶合成。误差图像被拉伸到[0, 255]。在部分求和时只对非零傅里叶分量进行计数。在逼近原始方波时,随着更多的分量被加进来,残留的误差会变小。与图6.15中连续信号的残留合成误差使用有限分量不同,这里的误差将趋近于零,因为信号是离散的(采样的)

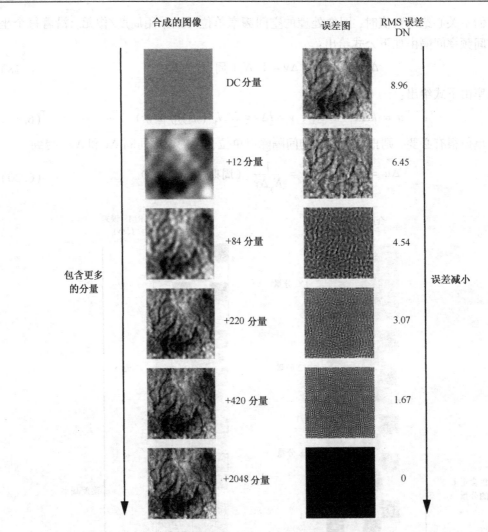

图 6.17　部分 TM 图像的傅里叶变换, 误差图像被拉伸到 $[0,255]$, 64×64 大小的图像具有 4096 个傅里叶复系数,但由于是对称的,因此其中只有2048个系数是唯一的

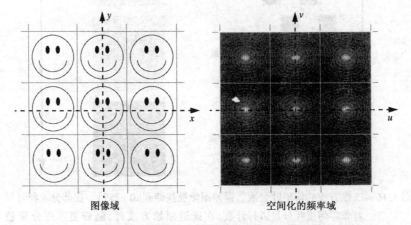

图 6.18　离散傅里叶变换的隐含周期在两个方向上都延伸到无穷。左边的每个正方形是复制的原始图像,而右边的每个正方形是图像傅里叶变换的副本。这种复制就是所谓的"邮票"表现

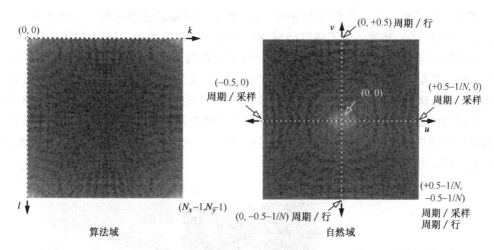

图 6.19　$N \times N$ 数组的傅里叶平面坐标几何。左图显示了 FFT 算法生成的频谱。由
于数组的周期性,我们可以对原点进行平移,如右图所示。k 和 l,以
及 u 和 v 的方向与第4章描述的离散坐标系统和自然坐标系统是一致的

6.4.3　傅里叶分量

傅里叶变换[见式(6.17)]生成实部和虚部两种分量,由复数关系式把它们联系起来:

$$F_{kl} = \text{Re}(F_{kl}) + \text{jIm}(F_{kl}) \tag{6.21}$$

其中 j 是 $\sqrt{-1}$,一个复数可以被等价地写成幅度 A_{kl} 和相位 ϕ_{kl},

$$F_{kl} = A_{kl}\text{e}^{-\text{j}\phi_{kl}} \tag{6.22}$$

其中

$$A_{kl} = |F_{kl}| = \sqrt{[\text{Re}(F_{kl})]^2 + [\text{Im}(F_{kl})]^2} \tag{6.23}$$

且

$$\phi_{kl} = \arctan[\text{Im}(F_{kl})/\text{Re}(F_{kl})] \tag{6.24}$$

图 6.20 阐明了傅里叶变换的各个分量。

相位分量是图像空间结构的关键(Oppenheim and Lim,1981),能给人深刻印象的证明方法是把幅度分量设成一个恒定的数值,再对修改的频谱进行傅里叶逆变换。结果显示相位分量携带了图像中关于特征的相对位置信息。相反,如果相位部分被设成恒定的数值(零)而保留原始的幅度分量,再执行傅里叶逆变换,则结果是不可理解的(见图 6.21)。此外,在傅里叶滤波器设计中常忽略相位分量,一定要重视这个问题。

6.4.4　基于傅里叶变换的滤波

用于滤波的傅里叶变换的应用主要采用式(6.2)来实现。对公式两边都进行傅里叶变换,就能得到在傅里叶域相对简单的关系式[1]:

$$\begin{aligned} \mathcal{F}[g_{ij}] = G_{kl} &= \mathcal{F}[f * w] \\ &= F_{kl}W_{kl} \end{aligned} \tag{6.25}$$

---

[1]　这种变换关系,即一个域的卷积是在傅里叶域中傅里叶变换的产物,称为卷积定理(Castleman,1996;Jain,1989)。

数组 F 和 G 分别是输入和输出图像的空间频谱。W 是滤波器的变换函数。一般来讲,这三个函数,G,F 和 W 都是复数。为了在空间域卷积中使用傅里叶变换,我们必须采用原始图像的傅里叶变换和窗口加权函数,将图像谱和变换函数相乘而得到滤波的图像谱,然后对它执行逆变换就能得到空间域的滤波图像。图 6.22 描述了这个过程。由于空间窗口一般要远小于图像,因此在执行傅里叶变换前,它必须被"填补"到同样大小,以保证 F 和 W 的傅里叶分量位于相同的位置[见式(6.18)]。通过采用零围绕窗口函数可以完成这种填补。如果一个滤波器被应用到许多图像,则它的变换函数只需计算一次,在乘法步骤中可以直接使用它,从而避免了傅里叶变换的一次运算。

实部和虚部分量

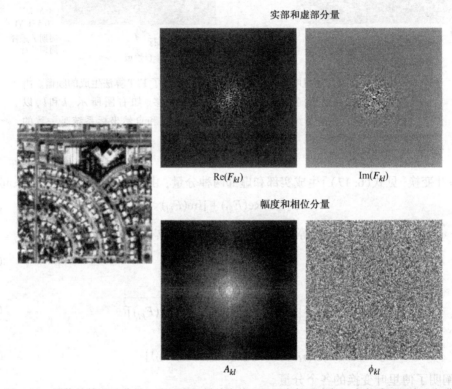

幅度和相位分量

图 6.20 图像的傅里叶分量。为了完整描绘变换,只用实部和虚部,或者采用幅度和相位分量,而不是同时使用这两种方式,插图采用了自然坐标。幅度分量很难显示成灰度图像,因为它的动态范围很大,且主要由DC值决定。描述它的一种方法是对频谱幅度取对数,并把DC分量设成零,这样可以大大降低显示数据的动态范围

只有相位($A_{kl}=1$)　　只有幅度($\phi_{kl}=0$)

图 6.21 空间相位信息重要性的例证,修改图 6.20 的图像频谱而只保留一个分量,如上面显示,再用傅里叶逆变换回到空间域,这里只显示了结果图像

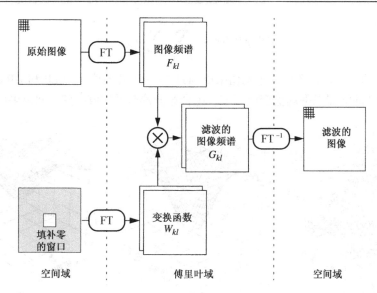

图 6.22　应用傅里叶变换计算空间域卷积的一个滤波算法。傅里叶
域的数组显示为双精度,因为傅里叶域中的数据是复数

式(6.25)的幅度和相位分量按如下公式计算:

$$|G_{kl}| = |F_{kl}||W_{kl}|$$
$$\phi(G_{kl}) = \phi(F_{kl}) + \phi(W_{kl})$$

(6.26)

这些等式描述了滤波器 W 如何分别影响输入数字图像谱 F 的调制和空间相位。

选择空间或傅里叶域处理的一般指导原则是:如果窗口为 7×7 或更小,则采用空间域卷积,否则采用傅里叶域滤波(Pratt,1991)。当然这个"原则"也依赖于图像大小、算法使用要求的速度及执行卷积或 FFT 的特殊硬件情况。式(6.15)的最有效实现是快速傅里叶变换(Fast Fourier Transform,FFT)(Brigham,1988)。通用的 FFT 算法要求输入数组的大小是 2 的幂次方;效率较低的算法可以变换其他大小的图像。虽然在有些情况下,不断增加计算机计算速度能使傅里叶域的方法值得考虑,但是在遥感上人们一般习惯选择空间域的卷积,因为遥感图像一般都很大。在第 7 章中将会看到,傅里叶方法提供了数据分析的一个独特视角,它对于分析和去除周期性的噪声分量是十分有用的。

变换函数

式(6.25)比式(6.2)最明显的一个优势是它能允许我们把滤波器看成空间频率域的一个乘法"掩模"。例如,一个"理想"的幅度 LP 滤波器具有如下的特点:

$$|W_{kl}| = 1, \quad |k| \leqslant k_c, |l| \leqslant l_c$$
$$|W_{kl}| = 0, \quad |k| > k_c, |l| > l_c$$

(6.27)

其中 k_c 和 l_c 是 LPF 的有效"截断"频率。理想的 LPF 是傅里叶域的二值掩模,它的变换能保证低于截止频率的频率分量不变,而高于截止频率的频率分量不进行变换。幅度滤波器,$|W_{kl}|$ 就是所谓的调制传递函数(Modulation Transfer Function,MTF)。在前面的图 6.23 中已经对MTF 的一些盒子滤波器进行了描述。要记住的一个有用关系是,零频率的 MTF 值就是相应的空间域卷积滤波器的权值和,

$$|W_{kl}(0,0)| = \sum_{m=0}^{N_x-1} \sum_{n=0}^{N_y-1} w_{mn} \tag{6.28}$$

滤波图像的平均值等于输入图像的平均值乘以 MTF 零频率处的值。纯 LP 和 HB 滤波器不改变平均值,而纯 HP 滤波器把平均值变成了零。组合滤波器对平均值起到中间效果(见习题6.8)。

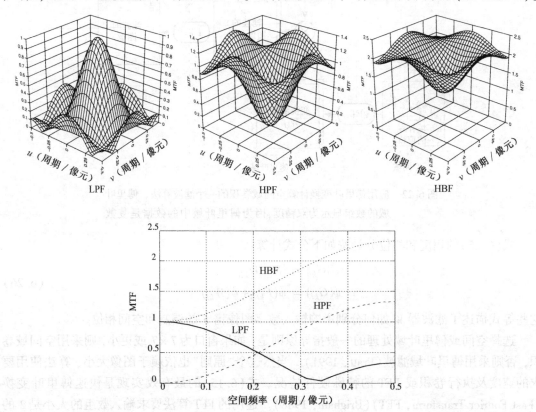

图 6.23   表6.2和表6.3中3×3盒子滤波器的二维MTF。HBF的 K 值为1。注意这些滤波器如何在不同
方向上各自显示出明显不同的响应,即它们不是旋转对称的。下图显示了三个MTF沿着 k
轴或 l 轴的剖面图。由于MTF是关于 (k,l) 对称的,等于 $(0,0)$,因此按惯例只显示了
函数的一半。数值为1的MTF能在调制中把频率分量不加改变地通过滤波器。相对于输入
信号,数值大于1的MTF增加了输出调制,而数值小于1的MTF会降低输出调制。术语"低
通"和"高通"就是把这些效果施加在频率分量上,在这幅图上已经清楚显示了这些效果

从频率域来看滤波器,就可以看出来前面涉及的简单盒子滤波器的两个问题:在高频上
它们缺乏旋转对称性和不一致性。后者是空间相位反转的表现,它对较小的周期性目标能造
成假象(Castleman,1996)。对于简单的视觉增强,这些问题或许不要紧,但是对于模型或更
精确的工作,理想的选择是采用各向响应均衡的滤波器(除非构建一个具有不对称响应的特
殊模型)。如果在方形窗口内采用高斯函数,那么情况会得到改善。例如,一个3×3高斯
LPF,半径是1.5像元的1/e,它的权重是

$$w_g = \begin{bmatrix} +0.079 & +0.123 & +0.079 \\ +0.123 & +0.192 & +0.123 \\ +0.079 & +0.123 & +0.079 \end{bmatrix} \tag{6.29}$$

图 6.24 显示了 MTF。仍然采用 3×3 的窗口对高斯进行了空间截断,但是在频率域的效应比盒子滤波器小得多。更大的窗口会降低旋转不对称性。我们可以很容易地导出式(6.29)对应的 HP 和 HB 滤波器。

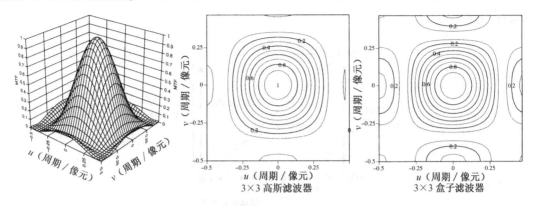

3×3 高斯滤波器　　　　　　　3×3 盒子滤波器

图 6.24　空间半径为 1.5 像元且截断为 3×3 像元的高斯滤波器的
MTF,其等值线图与均衡盒子滤波器的等值线图进行了对比

6.4.5　采用傅里叶变换的系统模型

本章到目前为止讨论的内容一直是针对数字图像处理的,所有的函数都是采样的。卷积的线性系统工具和傅里叶变换都被应用于图像处理,但它们也应用在形成图像的物理系统中(Gaskill, 1978)。图 3.1 的拓展显示了这两个应用之间的联系(见图 6.25)。本节将阐述如何把卷积和傅里叶变换应用到遥感器的系统模型中。

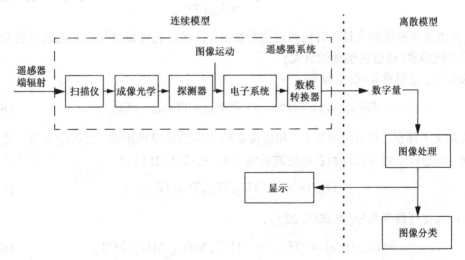

图 6.25　对图 3.1 的扩展和简化而显示的图像获取、处理和显示过程中的连续-离散-
连续模型。在连续模型空间,可以用卷积和傅里叶变换描述连续物理函数
如何被联系起来。在离散模型空间,将卷积和傅里叶变换应用于离散数组,
代表了采样的连续函数,从而生成新的离散数组。可以认为连续域描述了
遥感成像物理过程,而离散域则描述了遥感系统生成数字图像的工程技术

第 3 章讲述了遥感器的各元件和总的空间响应,并按照遥感器空间域的点扩散函数(Point Spread Function, PSF)进行了描述。现在有了傅里叶变换工具,就可以用空间频率域

的传递函数(Transfer Function，TF)，即 PSF 的二维傅里叶变换来描述遥感器的空间响应。正如数字滤波器一样，调制传递函数(Modulation Transfer Function，MTF)，即传递函数的幅度，是最令人感兴趣的。为了完整起见，第 3 章的光学空间响应图现在可以扩展成包含傅里叶分量(见图 6.26)。

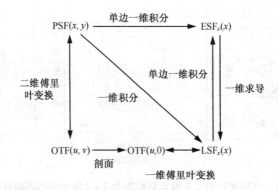

图 6.26　扩展图 3.17 以包含傅里叶分量，即光学传递函数(用 OTF 或 TF_{opt} 表示)，TF_{opt} 是光学 PSF 的二维傅里叶变换，而 PSF 是 TF_{opt} 的傅里叶逆变换。LSF 的一维傅里叶变换是二维 TF_{opt} 的一维剖面(横截面)图

　　遥感器模型化的一个重要概念是，在采样前(数字化)遥感器的传递函数对模拟连续图像的空间频率分量进行滤波。这种情况下应用的卷积原理是[与式(6.25)相比]

$$\mathcal{F}[i(x,y)] = I(u,v) = \mathcal{F}[i_{ideal} * PSF_{net}]$$
$$= I_{ideal} TF_{net} \tag{6.30}$$

其中 i_{ideal} 是由光学系统形成且没有任何退化的数字化图像。它可以被认为是场景辐射分布的一个简单比例缩放(通过遥感器的放大)。

　　作为参考，这里重复式(3.18)，

$$PSF_{net}(x,y) = PSF_{opt} * PSF_{det} * PSF_{IM} * PSF_{el} \tag{6.31}$$

这个公式定义了理想、非退化图像 i_{ideal} 和成像系统实际形成模糊图像 i 之间的关系。通过傅里叶变换，由卷积原理可以得到各项滤波后的乘积[见式(6.21)]：

$$TF_{net}(u,v) = TF_{opt} TF_{det} TF_{IM} TF_{el} \tag{6.32}$$

类似地，可以得到幅度部分[见式(6.22)]，

$$MTF_{net}(u,v) = |TF_{net}| = MTF_{opt} MTF_{det} MTF_{IM} MTF_{el} \tag{6.33}$$

但是在傅里叶域，式(6.32)和式(6.31)是完全等价的。注意，这里讨论的所有函数都是连续变量的函数，或者是空间变量 (x,y)，或者是频率变量 (u,v)。这是因为在整个图像处理中都忽略了像元采样效应。在系统传递函数分析中也可能包含像元采样，因为采样效果是在平均空间响应上增加一点模糊。遗憾的是，这里没有合适的位置来论述采样和它的空间响应效果，读者可以参考 Park et al. (1984)详细分析它。

　　文献中给出了如何采用系统中各元件的发射前测量值来对遥感器的传递函数进行建模的多个例子(见表 6.7)。用先进陆地成像仪(ALI)：它用多光谱推扫式遥感器的模型作为示例

说明了这个过程。表 6.8 详细给出了交轨和顺轨分量，图 6.27 显示了调制传递函数的建模。Hearn(2000) 详细说明 ALI 探测器、图像运动和电子模型参数，其中的光学模型比这里使用的模型更加详细；这里使用的顺轨和交轨的高斯光学模型参数被设置成使我们的 TF_{net} 能匹配 Hearn(2000) 中波段 5(NIR) 的 TF_{net}。通过傅里叶逆变换可以由传递函数模型计算顺轨和交轨 LSF。图 6.28 中显示了这些结果，可以与第 3 章测量的 LSF 进行比较。

表 6.7　遥感器 PSF 和 MTF 的测量及建模例子

遥　感　器	参考文献
ALI	Hearn(2000)
AVHRR	Reichenbach et al. (1995)
ETM +	Storey(2001)
MODIS	Barnes et al. (1998); Rojas(2001)
MSS	Slater(1979); Friedmann(1980); Park et al. (1984)
TM	Markham(1985)

表 6.8　用于 ALI 的 MTF 模型参数。空间频率 (u, v) 的单位是按系统焦平面测量的 cycle-μm^{-1}，或者采用探测器宽度 w 标准化的 cycle-pixel^{-1}

元　件	传递函数模型	参　数　值	注　解
顺　轨			
光学	$MTF_{opt} = e^{-b^2 v^2}$	$b = 38\ \mu m = 0.95\ pixel$	高斯 PSF
探测器	$MTF_{det} = |sinc(wv)|$	$w = 40\ \mu m = 1\ pixel$	平方脉冲 LSF
图像运动	$MTF_{IM} = |sinc(sv)|$	$s = 36\ \mu m = 0.9\ pixel$	平方脉冲 LSF
电子	$MTF_{el} = e^{-|v/v_0|^g}$	$v_0 = 0.2\ cycles\text{-}\mu m^{-1}$ $= 8\ cycles\text{-}pixel^{-1}$ $g = 1$	电荷扩散
交　轨			
光学	$MTF_{opt} = e^{-b^2 u^2}$	$b = 36\ \mu m = 0.9\ pixel$	高斯 PSF
探测器	$MTF_{det} = |sinc(wu)|$	$w = 40\ \mu m = 1\ pixel$	平方脉冲 LSF
电子	$MTF_{el} = e^{-|v/v_0|^g}$	$v_0 = 0.2\ cycles\text{-}\mu m^{-1}$ $= 8\ cycles\text{-}pixel^{-1}$ $g = 1$	电荷扩散

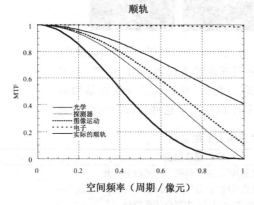
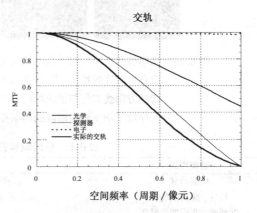

图 6.27　源自表 6.8 的 ALI 顺轨和交轨 MTF 模型

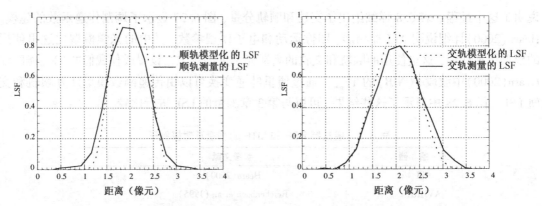

图 6.28　ALI LSF 的模型和实际测量值。采用图 6.27 的传递函数进行傅里叶逆变换
而计算的LSF模型值,测量的LSF来自第3章中分析讨论的结果(见图3.18)

6.4.6　功率谱

在图像模式分析和识别中也经常应用傅里叶变换。功率谱(傅里叶幅度函数的平方)是
一个特别有用的工具。第 4 章已经阐述了如何应用功率谱对 TM 图像进行分形分析,包括给
出了一些功率谱例子(见图4.28)。图 6.29 又给出了 256×256 大小航空照片的功率谱例子。
在 Jensen(2004)和 Schott(1996)中可以找到更多的例子。

根据这些例子和傅里叶变换知识,可以得到对应的表 6.9。空间频率功率谱信息只给出
了空间域关于全局模式的局部信息,因此作为诊断全局周期噪声的工具或作为全局空间模式
识别的工具,它是十分有用的。第 7 章将说明如何在设计噪声滤波器时使用它。

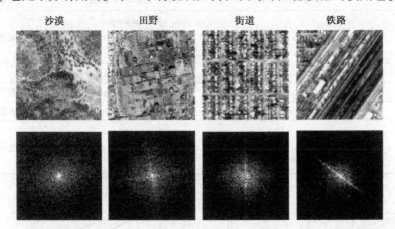

图 6.29　功率谱和图像空间结构的依赖关系。相对而言,“沙漠”图像是各向同性的,
没有方向性的特征,其他图像都有不同程度的方向性内容。注意,功率
谱的方向线如何与图像特征的方向关联,“街道”中精细的周期性结构如
何导致了功率谱中暗淡的周期亮点。图4.28给出了这些特征的更多实例

表 6.9　空间域和空间频率域之间的关系

空间描述	空间频率描述
周期模式	高幅度“脉冲”,主要局限于模式的频率处
线性、准周期特征	通过零频率的高幅度“直径”、其方向和空间模式垂直
非线性、非周期的特征	高幅度的“云”,主要位于低频处

6.5 尺度空间变换

在许多案例中，我们将在一定的尺度范围内从图像中提取空间信息，从局部区域的详细地物到贯穿整个图像的大特征。不需要任何考虑，人类视觉系统就能完成这项非凡任务。但用计算机算法实现这个类似的功能却是一项很具挑战性的任务。尽管已经提出了很多有效的方法，但我们把它们都归结为尺度空间滤波这一类。这些算法一般也是滤波器，但是它们要在图像的不同比例版本(分辨率金字塔)上重复应用，或者滤波器本身是有比例的(过零点滤波器)。一些新观点，如尺度空间 LoG 滤波器和过零点，也都是源自人类视觉系统模型(Marr and Hildreth，1980；Marr，1982；Levine，1985)。

6.5.1 图像分辨率金字塔

图像分辨率金字塔是能够包含全局、中等和局部尺度分析的有效方法，金字塔定义为

$$i_L = \text{REDUCE}(i_{L-1}) \tag{6.34}$$

其中 i_L 是尺度 L 上的图像，而 REDUCE 是对尺度 $L-1$ 的图像进行的运算，尺度 $L-1$ 是对尺度 L 缩小而得到的。例如，REDUCE 可以是 2×2 邻域的简单平均，也就是沿着行和列方向进行相同的降采样[1]，从而生成盒状的金字塔(见图 6.30)。尺度 L 的图像大小和尺度 $L-1$ 的图像大小有如下关系：

$$N_L = \frac{N_{L-1}}{2} \tag{6.35}$$

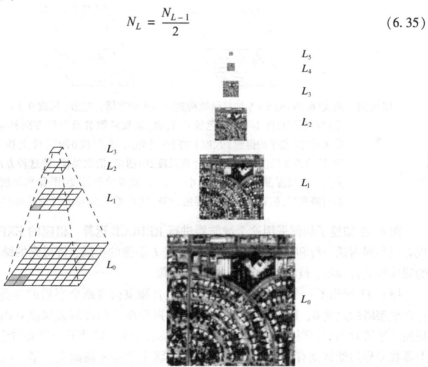

图 6.30 构建 2×2 的盒状金字塔和 256×256 原始图像大小得到 6 个尺度的例子。尺度
0 上的灰色区域显示的 4 个像元取平均而计算尺度 1 中左下角的像元值

---

[1] 降采样的意思是对图像进行隔行和隔列采样，将中间像元丢弃。相反地，过采样的意思是在现有的行和列之间插入零数字量值的行和列，然后用内插方法代替这些零。

Burt(1981)以及 Burt and Adelson(1983)提出了一种流行的 REDUCE 算子。这种加权的函数是可分离的,

$$w_{mn} = w1_m \cdot w2_n \tag{6.36}$$

其中两个一维函数都是参数化的,

$$w1_m = \begin{bmatrix} 0.25 - a/2, & 0.25, & a, & 0.25, & 0.25 - a/2 \end{bmatrix}^{\mathrm{T}} \tag{6.37}$$

$$w2_n = \begin{bmatrix} 0.25 - a/2, & 0.25, & a, & 0.25, & 0.25 - a/2 \end{bmatrix} \tag{6.38}$$

在两个方向上令 a 等于4就得到了类似高斯的函数,则二维的加权函数就是

$$w_{mn} = \begin{bmatrix} 0.0025 & 0.0125 & 0.0200 & 0.0125 & 0.0025 \\ 0.0125 & 0.0625 & 0.1000 & 0.0625 & 0.0125 \\ 0.0200 & 0.1000 & 0.1600 & 0.1000 & 0.0200 \\ 0.0125 & 0.0625 & 0.1000 & 0.0625 & 0.0125 \\ 0.0025 & 0.0125 & 0.0200 & 0.0125 & 0.0025 \end{bmatrix} \tag{6.39}$$

在 REDUCE 运算中,对图像和加权函数进行卷积,但是在下一个尺度上行和列中的像元都是一个隔一个被计算的。这样不需要进行完全的卷积,使算法特别高效。如果使用式(6.39)那样的权系数,则可以得到高斯金字塔结果(Burt, 1981),如图6.31 所示。

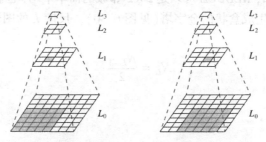

图 6.31　由式(6.39)的5×5加权函数构建的高斯金字塔。左边,尺度0上的25个像元加权平均得到了尺度1上的灰色像元。右边,加权函数被沿着行方向移动两个像元,对应像元的加权平均得到了尺度1的下一个像元。在尺度0的图像上执行这个重复处理,然后再在尺度1上执行以计算尺度2的图像,依次类推。按这种方法,从一个尺度到另一个尺度,图像大小被减小一半。这就等价于尺度0图像和加权函数进行卷积后再降采样,但避免了不必要的计算。边缘像元按前面讨论的那样需要特别留意

图 6.32 描绘了如何采用这个滤波器进行 REDUCE 运算,相应的 EXPAND 运算包括:对现有行和列内插一行和一列零数据,实现尺度 L 图像的扩展,将得到的结果数组和式(6.39)的滤波器进行卷积,最终得到尺度 $L-1$ 的图像。

图 6.33 给出了一个尺度到另一个尺度建立和重构高斯金字塔的步骤,它也显示了拉普拉斯金字塔的尺度0,是通过上采样重构的高斯尺度1图像减去尺度0图像而构造的。拉普拉斯金字塔对图像编码和压缩(Burt and Adelson, 1983)以及下一节要讨论的如何在不同尺度上寻找差异边缘特别有用。图 6.34 比较了盒状金字塔和高斯金字塔。高斯算法避免了欠采样造成的混叠现象(见第3章)的不连续特性,能得到各个尺度上都平滑的图像。

由于降采样运算,高斯金字塔算法等价于原始图像和加权窗的连续卷积,而加权窗在每个金字塔尺度上都要扩展1/2(见图6.35)。在图 6.36 中,显示了没有进行降采样的前3个尺度上的滤波图像。重构金字塔采用的降采样在每个尺度图像上都直接采用一个简单的加权函数[见式(6.39)],从而避免了不必要的卷积计算。

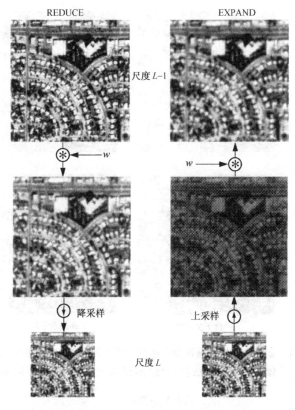

图 6.32 Burt and Adelson(1983)提出的 REDUCE 和 EXPAND 处理步骤。处理
中可以采用任何空间滤波器,而这些例子采用了式(6.39)的高斯窗

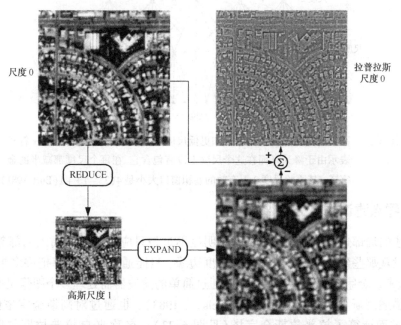

图 6.33 构建高斯金字塔的尺度 1 图像和拉普拉斯金字塔的尺度 0 图像。从
尺度 1 开始用同样的处理可以构建尺度2图像。对尺度1图像和扩
展的高斯尺度2图像进行差分,就能计算尺度1的拉普拉斯图像

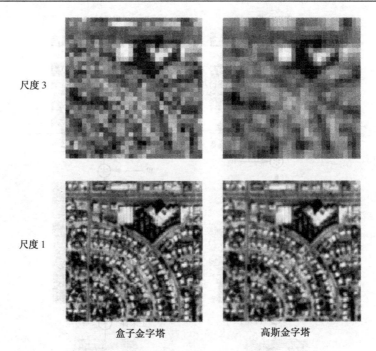

尺度 3

尺度 1

盒子金字塔　　　　　高斯金字塔

图 6.34　盒子金字塔和高斯金字塔的尺度 3 和尺度 1 图像的对比, 用
像元复制的方法把尺度3图像放大到和尺度1相同的比例

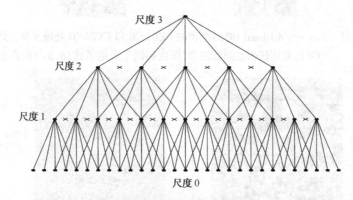

图 6.35　高斯金字塔尺度 3 的像元和更低尺度上像元之间的连接关系, x 符号
表示由于降采样而在这个尺度上没有包含它。在每个尺度都减半的金
字塔, 其原始尺度 0 上有效的卷积窗口大小是 $4(2^L-1)+1$(Burt,1981)

6.5.2　过零点滤波器

本章前述的局部边缘梯度滤波器的一个明显不足是只应用了像元周围局部邻域的信息, 不能清楚地发现那些延伸为多个像元的大尺度边缘, 只能通过梯度运算把许多单独的"边缘像元"连接起来。金字塔表示法提供了一种通过简单的滤波器而处理多个图像尺度的方法。

在最初描述高斯金字塔时(Burt and Adelson, 1983), 也通过对高斯金字塔的尺度 k 和 $k+1$ 之间求差而计算了拉普拉斯金字塔(见图 6.33)。名称来自拉普拉斯二阶求导运算(Castleman, 1996), 下面将建立它们之间的联系。正如高斯金字塔代表了一系列不同带通的 LPF 那样, 拉普拉斯金字塔代表了不同频率区的一系列带通滤波器(Band-Pass Filter,BPF)。

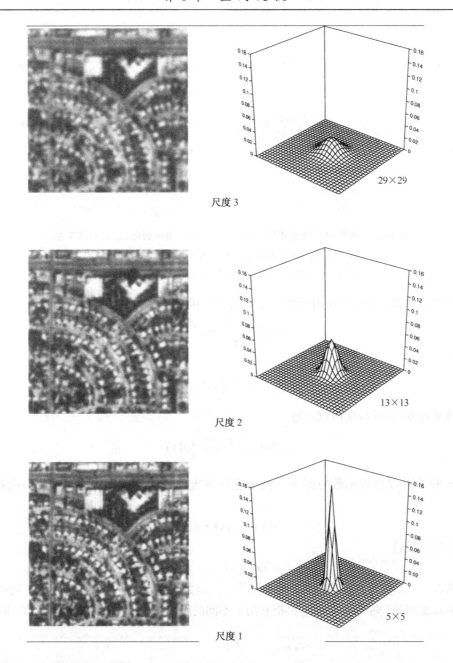

图 6.36 没有降采样的尺度 1 到 3 的高斯金字塔。右边列显示了尺度 0 上的有效加权
函数。注意,随着空间尺寸的增加,加权的幅值会降低,以保持图像的标准化

高斯拉普拉斯滤波器

假设有一个一维函数而想找到这个函数"显著"变化的位置, 如果计算它的二阶导数(见图 6.37), 就会发现在显著变化位置上的二阶导数过零点。这些位置上显示的二阶导数变化, 无论是从正变负, 还是从负变正, 都称为零交叉。现在, 假设我们将原始函数和一个 5 点宽的平滑高斯函数卷积, 就能计算出二阶导数。注意, 明显变化的零交叉点仍然能够保持和前面大致相同的位置, 一些不太明显的变化就消失了。

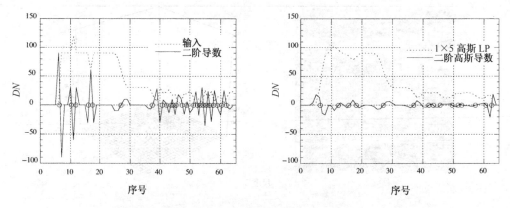

图 6.37　函数斜率变化和其二阶导数过零点(用小圈标识)之间的关系。
　　　　　即使该函数用低通滤波器进行平滑,仍然会保持十分明显的过
　　　　　零点,但一些不太明显的过零点会消失,注意图6.3也与此类似

对于单位面积, 均值为 0 而标准差为 σ 的高斯函数是

$$g(x) = \frac{1}{\sigma\sqrt{2\pi}}e^{-x^2/2\sigma^2} \tag{6.40}$$

一阶导数是

$$g'(x) = -\left(\frac{x}{\sigma^2}\right)g(x) \tag{6.41}$$

二阶导数或高斯–拉普拉斯(LoG)是

$$g''(x) = \left(\frac{x^2-\sigma^2}{\sigma^4}\right)g(x) \tag{6.42}$$

　　图 6.38 画出了这些函数的图形。根据线性系统理论的原理不难看出, 如果函数 f 和 g 卷积,

$$s(x) = f(x) * g(x) \tag{6.43}$$

则 s 的二阶导数是

$$s''(x) = f''(x) * g(x) = f(x) * g''(x) \tag{6.44}$$

这就意味着一个函数与高斯卷积的二阶导数等于该函数与高斯二阶导数的卷积。它表明只需生成一次 LoG 滤波器[见式(6.42)], 再把它用于不同的函数, 就可以得到这些函数的二阶导数。

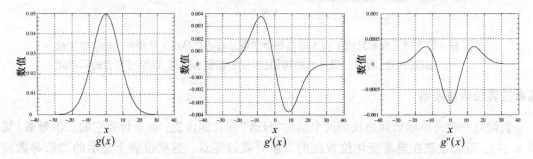

图 6.38　一维高斯函数 $g(x)$ 的一阶和二阶导数。一阶导数 $g'(x)$ 在高斯
　　　　　极大值的位置上出现一个过零点,而二阶导数在高斯最大梯度
　　　　　位置上出现过零点,它位于x等于 $\pm\sigma$(这个例子中为8)的地方

二维旋转对称的高斯函数之拉普拉斯变换几乎和式(6.42)形式相同(Castleman, 1996)。由于它是二维的, 使第二项中多了一个因子 2,

$$g''(r) = \left(\frac{r^2 - 2\sigma^2}{\sigma^4}\right)g(r) \tag{6.45}$$

其中

$$g(r) = \frac{1}{\sigma^2 2\pi}e^{-r^2/2\sigma^2} \tag{6.46}$$

虽然可以使用专门的算法在滤波的图像上寻找过零点, 但是采用一些简单的标准算法就可以完成它。为了生成一幅过零点图, 我们首先要在数字量为 0 处(它是均值)对滤波图像进行阈值化, 这样把图像分割成正负两个区域。然后采用 Robert 梯度滤波器, 对梯度的幅值进行阈值化, 以寻找正负区域之间转换的像元(见表 6.6), 即过零点。图 6.39 描绘了具体过程。

高斯滤波的图像　　　　　　　过零点阈值化　　　　　　　Robert 梯度阈值化

图 6.39　用于寻找过零点的算法。拉普拉斯图像在数字量为 0 处被阈值化, 然后再采用 Robert 梯度滤波器。最后在数字量为 1 处的梯度幅值进行阈值化, 以形成二值化的过零点图

高斯差分(DoG)滤波器

把两个宽度不同的高斯函数相减就可以得到 DoG 滤波器。每个高斯函数下方的体积被归一化, 使得它们之差的平均值为 0,

$$\mathrm{DoG}_{mn}(\sigma_1, \sigma_2) = \frac{1}{2\pi}\left[\frac{1}{\sigma_1^2}e^{-\left(\frac{m^2+n^2}{2\sigma_1^2}\right)} - \frac{1}{\sigma_2^2}e^{-\left(\frac{m^2+n^2}{2\sigma_2^2}\right)}\right], \quad \sigma_2 > \sigma_1 \tag{6.47}$$

这样得到滤波器的形状和 LoG 滤波器很相似, 按照同样的方法可以寻找过零点。

假设按上面所讲对每个高斯函数进行了归一化, 则两种方法可以改变 DoG 滤波器的特征, 一种方法是保持较小高斯函数固定不变而改变较大高斯函数(被减的)的大小。这样得到的滤波器在过零点的地方能保持高空间分辨率, 但随着比值 R_g 的增加, 它逐渐忽略了一些小特征,

$$R_g = \sigma_2/\sigma_1 \tag{6.48}$$

图 6.40 显示了不同 R_g 值对应的 DoG 滤波器横断面情况。图 6.41 显示了前面曾经用过的航空照片过零点图。

改变 DoG 滤波器特征的第二种方法是保持 R_g 不变, 而让滤波器的整体尺寸改变(见图 6.42)。在这种情况下, 生成的过零点图会随着滤波器大小的增加而损失分辨率。大的滤波器会根据它们的过零点而提取大的特征。应用参数在一定范围可变的 3 个 DoG 滤波器, 寻找试验图像的过零点。结果证明了这类尺度滤波器的一般参数特性(见图 6.43)。

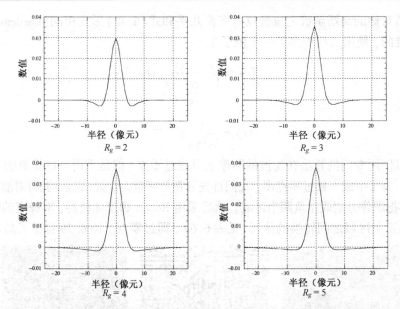

图 6.40　式(6.47)中两个高斯函数之间各种比值所对应的 DoG 滤波器剖面图。用
这些滤波器来生成图 6.41 的过零点图。注意过零点的位置是 R_g 的弱函数

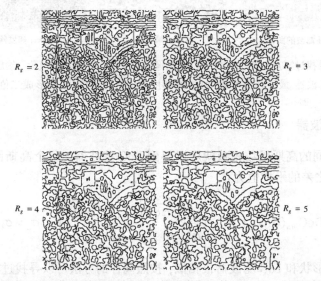

图 6.41　DoG 滤波器中不同比值得到的过零点图，较小高斯函数的 σ 是 2，对比度和图 6.39 是相反的

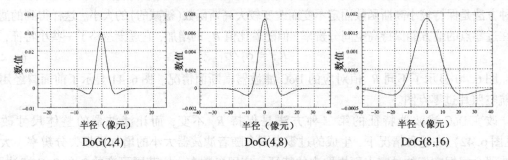

图 6.42　大小不同而两个高斯函数之间比值相同的 DoG 滤波器剖面图。采用这些滤
波器生成了图 6.43 的过零点图。在这里过零点的位置是滤波器大小的强函数

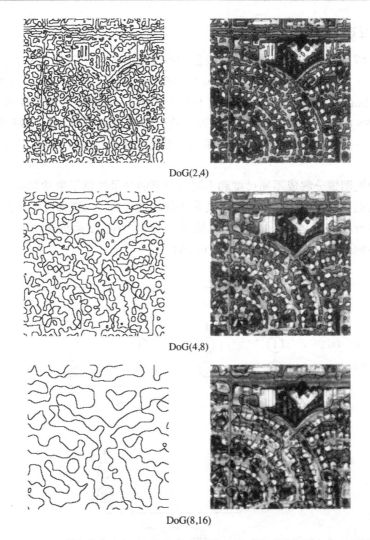

DoG(2,4)

DoG(4,8)

DoG(8,16)

图 6.43　比值恒定但 DoG 滤波器大小不同而得到的过零点图。在这些例
子中，两个高斯函数的比值都是2。注意，在多个尺度上可以得到
一些相同的边缘，它们都具有高对比度的"明显"延伸的边缘

　　最后，图 6.44 对 DoG(1，2)生成的过零点和 Robert 梯度边缘图进行了比较。过零点图
是完全连接的，且只有一个像元宽，但是不能给出滤波图像在过零点的斜率，即局部梯度强
度。因此，通过过零点，低对比度特征(如湖泊边缘的外侧)及高对比度特征都能反映出来。
组合过零点的梯度信息和阈值处理(见图 6.39)就能够生成一幅选择度更大的过零点图。

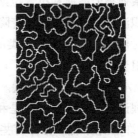

Robert 梯度阈值化　　　　　　过零点图

图 6.44　左边图像的 Robert 阈值化的梯度边缘图和过零点图之间的比较

6.5.3　小波变换

分辨率金字塔和尺度空间滤波为相对较新的小波变换提供了基础,在过去几年里,小波变换已经吸引了人们的极大关注。1984 年就有文献开始介绍了(Grossman and Morlet, 1984),其他文献包括 Daubechies(1988);Cohen(1989);Mallat(1989, 1991)和 Shensa(1992)。Burrus et al.(1998)作为初级读本也值得推荐。我们要在图像分辨率金字塔表示中讨论它,但仅仅是整个小波变换学科的一个子集。紧随其后将是 Castleman(1996)的介绍,它是面向图像处理的。

小波理论为把图像分解成不同尺度和不同分辨率的分量提供了数学基础。正如二维离散傅里叶变换可以把一幅图像展开为正弦和余弦函数的加权和,二维离散小波变换也可以把图像展开为每个分辨率尺度上 4 个分量的和(见图 6.45)。小波变换的运算是可分离的,它由沿着行向和列向的两个一维运算组成(见图 6.46)。

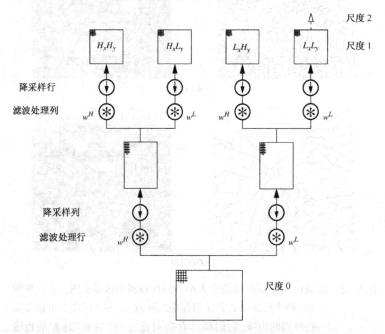

图 6.45　从一个金字塔尺度到下一个尺度的小波分解。字母 L 表示低通,而 H 代表高通。这样 L_xL_y 就表示低通滤波器处理的图像,即在 x(行方向)和 y(列方向)低通滤波处理并进行1/2的降采样。类似地,H_xL_y 表示上一尺度的图像在 x 方向进行高通滤波和降采样后再在 y 方向进行低通滤波和降采样。每个尺度的 L_xL_y 分量作为输入计算下一尺度的各个分量。这种处理结构就是所谓的滤波器库

用一系列类似高斯和拉普拉斯金字塔的步骤就能构建多尺度小波金字塔,每个步骤都是先进行卷积滤波处理,然后接着降采样为原来图像的一半。因此,这也是描述高斯和拉普拉斯金字塔时使用的 REDUCE 之类的操作。小波分解的一个明显差异是,根据行和列的滤波的各种可能组合计算 4 个分量的。可以最简单地把这 4 个分量认为是各向同性的低通和高通分量,再加上水平和垂直高通分量。

小波理论的许多重要内容是和卷积中确定使用特殊窗口函数密切相关的。由于多峰和不对称,其中许多函数可能用到,有些却不常用(Castleman, 1996)。正交滤波器不是奇对称就是偶对称的,它们的长度也是任意的,只要低通 w^L 和高通 w^H 滤波器一致即可。它们之间的约束关系是

$$w_m^H = (-1)^{1-m} w_{1-m}^L \qquad (6.49)$$

其中 m 是高通滤波器 w^H 权系数位置的索引号。在信号处理中，这种类型的双重滤波器称为正交镜面滤波器。

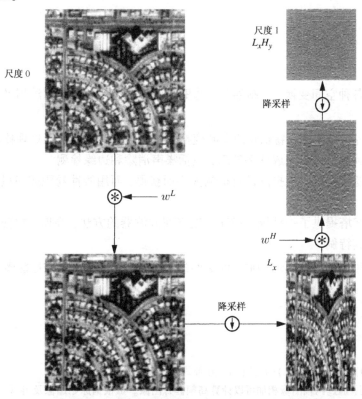

尺度 1
$L_x H_y$

降采样

w^H

L_x

尺度 0

w^L

降采样

图 6.46 计算尺度 1 的 4 个小波分量之一。除了一次只处理一个方向，滤波处理与降采样的组合和前面描述的 REDUCE 操作类似

图 6.47 显示了用如下一维卷积滤波器得到的小波分量示例：

$$w^L = \begin{bmatrix} -0.05 & +0.25 & +0.6 & +0.25 & -0.05 \end{bmatrix}$$

$$w^H = \begin{bmatrix} +0.05 & +0.25 & -0.6 & +0.25 & +0.05 \end{bmatrix}$$

$$(6.50)$$

这些滤波器合在一起被 Castleman(1996) 称为"拉普拉斯分析滤波器"，它和 Burt 的高斯窗口函数 [见式(6.39)] 相似。每个尺度的小波金字塔都包含了原始图像的一个低通滤波结果和 3 个高通滤波结果。与高斯和拉普拉斯金字塔一样，通过过采样和卷积构成的小波逆变换也能重构原始图像。

小波表示已经被用来提取高频特征

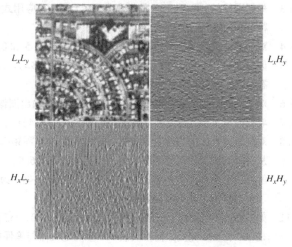

$L_x L_y$ $L_x H_y$

$H_x L_y$ $H_x H_y$

图 6.47 采用图 6.45 给出的滤波器库而生成的尺度 1 的 4 个小波变换分量。为了得到尺度 2 分量，再用小波变换对左上方的图像 $L_x L_y$ 进行处理就可生成类似的 4 幅图像，但每个方向的长度都缩小了一半

(点、线和边缘)以自动配准两幅图像(见第7章),它也作为尺度空间的基础来融合不同遥感器的不同 GIFOV 图像(见第8章)。虽然小波变换的数学公式十分复杂,但其变换的效果与高斯和拉普拉斯金字塔生成方案是相同的,它们都建立了图像的一种多分辨率、尺度空间的表示。

6.6　小结

本章讨论了各种空间变换,包括卷积、傅里叶变换、各种类型的滤波器及尺度空间滤波器,要点如下:

- 除了在边界区域不同,卷积和傅里叶变换滤波处理是等价的全图处理技术。
- 用小的邻域窗口可以完成许多处理,包括噪声消除和边缘检测。
- 尺度空间滤波器可以根据图像特征的大小而获得,而用线性卷积或傅里叶滤波器是不可能的。
- 分辨率金字塔提供了一种统一描述尺度空间滤波器的方法,高斯、拉普拉斯和小波金字塔都是其特例。

在第7章至第9章中将会看到空间变换的一些特殊应用,以解决遥感中的图像处理问题。

6.7　习题

6.1　找出式(6.29)中满足式(6.1)的高斯 LPF 互补式。

6.2　式(6.6)表明,通过两幅图像相加可以计算高频提升图像。试根据原始图像及 IF 和 HPF 两个滤波器卷积,重新写出具体实现。对于表6.2中3×3的 HPF,写出一个能够对任意 K 值实现式(6.6)的滤波器,并给出表6.3中 $K=1$, 2 和 3 时的具体滤波器。

6.3　根据图像的 HPF 和 LPF 的卷积重写式(6.7)。应用式(6.10)和式(6.11)的关系找出表6.2中3×3纯粹 BPF 和 LPF。

6.4　对于 Burt 金字塔,假定 a 的值分别等于0.6, 0.5 和 0.3,试求出二维权函数。

6.5　假如你用一个3×3像元的窗口在整幅图像上移动以计算局部均值和标准差,则均值的统计不确定性有多大?如果窗口大小变成5×5像元的呢?

6.6　对于大的 α 值,除了乘积因子,式(6.8)中的输出图像逼近式(6.1)中的 HP 图像,试给出证明。

6.7　卷积的第1步,翻转窗口函数,被包含在式(6.4)中,试给出证明。

6.8　对应于图6.8中的每个滤波器,傅里叶域 MTF 零频率处的幅值是多少?提示:用式(6.28)。

6.9　从每个滤波器如何处理图像的 DN 值来解释表6.5。

6.10　解释一下当 N 是2的幂次方(2^2, 2^3, 2^9, 等等)时,为什么图6.19中右边和下边的空间频率分别要小于0.5的 $1/N$ 周/采样或周/行。

6.11　如果图6.14的原始 ETM + 图像的 DN 范围是[0, 255],则图6.14的梯度幅值的 DN 梯度阈值怎么能是200和400呢?如何修改表6.6中的定义才能确保梯度幅值范围不会超出[0, 255]?

第7章 校正与定标

7.1 概述

为了提取可靠的信息，由于系统缺陷或不良遥感器特征，遥感图像有时必须经过校正。购买一级数据的用户(或由于其他原因)需要根据要求对数据进行校正和定标。典型的校正包括去除探测器条带或其他噪声、几何校正及不同级别的辐射校正。这些主题依赖于前面章节描述的模型和图像处理方法。

7.2 几何校正

为了尽可能有效地提取信息，需要对遥感图像的几何变形进行校正。而变形来自于第3章所述的遥感器特征、它与航空平台或卫星平台的相互作用及地球形状等因素。

在校正过程中，我们必须将原始图像的像元重新定位到某一特殊的参考网格中，这一过程包括三个方面：

- 选取合适的数学变形模型
- 坐标转换
- 重采样

这三个方面合起来称为校正(Wolberg, 1990)。遥感系统越来越复杂，其中有些系统具有侧视能力、多遥感器图像配准及遥感测量的重复能力，地球科学家对精度日益增加的需求，这些都需要更高精度的自动而有效的几何处理算法。

有几个不同的术语用于描述图像的几何校正，我们首先对它们进行定义：

- 配准：指的是两幅图像之间的相同区域相互对准。两幅图像的相同位置上两个像元的配准，体现了地球上同一点的两个采样(见第8章)。
- 校正：图像对地图的对准，使图像像地图一样平面化(Jensen, 2004)。这也称为地理参考过程(georeferencing)(Swann et al., 1988)。图7.1表示了Landsat TM图像校正到地图坐标上的例子。
- 地理编码：校正的一个特例，还包括比例尺归一化和标准化像元GSI。通过利用标准化像元尺寸和坐标，从而允许GIS应用中采用图像图层叠加。
- 正射校正：对图像逐个像元进行地形校正。其结果如同从空中垂直方向对地球进行成像，即图像是经过正射投影的。

图7.2表示了两种图像校正的方法。第3章阐述了纯粹的卫星模型方法，卫星位置、姿态、轨道、扫描几何特征及地球形状模型等信息用于生产系统级校正产品。对系统校正的图像进行进一步的校正时，可以采用多项式校正函数以及地面控制点(Ground Control Point, GCP)。第二个阶段，即多项式校正，是本章需要讨论的。在许多应用中，它可以产生满意的校正效果，但也有以下一些不足：

- 该过程需要两次重采样, 会导致不必要的图像退化。
- 任何可能阶数的多项式都不能校正局部地形的影响。
- 为了达到较小的残差, 有时需要大量的控制点。

原始图像   校正的图像

图7.1 亚利桑那州图森地区 Landsat TM 波段4图像的校正。原始图像的主要变形是由于非极地轨道
造成的, 因此旋转是主要的校正内容(图森的主要街道是南北向和东西向的)。注意,
由于图像的输出范围, 校正后图像的四角被剪切了;更大的输出范围可以避免这种情况。
而且,校正后图像的某些区域不在原始图像中。在输出中这些像元统一为固定的数字量值

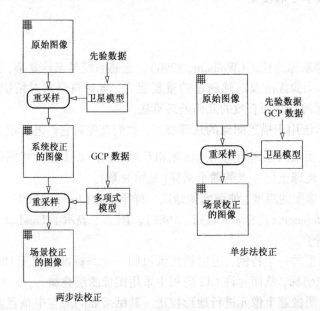

两步法校正   单步法校正

图7.2 两步法的几何校正处理流程。在两步法处理过程中, 一般多项式模型用于去除系统校正后
图像的剩余畸变。多项式校正方法广泛应用于所有主流软件系统。更复杂、更有效的
方法是利用物理模型,它在一次重采样过程中包含了所有因素的校正(Westin,1990)

用混合的单步法校正和重采样有可能生产出场景校正或精确水平的产品(Westin, 1990), 从而得到高级产品。这种校正需要最原始的图像、详细的卫星星历和姿态数据, 以及必要的软件算法。

正射校正需要数字高程模型(Digital Elevation Model，DEM)，因为每一个像元定位需要校正地形偏差。下一章我们将讨论图像自动配准和 DEM 提取。

7.2.1　多项式校正模型

选择合适的模型对于几何校正的精度来说很关键。对于卫星遥感器和平台引起的变形，有特定的精确数学表达式(见第 3 章)。然而，这些模型需要有关遥感器位置、姿态和作为时间函数的扫描角的精确参数输入。

由于提供精确的遥感器变形模型参数存在一定困难，所以用户获得的数据中可能包含了残余几何误差。此外，如果图像是低级的系统校正产品(见第 1 章)，则它还没有校正到地图投影上。因此，用户通常用通用多项式模型来配准图像。

多项式模型将变形图像和参考图像或地图的全局坐标联系起来，

$$x = \sum_{i=0}^{N} \sum_{j=0}^{N-i} a_{ij} x_{\text{ref}}^{i} y_{\text{ref}}^{j}, \quad y = \sum_{i=0}^{N} \sum_{j=0}^{N-i} b_{ij} x_{\text{ref}}^{i} y_{\text{ref}}^{j} \tag{7.1}$$

以上是双变量多项式，每个变量中的 x 和 y 取决于 x_{ref} 和 y_{ref}。与第 3 章的模型不同，多项式函数没有相应的物理意义。多项式在所有类型数据分析中被当成逼近函数。数据逼近的程度依赖于多项式的阶数 N。

大多数的卫星遥感中，由于地形起伏较小且 FOV 不大，二次多项式已经足够了($N=2$)。二次的概念可以解释为图 7.3 的各个分量；当这些分量结合在一起使用时，可以进行特殊的校正(见图 7.4)。

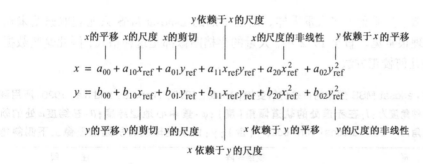

图 7.3　二次多项式的每个分量对整个校正的图像的影响

如果输入图像经过了精确的系统级校正，则线性多项式能够满足进一步的校正。在这种情况下，下面的线性多项式就能满足要求：

$$\begin{aligned} x &= a_{00} + a_{10} x_{\text{ref}} + a_{01} y_{\text{ref}} \\ y &= b_{00} + b_{10} x_{\text{ref}} + b_{01} y_{\text{ref}} \end{aligned} \tag{7.2}$$

该公式又称为仿射变换(Wolf，1983)。它能够同时满足平移、尺度和旋转的校正要求。而且式(7.2)可以写成矩阵形式：

$$\begin{bmatrix} x \\ y \end{bmatrix} = \begin{bmatrix} a_{10} & a_{01} \\ b_{10} & b_{01} \end{bmatrix} \begin{bmatrix} x_{\text{ref}} \\ y_{\text{ref}} \end{bmatrix} + \begin{bmatrix} a_{00} \\ b_{00} \end{bmatrix} \tag{7.3}$$

或等价于

$$\boldsymbol{p} = \boldsymbol{T}\boldsymbol{p}_{\text{ref}} + \boldsymbol{T}_0 \tag{7.4}$$

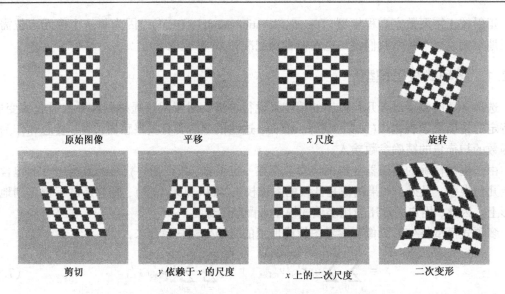

原始图像　　平移　　x 尺度　　旋转

剪切　　y 依赖于 x 的尺度　　x 上的二次尺度　　二次变形

图 7.4　多项式几何校正,本例使用了最近邻法重采样

仿射变换可用于卫星遥感器变形的近似校正(Anuta,1973;Steiner and Kirby,1976; Richards and Jia,1999)。矩阵 T 是对应于某一特定遥感器的。例如,几个仿射变换就能用于校正 Landsat MSS 图像扫描器和轨道相关的变形,产生近似校正的产品(见表7.1)。这些独立的尺度可以组合到一个矩阵中,

$$T_{\text{total}} = T_1 T_2 T_3 \tag{7.5}$$

在处理上较为有效,且避免了多次重采样。由于早期的 Landsat MSS 只能获取原始未校正的图像,这样的处理很常见。直至 1972 年,大量的存档图像都是这种格式,因此这些数据仍需采用这些简单的几何校正方法。

表 7.1　针对 Landsat MSS 数据的特殊仿射变换(Anuta,1973;Richards and Jia,1999)所用到的各种角度为:i:在赤道处的轨道倾角(度);φ:景中心地理纬度;θ:在纬度φ处的轨道倾角,$\theta = 90 - \arccos[\sin i/\cos \varphi]$(度);$\gamma$:由于地球旋转引起的图像上下侧斜角

变　形	变换矩阵	注　解
纵横比	$T_1 = \begin{bmatrix} 1 & 0 \\ 0 & 0.709 \end{bmatrix}$	$GSI_x = 0.709\,GSI_y$
地球自转	$T_2 = \begin{bmatrix} 1 & -\alpha \\ 0 & 1 \end{bmatrix}$, $\alpha = \tan \gamma \cos \varphi \cos \theta$	x 方向剪切
指北旋转	$T_3 = \begin{bmatrix} \cos \theta & -\sin \theta \\ \sin \theta & \cos \theta \end{bmatrix}$	地图定向

地面控制点(GCP)

式(7.1)多项式模型的系数需要确定。该过程通过地面控制点来限制多项式系数。地面控制点应该具有以下特征:

- 在图像的兴趣点具有高对比度
- 特征尺度较小

- 不随时间变化
- 所有的控制点处在同一高程(除非考虑过地形起伏)

这些地面控制点包括道路交叉口、农田角点、小岛和河流特征。不同时间上需要配准的两幅图像的地面控制点不发生变化是很重要的。这对于处在水面上的地面控制点选取特别重要。在图像和地图之间寻找地面控制点比在两幅图像之间寻找地面控制点更困难,这是因为地图要素是地物特征的抽象,且在时间上一般比图像更早。

遥感应用中需要地面控制点的位置是可视的。无论在何处获得,人造特征对地面控制点都是最可靠的。其主要缺陷是不能在整幅图像中找到这样均匀分布的地面控制点,且劳动强度较大。在诸如 AVHRR 等低分辨率图像上很难(但并非不可能)定位地面控制点。这就是如第 3 章描述的,AVHRR 仍然需要精确的轨道和平台模型的原因。现在已经提出了利用包含自然地物特征(如海岸区域)的图像切片而自动寻找地面控制点的方法(Parada et al., 2000)。这些方法将在第 8 章讨论。

为了弄清楚如何利用地面控制点计算多项式系数,我们先假设在畸变图像和参考图像(或地图)坐标系统中定位了 M 个地面控制点对。对于全局多项式变形模型,我们为 m 个地面控制点对写出每个变量 x, y 的一个 N 阶多项式方程:

$$x_m = a_{00} + a_{10}x_{\text{ref}m} + a_{01}y_{\text{ref}m} + a_{11}x_{\text{ref}m}y_{\text{ref}m} + a_{20}x_{\text{ref}m}^2 + a_{02}y_{\text{ref}m}^2$$
$$y_m = b_{00} + b_{10}x_{\text{ref}m} + b_{01}y_{\text{ref}m} + b_{11}x_{\text{ref}m}y_{\text{ref}m} + b_{20}x_{\text{ref}m}^2 + b_{02}y_{\text{ref}m}^2 \tag{7.6}$$

这样,就有了 M 对方程组。对于图像的 x 坐标,我们把这些方程组写为矩阵形式:

$$\begin{bmatrix} x_1 \\ x_2 \\ \vdots \\ x_M \end{bmatrix} = \begin{bmatrix} 1 & x_{\text{ref1}} & y_{\text{ref1}} & x_{\text{ref1}}y_{\text{ref1}} & x_{\text{ref1}}^2 & y_{\text{ref1}}^2 \\ 1 & x_{\text{ref2}} & y_{\text{ref2}} & x_{\text{ref2}}y_{\text{ref2}} & x_{\text{ref2}}^2 & y_{\text{ref2}}^2 \\ \vdots & \vdots & \vdots & \vdots & \vdots & \vdots \\ 1 & x_{\text{ref}M} & y_{\text{ref}M} & x_{\text{ref}M}y_{\text{ref}M} & x_{\text{ref}M}^2 & y_{\text{ref}M}^2 \end{bmatrix} \begin{bmatrix} a_{00} \\ a_{10} \\ a_{01} \\ a_{11} \\ a_{20} \\ a_{02} \end{bmatrix} \tag{7.7}$$

或

$$X = WA \tag{7.8}$$

对于图像的 y 坐标,同样有

$$Y = WB \tag{7.9}$$

如果 M 等于多项式系数 K[①] 的个数,通过逆变换 $M \times M$ 阶矩阵 W 正好能得到方程的解,

$$M = K: \quad \begin{aligned} A &= W^{-1}X \\ B &= W^{-1}Y \end{aligned} \tag{7.10}$$

且多项式拟合与每一个地面控制点的误差为 0。由于有些地面控制点本身有误差,需要较多的地面控制点是合适的,这样可以得到

$$M \geq K: \quad \begin{aligned} X &= WA + \varepsilon_X \\ Y &= WB + \varepsilon_Y \end{aligned} \tag{7.11}$$

① $K = (N+1)(N+2)/2$。

其中，增加的项表示地面控制点定位的误差估计向量。但当 M 大于 K 时，$M \times K$ 的矩阵 W 不能直接被求逆。可以通过所谓的伪逆方法(Wolberg, 1990)计算，

$$M \geqslant K: \quad \begin{aligned} \hat{A} &= (W^{\mathrm{T}}W)^{-1}W^{\mathrm{T}}X \\ \hat{B} &= (W^{\mathrm{T}}W)^{-1}W^{\mathrm{T}}Y \end{aligned} \tag{7.12}$$

这等价于 A 和 B 的二乘法解，因而最小化了多项式中满足地面控制点的总平方差

$$\begin{aligned} \min[\varepsilon_X^{\mathrm{T}}\varepsilon_X] &= (X - W\hat{A})^{\mathrm{T}}(X - W\hat{A}) \\ \min[\varepsilon_Y^{\mathrm{T}}\varepsilon_Y] &= (Y - W\hat{B})^{\mathrm{T}}(Y - W\hat{B}) \end{aligned} \tag{7.13}$$

通过矩阵分解方法而不是伪逆方法(Wolberg, 1990)可以提高解算 W 的数值稳定性。

认识到多项式具有良好的拟合匹配性是很重要的，但这并不是说多项式可以作为物理变形的模型。在地面控制点上可能拟合得很好(如果 $M = K$ 则实际上误差为 0)，然而在其他点上的误差可能很大。实际操作中(并非总是这样做)，用于校正的地面控制点的其中一个子集用于控制多项式，即确定多项式系数，而另一部分子集则用于评估其他点上的残差。后面这个子集称为地面点(Ground Point, GP)，因为它们不用于控制模型。这一过程类似于多光谱分类(见第 9 章)的训练集和测试集。

图 1.2 显示了从航空照片上选择地面控制点进行多项式拟合的例子。6 个地面控制点和 4 个地面点分布在图 7.5 的图像和扫描地图上。图 7.6 显示了图像点到地图点的映射。两者之间的主要变形似乎是旋转(图像需要左顺时针旋转)，地面点看起来与地面控制点保持一致。地面控制点对用于计算 3 个(仿射)到 6 个(二次)多项式校正函数的系数 K。图 7.7 画出了每个多项式中地面控制点与地面点之间的 RMS 偏差。随着多项式阶数的增加，在地面控制点上的 RMS 偏差减少，当 $K = M$ 时等于 0。同样，多项式在地面控制点上拟合得越好，地面点上的 RMS 偏差就越大。这暗示了对于图像和地图之间的实际变形，不是多项式阶数越高模型就越好。

选择用于配准和校正的地面控制点是一个迭代过程，该过程中初始的地面控制点用来计算多项式。属于参考坐标系统中的地面控制点坐标服从于多项式变换，并在图像坐标中系统检验地面控制点位置的拟合性能。如果对于任何地面控制点，转换后的地面控制点坐标超出了图像地面控制点的指定偏差，则这个点被认为是错误的，它需要重新选取或从控制点列表中去除。图 7.8 显示了这样的一个例子，其中选取了初始的 6 个地面控制点。通过二次多项式拟合，如果某个地面控制点的偏差大于一个像元，它就被认为是一个错误点。去除这些点后，再用多项式拟合，并重复以上过程，使地面控制点的偏差较小。该过程一直执行到地面控制点上的总体误差在某一可接受的范围内。

将全局多项式应用于具有较大 FOV 图像时，需要特别小心。例如，在摆扫式遥感器图像的交轨方向上，全景畸变是由于摆扫过程(见第 3 章)中归一化时间采样造成的。偏离星下点的图像比例尺(例如，$m/$像元)与式(3.40)星下点的比例尺有关。该方程被画在图 7.9 中，且二次多项式拟合式(3.40)只能达到 $\pm 50°$(近似于 AVHRR 和 MODIS 的 FOV)。如果全局的二次多项式用于近似逼近实际的变形函数，在极端扫描处的误差则可能达到 15%，而用四次多项式则可以将误差减少到 5%。如果本例中只有少量的地面控制点用于计算拟合多项式，则将会导致额外的误差。对小于 $\pm 5°$的 FOV(近似于 Landsat 的 MSS, TM 和 ETM +)，二次多项式模型对全景变形有较好的效果。

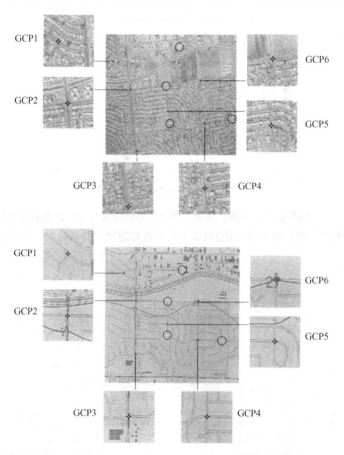

图 7.5　将航空照片(上)校正到扫描地图(下)上的地面控制点定位。6 个地面控制点
　　　　(黑十字叉中的白心) 用于控制，而4个地面点用于检查(黑圈中的
　　　　白十字叉)。图像和地图的对比度被有意降低以突出地面控制点和地面点

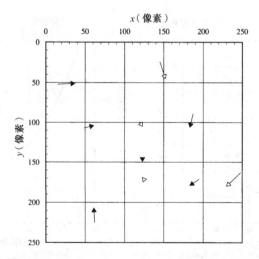

图 7.6　图像和地图上地面控制点(黑箭头)及地面点(白箭头)的直接映射。坐标系统为线性直
　　　　角系，原点在左上角。注意顺时针旋转和边缘的尺度差异(用箭头由外向中心指向表示)

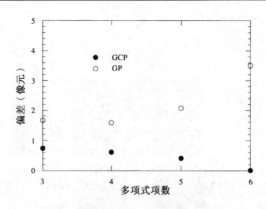

图7.7 对于不同阶数的多项式,多项式拟合得到的位置与实际位置的地面控制点和
地面点的 RMS 偏差。注意地面点的偏差比地面控制点的大一个或更多像元

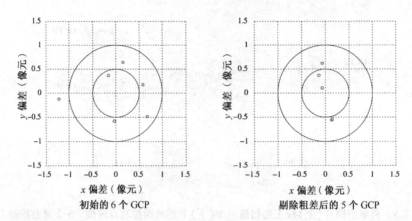

图7.8 地面控制点的精化过程。左图显示利用仿射变换的地面控制点偏差在 x 方向上大于 1 像元。
所有地面控制点的 RMS 偏差为 0.76 像元。当误差较大的点从地面控制点列表中去除后,且
多项式能够拟合到其余的5个点上,右图显示的结果表明RMS偏差减少到0.49像元

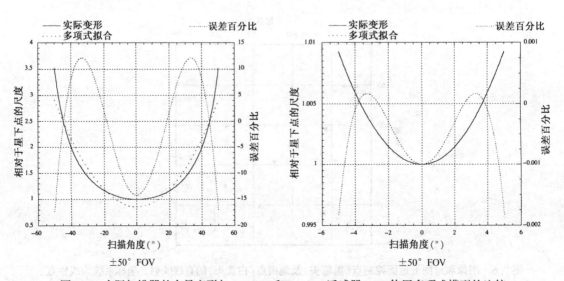

图7.9 实际扫描器的全景变形与 AVHRR 和 Landsat 遥感器 FOV 使用多项式模型的比较

通过将图像分成连续的小面元(Section)并修改全局多项式模型,就能较好地校正大面积区域或由于地形起伏及遥感器姿态而引起急剧变形的图像。每个面元的变形可由独立的多项式进行校正,再把结果一片片拼接起来。这种方法称为分块多项式模型。例如,由 4 个控制点定义的四边形的坐标转换可由式(7.6)的前四项构成多项式而建立模型。通过在图像上定义连续的四边形网,每个四边形都有一个不同的多项式变换模型,这样复杂的变换可以通过面元变换来近似(见图 7.10)。地面控制点的密集网络可以产生更高精度,但是在某些图像上难以获得大量的控制点。两个四边形的四系数多项式是连续的,因此经过这样的处理,四边形边界的地物要素可能是不连续的。在三个控制点间用三角形的仿射变换可以消除这种不连续[1],于是全局变形可以通过分段的面元(看起来像小表面)进行建模。

在图 7.10 中,左图为两个坐标系中通过每 4 个地面控制点构成的四边形网。每个四边形的映射函数是一个四系数的多项式。右图为通过相同控制点构建的三角网,每个三角形的映射函数为一个仿射多项式函数。每个多边形(例如,三角形 a-b-c, a-c-d)的多项式系数通常是不同的。三角网可以通过 Delaunay 三角化(Devereux et al., 1990;Chenand Lee, 1992)产生,它是用于模式识别(Jain and Dubes, 1988;Schürmann, 1996)和空间统计建模(Ripley, 1981)的狄拉克网格化(Dirichlet tessellation)(也称为 Voronoi 图)的副本。

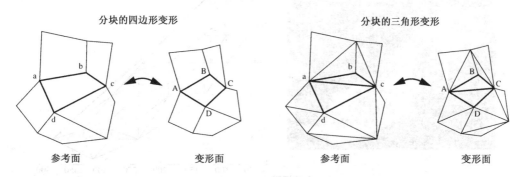

图 7.10　面元多项式的映射

面元校正模型最初由喷气推进实验室(Castleman, 1996)用来校正严重变形的太空星云图。Craig and Green(1987), Devereux et al. (1990)将其应用于航空扫描图像。Chen and Lee (1992)将其应用于 SPOT 图像。

图 3.28 的图像提供了全局多项式模型的局限性和使用面元模型的很好例子。可以建立矩形网格来近似校正田块的几何特征(不能获得地图),在图像上选取 6 个地面控制点执行全局仿射变换和四系数的多项式校正。图 7.11 显示了高阶频率的变形。五系数或更多系数的多项式能够改善这种状况,但不能消除所有的变形。即使可以得到平台的姿态数据,也必须进行高频率的采样(比如 10 行或 20 行图像),以满足图像上的急剧变化。这个例子也说明了航空遥感系统中稳定平台的重要性。

7.2.2　坐标转换

一旦找到坐标变换 f,它就可以用来定义从参考坐标(x_{ref}, y_{ref})到畸变图像坐标(x, y)的映射,

---

① 然而,地物特征的方向在边界上也会变化。

$$(x, y) = f(x_{ref}, y_{ref}) \tag{7.14}$$

式(7.14)的变换按逐个整数坐标(x_{ref}, y_{ref})一步步执行，并计算转换(x, y)后的像元值。一般地，由于坐标(x, y)不为整数，必须在原始像元上通过插值过程（称为重采样）得到新的像元。在初始化为空的位置(x_{ref}, y_{ref})填充畸变图像上对应位置(x, y)的重采样的像元，可创建校正的输出图像，如图7.12所示。该过程（看起来可能有缺陷）常用来映射(x, y)到(x_{ref}, y_{ref})，因为它避免了输出图像中的重叠像元和空洞问题。

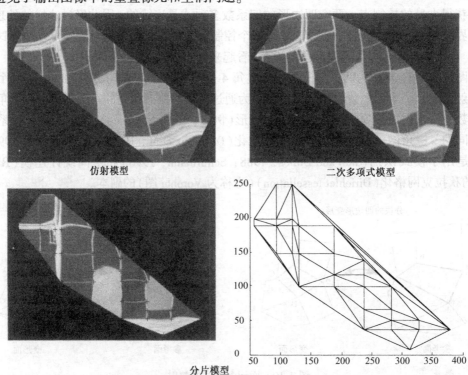

图 7.11　基于6个地面控制点并利用合成正交网格和前文所述的全局多项式模型校正图3.28的 ASAS 航空照片。仿射变换用于校正全局变形；二次多项式不能消除局部变形。文 中描述的面元多项式在图下方，且有30个地面控制点和用于校正的三角形片段。注意，在周围没有控制点的区域，面元校正会有严重的残余变形

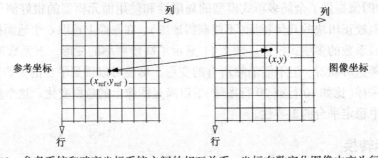

图 7.12　参考系统和畸变坐标系统之间的相互关系，坐标在数字化图像中变为行和列。从(x_{ref}, y_{ref})到(x, y)的箭头，按式(7.14)表示从参考系统的整数坐标到畸变图像中的非整数坐标。从(x, y)到(x_{ref}, y_{ref})的箭头表示估计的像元值的转换，将原始（畸变）图像的非整数位置(x, y)采样到参考系统的输出图像中

地图投影

地图是分析遥感图像的空间框架。然而，由于将三维地球曲面投影到二维平面上，因此地图都有空间变形。为了避免这样或那样的变形，人们提出了许多投影系统（Gilbert，1974；Bugaryevskiy and Snyder，1995）。例如，地面目标的相对面积不变时是以增加距离和形状变形为代价的。几种通用的地图投影数学定义见表7.2。

表7.2 几种常见地图投影的投影平面方程（Moik，1980）。地球上某点的纬度、经度分别为 φ 和 λ。投影后的地图坐标 x 和 y 分别称为东向和北向。R 是地球赤道半径，ε 是地球偏心率（见第3章）。经纬度的下标值一般适合某一特定的投影

投　影	x	y
两极立体图	$2R\tan\left(\dfrac{\pi}{2}-\varphi\right)\sin\lambda$	$2R\tan\left(\dfrac{\pi}{2}-\varphi\right)\cos\lambda$
Mercator	$R\lambda$	$R\lambda\ln\left[\tan\left(\dfrac{\pi}{4}+\dfrac{\varphi}{2}\right)\left(\dfrac{1-\varepsilon\sin\varphi}{1+\varepsilon\sin\varphi}\right)^{\varepsilon/2}\right]$
斜轴 Mercator	$R\arctan\left[\dfrac{\cos\varphi\,\sin(\lambda-\lambda_p)}{\sin\varphi\,\cos\varphi_p-\beta\sin\varphi_p}\right]$ $\beta=\cos\varphi\,\cos(\lambda-\lambda_p)$	$\dfrac{R}{2}\ln\left[\dfrac{1+\alpha+\beta\,\cos\varphi_p}{1-\alpha+\beta\,\cos\varphi_p}\right]$ $\alpha=\sin\varphi\,\sin\varphi_p$
横轴 Mercator	$R\arctan\left[\cos\varphi\,\sin(\lambda-\lambda_p)\right]$	$\dfrac{R}{2}\ln\left[\dfrac{1+\beta}{1-\beta}\right]$
标准圆锥 Lambert	$\rho\sin\theta$	$\rho_0-\rho\cos\theta$ $\rho=\dfrac{R\cos\varphi_1}{\sin\varphi_0}\left[\dfrac{\tan\left(\dfrac{\pi}{4}-\dfrac{\varphi}{2}\right)}{\tan\left(\dfrac{\pi}{4}-\dfrac{\varphi_1}{2}\right)}\right]^{\sin\varphi_0}$ $\theta=\lambda\sin\varphi_0$ $\sin\varphi_0=\dfrac{\ln\left(\dfrac{\cos\varphi_1}{\cos\varphi_2}\right)}{\ln\left[\dfrac{\tan\left(\dfrac{\pi}{4}-\dfrac{\varphi_1}{2}\right)}{\tan\left(\dfrac{\pi}{4}-\dfrac{\varphi_2}{2}\right)}\right]}$

一般地，某处的面积越小，不同地图投影差异越不显著。许多遥感图像常常镶嵌成全球数据集，以支持日益增加的对地球环境长期变化的关注。在某种单一地图坐标系上进行全球覆盖数据时需要加以特别考虑（Steinwand，1994；Steinwand et al.，1995）。

7.2.3 重采样

在原始像元中插值新的像元时需要先进行几何变换。图7.13说明了重采样的几何关系，其中新的像元在位置 R 处重采样。重采样可被认为是畸变图像与一个移动的窗口卷积，就像空间滤波一样。在原始图像中计算重采样输出值。因此，重采样加权函数必须被定义为一个连续的函数，而不是卷积滤波中的离散阵列。

最快的重采样是最近邻法（有时候也称为零次插值）。对于输出图像中每一个 (x_{ref},y_{ref}) 位置上的新像元，其值选择距离 (x,y) 最近的原始像元。在图7.13中，这将会使像元 C 在输出位置。由于这种舍入特征，在图像处理中需要加入半个像元用于四舍五入。在被显示的图像中，这种效果常被忽略，但在一些数值分析中也许很重要。最近邻法与其他算法相比的显

著优势在于无须多少计算就可以得到所输出的像元值,一旦计算出位置(x,y),就立刻可以得到相应的像元值。最近邻法等价于输入图像用一个只有一个采样宽度的归一化空间加权函数(见图7.14)进行卷积。

平滑的插值图像可以通过双线性(一阶)重采样得到。该算法用点(x,y)周围的4像元来估计输出像元值(见图7.13)。二次重采样常可以通过首先沿输入图像行向卷积,得到新的列向重采样的像元,然后沿这个新的列向建立新的重采样的行向像元,在两个方向都用一个三角加权函数(见图7.14)。

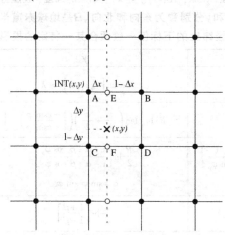

双线性重采样:

$$DN_E = \Delta x DN_B + (1 - \Delta x) DN_A$$
$$DN_F = \Delta x DN_D + (1 - \Delta x) DN_C$$
$$DN(x, y) = \Delta y DN_F + (1 - \Delta y) DN_E$$

图7.13　在位置(x,y)重采样的几何关系。畸变图像的像元(实心圆)位于图像
　　　　坐标系(见图7.12)的整数行、列坐标。像元A的坐标为整数部分,偏
　　　　移量$(\Delta x, \Delta y)$是通过式(7.14)计算的(x,y)的小数部分。对于两
　　　　步计算,用分离的双线性重采样分别插值计算A和B中间的E,以及C
　　　　和D中间的F。如果用立方体重采样,则4个中间的空心圆在每一行
　　　　从4个最近邻的像元插值,在第5次插值中估计(x,y)处的数字量值

最近邻法与双线性算法的不同之处体现在图7.15所示的比较。通过两种方法以数字处理方式放大图像,说明双线性重采样的连续性和最近邻重采样的离散性。两个重采样函数的差异在重采样图像的曲面图(见图7.16)中显示特别明显。双线性重采样产生平滑的曲面,而其速度相对于最近邻法较慢,这是因为输出的每一个像元都要按式(7.14)进行计算。

立方卷积插值可以避免用双线性插值导致的平滑效果,这需要更多的计算量。立方卷积插值函数是一个分段三次多项式,可以很好地逼近理想的 sinc 函数(Pratt, 1991)[①]。sinc 函数没有用于图像插值,是由于为了获得精确的结果,需要得到大量的邻近像元。立方卷积插值的结果近似于 sinc 函数的结果,且只需要输入图像 4×4 的邻近像元。立方卷积重采样函数实际上是参数化立方卷积(Parametric Cubic Convolution , PCC)函数家族中的一员,由一个参数 α 定义,

$$r(\Delta; \alpha) = \begin{cases} (\alpha + 2)|\Delta|^3 - (\alpha + 3)|\Delta|^2 + 1, & |\Delta| \leqslant 1 \\ \alpha(|\Delta|^3 - 5|\Delta|^2 + 8|\Delta| - 4), & 1 \leqslant |\Delta| \leqslant 2 \\ 0, & |\Delta| \geqslant 2 \end{cases} \quad (7.15)$$

其中, Δ 是 x 或 y 的偏移量(Park and Schowengerdt, 1983)。

---

① 定义:$\text{sinc}(x) = \sin(\pi x)/\pi x$。

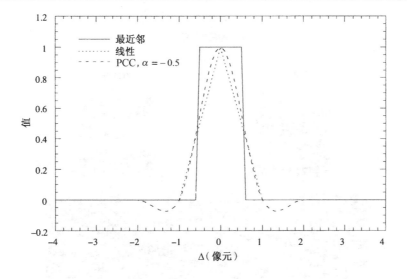

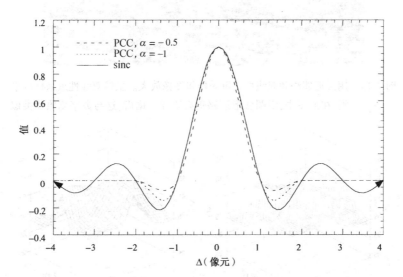

图 7.14　上图对最近邻、线性和 PCC 重采样空间加权函数进行了比较。距离 Δ 是
　　　　从图 7.13 重采样像元的位置 (x,y) 测量得到的。注意，最近邻函数的范
　　　　围为 ±0.5 像元，线性重采样函数的范围是 ±1 像元，PCC 的范围是 ±2
　　　　像元。在下图，两个 PCC 函数与具有无限范围的 sinc 采样函数进行了比较

　　立方卷积重采样的缺陷是在尖锐的边缘处会过度放大数字量值。所放大的数字量值与 α
成比例。虽然这一特点对锐化处理图像有帮助，但对于特别重要的辐射精度进行数值分析时
不希望出现这种情况。Keys(1981) 和 Park and Schowengerdt(1983) 表明，α 为 -0.5 时是一个
较优化的值(而不是通常使用的 -1)，在 TM 数据产品生产中采用的是 -0.5(Fischel, 1984)。
在图 7.14 中，两种插值函数与 sinc 函数进行了比较。图 7.17 是最近邻法、双线性法与 PCC
法作用于 Landsat TM 图像的效果。PCC 产生的视觉效果并不比双线性法更好，且它需要更多
的计算时间。如果某一应用对图像锐化并不是很在意，则最近邻法可以获得满意的结果，且
计算时间比其他插值函数少。

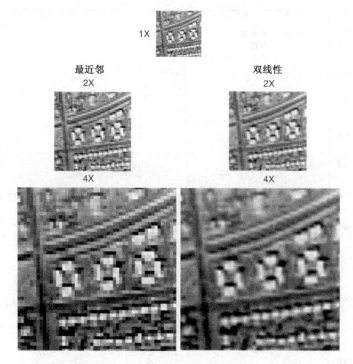

图 7.15　用最近邻法和双线性法重采样将图像放大。虽然双线性重采样较平滑,在上图中,沿圆弧形道路仍有阶梯状锯齿。这与数字化照片类似

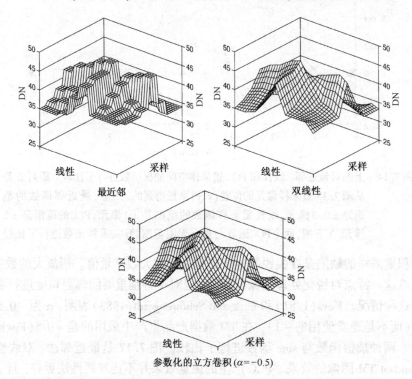

图 7.16　三种重采样函数得到的 4 倍放大图像的曲面图 DN(x,y)。通过最近邻法重采样的 4 倍像元很明显可以看出来。双线性重采样产生的函数在原始样本中是连续的,但其一阶导数不连续,而立方卷积重采样函数产生的表面图是连续的,其一阶导数也是连续的(Park and Schowengerdt,1983)

最近邻重采样不会在图像统计中产生新的像元值,而双线性和双三次重采样则会产生新的像元。如果基于统计方法进行图像分类(见第 9 章),则选择最近邻法有时比较合适。Wrigley et al. (1984)提到了 TM 系统级校正图像重采样效果与原始图像的比较。双线性和双三次卷积重采样的比较出现在 Roy and Dikshit(1994)的共现纹理计算(定义见第 4 章)、Dikshit and Roy(1996)的多光谱分类及 Khan et al. (1995)的重采样 AVHRR 图像的 NDVI 计算中。图 7.18 说明了对多光谱散射图的重采样效果。图像光谱成分的重采样效果显然依赖于所改变像元的比例。对于一般的几何校正,包括旋转、尺度变化和高阶变形,重采样可能会改变光谱(见图 7.18),其中多达 94% 的像元值被重采样而改变。

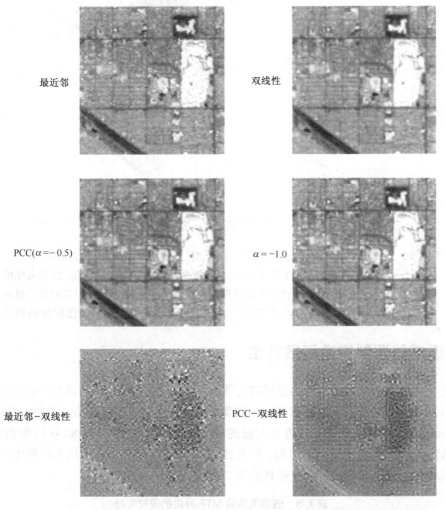

图 7.17 校正的 TM 图像(见图 7.1)的一部分,用 4 种不同的重采样函数获得。最近邻法重采样产生了斑点,特别是在对角线特征上。双线性重采样的结果是连续的,而 PCC 的结果有点锐化。在 $\alpha = -0.5$ 和 $\alpha = -1.0$ 的PCC方法中,其视觉效果差异较小;当 $\alpha = -1.0$ 时,边缘的锐化效果相对明显。差异图中的负差异表现为暗像元值,正差异表现为亮像元值。这说明了最近邻法相对于双线性会产生斑点,而PCC($\alpha = -0.5$)相对于双线性法具有在高频处提升滤波的效果。从重采样转换函数分析来看,后者是我们所希望的(Park and Schowengerdt,1983)

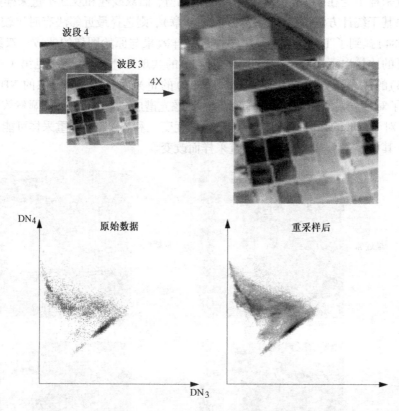

图 7.18　重采样在光谱分布图上的效果。两个 TM 图像用双线性重采样法放大了 4 倍，采样前后的分布图位于图下方。由于重采样导致的像元平均化，使重采样填充了分布图中的空白区。立方卷积重采样会产生类似的效果，但会使某些像元值超出原始数据的范围，这是因为文中所述的边缘数字量过度锐化的结果

7.3　遥感器调制传递函数补偿

　　了解了遥感器所记录的图像会通过遥感器点扩散函数(等价于传递函数)模糊化后，需要进一步介绍如何去除或减少它的作用。在图像处理中，这是一个比较老的命题，常称为图像复原(Andrews and Hunt, 1977)，也有大量的研究文献。早在 20 世纪 80 年代中期(Wood et al., 1986)，它就在遥感中得到了应用，但直到 2000 年它还没有普遍地作为产品生产的选项。对于遥感图像复原所发表的一些文献列在表 7.3 中。

表 7.3　遥感图像的 MTF 补偿的研究文献

遥 感 器	文 献
AVHRR	Reichenbach et al. (1995)
MODIS	Rojas et al. (2002)
SPOT	Ruiz and Lopez(2002)
SSM/I	Sethmann et al. (1994)
TM	Wood et al. (1986)；Wu and Schowengerdt(1993)
TM, 模拟 MODIS	Huang et al. (2002)

在遥感器 MTF 校正中，人们努力去除遥感器中由于光学系统和探测器和图像运动所导致的模糊，而寻找电子滤波器来得到最佳的估计 i_{ideal}。一种经典方法是在傅里叶空间频率域利用逆滤波器[见式(6.30)]，

$$I_{ideal}(u, v) = \frac{1}{TF_{net}} I = W_{inv} I \tag{7.16}$$

或通过傅里叶逆变换和卷积理论，

$$\begin{aligned} i_{ideal}(x, y) &= \mathcal{F}^{-1}[W_{inv} I] \\ &= \mathcal{F}^{-1}[W_{inv}] \times i \end{aligned} \tag{7.17}$$

从这种形式来说，复原又称为反卷积。

在频域或空域的直接方法都有严重的缺陷。首先，如果在任何频率上 $TF_{net} = 0$，逆滤波器就无法定义。更可能的情况是，由于较小的 TF_{net} 导致的偏置，将会在高频处放大噪声。为了避免后一种问题，在高频处的滤波器需要设置阈值进行调制(见图7.19)。

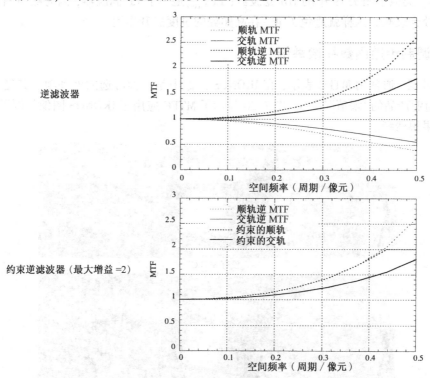

图 7.19 以 ALI 图像(见图 6.27)为例说明 MTF 和逆 MTF、约束逆 MTF。对于约束逆 MTF，其幅度增益的上限(本例任意设为2)由图像的信噪比决定；较低的信噪比一般需要较低的逆MTF限值，以避免噪声的过度放大

如果图像上有噪声(通常会有)，有一些优化滤波器(比如 Wiener 滤波器)，将会用 LP 进行逆滤波产生放大，而 LP 依赖于数据的信噪比。可以用线性滤波器从噪声图像中估计理想图像，Wiener 滤波器可以最小化误差。其他滤波器，特别是非线性滤波器，能够设置得比 Wiener 滤波器具有更好的实际效果(Andrews and Hunt, 1977; Bates and McDonnell, 1986)，但它们在总体最佳效果上不如 Wiener 滤波器。在此我们不采用 Wiener 滤波器，它在信号和图像处理的教科书中一般都有阐述(Castleman, 1996; Gonzalez and Woods, 2002; Jain, 1989;

Pratt, 1991)。在频域, Wiener 滤波器为

$$
\begin{aligned}
W_{\mathrm{Wiener}}(u, v) &= \left[\frac{\mathrm{PSD}_{i_{\mathrm{ideal}}} \left| \mathrm{TF}_{\mathrm{net}} \right|^2}{\mathrm{PSD}_{i_{\mathrm{ideal}}} \left| \mathrm{TF}_{\mathrm{net}} \right|^2 + \mathrm{PSD}_{\mathrm{noise}}} \right] W_{\mathrm{inv}} \\
&= \left[\frac{1}{1 + \dfrac{\mathrm{PSD}_{\mathrm{noise}}}{\mathrm{PSD}_{i_{\mathrm{ideal}}} \left| \mathrm{TF}_{\mathrm{net}} \right|^2}} \right] W_{\mathrm{inv}} \\
&= \left[\frac{1}{1 + 1/\mathrm{SNR}} \right] W_{\mathrm{inv}} \\
&= \mathrm{LP}_{\mathrm{Wiener}} W_{\mathrm{inv}}
\end{aligned}
\tag{7.18}
$$

其中, PSD 是第 4 章所述的功率谱密度。式(7.18)的所有量都是空间频率(u, v)的函数, 在高频处, W_{inv} 类似于图 7.19 中的 HB 滤波器; $\mathrm{LP}_{\mathrm{Wiener}}$ 是一个 LP 滤波器, 因为噪声图像的信噪比在高频处会衰减。这样就避免了 W_{inv} 在高频处的过度提升作用。

7.3.1 调制传递函数补偿举例

MTF 补偿, 通常用 MTFC 表示, 在 IKONOS 图像中是一种可选的处理项。其复原核未公布, 它是商业产品的"增值"工具。图 7.20 显示了 MTFC 应用于 IKONOS 图像的例子, 在视觉上锐化效果很清晰。

没有 MTFC

有 MTFC

差值

图 7.20　得克萨斯州 Big Spring 的一幅 IKONOS 全色图像, 图像获取于 2001 年 8 月 5 日。注意, 高通滤波结果表明了MTFC-on和MTFC-off之间的差异(图像由NASA科学数据项目组和Space Imaging公司提供)

Wu and Schowengerdt(1993)用 Wiener 滤波器采样复原 Landsat TM 图像的例子见图 7.21。这一方法是在傅里叶空间进行的,因此没有显式计算卷积核。本例中的校正被部分复原了,包括 PSF_{det} 除外的所有 PSF。其理由是,该数据为了用于后续的分离(见第 9 章),在复原图像中需要保持探测器的空间综合效果。因此,复原图像的锐化程度通常比纯粹为了视觉增强效果的算法要小。

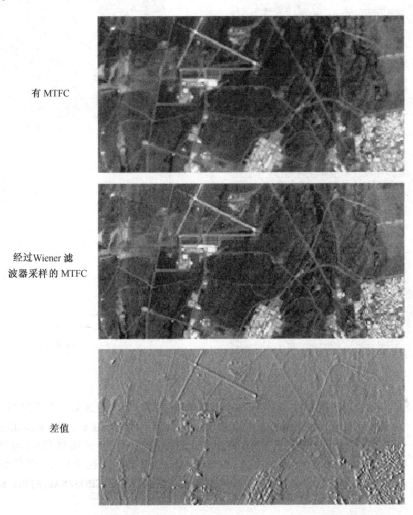

有 MTFC

经过 Wiener 滤波器采样的 MTFC

差值

图 7.21　亚利桑那州 Sierra Vista 的一幅 TM 图像,获取于 1987 年。差异图的数字量值范围达到 238,而其标准差为 9 个数字量(图像处理由中国台湾云林科技大学的 Hsien-Huang P. Wu 完成)

图 7.22 是最后一个例子,ETM + 数据产品(数据来源于 EROS 的 USGS 国家中心)中可选的 MTFC 处理过程[①]。在这个例子中,MTFC 作为去卷积与几何校正的图像重采样一起执行,这样使退化和计算代价最小化。用于 ETM + 数据的 MTFC 核与图 7.22 的 PCC 重采样函数进行了比较。注意,两个 MTFC 核比 PCC 都有较大的负突起,这表明放大了更高的频率。在图 7.22 中可以看到由 MTFC 锐化特征和与未处理图像比较的高通现象。

---

① MTFC 算法系数(不是直接的核)包含在每一个 ETM + 图像定标参数文件中(CPF)。核建模的细节情况可参考 Reichenbach and Shi(2004);现在用于 ETM + 数据的核进行了细微的修改(Storey, 2006)。

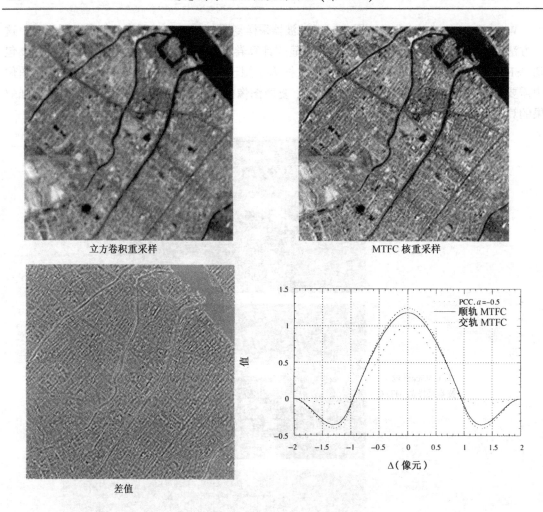

立方卷积重采样   MTFC 核重采样

差值

图 7.22   伊拉克巴士拉的 Landsat-7 ETM + 波段 8 全色图像(获取于 2000 年 2 月 23 日),用 MTFC
进行了处理。在几何校正的重采样核中执行了 MTFC。注意,与 PCC 相比它有一个显
著的较大负突起,且 MTFC 核对于 0 偏移或在 ±1 像元偏移的 0(与 PCC 中的一
样)没有限制于 1。因此,它们在所有重采样处产生了锐化效果,即使恰好与输入
像元位置重合也是如此(图像数据和 MTFC 核由 USGS EROS/SAIC 的 Jim Storey 提供)

7.4   噪声去除

第 4 章介绍了图像中噪声的基本类型。如果噪声还没有严重到使图像的质量退化,例如
图像信息提取、噪声的抑制能够得到保证,则在应用没有噪声抑制的算法之前先分析图像及
其噪声结构是必要的。在某些情况下,遥感器定标数据和测试图像比较全面,可用于充分估
计噪声参数。然而,遗憾的是,这样的数据通常是不完备的,且噪声是不可估计的(例如,来
自于其他仪器的干扰或外部的信号源)。我们必须尽可能多地了解图像中的各种噪声,其中
一些例子将在下一节中给出。周期性噪声比随机噪声容易识别。在后面的讨论中我们试图对
图像噪声进行分类,但在同一图像中可能会出现多种噪声。

由于绝大部分图像噪声源于遥感器的探测器和电子系统,其特征是包含在每个像元或扫描行内,因此一般在几何校正重采样前去除噪声是比较好的。噪声会"玷污"相邻的像元和行,使噪声的系统模型不能应用,因而去除噪声很困难。

7.4.1　全局噪声

全局噪声由每个像元数字量的随机变量确定。低通空间滤波器能够去除这样的噪声,特别是在相邻像元不相关的情况下通过平均化相邻像元可以去除。遗憾的是,图像中没有噪声的部分,例如信号,也会被减弱,这是由于信号内在的空间相关而决定的(见第 4 章)。更复杂的能够同时保持图像锐化信息并抑制噪声的算法称为边缘保持平滑算法(Chin and Yeh, 1983;Abramson and Schowengerdt,1993),将在后面的章节中进行讨论。

sigma 滤波器

滤波平滑的基本矛盾在于如何在噪声平滑与信号平滑之间取得平衡。需要有一种途径能在平滑前分离这两种成分。在 sigma 滤波器中(Lee, J., 1983)通过对比度分离它们。正如第 4 章所述,它用到了一种移动-平均窗口。在每个输出像元上,只有那些输入像元的 DN 在中心像元 DN_c 的阈值范围内才被平均(见图 7.23)。某一固定的阈值 Δ 可以根据全局噪声的标准差 σ 设定,

$$\Delta = k\sigma \tag{7.19}$$

可以得到中心像元 DN_c 的一个可接受的范围,

$$DN_c \pm k\sigma \tag{7.20}$$

Lee 建议了一个等于 2 的 k 值,因为它对应高斯分布的 95.5% 的数据。

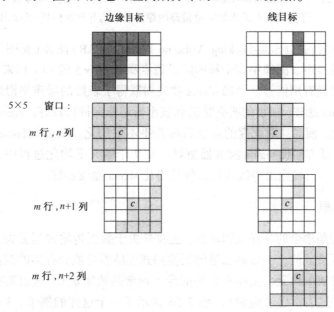

图 7.23　边缘和线目标附近的 sigma 滤波。图像上噪声的标准差为 σ,但目标数字量和背景之间的方差大于 $2k\sigma$。因此,5×5 sigma 滤波器只在窗口移过目标时才计算亮区域,避免了对目标和背景同时平均化。滤波器所计算平均化的像元集可以是 5×5 窗口中的任何不规则像元,甚至是不连通的形状。如果目标与背景的对比度小于 $2k\sigma$,将会对目标和背景都有一定程度的平均化

如果噪声的标准差与信号无关，则可以用局部标准差将阈值设为自适应的，

$$\Delta_{\text{local}} = k\sigma_{\text{local}} \tag{7.21}$$

然而，这样滤波器对高对比度信号特征较为敏感，且会相应地被平滑。

Nagao-Matsuyama 滤波器

sigma 滤波器对方向不敏感。许多空间特征是线状的(至少在局部区域是这样)。Nagao-Matsuyama 滤波器被设计用来适应各种不同方向的线状特征(Nagao and Matsuyama, 1979)。它采用了 5×5 窗口，在窗口的每个位置，相应的 9 个子窗口中的每一个都计算数字量均值和偏差(见图7.24)。具有最低偏差的子窗口用来输出数字量。这样，滤波器在 9 个局部窗口内找到了最同质的区域，且用其均值作为输出。

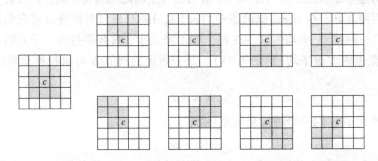

图 7.24 在 Nagao-Matsuyama 算法中用于计算局部数字量的 9 个子窗口。在子窗口具有最小数字量偏差的像元被平均并作为位置 c 的输出像元

我们用航空侧视雷达(Side-Looking Ariborne Radar, SLAR)图像(见图7.25)来说明这些方法如何减少全局噪声。图像中有全局的随机斑点噪声，5×5 的 LPF 用来平滑噪声，但它也平滑了图像中的大量有用信号。全局 sigma 滤波器取得了较好的噪声平滑效果，而对信号平滑较少。经过 sigma 滤波，细小的明亮特征和城市街道能保持得较好。sigma 滤波器可以平均化任意数量的像元，而对高对比度的点状目标几乎不平均化。Nagao-Mastsuyama 滤波器平滑时，在保持线状特征方面比 sigma 滤波器更好。在 7 个像元平均化过程中，丢失了城市的细小特征，但对右边的机场跑道等线状特征保持得比 sigma 滤波器好。

7.4.2　局部噪声

局部噪声指的是单个的坏像元和坏线，主要是由于数据传输过程丢失、探测器的突然饱和或电子系统问题造成的。一维和二维阵列推扫式遥感器可能会有坏的探测元件，将会影响每幅图像中相同位置的像元。受噪声影响的像元通常是数字量 0，这表明有数据丢失；或者是最大的数字量，这表示已经饱和[①]。图 7.26 显示了一个这样的例子。3×1 条件中值滤波是通过比较每个原始像元和其紧邻的上下像元来实现的。例如，如果当前像元与两个邻近(上下)像元的均值之差超过某一阈值，它将被这三个像元中的中值替代，否则就不改变它。以 MSS 为例，将会有选择性地替换那些像元。该过程称为噪声清除(noise cleaning)

[①] 如果局部噪声为亮像元，则称为"盐噪声"；如果为黑色坏像元，则称为"椒噪声"；如果两种情况都有，则称为"椒盐噪声"。这种噪声又称为脉冲噪声。

（Schowengerdt，1983；Pratt，1991），能够去除大部分噪声而对图像的全局改变很少。它需要两个步骤：噪声像元的检测和用期望较好的像元替代它。

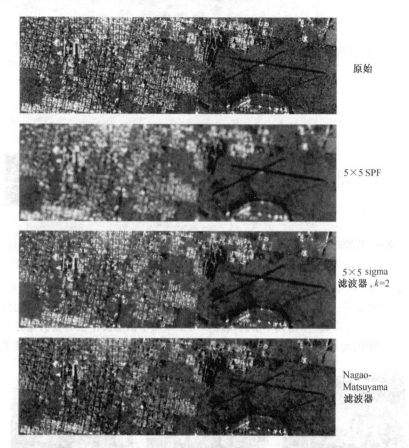

原始

5×5 SPF

5×5 sigma
滤波器，$k=2$

Nagao-
Matsuyama
滤波器

图 7.25　新墨西哥州 Deming 的 SLAR 图像斑点噪声，它是 1991 年 7 月 1 日从 22 000 ft 高度用 HH
　　　　极化获得的 X 波段图像。GSI 约为 12 m × 12 m。金属目标如汽车、金属屋顶和强散射
　　　　线状物表现为亮信号（回波）（SLAR 图像来自于美国地质调查局的 1980 年至 1991 年航
　　　　空侧视雷达项目组的 CD-ROM，所处理的图像得到了 Oasis 研究中心 Justin Paola 的许可）

基于光谱相关的检测

正如第 5 章提到的，主成分变换（PCT）能够在高阶主成分中分离不相关的图像特征。这
对多时相图像的变化检测不仅有用，而且也能分离多光谱图像中的不相关噪声。本书提供两
个例子，其中一个是 Marana 农业区的 TM 波段 2、波段 3 和波段 4（绿、红、近红外）（见
图 7.27 和彩图 9.1），另一个是 Mesa 地区的 ALI 波段 1、波段 2 和波段 3（蓝、绿、红）（见
图 7.28 和彩图 8.1）。TM 图像的主成分变换显示了一些局部线状噪声被分离在 PC_3 分量上，
这是因为这一噪声只在波段 2 出现（见图 7.27）。如果在逆 PCT 中排除 PC_3，则可以去除这些
噪声。当然这也会丢失 PC_3 中的图像信息。也可以对 PC_3 图像进行中值滤波或执行其他噪声
去除算法，再对滤波后的 PC_1、PC_2 和 PC_3 进行逆 PCT。ALI 图像的 PCT 揭示了 PC_3 中的垂直
（顺轨）噪声。这种噪声是周期性的，可以通过本章后面的傅里叶方法进行去除。

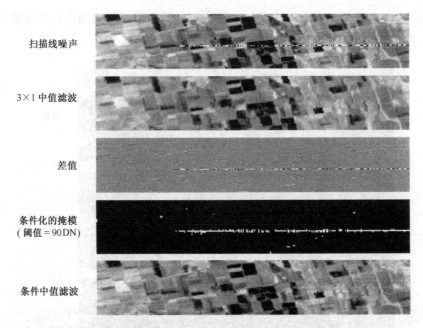

扫描线噪声

3×1 中值滤波

差值

条件化的掩模
(阈值=90 DN)

条件中值滤波

图 7.26　MSS 图像中的局部线状噪声。3×1 中值滤波用于去除噪声，但它也会改变较好
　　　　　的像元，从有噪声的图像和滤波后图像的差异中(取值范围为[0,255])
　　　　　可以看出这一点。文中解释的掩模用于限制中值滤波中被替换的像元。在本
　　　　　例中，正规化中值滤波时替换了43%的像元，然而条件中值滤波只替换了2%

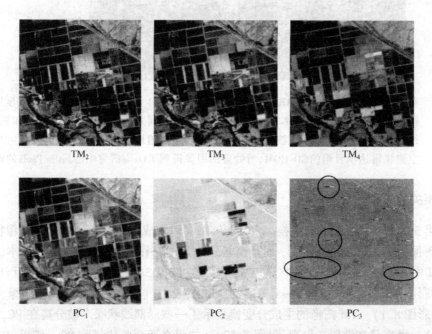

TM_2　　　　　　　　TM_3　　　　　　　　TM_4

PC_1　　　　　　　　PC_2　　　　　　　　PC_3

图 7.27　用 PCT 分离 TM 多光谱图像的噪声。扫描线噪声被分离进 PC_3，在图中用圆圈标记。通过
　　　　　设置 PC_3 等于一个常量并进行逆PCT，即可去除这种噪声。本例中局部噪声的最大取值范围
　　　　　是 ±10 DN。对 PC_3 单独进行对比度拉伸，相对于图像幅度可以强调噪声的幅度。查看原
　　　　　始三个波段可发现噪声只发生在波段2，这可以解释为什么通过主成分变换能很好地分离

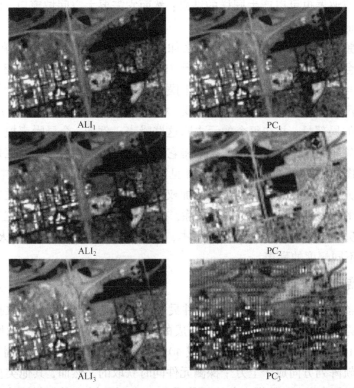

ALI₁　　PC₁

ALI₂　　PC₂

ALI₃　　PC₃

图 7.28　ALI 图像中用 PCT 分离噪声的另一个例子。PC_3 中严重的垂直噪声在各光谱波段
中都不明显。然后，利用主成分分别进行对比度拉伸，将会放大噪声的幅度。特征根
λ_3 只有 6.7，λ_2 和 λ_1 分别为49.4和1585，而噪声的方差只有整个图像方差的0.5%

去除全局和局部随机图像噪声的方法可以参考表 7.4 列出的一些文献。大量文献对各种
方法进行了比较，其中包括 Chin and Yeh(1983)，Mastin(1985)和 Abramson and Schowengerdt
(1993)。在绝大部分噪声滤波器中，没有哪个算法被证明在各方面都是最优的。大部分处理过
程需要设置依赖于图像的参数，而且在实际操作中需要交互调整这些参数，以取得满意的结果。

表 7.4　去除随机噪声的研究论文

遥感器	噪声类型	参考文献
扫描的航空照片	全局的	Nagao and Matsuyama(1979)
	全局的	Lee(1980)
	全局的、局部的	Lee(1983)
HYDICE	坏探测器	Kieffer(1996)
Seasat SAR	全局的	Lee(1981)
带模拟噪声的 TM	局部的	Centeno and Haertel(1995)
海盗火星卫星	全局的、局部的	Eliason and McEwen(1990)

7.4.3　周期噪声

全局周期噪声(通常称为一致性噪声)在整个图像中表现为重复性的虚假模式且具有一
致性。其中一个来源是数据传输或接收系统中的电子干扰；另一个来源是摆扫或推扫扫描器
中各个探测像元的定标差异。噪声的连续周期性使得在带噪声图像的傅里叶域能够很好地确
定尖峰(见第 6 章)。如果噪声尖峰离图像谱有足够的距离(例如噪声是相对高频的)，则可
以通过设置傅里叶幅度为 0 将噪声去除。滤波后的谱再采用傅里叶逆变换就能生成无噪声的

图像。空间卷积滤波器也可以产生同样的结果；然而它需要大空间域窗口，以得到局部化频域的滤波(Pan and Chang, 1992)。

如果噪声的频率落在图像谱范围内，那么如果将频率域噪声尖峰设简单地设为 0，则有效的图像结构也会被去除。然而这不是十分严重的问题，事实上利用无噪声区域插值得到的值在频率域替换噪声尖峰，可以部分地改善这一问题。光谱的实际分量和图像分量都必须内插。

局部周期噪声是周期性的，但噪声的幅度、相位和频率会随图像变化。解决这一问题的办法是估计噪声的局部量，并在每个像元去除这些噪声。例如，全局噪声模式可以通过分离傅里叶域的噪声尖峰，并在傅里叶逆变换中将它们转换到空间域。然后，在每个像元上计算全局噪声和噪声图像之间的局部空间相关性(见第 8 章中的空间相关性的讨论)。在带有噪声图像的每个像元上，需要减去噪声模式的加权函数，而权重是与局部相关性成比例的。在噪声占主导地位的区域，大部分噪声将被去除，在噪声较弱且图像信息占主导的区域，少量的噪声被去除。完全在空间域实现的简化版本，被 Chavez(1975)用来去除火星 Mariner 9 图像中单一频率、不同幅度的噪声。

7.4.4 探测器条纹

在摆扫扫描器图像中，不一致的探测元件灵敏性和其他电子因素会导致扫描线之间出现条纹。如果条纹是由于探测元件标定差异造成的，则它的周期等于探测元件/扫描的个数，例如 TM 图像为 16，MODIS 图像为 10，20 或 40。在推扫图像中没有扫描周期，因为图像的每一列是通过交轨阵列方向成千上万个探测元件同时获取的。然而，其他类型的周期性噪声能够被观察到，例如在 SPOT 数据中条纹可能是在 CCD 阵列读出数据时造成的。大量的方法可以用来校正条纹和周期相关的噪声(见表 7.5)。

表 7.5 公开发表去除特定遥感器周期噪声的研究工作

遥感器	噪声类型	参考文献
AVHRR	相干	Simpson and Yhann(1994)
AVIRIS	相干	Curran and Dungan(1989)；Rose(1989)
Fuyo-1	条带，周期	Filho et al. (1996)
GOES	条带	Weinreb et al. (1989)；Simpson et al. (1998)
HYDICE	光谱抖动	Shetler and Kieffer(1996)
Hyperion	条带	Bindschadler and Choi(2003)
MSS	条带	Chavez(1975)
	条带	Horn and Woodham(1979)
	条带	Richards(1985)
	扫描线内，相干	Tilton et al. (1985)
	条带	Srinivasan et al. (1988)
	条带	Wegener(1990)
	条带	Pan and Chang(1992)
SPOT	接近顺轨条带	Quarmby(1987)
	交轨条带	Büttner and Kapovits(1990)
	2×2"棋盘"	Westin(1990)
TIMS	扫描线，周期	Hummer-Miller(1990)
TM	条带	Poros and Peterson(1985)
	条纹	Fusco et al. (1986)
	条纹	Srinivasan et al. (1988)
	条纹	Grippen(1989)
	条纹	Helder et al. (1992)
	条带，相干，条纹	Helder and Ruggles(2004)
VHRR	非周期的条带	Algazi and Ford(1981)

探测元件条纹的校正称为去条纹,它需要在几何校正前进行,此时数据阵列仍与扫描方向一致,然后采用第 4 章所讨论的模型处理。如果只能获得几何校正的图像,则数据阵列与扫描方向不再正交。例如,如果采用了旋转几何校正(见图 7.1),则每个原始扫描线会跨越好几个数据阵列线,这对去除条纹噪声将非常困难。

图像中的条纹并不总是一样的。因此,第 4 章描述的具有固定特征的模型并不能完全校正。但是,用这些模型进行条纹校正实现的效果一般是足够的,并不需要更复杂的模型。

全局的线性探测器匹配

在具有上百万像元的大幅图像中,从各探测元件中获取的数据应该具有几乎一样的数字量均值和标准差。这一认识为去条带提供了基本理论基础。选择探测元件中的一个作为参考,计算其数字量全局均值和标准差。将其他每个探测元件上所获取数据的全局数字量和标准差线性调整到参考探测像元上,探测元件 i 的转换式

$$\mathrm{DN}_i^{\mathrm{new}} = \frac{\sigma_{\mathrm{ref}}}{\sigma_i}(\mathrm{DN}_i - \mu_i) + \mu_{\mathrm{ref}} \tag{7.22}$$

被应用于探测元件的每个像元。通过这种变换,每个探测元件的全局数字量均值和标准差与参考探测元件[①]一致。实际上可以用线性增益和偏置来均衡化所有探测元件的敏感度。图 7.29 就是一个例子。图中是波段 128,在 1427 nm 处有较强的水吸收带,因此遥感器端的辐射较低,且很容易被探测器定标误差所退化。按照式(7.22)将 256 个推扫式探测元件的全局数字量均值设置为相等,能够有效去除条纹,且地面发射信号也很明显。在这种情况下,不必均衡化所有探测元件的标准差(增益)。相似的校正方法也用到了 1R 级数据生产中,其中利用了定标数据而不是图像数据(Pearlman et al.,2003),但仍有一些残留的条纹,可以通过调整探测元件的数据均值而去除。

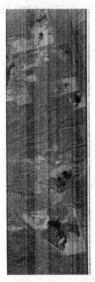  

L0(2001年10月24日)　　去条纹的图像(仅均值)　　L1R(2001年5月1日)　　去条纹的图像(仅均值)

图 7.29　亚利桑那图森南部的 Hyperion 图像上有很大的铜矿和废水池,在图中具有条纹和去除条纹的图像

[①] 在所有探测元件上也能使用平均化的全局数字量均值和标准差。这可能会更加鲁棒,这是因为可以避免由于采用一个参考探测元件而正好是某个怪异元件上的可能性。

非线性探测器匹配

在某些情况下,线性数字量校正法还不够,需要采用非线性校正法。在第 5 章的对比度匹配中,阐述了两个像元数字量分布的匹配算法。将这一策略扩展到去条纹问题,可以选择一个探测元件(或所有探测元件的均值)作为参考,计算累积分布函数 $CDF_{ref}(DN_{ref})$ 和 $CDF_i(DN_i)$,并进行转换,

$$DN_i^{new} = CDF_{ref}^{-1}[CDF_i(DN_i)] \qquad (7.23)$$

其结果是每个探测元件数据的累积分布函数匹配到参考探测元件的累积分布函数上,探测元件的非线性定标由式(7.23)给出(Horn and Woodham, 1979)。

统计修改法

将浮点数字量转化为整数数字量会由于截断而导致残留条纹。一种解决办法是使用浮点数字量的小数部分作为一种可能性测度来控制转换过程中的取舍。因此,任何系统的条纹被转换为随机变量,在视觉上不会明显,也更具有统计精度(Bernstein et al., 1984; Richards and Jia, 1999)。

空间滤波器掩模

傅里叶滤波能够有效去除相对较小图像的条纹。该方法通过检测图像的幅度和功率谱来定位噪声频率成分,并设计一个阻塞滤波器①去除它们,在频率域将该滤波器应用于带噪声图像谱中,最后计算傅里叶逆变换得到校正的图像(见图 7.30)。早期的太空飞船发射(Rindfleisch et al., 1971)的 MSS(Pan and Chang, 1992),TM(Srinivasan et al., 1988)和 Fuyao-1(Filho et al., 1996)的图像都用到了这种方法去除周期噪声。Pan (1989)给出了空间数据的傅里叶滤波的简单介绍。

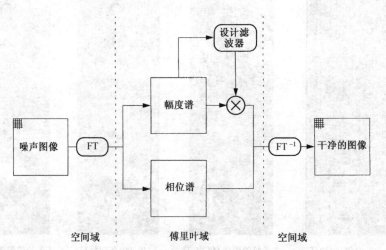

图 7.30　傅里叶幅度滤波的算法流程。如文中所述,设计滤波器的步骤可以是手工方式或半自动方式

---

① 高斯幅度切口滤波器,在频率 $\pm u_0$ 至 $\pm v_0$ 之间的中心处,由 $W(u, v) = 1 - e^{-[(u-u_0)^2/\sigma_u^2 + (v-v_0)^2/\sigma_v^2]^{1/2}}$ 给出。每个刻度的宽度与 (σ_u, σ_v) 成比例。这是一种带通逆滤波器(Band-Pass Filter, BPF)。

图 7.31 是太平洋地区 TM 图像波段 1 的 256 × 256 图像块。信号水平较低,因此条带噪声在图像和幅度谱上都很明显,看起来像通过 0 频率的竖条。阻隔这些竖条(除了较低频率处)的滤波器能够去除这些条纹噪声且保持较低频的图像成分。如果能够阻隔噪声尖峰中心两边的高频竖条对,则更精细的线间固有的噪声也能被去除。

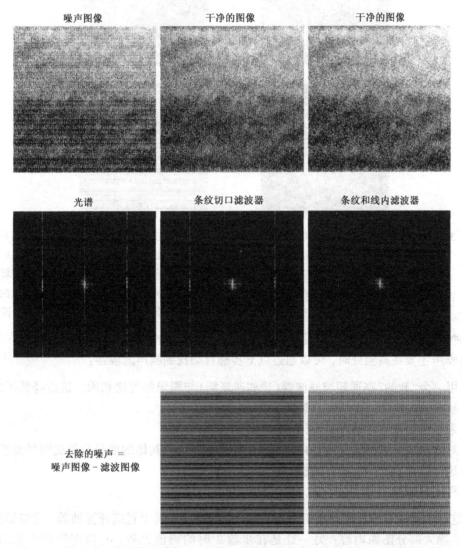

图 7.31 从几乎一致海洋区域的 TM 图像上用傅里叶幅度滤波去除条纹,图像获取于
1982 年 12 月31日。阻隔主要条带噪声成分后就得到了较为干净的图像,阻隔
三个周期性噪声成分可以得到进一步改善的图像。这些噪声数字量的标准差分
别为 0.45 和 0.77;在这两种情况下数字量均值为0,且假设为加性噪声模型

或许会出现一个实际问题,同样的滤波器能够去处图像中其他部分的噪声吗?从同一景图像中选取旧金山地区的商业区图像块(见图 7.32)。这个图像块的幅度谱显示了更复杂的结构,但有相似的噪声成分。采用前面的滤波器也同样去除了这种噪声而没有损害图像。噪声模式看起来与海洋区的图像完全不同(见图 7.31),而且频域成分也相同,这就是为什么相同的切口滤波器起作用,尽管它们的幅度不同。

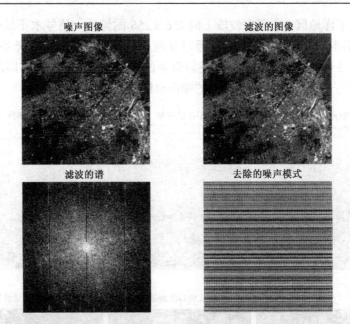

图7.32　从海洋区域(见图7.31)得到的滤波器应用于同一TM图像的另一部分。其傅里叶谱更复杂,和图像的细节一致,但噪声特征与海洋区域类似。由于噪声滤波器的作用,滤波后的图像没有明显的瑕疵,尽管去除的噪声模式与图7.31存在较大的差异。如文中所解释的那样,这种差异表现在频率成分的幅度上,而不是在频率本身。在本例中噪声数字量的标准差是0.69。由于该图像比海洋区域有较高的频率成分,某些图像频率成分也被去除了

　　一种更自动的方法是对图像设计噪声滤波器。当图像的频率成分较低(例如海洋图像部分),且噪声主要在高频处时,可以通过以下步骤自动找到噪声滤波器:

1. 用一个"软的"高通频域滤波器(比如逆高斯)与图像幅度谱相乘。这就降低了图像低频成分的幅度,且去除了零频率成分。
2. 采用合理数值对结果阈值化。
3. 对噪声成分进行逆变换并将结果尺度拉伸到零,对其他的成分只做这两种变换之一,这样就建立了一个噪声掩模。
4. 将噪声掩模应用于图像谱,并计算傅里叶逆变换。

　　在这一过程中有两处需要人工干预,一处是在步骤1时设置高通滤波器,滤波器足够小则可以去除大部分图像内容;另一处是在步骤2时的阈值设置,它决定噪声去除的多少。图7.33是这样的一个例子。高通滤波器有0.05个圆/像元的1/e的宽度,例如最高频率的1/10,且用于修改谱的阈值简单地设置为最大和最小幅度值间的中间值。这些参数去除了图像中的大部分噪声,但比图7.31去除的少。

去频带

　　频带指的是影响TM或ETM+系统每一个多元探测元件在扫描中出现的条纹状噪声。这类噪声会被亮场景要素(如云)增大,它们导致部分扫描的饱和程度,且依赖于扫描方向。在几何校正后的图像中去除噪声很复杂,如果数据在顺轨方向被重采样,则探测元件相对辐射定标算法(如去条纹中用到的)将不再有效。尽管在几何校正中包含了图像旋转,导致条纹和频带成分不会在频率域与单个列对齐,但是仍然可以使用傅里叶滤波器方法。

　　一个简单的多阶卷积滤波过程可以解决这个问题(Crippen, 1989)。该过程包括三个空间滤波步骤,用于分离图像结构中的噪声,从而将噪声从原始图像中减去(见图 7.34)。1 行 × 101 列的低通滤波器(LPF)分离低频信号,且从高频图像成分中扫描噪声。33 行 × 1 列的高通滤波器(HPF)从低频信号中分离高频的频带噪声。使用 33 行(而不是 32, TM 前后向扫描的周期)的原因是 30 m TM 像元调整到系统校正产品时为 28.5 m。最后一个滤波器,1 行 × 31 列的 LPF,抑制前面滤波器可能引起的对角线瑕疵,分离的噪声从原始图像中减掉。最后,从原始图像中减去孤立的噪声模式。

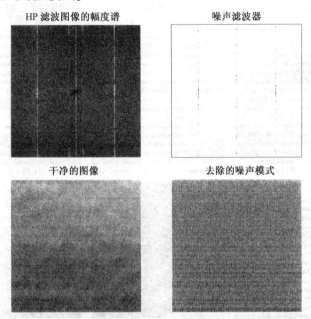

图 7.33　去除条纹的自动滤波器设计。有噪声的图像首先采用高通滤波去除较低的空间频率成分。滤波后图像的傅里叶幅度谱通过阈值处理而产生噪声滤波器。滤波后的图像与图 7.31 相比,此处使用的阈值参数使得去除的噪声较少

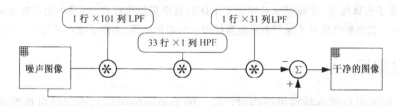

图 7.34　Crippen(1989)设计的卷积滤波算法,用于去除系统校正后 TM 图像的频带噪声。这些滤波器噪声模式估计,且从带噪声的图像中去除噪声

　　这种去除频带的方法可以用图 7.35 的 TM 波段 4 图像进行说明。用到了以上的三个卷积滤波器,除了水体(低的数字量)掩模,分离出的噪声被从原始图像中减去。为了避免这幅特殊图像(在 Crippen 的例子中是不必要的)中水陆边界的边缘暇疵,水体掩模是必要的。绝大部分的频带噪声被去除了,可以看到海湾的流通路径,而在原始图像上则很模糊。为了处理其他波段,采用了相同的掩模;近红外(NIR)波段很容易建立掩模,这是因为水体 NIR 的反射率较低。从本质上看,该方法在很大程度上是启发式的,没有推导定标偏置,而不像基于累积分布函数的算法。另一种去频带的方法,是基于 TM 工程设计和图像数据的分析(Helder and Ruggles, 2004)。

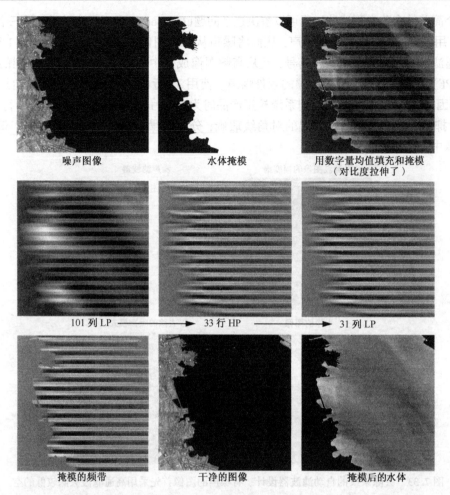

图7.35　Landsat TM 波段4图像，位于旧金山，获取于1983年8月12日，显示了频带噪声，主要因为图像左边的雾而引起(见图4.14中同一景图像的另一部分)。通过设置数字量阈值为24而建立了水体掩模，在掩模中的零值被水体的数字量均值替代，以最小化获取处理中边缘的瑕疵。其余图像显示了这三个滤波器处理后的累积结果，去除了噪声并得到了校正后的图像

7.5　辐射定标

　　有许多原因需要对遥感数据进行辐射定标。因为原始的遥感器数字量只是简单的数字，没有物理单位。每个遥感器都有其增益和偏置，用来记录信号并产生数字量。为了进行遥感器数据之间的比较，它们必须转换为遥感器端的辐射(见第2章)。这一过程称为遥感器定标。如果我们希望随时将表面特征与实验室或野外反射数据进行比较，则必须对大气条件、太阳高度角和地形进行校正。这就是大气、太阳、地形校正。我们把整个定标和校正过程称为辐射定标。

　　图7.36给出了几种级别的辐射定标。第一级是将遥感器数字量转换为遥感器端的辐射，需要遥感器定标数据(例如，EOS 1B级，见表1.7)。第二级是将遥感器端辐射转换为地球表面的辐射。这一级别的辐射定标很难实现，因为它需要遥感器和成像时间和地点上的视线通路的大气条件信息。这种信息有不同的条件，从几个"标准大气"的大气条件分类估计，到图像的辐射量估计，到(理想地)相应的地面测量。人们越来越多地利用了图像自身数据(例如包含图像本身的信息)与大气模型的结合(Teillet and Fedosejevs, 1995)，特别是高光谱图像(Gao et al., 1993；Goetz et al., 2003)。表面反射的最后级别定标可以通过校正地形坡度和地貌、由于地形起伏(特别是在山区)导致的大气通路长度的变化、太阳光谱辐射、大气传输的太阳光路及天空光的向下散射(例如，EOS 2 级产品，见表 1.17；见第 2 章)等因素而实现。

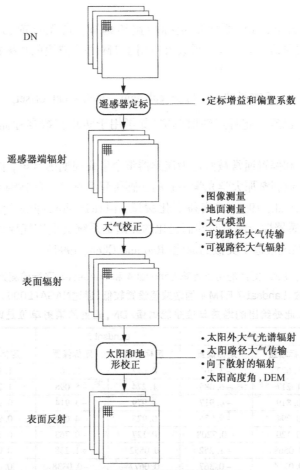

图 7.36　遥感图像定标处理的数据流程

　　由于整个遥感图像定标的复杂性，在某些受限应用中，基于图像的技术受到重视，它提供了相对归一化处理，比如同一遥感器多时相图像之间的比较，或后面要描述的高光谱图像数据与光谱反射率之比较。基于图像方法的多时相图像正规化处理的一个例子是利用人工地物特征(混凝土、沥青、建筑物屋顶)作为伪不变特征(Pseudo-Envariant Feature，PIF)(Schott et al.，1988)。从 PIF 得出的线性变换在每一幅图像执行，将它的数字量归一化到参考图像中。在第 6 章中讨论了 Schott et al. (1988)，将它与累积分布函数参考拉伸方法进行了比较。当然，图像的空间分辨率必须足够高，才能允许人工地物作为 PIF。有一种统计方法用于寻找两个时相图像对的不变像元，然后用它们来确定累积分布函数的参考拉伸(Canty et al.，2004)。

7.5.1　多光谱遥感器与图像

遥感器定标

　　在辐射定标的术语上存在一些混淆。遥感器工程师用式(3.30)进行计算；此处遥感器增益和偏置有单位，即 DN/辐射量单位。这是从预期辐射到输出遥感器数字量的前向计算方法。然而数据用户得到数字量,并且希望将它们在"反向"计算中转换为辐射。因此,用户需要带有辐射量单位的数字量定标系数。遗憾的是,这些系数通常指的是增益和偏置(EOSAT,1993)。为了避免混淆,我们将面向用户的定标系数称为定标增益(cal_gain)和定标偏置(cal_offset)。

Landsat-4 和 Landsat-5 TM 系统的定标增益和偏置,在飞行前已经测量,Landsat-7 的 ETM + 的增益和偏置见表7.6。这些系数可应用于 TM 每个波段的0级数据 DN_b,用下式生成波段综合辐射值 L_b^s:

$$遥感器端:\quad L_b^s = cal\_gain_b \cdot DN_b + cal\_offset_b \qquad (7.24)$$

1级数据(见第1章)已经被定标成辐射单位(除了用于防止在数据存储为8位整数时丢失精度的尺度因子)。

虽然遥感器增益和偏置通常被假定为遥感器整个生命周期的常量,但在此期间也可以而且确实随时间在改变。亚利桑那大学光学中心的遥感研究组测量了自1984年以来的 Landsat-5 TM 的增益响应(Thome et al.,1994)。增益变化缓慢,但在此期间许多 TM 波段衰减得很快(见图7.37)。在轨的遥感器性能随着时间而退化的原因是系统真空排气导致遥感器光学系统上的物质分解,AVHRR 系统报道了类似的退化(Rao and Chen,1994)。

表 7.6　EOSAT(1993)提供的用于计算 Landsat-4 和 Landsat-5 飞行前测量的 TM 定标增益和偏置系数。Landsat-7 ETM + 的增益值设置较低,通过 NASA(2006)光谱辐射范围表计算而得。此处给出的增益单位是辐射量/DN,偏置的辐射单位是 $W \cdot m^{-2} \cdot sr^{-1} \cdot \mu m^{-1}$

波　段	Landsat-4		Landsat-5		Landsat-7	
	定标增益	定标偏置	定标增益	定标偏置	定标增益	定标偏置
1	0.672	− 3.361	0.642	− 2.568	1.176	− 6.2
2	1.217	− 6.085	1.274	− 5.098	1.205	− 6.4
3	0.819	− 4.917	0.979	− 3.914	0.939	− 5.0
4	0.994	− 9.936	0.925	− 4.629	0.965	− 5.1
5	0.120	− 0.7208	0.127	− 0.763	0.190	− 1.0
6	0.0568	+ 1.252	0.0552	+ 1.238	0.067	0.0
7	0.0734	− 0.367	0.0677	− 0.0338	0.066	− 0.35
8					0.972	− 4.7

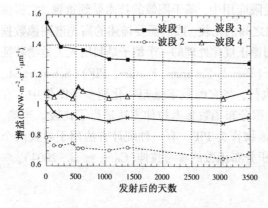
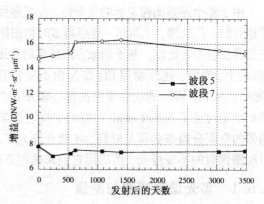

图 7.37　Landsat-5 TM 非热波段的遥感器增益在时间序列上的分布。注意,除了波段5,所有波段都表现出一定的退化。自发射开始第0天的值是由飞行前实验室定标得到的,其余是通过野外定标过程得到的,其中包括大气测量和模型、空间和光谱均匀的明亮区域的反射测量。这些数据在Thome et al.(1994)中有详细描述;超过4年的ETM + 定标检测结果见Markham et al.(2004)

大气校正

如第 2 章的模型所显示的,大气在光学遥感中起着复杂的作用。其中的 MODTRAN 模拟表明,大气能显著地改变到达遥感器中辐射的光谱特征。将一个完整的模型应用于一幅典型遥感图像的每一个像元几乎不可能。对于任何遥感图像或整个 FOV 来说,独立的大气数据也几乎不可能获得。那么,我们如何校正图像的大气影响呢?解决这个问题的一个稳健方法就是从图像自身估计出相应的大气参数。这些参数可以用获得的辅助数据进行精化,通过迭代运行大气模型程序,使图像数据与大气参数达到一致。任何依赖于大气物理模型的大气校正,都首先需要校正达到遥感器端辐射的遥感器数字量值,即遥感器定标(见 7.5.1 节)。

早在 Landsat 时代(见表 7.7),"引导"方法就已经成为最通用的大气校正法。一个有用的简化就是假设向下扩散的大气辐射 E_λ^d[见式(2.10)]为 0,因此波段综合形式为

$$遥感器端: \quad L_b^s(x, y) \cong L_b^{su}(x, y) + L_b^{sp} \tag{7.25}$$

假设该方程与式(2.8)等价,我们可以重写式(7.25),得到

$$遥感器端: \quad L_b^s(x, y) = \tau_{vb} L_b(x, y) + L_b^{sp} \tag{7.26}$$

求解每个波段的表面辐射 L_b:

$$地球表面: \quad L_b(x, y) = \frac{L_b^s(x, y) - L_b^{sp}}{\tau_{vb}} \tag{7.27}$$

对于可见光谱段的最简单校正,主要集中在估计向上的大气路径辐射,L_b^{sp},并假设相应的可视路径传输为 1,或在波长内至少为一个常量。第一个近似假设是合理的,因为在可见光谱段的路径辐射主要是大气效应。使用最广的方法,需要在图像中找到"黑物体",用来估计该物体的信号水平,并对图像中的每一个像元减去该信号水平。黑物体通常是深而清澈的湖泊(Ahern et al., 1977)、阴影(如果其中包含低反射物体)或沥青道路(Chavez, 1989)。这一过程称为黑物体减去法(Dark Object Subtraction, DOS)。其原理是,从黑物体观测到信号的唯一可能来源是路径辐射。这一方法的主要缺陷是,在一个给定的场景内如何确定一个合适的物体,而且一旦确定了,假设该物体的反射为 0 也是值得商榷的(Teillet and Fedosejevs, 1995)。另外,DOS 方法不能校正式(7.27)中的可视路径传输项,这在 TM 的波段 4、波段 5 和波段 7 中特别重要。

表 7.7 多光谱遥感图像大气校正方法举例。其中一些方法需要缨帽变换和 NDVI 光谱变换(见第 5 章)。其中的条目按照年代而不是遥感器进行排序,这是为了更好地表现该领域发展的历史

遥 感 器	方 法	参考文献
MSS	波段和波段间配准	Potter and Mendolowitz(1975)
MSS	全部波段的光谱协方差	Switzer et al. (1981)
航空 MSS	波段和波段间配准	Potter(1984)
AVHRR	迭代估计	Singh and Cracknell(1986)
MSS, TM	带经验散射模型的 DOS	Chavez(1988)
TM	带经验散射模型的 DOS,下降大气辐射测量	Chavez(1989)
TM	逐个像元的缨帽变换的阴霾参数	Lavreau(1991)
AVHRR	DOS, NDVI 和 AVHRR 的波段 3	Holben et al. (1992)
航空 TMS Landsat TM	地面和航空太阳能量测量,大气模型代码	Wrigley et al. (1992)
TM	将 10 个 DOS 和大气模型代码参量与野外进行比较	Moran et al. (1992)

（续表）

遥 感 器	方　　　法	参考文献
TM	暗目标，模型代码	Teillet and Fedosejevs(1995)
TM(所有波段)	大气模型代码，局部直方图匹配	Richter(1996a)；Richter(1996b)
TM	带估计的大气转换参数的 DOS	Chavez(1996)
TM	暗目标，大气模型代码	Ouaidrari and Vermote(1999)
TM，ETM +	经验线性方法，单目标，地面测量	Moran et al. (2001)
TM	水库，比较了 12 天的 7 种方法	Hadjimitsis et al. (2004)
AVHRR	两波段 PCT 用来分离悬浮物	Salama et al. (2004)

更复杂的方法是结合大气模型利用黑目标辐射估计。例如，Chavez 利用大气散射查找表（见表 7.8）估计不同波段的路径辐射(Chavez, 1989)。按照由绿波段或蓝波段估计的"雾霭"确定模型并应用于一幅图像。Teillet 和 Fedosejevs 建议使用黑目标，因为它的反射是已知的，且有 5S 代码的详细大气模型(Tanre et al., 1990)，不需要大气测量，该黑目标可用于生产环境(Teillet and Fedosejevs, 1995)。他们也指出，假设黑物体为 0 反射也会导致显著的错误，即使实际的反射只有 0. 01 或 0. 02。

表 7. 8　Chavez(1989)使用的大气条件之离散特征值

大气条件	相应的散射模型
十分清楚	$\lambda^{-4.0}$
清楚	$\lambda^{-2.0}$
中等	$\lambda^{-1.0}$
薄雾	$\lambda^{-0.7}$
浓雾	$\lambda^{-0.5}$

太阳与地形校正

为了获取一幅图像中每个像元的光谱反射，需要更多的信息和进一步校正。利用式(2.10)并求解式(7.27)中表面辐射的反射值，可得到

$$\rho_b(x, y) = \frac{\pi L_b(x, y)}{\tau_{sb} E_b^0 \cos[\theta(x, y)]} \tag{7.28}$$

因此，需要知道表面辐射、太阳路径大气传输、大气太阳光谱逆辐射和入射角(依赖于太阳高度角和地形)[①]。另外，在可见光谱区域，对于不同的大气条件，大气传输是可以估计的。而在理想情况下，在图像获取的时刻可以测量大气传输。外大气太阳光谱逆辐射是一个重要量，且对于平坦的地形，入射角是可以得到的。对于非平坦地形，计算每个像元的入射角就需要遥感图像对应的 DEM 数据。

在我们所有推导中都假设地球是一个朗伯特反射体，即它在每一个方向的反射量是相等的。有大量的证据证明这种假设对于某些典型表面(如森林)是不正确的。人们提出了其他许多分析型反射函数，包括 Minnaert 模型：

$$L_\lambda = L_n(\cos\theta)^{k(\lambda)}(\cos\phi)^{k(\lambda)-1} \tag{7.29}$$

其中，ϕ 是对应于表面法向量的辐射出射角，k 是经验 Minnaert 常量，L_n 是辐射量(如果 θ 和

---

① 注意，在以前的推导中，假设大气向下散射的辐射量为 0。

ϕ 为 0)。如果 k 等于 1，则式(7.29)简化为朗伯特模型。常量 k 通过 $\log(L_\lambda \cos \phi)$ 到 $\log(\cos \theta \cos \phi)$ 经验回归而得到。Smith et al. (1980)，Colby(1991)和 Itten and Meyer(1993)对 Landsat MSS 和 TM 的山区和森林地区的图像采用 Minnaert 模型与朗伯特模型进行了比较。

图像实例

图 7.38 为针对遥感器响应和大气散射的 TM 图像进行定标和校正的示例。像元的数字量值先用表 7.6 和式(7.24)进行辐射定标。在图中，波段 1 变得更暗，这反映了相对于波段 2 和波段 3，其校正增益较高；然而，相对较高的大气散射水平它仍然被保留。随后，大气散射成分通过 Briones 水库的低反射值估计出来，并从原像元中减去该值。经过这样的改正后，波段 1 相对于波段 2 和波段 3 变得非常暗。经过遥感器和传输路径辐射校正后的一系列图像表现了正确的相对场景辐射(该图的打印输出密度为像元值的线性函数)。

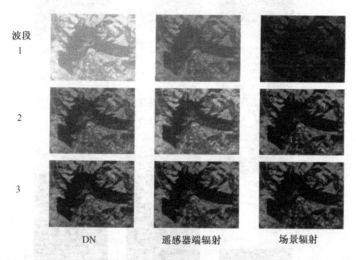

图 7.38 利用遥感器校正系数和黑物体减去法对 TM 波段 1、波段 2 和波段 3 进行辐射定标和传输路径辐射校正的例子。所有图像都用相同的 LUT 进行显示，以保证它们相对的亮度和对比度。第一列为原始图像，第二列为利用飞行前增益和偏置系数校正的图像，第三列为减去大气路径辐射的校正图像。后者取决于 Briones 水库最暗的像元。另外，假设大气传输在每个波段中都是一样的

具有相同校正过程的另一个例子是图 7.39，它是内华达州 Cuprite 地区的 TM 图像，展示了所有 6 个非长红外波段。注意场景辐射校正是如何使波段 5 和波段 7 变暗的。这时因为这些波段去除了相对较高的遥感器增益，而场景辐射还包括了太阳辐射因子(它在 SWIR 中降低得很低)。后者是通过在每个波段中除以相应 TM 波段积分的大气层太阳辐射而去除，它将太阳路径大气传输和地形阴影保留为外部影响。其中也用到了基于场景的校正技术，下一节的高光谱图像中会对此进行详细描述。

7.5.2 高光谱遥感器与图像

由于高光谱图像具有更高的光谱分辨率，因此利用大气传输和吸收校正及遥感器校正对高光谱图像进行处理，相对于多光谱图像会变得更为困难。处理起来困难的原因在于以下几个方面：

- 高光谱遥感器波段的大气吸收特征曲线更窄，或者是较宽光谱曲线边缘受到大气影响与受到相邻波段影响不一样。

- 成像光谱系统中的波段位置在不同的工作环境下，对波长偏移非常敏感，特别是在航空遥感器中。
- 高光谱数据的许多分析算法需要在最大吸收波长处进行精确的吸收"波段－深度"测量。
- 单从计算的角度看，高光谱系统的定标问题是一个"非常大的问题"。

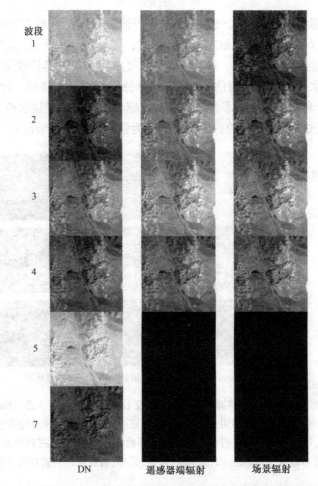

图 7.39　内华达州 Cuprite 地区 Landsat TM 图像的遥感器"DN－场景"辐射定标，该图像获取于1984年10月4日。另外，假设所有波段的大气光谱传输均为常数

遥感器定标

高光谱遥感器对光谱定标特别敏感。在二维推扫阵列系统中，譬如 HYDICE，较窄的光学孔径在焦平面上成像。光学系统中的光行差会使成像弯曲，进而形成所谓的笑脸(smile)效应。这样会导致光谱的顺轨偏移，且这种偏移是交轨探测器数量的函数。许多基于成像的处理技术都依赖于大气分子吸收波段，这些技术用来校正"笑脸效应"(Neville et al., 2003；Perkins et al., 2005)。如果从图像到图像的这种效应没有变化，则必须采用一次仔细的校正。通过在光谱数据的顺轨方向插值可以实现校正。航空高光谱遥感器由于环境影响也会存在一些问题，例如由于高度不同导致气压变化、分子成分及温度变化，都会进而导致光谱定标的变化(Basedow et al., 1996)。

大气校正

可以采用高分辨率大气建模程序校正高光谱图像的大气效应。例如，Zagolski and Gastellu-Etchegorry(1995)描述如何利用5S程序的大气计算逆运算对AVIRIS进行详细校正。Leprieur et al. (1995)对比了校正AVIRIS数据所使用的5S和LOWTRAN-7大气建模程序。与宽波段遥感器(如TM)相比，成像光谱仪的一个优势是，由于其较高的光谱分辨率，可以通过吸收波段估计大气中的水蒸气成分，并用该信息辅助校正图像的反射(Gao and Goetz, 1990; Carrere and Conel, 1993; Gao et al., 1993)。而且，由于获得了每个像元的光谱信息，因此至少在理论上可以对每个像元进行大气校正。表7.9列出了一些这样的程序。

表7.9 大气建模和校正的软件程序。其中一些是商业软件，绝大部分
依赖于数据，且基于MODTRAN或6S建模(Vermote et al.,1997)

程 序	参考文献	评 论
ACORN(Atmospheric CORrection Now)	Miller(2002)	基于MODTRAN-4
ATCOR(ATmospheric CORrection)	Richter and Schlapfer(2002)	ERDAS Imagine 软件
ATREM(ATmospheric REMoval)	Gao et al. (1993)	
FLAASH(Fast Line-of-sight Atmospheric Analysis of Spectral Hypercubes)	Adler-Golden et al. (1999); Matthew et al. (2000)	RSI ENVI
HATCH (High-accuracy ATmospheric Correction for Hyperspectral data)	Goetz et al. (2003); Qu et al. (2003)	改进的ATREM
Tafkaa	Montes et al. (2003)	基于ATREM

Gao et al. (1993)描述早期基于图像高光谱信息进行大气校正的尝试。这种方法的关键之处在于，在NIR的水蒸气吸收波段内或波段两边计算光谱波段的比例，并用于估计水吸收波段的大气传输，然后估计可视路径每个像元的大气水蒸气总量。水蒸气是大气成分中的一个重要组成，因为，它比其他成分更易随高度、空间和温度而变化。基于这种方法，利用图像内的数据并输入到大气模型的代码中，就可以估计出大气水蒸气。

我们用AVIRIS图像(见彩图7.1)说明这种大气校正的部分过程。两个吸收波段的中心为940 nm和1140 nm，约为50 nm宽。由于在AVIRIS中，800~1300 nm(见图7.40)有一个常见侧衰减，因此首先对它进行了外大气层太阳光谱辐射校正(见第2章)。正如第2章描述的，太阳辐射在遥感器端辐射是乘性因子，因此校正是通过将遥感器端辐射除以已知的太阳辐射。这会导致明显的反射效应，且这种明显的反射效应没有出现随波段增加(见图7.40)而减弱的趋势。

计算50 nm和背景光谱区域30 nm水蒸气吸收波段的平均表观反射率，其结果清楚地表明，在吸收波段(见图7.41)具有较低的传输。为了估计相对传输，需要先为吸收波段和"平均化结果"(见图7.42)计算"波段平均化"的表观反射与"背景平均化"的表观反射之间的比率。使用这种从图像中推导出来的数据，可以通过预先由5S大气模型计算的索引表估计水蒸气量和大气分子的总传输(Tanre et al., 1990)。用总传输就可以进一步估计表面反射。彩图7.1表现了一幅遥感器端辐射图像及通过这种大气校正后的图像。采用更精确的分子吸收数据库和表面反射光谱的平滑准则，可以改善这种方法(Qe et al., 2003)。类似的方法也被用于生产MODIS大气产品(King et al., 2003)。

这些例子都没有考虑某一感兴趣像元周围表面区域的影响，即大气邻接效应(见第2章)。Sandes et al. (2001)描述了一种基于MODTRAN的方法，以校正HYDICE图像的大气邻接效应。

另一个未考虑的效应是云阴影。由于绝大多数云的部分透射和大气散射效应,阴影包含了一些表面反射信息。Richter and Muller(2005)描述了多光谱和高光谱图像去除云阴影的方法。

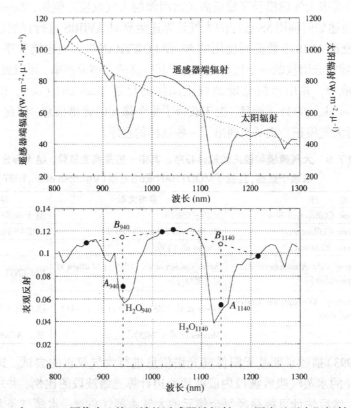

图 7.40　彩图 7.1 中 AVIRIS 图像中土壤区域的遥感器端辐射,上图表示了太阳辐射和大气辐射曲线。AVIRIS 辐射除以太阳辐射,得到所谓的表观反射(Gao et al.,1993),其光谱得到了部分校正(下图)。三个光谱波段区域被选择为水蒸气波段,两边各一个,中间一个。在每个波段外的点(进一步被平均化为点 B)上计算了三个 AVIRIS 波段的平均值。用5个 AVIRIS 平均化得到波段内的点 A。点 A 相对于点 B 处表观反射的比率被认为与水波段的大气传输近似相同

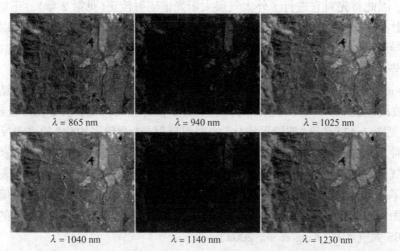

图 7.41　图中表示了两个水蒸气吸收波段的平均表观反射图像和背景光谱区域。水蒸气吸收波段比背景波段的数据值明显偏低,它可以解释为由于水蒸气吸收而不是表面反射差异造成的更低大气传输

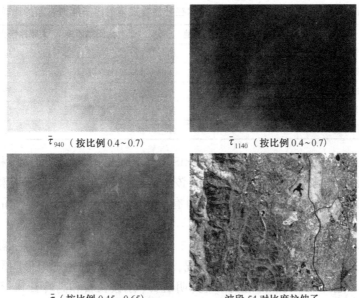

$\overline{\tau}_{940}$（按比例 0.4~0.7） $\qquad$ $\overline{\tau}_{1140}$（按比例 0.4~0.7）

$\overline{\tau}$（按比例 0.45~0.65） $\qquad$ 波段 54 对比度拉伸了

图 7.42 将图 7.41 两边的两幅图像求平均后再除以中间的图像，即可得到估计的大气传输图（上），这些大气传输图再被平均，就得到了最终估计的传输图（下）。用图像的波段54进行了比较——注意传输量的空间变化与地形的相关性。左图中的俄罗斯山脊地区的高程为700 m，比右图较低地区（高程为10 m）具有更好的大气传输性，该地区的平均传输为0.55 ± 0.017

归一化技术

有许多经验技术用来对高光谱数据进行定标（见表 7.10）。由于没有使用大气数据和模型，这些经验方法只能产生相对校正效果；由于这个原因，它们更适合称为归一化技术，而不是校正技术。例如，直线经验方法可以调整数据的任意增益和补偿，并可进一步用于匹配遥感器端辐射和反射的线性模型。

不同的归一化技术可以在"是否补偿遥感图像的各种外部因素"方面进行比较（见表 7.11）。基于这一点，对于所有的主要因素，只有残差图像方法表现是正确的；直线经验方法其次，但它需要额外的测量。然而，并不是所有的遥感应用都需要将图像完全校正到表面反射。

表 7.10 用于高光谱图像的经验型归一化技术，在早期用于校正遥感器端辐射

技　术	描　述	参考文献
残留图像	采用某个恒定值（例如整个场景内所选波段的最大值）对每个像元的光谱进行比例运算 根据每个波段的归一化辐射值对整个场景的每个波段都减去平均的归一化辐射值	Marsh and McKeon(1983)
连续法去除	生成一个分段线性或连续多项式，通过图像光谱的"尖峰"处，并将每个像元的光谱除以该连续值	Clark and Roush(1984)
相对反射率的内部平均（IARR）	将每个像元的光谱除以整个场景的平均光谱	Kruse(1988)
经验直线	根据暗目标和亮目标的野外光谱对每个像元采样，进行波段和波段之间的线性回归	Kruse et al. (1990)
平面场	将每个像元的光谱除以场景内光谱分布均匀的高反射区的平均光谱	Rast et al. (1991)

表7.11　高光谱图像的归一化技术在补偿物理辐射因子能力方面的比较

技　术	可视路径辐射	地　形	太阳辐照度	太阳路径大气透射
残留图像	是	是	是	是
连续法去除	否	否	是	否
IARR	否	否	是	是
经验直线	是	否	是	是
平面场	否	否	是	是

　　我们用内华达州 Cuprite 地区的一幅 AVIRIS 图像来说明不同的归一化过程。由于具有较少的植被覆盖,且主要为随水热变化的矿物,该地区曾被仔细地测量、研究和制图。这些矿物在 SWIR 光谱区域的 2 ~ 2.4 μm(见第 1 章)有显著的分子吸收特征,我们的研究将限制在这一光谱区域内。

　　彩图9.3 表示了在 2.1 μm、2.2 μm 和 2.3 μm 处的 AVIRIS 波段(遥感器端辐射)的彩色合成。色彩暗示这一地区矿物的物质变化情况,但这一线索的作用在地形阴影和表面亮度变化区域并不明显。选择三个地点以显示矿物(明矾石、水铵长石和高岭石),不同地点的三个孤立像元被选为亮目标,以用于平面场归一化。在 Kruse et al. (1990) 所发表地图的帮助下可以识别矿物位置。进行 3 ×3 像元区域平均化后,就可以减少波动,并对图 7.43 的光谱曲线进行了平均化。注意这些曲线是如何受由太阳光谱辐射控制的。CO_2 在 2060 nm 处的吸收也很明显。

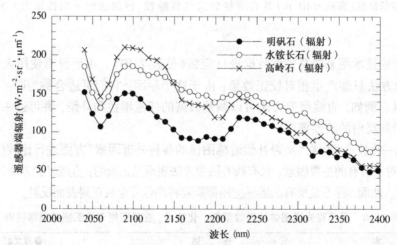

图 7.43　Cuprite 地区三个矿物点在 AVIRIS 遥感器端的光谱辐射表现。左边为 CO_2 大气波段的
　　　　　主要吸收特征(与图2.4相比)。2100 ~ 2200 nm 光谱区域的低谷是每种矿物分子
　　　　　吸收波段的特征。2000 ~ 2400 nm 光谱区域的整体下降是由于太阳辐射降低的缘故

　　通过分别在图像的每一个波段各自除以亮目标数字量和波段的数字量均值(见图 7.44),就能计算出平面场(flat-field)和 IARR 归一化两个结果。在这些处理过程中,可以很好地去除大气吸收特征,且矿物吸收特征不受影响。由于场景中的每一个像元都相同地被大气传输所修改,而不同的矿物吸收特征或者在整个场景平均化(IARR)过程中趋向于相互抵消,或者就是以相关函数(平面场)表现的,因此这些方法提高了识别能力。

　　这些归一化技术完成了高光谱辐射光谱的大量校正,在实验室和真实场地都取得了成功。图 1.8 中的数据在图 7.45 被重新绘制,用于比较遥感器端辐射和 IARR 校正值。在这幅图像中,这两种方法产生了相似的结果,这表明场景光谱平均近似为"白"(见图 7.46)。这种偶然的情况不太可能出现在比较异质的场景,如 Palo Alto(见彩图 1.1)的一个例子。

连续去除方法有点不同于场景归一化技术。在这种情况下,每个像元的光谱都被除以连续值而得到修改。由于这一操作,修改的光谱表现为较平的背景,而且保留了大气吸收特征。在我们的例子中,用这种方法对矿物点的平均光谱进行了归一化(见图 7.47)。

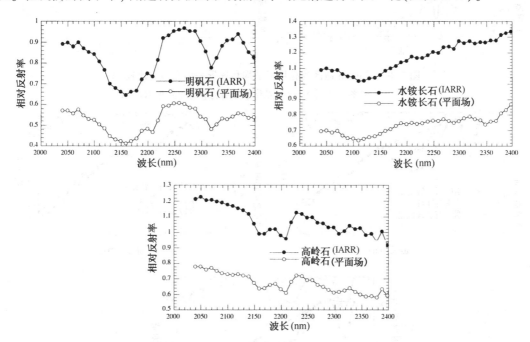

图 7.44 通过平面场和 IARR 技术归一化后的矿物光谱。注意,相比预期,IARR 结果比平面场的结果要好

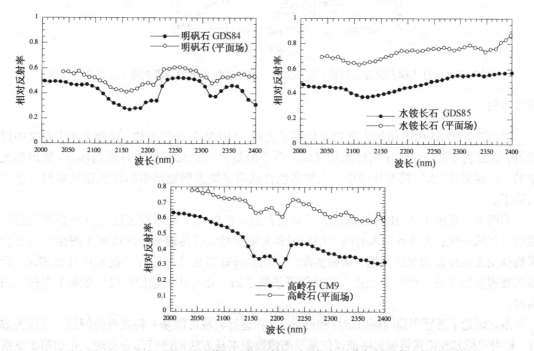

图 7.45 1990 年 AVIRIS 图像的矿物反射和平面场归一化相对反射之间的比较

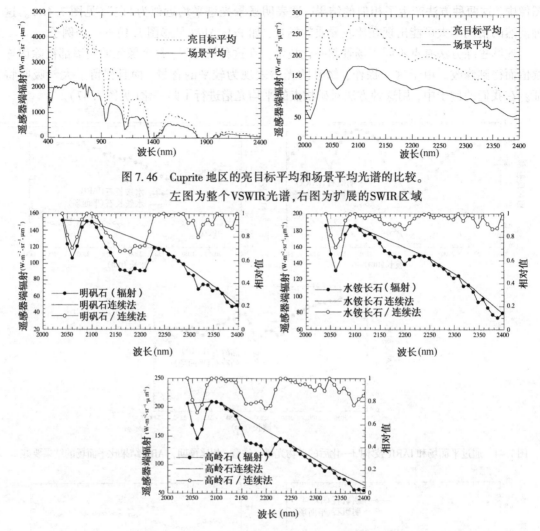

图 7.46　Cuprite 地区的亮目标平均和场景平均光谱的比较。
左图为整个VSWIR光谱,右图为扩展的SWIR区域

图 7.47　通过连续去除方法调整矿物的光谱。通过辐射光谱的分段包络人工确定连续值

图像示例

　　彩图 7.1 的 AVIRIS 图像大气校正使用了类似 ATREM 的处理方法,这种方法在前文中讨论过,它是利用波段比例来估计水蒸气的。单个测量目标的反射用来补充到场景(斯坦福大学的一片裸露地)大气模型处理中。天然彩色合成明显地表明数据中的绿色路径辐射已经被去除了。

　　彩图 7.2 显示了 AVIRIS 数据的天然彩色合成。首先用黑物体减去法对这些数据的路径辐射进行归一化;然后再对入射的太阳辐射和太阳路径大气传输分别除以每个图像中亮目标黑物体减去法校正的光谱数据,从而实现归一化。只有当亮目标是“白”的或中性光谱时,后面的处理步骤才是一种近似校正。这个例子说明了归一化方法的稳健性仅仅依赖于图像数据本身。

　　本章讨论了遥感图像的辐射定标和校正,这在遥感领域可能是一种最难的问题。正因为如此,辐射定标和校正常常被忽略或仅仅基于图像数据本身方法而进行部分实现。正如第 2 章指出的,许多遥感分析仅仅依赖于相对的信号辨别,而不需要绝对的辐射定标。

7.6 小结

针对噪声和几何形变，遥感图像需要不同的系统级校正。它们也需要在不同日期和不同遥感器之间进行比较而进行辐射定标。这些处理过程最重要的方面包括：

- 对一般地形起伏有限的地区内可以采用多项式方程把系统级校正的产品校正到地图上。
- 几何校正的重采样改变了图像的局部空间和全局辐射特征。最近邻采样不会引入新的像元光谱值，双线性重采样在原始数字量范围内会产生新的像元值，三次卷积重采样生成的像元值有时会超出原始数字量范围。
- 只有当噪声影响信息提取时，噪声校正才是必要的。最好在重采样之前进行这一处理。
- 通过一些空间滤波器可以去除局部噪声，而通过傅里叶滤波器可以去除全局周期性噪声。对于探测元件不一致导致的噪声(或称为条带噪声)，可以通过调整每个探测元件的响应而进行全局图像的校正。可以通过光谱去相关技术(如主成分变换)去除多光谱图像中的非相关噪声。
- 遥感图像的完整辐射校正包括了遥感器的定标和大气校正及地形图像的校正。这样的校正技术，简繁不一，有简单的(如路径辐射校正的黑物体减去法)和复杂的(高光谱图像数据中的相对传输模型的水蒸气估计方法)。
- 对高光谱图像进行定标有更特殊的挑战，但同时大气数据对定标是有用的。

下一章将阐述图像的空间配准和图像融合，在这两个主题中重采样和相对辐射校正都起到了重要作用。

7.7 习题

7.1 写出下列频域高斯滤波器的数学形式：
- 推扫式图像顺轨方向的条带噪声
- 相对于交轨方向 45°的电子相干噪声
- 每 4 个像元的交轨方向的周期噪声

7.2 详细说明式(7.29)和线性回归如何用于得到 Minnaert 常数 k。

7.3 解释表 7.11 中的每一种高光谱归一化算法如何提高校正能力。

7.4 说明图 7.14 中的采用三角加权函数对一列像元行卷积并计算原始像元之间的输出值，即重采样等价于线性插值。

7.5 解释图 7.18 中的重采样如何得到 94% 的重采样图像之像元值，为什么它会低于 94%？

7.6 给定 4 个邻近像元的数字量值，用双线性重采样法计算 x 处重采样后的像元数字量值。

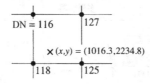

7.7 图 7.13 表示的重采样示意图是列方向优先的方法，例如 E 和 F 之间的像元通过邻近列计算得到。用习题 7.6 中的例子说明进行行方向优先的采样过程得到 DN(x,y) 具有的相同结果。

第8章 配准与融合

8.1 概述

许多遥感应用都需要对多时相、多遥感器的图像进行空间配准,例如变化检测、图像镶嵌、从立体图像对生成 DEM 以及正射校正。配准就是使两幅图像上地面的同名点精确对准的过程。虽然图像之间经过相对配准,但像元的地面绝对坐标可能并不知道。对于经过遥感器和轨道校正的图像来说,配准相对容易。一旦图像经过配准,就可以将它们结合或融合起来,以改善信息提取。融合的例子包括从立体图像对生成 DEM,以及不同空间分辨率和光谱分辨率图像之间的合成。

8.2 什么是配准

多幅图像的重叠区域主要由以下几种方式产生:

- 同一卫星遥感器的重访,或者是在同一轨道的(见表 1.5),或者是在不同轨道通过侧摆指向同一区域
- 同一卫星遥感器的相邻轨道,它们之间相差几天
- 不同卫星遥感器
- 卫星与航空遥感器

以上几种可能性可用图 8.1 进行说明。在同一天不同遥感器难以(但并非完全不可能)获得重叠区域。第 1 章阐述了卫星"列车"的概念,即不同卫星遥感器在同一轨道并在几分钟内分离,允许在短时间内获得多幅图像(或其他数据)。为了充分利用多时相图像,它们必须首先经过像元级的配准。

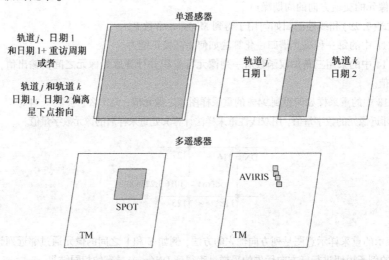

图 8.1 从同一卫星遥感器或不同卫星遥感器获得同一区域的多时相
图像的4种方式。图像经过配准后,相同地面区域能够重叠

　　为了配准这些图像，需要建立不同图像之间像元坐标的转换关系，或将它们转化到同一参考系统中。这可以利用一些地面控制点和合适的变形模型(第 7 章描述过)来完成。对于没有或只有一般地形起伏地区的卫星图像而言，这一方法通常能够满足需要，但手工选择控制点比较费事(特别是对于大量生产过程而言)。而且，航空和高分辨率图像的地形变化相对比较明显，这用多项式模型难以进行精确校正，因此需要增加地面控制点的密度，以应用低阶模型(如分段多项式)，这些问题的解决方法是本章首先需要阐述的内容。

8.3　自动地面控制点定位

　　两幅图像之间的自动地面控制点定位包括两个步骤。首先从各图像中提取空间特征，然后通过相应的特征匹配方法进行配对。空间特征类型主要包括点、线和区域(见表 8.1)。这一过程是否成功依赖于图像之间特征的相似性。时相、视角和遥感器差异都会影响地面控制点特征的相应匹配。

表 8.1　图像配准工作的一些例子。Brown(1992)，Fonseca and Manjunat
(1996)和 Zitova and Flusser(2003)给出了图像配准技术的综述

图像类型	特　征	参考文献
航空 MSS 波段/波段 Appllo 9 SO65 照片波段/波段	采用 FFT 的区域相关	Anuta(1970)
模拟图像	区域相关	Pratt(1974)
MSS/航空	边缘，形状	Henderson et al. (1985)
HCMM 白天/黑夜，MSS/TMS	区域	Goshtasby et al. (1986)
航空扫描仪	点	Craig and Green(1987)
TM/MSS，MSS/TMS	点	Goshtasby(1988；1993)
多时相 TM	点	Ton and Jain(1989)
TM/SPOT	区域	Ventura et al. (1990)
多时相 TM	区域相关	Scambos et al. (1992)
SPOT/SPOT，MSS/MSS，MSS/SPOT，TM/SPOT	小波变换	Djamdji et al. (1993b)
气球上获取的照片	小波变换	Zheng and Chellappa(1993)
TM/SPOT	区域	Flusser and Suk(1994)
航空/航空 TM/SPOT，TM/Seasat	等值线	Li et al. (1995)
航空/航空	点	Liang and Heipke(1996)
航空/航空	FFT 相位相关	Reddy and Chatterji(1996)
多时相 TM	边缘等值线	Dai and Khorram(1999)
多时相 AVHRR	小波变换(并行实现)	Le Moigne et al. (2002)
TM/IRS 全色/SAR	互信息	Chen et al. (2003)
多时相 TM ETM +/IKONOS	区域相关	Kennedy and Cohen(2003)
TM/TM(未校正的波段)	Fisher 信息	Wisniewski and Schowengerdt(2005)
TM/ERS SAR	边缘等值线	Hong and Schowengerdt(2005)

8.3.1　区域相关

　　第 7 章叙述了如何手工确定地面控制点。在这个过程中应用了地面控制点的局部空间环境。类似地，每个图像(切片)的小区域能够作为空间特征而进行自动配准。没有必要指定两幅图像上相应切片的位置，因为空间互相关能够确定配准的偏移。图像切片需要足够小，以满足切片间配准所需的简单偏移关系,例如我们不希望切片存在严重的内部变形[①]。不同切片之间的偏移差异定义了整幅的全局旋转、歪斜和其他变形(见第 7 章)。Kennedy and Cohen(2003)对结合手工半自动选择地面控制点和全自动选择地面控制点两种方法提出了有益的建议。

为了找到两幅图像上的地面控制点,在参考图像上选择一个 $N \times N$ 的目标切片 T(模板),在另一幅图像上选择一个 $M \times M$ 搜索切片 S,$M > N$。目标切片在搜索面积(见图 8.2)上以 $L \times L$ 区域滑动,并计算模板匹配的空间相似性测度,其中两个数组的像元互乘后并在每个移动位置(i,j)上对结果求和,

$$\sum_{m=1}^{N} \sum_{n=1}^{N} T_{mn} S_{i+m, j+n} \qquad (8.1)$$

目标与搜索区域可以不是正方形的,唯一的限制条件是搜索面积大于目标面积。为了避免搜索区域数字量值变化导致错误的相关峰值,通常采用归一化互相关技术(Hall, 1979; Rosenfeld and Kak, 1982; Pratt, 1991; Gonzalez and Woods, 1992),

$$R_{ij} = \left[\sum_{m=1}^{N} \sum_{n=1}^{N} T_{mn} S_{i+m, j+n} \right] / K_1 K_2 \qquad (8.2)$$

其中,

$$K_1 = \left[\sum_{m=1}^{N} \sum_{n=1}^{N} T_{mn}^2 \right]^{1/2}, \qquad K_2 = \left[\sum_{m=1}^{N} \sum_{n=1}^{N} S_{i+m, j+n}^2 \right]^{1/2} \qquad (8.3)$$

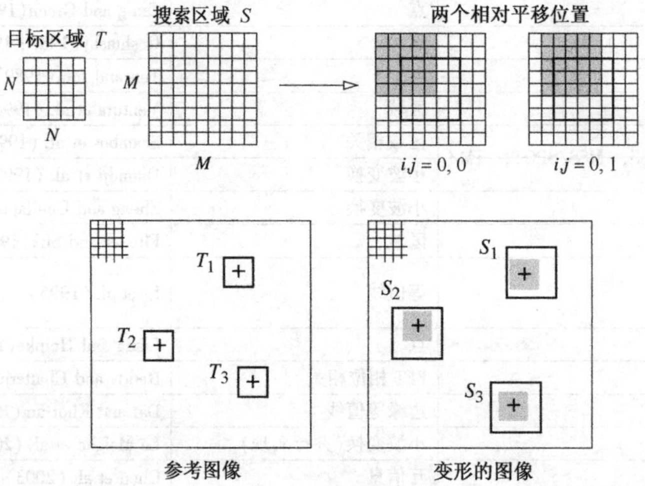

图 8.2　图像配准的区域相关。图上方为 5×5 像元的目标区域 T 和 9×9 的搜索区域 S。通过目标区在搜索区域滑动,在每一个移动位置上按式(8.2)计算 DN 数组之间的相关(图中只表示了前两个相关,黑色方框表示了 $L \times L$ 的可能偏移位置)。在这个例子中,N 和 L 都等于 5。图下方为一个变形的图像,需要配准到参考图像中。用三个切片来寻找变形图像的最大互相关值,该位置可能位于非整数行和列上。参考图像和变形图像上的十字叉代表了相同的地面点,即控制点。用这三个控制点可以执行整幅图的仿射变换

[①]　在地形起伏剧烈和存在较大旋转的两幅图像之间,这种情况是不可避免的。一幅图像的内部变形相对于另一幅图像中对应片的内部变形可认为是两个特征差异的相加。

归一化过程能够去除两幅图像的局部增益差异,提高了它们之间的相似性。由于 K_1 对于所有的偏移都是一样的,在定位相对最大相关值时,可将其忽略。通过插值 $L \times L$ 相关表面来估计最大相关点(它暗示了两个切片匹配的偏移量),就可以得到亚像元的精度。在式(8.2)的计算中,坐标系统是局部的,例如(m, n)是相对于每个切片而定义的。当然,也必须知道原始图像的全局坐标。

有时候,在各种应用中,需要计算出每个切片的数字量均值,以产生互相关系数[1],

$$r_{ij} = \frac{\sum_{m=1}^{N} \sum_{n=1}^{N} (T_{mn} - \mu_T)(S_{i+m,j+n} - \mu_S)}{\left[\sum_{m=1}^{N} \sum_{n=1}^{N} (T_{mn} - \mu_T)^2 \right]^{1/2} \left[\sum_{m=1}^{N} \sum_{n=1}^{N} (S_{i+m,j+n} - \mu_S)^2 \right]^{1/2}} \tag{8.4}$$

这样处理的好处是可以去除两幅图像之间的局部附加偏置差异,并提高它们的相似性。图 8.3 中的两幅图像的获取时间相差 8 个月,辐射差异较大,通过这种处理也能够成功地相关。

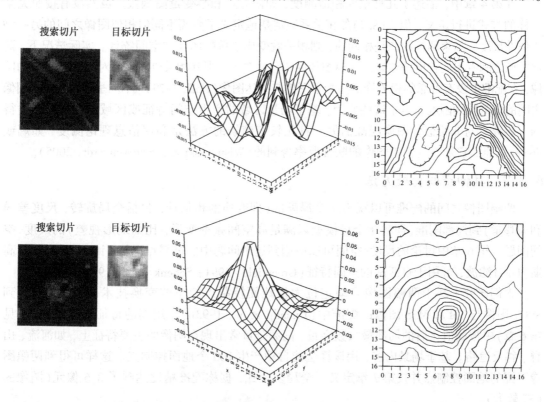

图 8.3　加州圣何塞地区的多时相 TM 图像(搜索切片获取于 1982 年 12 月 31 日,目标切片获取于 1983 年 8 月 12 日)的互相关系数曲面分布图。注意相关曲面的形状如何模拟目标,特别是高速公路交叉口。互相关峰值可以通过双变量多项式之类的二维函数拟合而估计亚像元的偏移量

空间互相关需要 $N^2 L^2$ 次计算,式(8.2)的分子部分可以通过快速傅里叶变换(FFT)计算而得,其效率比直接空间相关高(Anuta, 1970)。Barnea and Silverman(1972)描述了显著提高空间域相关计算速度的方法,并应用于 Landsat 图像中(Bernstein, 1976)。这些序贯相似性检测算法

[1]　这与式(4.17)的光谱相关系数中对于目标和搜索窗口的两个 $N \times N$ 像元区域的定义是一样的。

(Sequential Similarity Detection Algorithms，SSDA)利用了目标和搜索区域中很少量的随机位置的像元，能够快速找到近似匹配点，随后在估计邻近点附近按一定偏移量进行完整的计算而得到精确配准点。在这种情况下，用到的相似性测度是像元与像元之间不同偏移量的绝对差之和，

$$D_{ij} = \sum_{m=1}^{N} \sum_{n=1}^{N} |T_{mn} - S_{i+m,j+n}| \qquad (8.5)$$

在每一个偏移量上小计 D_{ij} 并与阈值比较，在所有的 N 个像元被计入总和前，如果超出阈值，则当前点不作为配准的候选点，算法继续到下一候选位置。

最后我们注意到，配准相关的匹配需要人工选择区域 T 和 S 来解决，T 和 S 暗示了它们包含了相同的地面区域。为了实现自动化处理，需要更加深入的相应匹配技术(Ton and Jain，1989；Ventura et al.，1990；Liang and Heipke，1996)。

与空间统计的关系

在第 4 章中，描述了几种空间相似测度，如协方差和半变量图函数。虽然没有按照完全一样的方式进行定义，但式(8.4)的相关系数清楚地定义了两幅不同但相似图像之间的另一种相似性尺度。如果两幅图像是相同的，则相关就变成了单幅图像的空间统计。实际情况下，两幅图像之间有不同程度的差异。两幅图像的相似性越差，则其相关性越低，对于完全不同的图像，在配准上没有可靠的相关峰值。光学图像与雷达图像(Hall，1979)、不同季节的多时相图像之间的配准特别困难。由于这些原因，基于场景区域的衍生空间特征或区域边界在配准中得到了研究。对非相似性图像配准的另一种比较有前景的方法是利用信息理论测度，如熵或 Fisher 信息，它是通过两幅图像的联合概率得到的(Wisniewski and Schowengerdt，2005)。

8.3.2　其他空间特征方法

两幅图像之间的配准可以视为从全局配准(即变换的粗估计，包括全局旋转、尺度差异和偏移量)到局部配准(即精化全局模型以满足高空间频率变形，比如地形视差)的尺度–空间问题。第 6 章中讨论的尺度–空间可以应用到这个问题中。过零点运算，诸如拉普拉斯–高斯(LoG)滤波，可用于自匹配的空间特征(Greenfield，1991；Schenk et al.，1991)。

人们研究了基于两幅图像自动定位大量地面控制点的小波变换技术，并将它应用到 SPOT 图像与 TM 和 MSS 图像的配准中(Djamdji et al.，1993b)。用到的特征是高频分量(见第 6 章)中被阈值化后的局部最大数字量，高频分量常出现在图像的主要特征上，如河流、山脊、谷及道路。基于场景内容，用该算法能自动产生 100 个地面控制点。这样可得到两幅图像匹配的地面控制点并按第 7 章定义了全局多项式，据称配准精度达到了 0.6 像元(图像的 GSI 较大)。

另一个具有相似 GSI 的尺度–空间图像配准方法直接在空间域运算。建立每个图像的多分辨率金字塔，基于区域相关技术在金字塔高层进行粗匹配。粗估计的结果被用于下层搜索区域相关。随着金字塔各层的依次相关，估计点得到了精化。

8.4　正射校正

正如第 3 章所讨论的，不同高程的地面目标在图像位置上会出现位移。根据摄影测量原理，这些位移可以用来估计图像点之间的差异。这一认识可以用来制作正射图像，其中点与

点之间的相对位置被校正，而不再受地形的影响。这样，图像中的所有透视变形都被消除了，且每一个点像是垂直向下看而得到的。

校正地形位移的遥感图像需要数字高程模型(Digital Elevation Model，DEM)，它由具有高程值的空间网格组成。传统的数字高程模型是通过立体解析制图仪得到的，通过从立体图像对中进行数字化而得到高程剖面。这些数字高程模型的分辨率比航空照片的分辨率低。最近这些年，人们发展了一些针对数字立体图像的高精度配准实用方法。这些方法能够产生接近图像 GSI 的高分辨率数字高程模型。

8.4.1　低分辨率数字高程模型

美国地质调查局装备了美国 240 m, 30 m 和 10 m GSI 的大型数字高程模型数据库。30 m 数字高程模型用于校正航空图像并得到数字正射图，它对应国家空间数据设施项目的现有 7.5 分地形图。下面根据 Hood et al. (1989)对这一过程的图像处理进行描述。

整个处理流程如图 8.4 所示。对于航空摄影，相机模型包括内定向模型，将相机参考框架上的框标与图像坐标联系起来；相机模型还包括外定向模型，描述了框幅式相机的三维透视几何特征。如果相机和扫描仪的几何特征是良好的，则内定向模型可以简单地看成仿射变换(见第 7 章)。外定向模型由共线方程决定(Wolf and Dewitt，2000；Mikhail et al.，2001)，

$$x = -f \cdot \frac{m_{11}(X_p - X_0) + m_{12}(Y_p - Y_0) + m_{13}(Z_p - Z_0)}{m_{31}(X_p - X_0) + m_{32}(Y_p - Y_0) + m_{33}(Z_p - Z_0)}$$
$$y = -f \cdot \frac{m_{21}(X_p - X_0) + m_{22}(Y_p - Y_0) + m_{23}(Z_p - Z_0)}{m_{31}(X_p - X_0) + m_{32}(Y_p - Y_0) + m_{33}(Z_p - Z_0)} \tag{8.6}$$

其中，(x,y) 是基准系统的照片坐标，(X_p, Y_p, Z_p) 和 (X_0, Y_0, Z_0) 分别是地面点 p 和相机的坐标，m_{ij} 是转换矩阵(包含了相对于地形的相机倾斜信息)，f 是相机焦距。该方程也可用于推扫式图像，在式(8.6)中，x(顺轨)坐标为 0，右边的参数被设置为与时间相关(Westin，1990)。

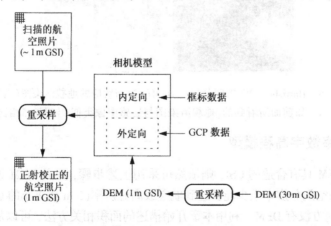

图 8.4　利用航空图像和低分辨率数字高程模型生产数字正射图像的流程。最终产品的 GSI 为 1 m，因此数字高程模型需要重采样以估计对应网格点的高程。坐标转换通过相机模型计算得到，且只需要一次重采样

事实上，系数 m_{ij} 是通过少量已知坐标 (X_p, Y_p, Z_p) 和 (x,y) 的地面控制点计算而得到的。原始低分辨率数字高程模型通过重采样(特别是双线性插值)到所需要的高分辨率网格(Hood et al.，1989)，每一个数字高程模型点通过共线方程和内定向方程获得对应扫描图像坐标。由于该坐标通常不会在扫描图像的整数行和列上，因此需要进行插值操作。

　　图8.5为一幅扫描的框幅式航空图像。图像的 GSI 为 1.2 m。图 8.6 为从其他立体航空图像对计算得到的 30 m DEM 和一幅地貌渲染图(与图 8.5 的太阳高度角接近)。图 8.7 为正射校正图像与地形图的比较。校正的图像可通过地图上的两个交叉路口进行验证。在原始图像上由于地形导致的透视变形,使交叉路口是弯曲的,校正以后它们如在地图上一样是笔直的。

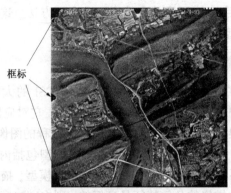

框标

图 8.5 宾夕法尼亚州 Harrisburg 的航空图像的完整扫描图像,该图像来自于国家航空图像项目(NAPP),
拍摄于1993年8月8日。图像边缘的8个黑色背景处的白圆圈是相机的框标,曝光在每一
幅照片上。它们可用于对相机内定向模型(将扫描坐标与摄影图像联系起来)进行定向(本
例中的图像和DEM数据由美国地质测量西部制图中心的 George Lee 和 Brian Bennett 提供)

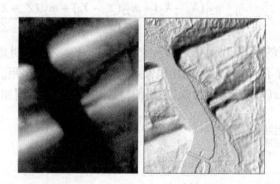

图 8.6　Harrisburg NE 的四分之一 DEM(左)与对应的地貌渲染图(右)。
如前面所看到的,地貌渲染图与遥感图像类似(与图8.5相比)

8.4.2　高分辨率数字高程模型

　　若高分辨率 DEM 具有合适的 GSI,则依然可采用上述步骤,只是 DEM 重采样这一步可以略去。然而 DEM 的空间分辨率很少能够达到航空或高分辨率(5 m 或更小的 GSI)卫星图像的水平,且世界上很多地方没有 DEM。利用本章开始描述的面积相关方法,可以从立体图像上计算得到 DEM,它具有与图像一样的 GSI。再次重述第 3 章所述的由于高程差异导致的图像位移,

$$\Delta Z \cong \Delta p \frac{H^2}{fB} = \Delta p \times \frac{H}{f} \times \frac{H}{B} \tag{8.7}$$

两个图像点的相对高程差与它们之间的相对位移 Δp 成比例。如果我们对许多候选地面控制点执行面积相关,就可以计算得到空间密集分布的 DEM。为了增加地面控制点的密度且减少全分辨率的计算量,需要用到后面提及的图像金字塔技术。从遥感图像中提取 DEM 的相

关研究见表8.2。卫星遥感器的立体图像可以由以下两种方式得到：从相邻轨道①获得重叠图像，或不同视角下获取图像(例如第1章中的高分辨率商用卫星)。

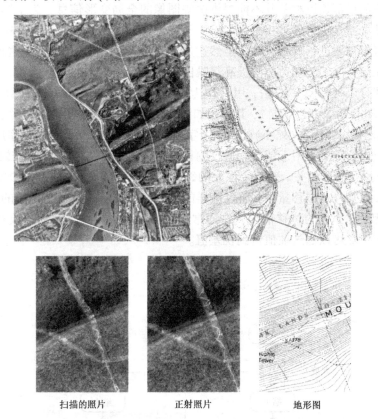

　　　扫描的照片　　　　　　　正射照片　　　　　　　地形图

图8.7　数字正射图像和对应的地图。注意分析它们之间地物的一致性。地形图扫描图像是从1∶24 000(USGS，1995)比例尺的纸质地图采样至2.4 m GSI得到的。通过正射校正处理的正射投影效果位于图下方

表8.2　从遥感图像上确定高程的文献。高程精度通常由遥感器 GSI 和地形本身
决定。例如，所引用的 ETM + 高程精度是在崎岖的山区地形上获取的

遥 感 器	技 术	高程精度	参考文献
航空照片	匹配相关	–	Panton(1978)
ASTER	层次区域相关	10 ~ 30 RMS	Eckert et al. (2005)
LISS-II	区域相关	34 ~ 38 RMS	Rao et al. (1996)
ETM + 全色	遥感器模型，摄影测量	92	Toutin(2002)
MISR	局部最大值，区域相关	500 ~ 1000	Muller et al. (2002)
MTI	多图像，HWS，遥感器模型，摄影测量	6 RMS	Mercier et al. (2003) Mercier et al. (2005)
QuickBird	遥感器模型，摄影测量，区域相关	0.5 ~ 6.5	Toutin(2004)
SIR-B	大规模并行处理器上的 HWS	–	Ramapriyan et al. (1986)
SPOT	解析立体测图仪上的胶片图像	7.5 RMS	Konecny et al. (1987)
SPOT	解析立体测图仪上的胶片图像	最大7	Rodriguez et al. (1988)
SPOT	边缘匹配，区域相关	12 ~ 17 RMS	Brockelbank and Tam (1991)
SPOT	边缘点匹配和相关	26 ~ 30 RMS	Tateishi and Akutsu (1992)
TM	区域相关	42 RMS	Ehlers and Welch (1987)

---

①　对于纬度为35°的 TM 图像，其交轨 GFOV 的旁向重叠为30%(Ehlers and Welch，1987)。

分层变形立体

在某一位置的局部邻近相关并不能提供两幅图像的全局变形信息。为了测量全局变形,需要在图像的几个点上进行邻近相关。如果由于突变(如地形)而使变形非常复杂,则图像的每一个像元位置都需要进行局部相关。虽然这是可行的,但我们还是要避免这种高强度的计算。虽然大面积窗口之间的相关能够提高信噪比,但这会增加计算负担。

我们将阐述分层变形立体方法,用它作为根据数字立体图像对详细计算 DEM 的例子(Quam, 1987; Filiberti et al., 1994),其流程如图8.8所示。"畸变图像"需要配准到"参考图像"中。首先创建每一幅图像(缩小)的高斯金字塔(第6章描述过)。低分辨率层用于寻找粗位移,而下一个高分辨率层用于精化。通过偏移量估计畸变图像相应的坐标转换,从而得到可能的区域,再进行局部相关。对每个像元的邻域进行局部区域面积相关(如先前描述的),所计算的位移加入输入的位移量中,通过这样的方式一层一层地执行到期望的高分辨率层。还要考虑空间相关性太低的位移情况。这通常发生在具有很少的空间细节或对比度小的区域。存在空洞的区域可以通过插值得到视差值。

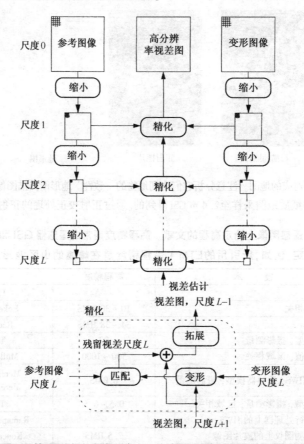

图8.8　HWS算法。在金字塔的每一层,精化操作能够提高视差图的分辨率和精度。匹配操作是以每个像元为中心的局部区域相关(Quam,1987)

我们用图8.9的航空照片对来说明 HWS 算法。有时候难以从提取的原始视差图获取地面控制点,而焦距和相机的姿态也未知。目标区域是 13×13 像元,搜索区域是 29×29 像元,允许的最大视差为正负 8 像元(Filiberti et al., 1994)。所计算的视差图看起来像通过等高线图插值得到的 DEM，但视差图(见图 8.10①)有一个由低到高的趋势或倾斜状态。将两幅图的三个角点拟合到一个平面函数，就可以将差异校正到适当的高程值，且在这三个角点上把视差数据调整到与地形数据相匹配，这样可以去除变化趋势。通常不推荐使用这个校正过程；如果可以得到框标和地面控制点数据，那么一般采用相机内、外定向进行正射校正。事实上，生成 DEM 后，通过把视差图匹配到现有的地形图中，就可以获得近似的定向。

有了地形等高线图，为什么还要用 HWS 算法对航空图像对进行处理呢？原因是通过诸如 HWS 相关处理后，可以从数字图像直接获得 DEM，与立体绘图仪比较而言无须多少人工干预。而且，得到的 DEM 有较高的地面分辨率(见图 8.11)。为了从地形等高线图中得到密集的网格 DEM，需要对等高线数字化和插值，这将降低其分辨率。

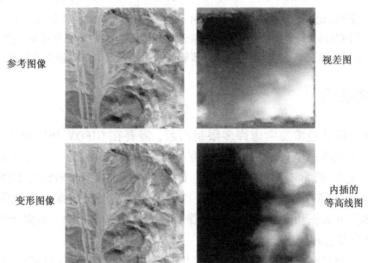

图 8.9　1975 年 11 月 13 日获取的内华达州 Cuprite 地区航空照片对。飞行方向是垂直于图像的，因此视差也是垂直方向的。然而，相对于地面坐标而言照片是不可控的。事实上，相对于地面水平方向，航空照片是倾斜的。视差图边缘的噪声出现在两幅图像重叠区域以外。通过1:24 000地形图(等高距为40 ft)插值得到的网格 DEM 也显示在图中(航空照片由美国地质测量西部制图中心喷气推进实验室的 Mike Abrams 提供；HWS 算法的结果图和等高线插值图由亚利桑那大学的Daniel Filiberti制作)

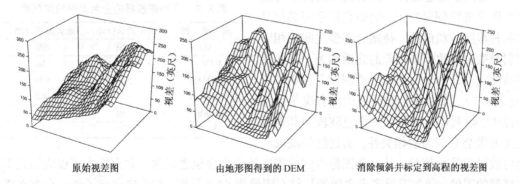

图 8.10　原始视差图显示了相对于地形图 DEM 未校正的倾斜相机效果。两幅图的三个角点上的 z 坐标用来将平面调整到HWS导出的DEM上，从而生成校正的地图。HWS导出的DEM结构能和地形图很好地匹配。本图为图8.9中的DEM的右下角300×300像元区域，以15的比例因子采样以产生清晰的曲面图

① 相机的水平气泡成像在每一个航空像框边缘，显示了飞行方向上两个像框的相对倾斜度。

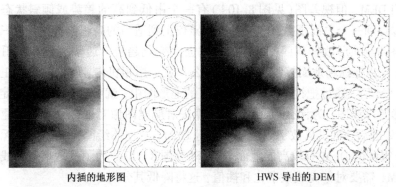

内插的地形图　　　　　　　HWS 导出的 DEM

图 8.11　插值的地形图和 HWS 生成的 DEM 子图,校正了倾斜和 z 尺度(见图 8.9)。对两个DEM都执行等高线提取算法。HWS算法产生的DEM细节更为明显。当然,这并不意味精度更高;这需要利用比插值等高线图精度更高的数据库才能评价其精度

8.5　多图像融合

遥感器系统的设计经常要考虑许多限制因素,需要在 GIFOV 和信噪比之间达到平衡。对于多光谱甚至高光谱,由于遥感器的波段宽度比全色波段窄,为了收集过多的光线和维持适当的信噪比,它们通常有较大的 IFOV。许多遥感器,诸如 SPOT、ETM +、IKONOS、OrbView 和 QuickBird 都有多光谱波段,以及自配准的高空间分辨率全色波段。用合适的算法可以将这些多光谱数据和高空间分辨率图像合成新的多光谱图像。对多光谱或多遥感器图像合成而言,这个概念称为融合。

融合前,高、低两种分辨率的图像必须在几何上进行配准。高分辨率图像作为参考图像,低分辨率图像向它配准,因此低分辨率图像必须重采样以得到高分辨率的 GSI。地面控制点方法(见第 7 章)或本章的自动配准方法可用到这一过程中。主要的相对偏差是由于 GSI 不同引起的,但也有平移、旋转和高阶变形。如果高、低两种分辨率的图像来自同一遥感器,例如 ALI 的多光谱波段和全色波段,则数据本身是已经配准过的,对它们只需将多光谱 GSI 采样至全色波段即可。

有效的多遥感器图像融合需要对两个待融合的图像进行辐射校正,例如它们之间必须具有某种程度的相似性。待融合图像之间的相对辐射畸变会导致效果很差的光谱相关。某些遥感器的问题是由于全色波段范围没有覆盖 NIR(见表 8.3)。如果全色波段范围没有覆盖近红外范围,则图像上的植被在全色波段和其他可见光波段会有较高的相关性,而近红外波段与

表 8.3　几种遥感器的全色波段响应范围

遥 感 器	最小波长(nm)	最大波长(nm)
ALI	480	690
ETM +	500	900
IKONOS	526	929
OrbView	450	900
QuickBird	450	900
SPOT-5	480	710

全色波段相关性较差。从这些图像得到的彩红外融合会包含错误。融合技术可以应用到不同遥感器的图像,例如卫星多光谱图像与航空图像或 SAR 图像,但在辐射相关性上会存在更多的问题。在这种应用中,一种解决方法是用一个图像的专题分类结果减弱融合过程中两幅图像的辐射值(Filiberti and Schowengerdt,2004)。

表 8.4 介绍了许多不同的锐化算法。它们通常分为两类:特征空间和空间域方法。我们将在后面章节对它们进行比较。

表8.4 多遥感器和多光谱图像融合实验

低分辨率图像	分辨率图像	GSI 比值	技 术	参考文献
MSS	机载 SAR	–	FCC	Daily et al. (1979)
MSS	Seasat SAR	3∶1	HFM	Wong and Orth(1980)
根据 MSS-1 和-4 模拟的图像	MSS-2	5∶1, 3∶1	HBF	Schowengerdt(1980)
MSS HCMM	RBV MSS	2.7∶1 7.5∶1	HSI	Haydn et al. (1982)
模拟的 SPOT 多光谱	模拟的 SPOT 全色	2∶1	HFM HFM, LUT	Cliche et al. (1985) Price(1987)
SPOT 多光谱	SPOT 全色	2∶1	HFM IHS 辐射	Pradines(1986) Carper et al. (1990) Pellemans et al. (1993)
TM	航空照片	7∶1	图像相加	Chavez(1986)
TM	机载 SAR	2.5∶1	HSI	Harris et al. (1990)
TM-6	TM-1-5, 7	4∶1	HBF LUT	Tom et al. (1985) Moran(1990)
TM, SPOT 多光谱	SPOT 全色	3∶1, 2∶1	HSI	Ehlers(1991)
TM	SIR-B SAR	2.3∶1	HSI	Welch and Ehlers(1988)
TM	SPOT 全色	3∶1	HSI HBF, HSI, PCT HSI, PCT HFM	Welch and Ehlers(1987) Chavez et al. (1991) Shettigara(1992) Munechika et al. (1993)
AVIRIS	航空照片	6∶1	HFM	Filiberti et al. (1994)
TM	SPOT 全色	3∶1	小波变换	Yocky(1996)
SPOT 多光谱	SPOT 全色	2∶1	小波变换	Garguet-Duport et al. (1996)
TM	SPOT 全色	2∶1	小波变换 HSI, PCT	Zhou et al. (1998)
TM 热波段	TM 多光谱	4∶1	非约束和加权的 最小二乘分离	Zhukov et al. (1999)
TM	SPOT 全色	3∶1	HFM	Liu(2000)
IKONOS 多光谱	IKONOS 全色	4∶1	小波变换	Ranchin et al. (2003)
ETM + 多光谱	ETM + 全色	2∶1	自适应 HFM	Park and Kang(2004)
ETM + 多光谱	ETM 全色 SAR	2∶1	非约束和加权的 最小二乘分离	Filiberti and Schowengerdt(2004)
IKONOS 多光谱	IKONOS 全色	4∶1	小波变换	Gonzalez-Audicana et al. (2005)
ETM + 多光谱	ETM + 全色	2∶1	傅里叶变换	Lillo-Saavedra et al. (2005)

8.5.1 特征域融合

如第 5 章所讨论的,我们可以把多光谱图像转换到一个新的图像空间,其中的图像代表相关成分,如通过主成分变换(PCT)可以生成空间中的 PC_1 成分,或通过彩色空间变换(CST)生成空间中的强度成分。特征空间融合方法采用高分辨率图像替代该成分并把它转换到原图像空间中(见图 8.12)。

在这两种方法中,原始成分和替代成分之间存在辐射的相关性是很重要的。由于这个原因,图 8.12 中包含一个"匹配"操作,如果两个图像的直方图形状差异较大,则利用最大最小数字量值对它们进行线性拉伸通常是不够的。在这种情况下，累积分布函数参考拉伸(见第5章)更为有用，且能够部分地补偿原始成分和高分辨替代成分的弱相关性。

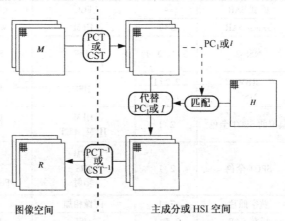

图8.12　利用特征空间成分替代的方法进行图像融合，本例中为第一主成分或者强度成分。多光谱图像 M 已经配准到高分辨图像 H 中。彩色空间变换只能局限于三个波段，而主成分变换则没有这个限制

8.5.2　空间域融合

这种融合的思想是将高分辨率的高频成分转换到低分辨率图像中。Schowengerdt(1980)展示了这一方法的例子。为了模拟低分辨率波段，Landsat MSS 的 80 m 波段1和波段4通过空间均值化进行退化，并下采样至 240 m 或 400 m。然后它们重采样至原始的 80 m GSI 且对 80 m 的波段2的每个像元执行如下操作：

$$R_{ijk} = M_{ijk} + \text{HPF}[H_{ij}] \tag{8.8}$$

其中，R_{ijk} 是波段 k 的重建(融合)图像，M_{ijk} 是采样至高分辨率图像 GSI 的低分辨率图像波段 k，且 $\text{HPF}[H_{ij}]$ 是高分辨率图像 H_{ij}(本例中为波段2)的高通分量。式(8.8)是式(6.6)的高频提升滤波(HBF)，而图像的 M_{ijk} 成分和高通成分 $\text{HPF}[H_{ij}]$ 来自两幅不同的图像。式(8.8)的成功重建依赖于两幅图像高频成分的辐射相关性。虽然 R_{ij1}、R_{ij4} 和 M_{ij2} 的彩色成分在视觉上比利用原始图像波段2和退化波段1及波段4的合成图像更加锐化，但是在波段2与这些波段存在负相关的地方，特别是在植被/土壤边界处，会存在错误。启发式的空间乘性加权函数 K_{ijk} 可用于改善这些区域的融合效果，

$$R_{ijk} = M_{ijk} + K_{ijk} \text{HPF}[H_{ij}] \tag{8.9}$$

高频调制

在高频调制算法(High Frequency Modulation, HFM)中，高分辨率全色图像 H，通过与多光谱低分辨率图像 M 的每一个波段相乘，并用 H 的低通滤波进行归一化来估计波段 k 的增强多光谱图像，

$$R_{ijk} = M_{ijk} H_{ij} / \text{LPF}[H_{ij}] \tag{8.10}$$

这样，该算法能够使波段 k 的增强多光谱图像与对应的多光谱图像在每一个像元上简单地成比例。比例常数是一个空间变量增益因子 K_{ijk}，

$$K_{ijk} = M_{ijk} / \text{LPF}[H_{ij}] \tag{8.11}$$

使得，

$$R_{ijk} = K_{ijk} H_{ij} \tag{8.12}$$

利用第 6 章开始介绍的双成分空间频率图像模型，

$$H_{ij} = \text{LPF}\,[H_{ij}] + \text{HPF}\,[H_{ij}] \tag{8.13}$$

重写式(8.10)得

$$
\begin{aligned}
R_{ijk} &= M_{ijk}(\text{LPF}\,[H_{ij}] + \text{HPF}\,[H_{ij}])/\,\text{LPF}\,[H_{ij}]\\
&= M_{ijk}(1 + \text{HPF}\,[H_{ij}]/\text{LPF}\,[H_{ij}])\\
&= M_{ijk} + K_{ijk}\,\text{HPF}\,[H_{ij}]
\end{aligned}
\tag{8.14}
$$

它与式(8.9)在形式上相同，都有一个特殊的空间权重函数 K_{ijk}，见式(8.11)。因此，HFM 方法等同于计算 M 的高频提升滤波，从高分辨率图像 H 计算高频成分，且被 K 加权。HFM 流程如图 8.13 所示。

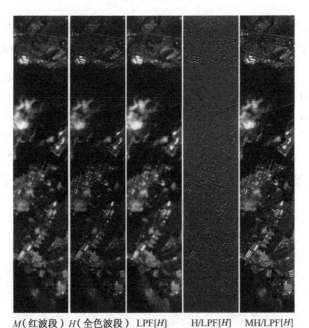

M(红波段) H(全色波段) LPF[H]　　　H/LPF[H]　MH/LPF[H]

图 8.13 利用 HFM[见式(8.10)]融合两幅图像的过程。夏威夷 Pearl Harbor 的图像来自于 ALI，红波段和全色波段的 GSI 分别为 30 m 和 10 m。注意数字量值的比例，H/LPF[H]，动态范围的均值为 1，这使得融合图像的强对比度边缘处有较大的锐化效果(ALI 图像由美国地质测量局的 George Lemeshewsky 提供)

HFM 的滤波设计

为了完善空间域滤波，必须对高分辨率图像进行高通、低通滤波。由于两幅图像的辐射归一化，不能随意设计这些滤波器。例如，在式(8.10)中，将 LPF 匹配到多光谱图像的有效 PSF 比将它匹配到高分辨率全色图像似乎更合理。这种直觉关系有相应的数学推导(Schowengerdt and Filiberti, 1994)。本质上，在高、低分辨率图像之间使用总的相对 PSF 能够保持从原始图像到重建图像的局部辐射。总的 PSF 由三个分量构成，都在较小的 GSI 上进行采样，

- 低分辨率遥感器的 GIFOV，如融合 10 m 全色和 30 m ALI 多光谱图像时，它是一个 3 × 3 方形 PSF。
- 保留的低分辨率 PSF 分量，包括图像运动和光学系统等(见第 3 章)。
- 用于配准两幅图像的重采样函数(见第 7 章)。

这三个分量相互卷积而获得总的 PSF(如第 3 章所述)，并用于计算式(8.10)的 LPF[H]分量。

用遥感器模型进行锐化

Lemeshewsky(2005)提出了将 HFM 和多光谱数据复原(见第7章)结合的方法并用于 ALI 图像中。这一方法的迭代方程为

$$R_{ijk}^{m+1} = R_{ijk}^{m} + \alpha_1 \, \text{LPF} \left[\uparrow M_{ijk} - \downarrow (\text{PSF}_k * R_{ijk}^{m}) \right] + \alpha_2 \, \text{HPF}[H_{ij} - R_{ijk}^{m}]$$
$$= R_{ijk}^{m} + \Delta_M^m + \Delta_H^m \tag{8.15}$$

该公式利用第 m 次迭代的 R_{ijk}^{m} 来定义第 $m+1$ 次迭代的 R_{ijk}^{m+1},初始估计重采样多光谱图像的:

$$R_{ijk}^{0} = \text{LPF}[\uparrow M_{ijk}] \tag{8.16}$$

符号 ↑ 和 ↓ 分别代表3倍上采样和1/3倍下采样。这与图6.32建立图像金字塔的操作一样。空间卷积操作 LP 用于对 ALI 多光谱图像0值处插值,该操作是最近邻或双线性重采样函数,

$$最邻近: 1/9 \cdot \begin{bmatrix} +1 & +1 & +1 \\ +1 & +1 & +1 \\ +1 & +1 & +1 \end{bmatrix} \quad 双线性: 1/8.92 \cdot \begin{bmatrix} +0.11 & +0.22 & +0.33 & +0.22 & +0.11 \\ +0.22 & +0.44 & +0.66 & +0.44 & +0.22 \\ +0.33 & +0.66 & +1 & +0.66 & +0.33 \\ +0.22 & +0.44 & +0.66 & +0.44 & +0.22 \\ +0.11 & +0.22 & +0.33 & +0.22 & +0.11 \end{bmatrix} \tag{8.17}$$

它们是由全色和多光谱波段3倍 GSI 的差异决定的。HP 卷积滤波器是离散拉普拉斯滤波器(见第6章),

$$1/256 \cdot \begin{bmatrix} -1 & -4 & -6 & -4 & -1 \\ -4 & -16 & -24 & -16 & -4 \\ -6 & -24 & +220 & -24 & -6 \\ -4 & -16 & -24 & -16 & -4 \\ -1 & -4 & -6 & -4 & -1 \end{bmatrix} \tag{8.18}$$

PSF_k 是波段 k 的 PSF,在 10 m 处采样(见第7章 ALI PSF 的有关描述)。调整两个参数 α_1 和 α_2 到使算法的迭代次数处在一个合理的水平上,Lemeshewsky(2005)使用的分别是 1 和 0.5。

从式(8.15)可以看出,通过加入以下两项,多光谱波段的锐化是迭代变化的:

- Δ_M。原始低分辨率多光谱波段与当前锐化的多光谱波段和遥感器 PSF 卷积的差值,类似于图像复原中的迭代去模糊(Biemond et al., 1990)。

- Δ_H。高分辨率全色波段与当前锐化多光谱波段的差值,类似于图像复原中的规则化(Biemond et al., 1990)。

随着算法迭代的不断进行,增加量 Δ_M 和 Δ_H 幅度减少,则表明了算法收敛。这种方法能够同时保留低分辨率多光谱波段的光谱成分和全色波段的空间高频成分。在这一算法中不需要像特征空间融合那样的直方图匹配算法。

该算法经过 5 至 7 次迭代就可以产生在视觉上比 HFM 融合更锐化的图像。这种方法($\alpha_1 = 1$,$\alpha_2 = 0.5$)和模拟的 ALI 图像 HFM 融合(Lemeshewsky, 2005)、只恢复的融合($\alpha_1 = 1$,$\alpha_2 = 0$)和只有 HP 的融合($\alpha_1 = 0$,$\alpha_2 = 0.5$)进行了比较;通常迭代方法产生最低的 RMS 误差。许多真实图像的融合对该方法与其他方法进行了详细的定量比较。

8.5.3　尺度-空间融合

多分辨率图像融合看起来是第 6 章中尺度-空间概念的自然应用。特别地，小波变换用于融合 SPOT 多光谱和全色图像（Garguet-Duport et al., 1996）及融合 Landsat TM 和 SPOT 全色波段（Yocky, 1996）。在融合 SPOT 多光谱和全色波段时，全色波段分别拉伸三次，将它分别与其他的三个多光谱波段进行直方图匹配。每一次被修改的全色波段都计算一层小波变换（与原始图像的 GSI 相差一倍）。用每个原始多光谱图像（20 m GSI）和相应被修改的全色波段的高频成分（见第 6 章的 L_xH_y，H_xL_y 和 H_xH_y）合成一个第一层多光谱分量。由于小波变换的下采样，这些分量的 GSI 为 20 m。然后计算小波逆变换，产生 3 个重建的 GSI 为 10 m 的多光谱波段。相同的方法用于融合 SPOT 全色波段和 TM 多光谱图像，两幅图像需要建立 5 层金字塔（经过配准且采样至相同的 GSI），且 SPOT 数据在最高层被同一层的 TM 数据代替（Yocky, 1996）。这两种基于小波的方法类似于 HFM，用小波算法执行必要的尺度重采样。

8.5.4　图像融合举例

2001 年 7 月 27 日获取的亚利桑那州 Mesa 地区 ALI 遥感图像用于多光谱空间融合（见彩图 8.1）。由于 ALI 全色波段的光谱响应包括了可见光波段，而没有包括近红外波段（见表 8.3）。天然彩色成分在融合中比 CIP 成分更好。六锥彩色空间变换用于从 ALI 波段 3、波段 2 和波段 1 产生色调、饱和度和强度分量。全色波段通过累积分布函数参考拉伸匹配（见第 5 章）到强度分量（见图 8.14）。当两幅图像比较相关时，数字量变换不是最主要的。最后对色调、饱和度和强度执行逆 CST。融合的结果为全色波段和可见光波段，几乎没有一点瑕疵（见彩图 8.1）。

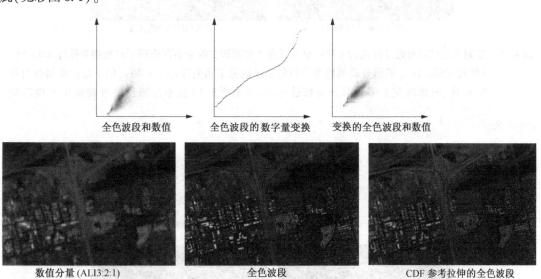

图 8.14　原始全色波段对可见光波段 3、波段 2 和波段 1 的分布图表现了很高的相关性（$\rho = 0.817$）。累积分布函数参考拉伸稍微改善了相关性（$\rho = 0.828$）。全色波段通过匹配后，它的中低数字量范围的对比度有所减弱

为了说明全色波段与被替换强度分量之间辐射相关性的重要性，用 ALI 波段 4、波段 3 和波段 2（对应于 TM 的波段 4、波段 3 和波段 2）的彩红外分量进行融合。运算过程与前文类

似;原始图像和结果图像见彩图8.1。注意,在融合结果中代表植被区域的红色被明显削弱了。这是由于全色波段与强度分量匹配的结果。从图8.15中可看出,由于NIR的植被信号比天然彩色成分与全色波段之间具有更低的相关性,导致其难以采用参考拉伸算法并替代强度成分。

最后,对主成分变换融合进行了比较。原始波段和匹配后的全色波段,以及对应的PC_1分布图和全色波段转化都表示在图8.16中。对这一特殊图像,在PC_2中能有效地得到植被信号,使PC_1和全色波段具有较高的相关性。对原始彩色波段执行主成分变换,用匹配的全色波段所替代PC_1,对修改后的主成分图像执行逆变换。对这幅图像进行彩红外波段融合时(见彩图8.1),采用主成分变换比彩色空间变换明显要好。

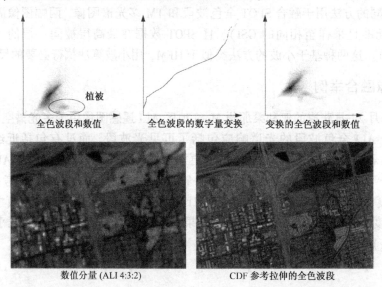

图8.15 原始全色波段对近红外波段4和可见光波段3和波段2的分布图表现了较低相关性($\rho = 0.454$)(相对于图8.14)。累积分布函数参考拉伸稍微改善了相关性($\rho = 0.46$),但不能去除植被引起的差异。图像的左上部大部分为植被区域(见彩图8.1)且不能通过参考拉伸很好地匹配

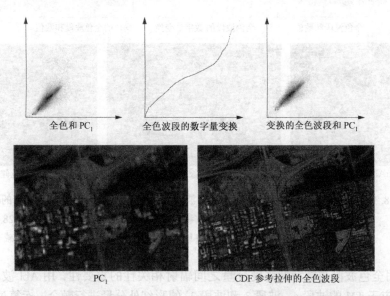

图8.16 原始全色波段与波段4、波段3和波段2的PC_1具有较高的相关性($\rho = 0.823$)

总之，多遥感器融合图像的质量通过以下几个方面应该能够得到改善：

- 为了减少场景相关的因素，图像在获取时间上应尽可能相似，且图像中没有大的地形起伏。
- 为了减少遥感器相关的因素，高分辨率图像的光谱波段应尽可能与被替代的低分辨率成分相似。
- 为了减少残余辐射瑕疵，高分辨率图像在全局对比度方面应该与被替换的成分匹配。这可以通过相对辐射校正或参考对比度拉伸完成。

如果融合的图像来自于不同遥感成像机理(phenomenologies，见第 2 章)的光谱时，那么这些因素就不太重要了。因为没有先验的原因假设图像之间的辐射相关性。例如，低分辨率热量图像与高分辨率多光谱可见光图像的融合能够提供有用的解译线索(Haydn et al., 1982)。在彩色空间变换融合方法中，用热图像替换三个多光谱图像的色调成分特别有效。另一个常见的例子是用分辨率相对较高的 SAR 图像替换光学三个波段的强度分量。为了定量信息提取而融合多源数据显得很迫切，但也很难。

8.6　小结

在遥感图像的许多分析中都需要图像配准。本章阐述了优于人工选择地面控制点的自动化工具和提高配准精度的方法。配准的图像进行融合以进行信息提取。本章的要点在于：

- 像元级的配准需要图像之间的空间特征提取和匹配。尺度-空间数据结构是一种有效解决大小尺度之间变形的方法。
- 高分辨率高程图可以通过立体图像对进行像元级配准后导出。
- 多分辨率图像融合的质量主要依赖于图像之间的相关性，弱相关会导致较差的融合质量。

下一章将讨论遥感图像的专题图制作。这一过程所需的数学和算法工具与目前阐述的完全不一样，但结果图像的质量与前面章节所述的因素也有关系。

8.7　习题

8.1　为什么不能在 Landsat TM 一景图像的下半部和另一景图像的上半部且有重叠的部分来获得立体区域？

8.2　式(8.4)的互相关系数通常用于匹配图像切片。遥感图像中的哪些环境因素和定标因素能采用归一化去除？

8.3　导出低分辨率多光谱图像和高分辨率全色图像 PCT 融合的数学表达式。为简化起见，假设 GSI 相同且经过配准。

8.4　对于 8.5.3 节描述的两个基于小波的融合方法，画出类似于图 8.12 的流程图。

8.5　图 8.13 的图题陈述了"…… 数字量值的比例，H/LPF[H]，动态范围的均值为 1"，请解释。

第9章 专题分类

9.1 概述

专题地图展示了典型地物特征的空间分布，它是对某一区域的信息描述，图像分类是利用图像建立专题图的一种方法。分类的类别可以是简单的类别，如土壤、植被和粗分类的水体表面，也可以是不同类型的土壤、植被及分类较细的水体。我们从遥感图像建立专题图的时候，必须注意根据图像数据选择合适的分类类别。前几章已经讨论过，有很多原因可能会导致相同的 GIFOV 中光谱信号出现模糊，例如地形、阴影、大气可见度及遥感器校正变化等。我们可以对某些影响进行建模，但有些是不能建模的，所以计算时需要考虑它们的统计特性。本章将具体讨论分类算法，特别针对了第 2 章至第 4 章中介绍的相关物理模型和数据模型。

9.2 分类流程

图 9.1 展示了图像进行传统专题分类的一般流程。

- **特征提取**：首先对多光谱图像进行空间或者光谱变换，得到特征空间域的图像。选取全部波段中的几个波段进行 PCT 降维或者空间光滑处理。这一步是可选的，也就是说，如果需要则可以直接使用原始多光谱图像。
- **训练**：选择一些像元对分类器进行训练，以识别预期的专题或者分类，确定划分特征空间的边界。这一步既可以在分析者的监督下进行，也可以在计算机算法的辅助下进行非监督分类。
- **标签化**：利用特征空间的边界范围确定各个像元的归属。如果训练是在监督条件下进行的，那么这些标签就和分析者定义的标签相关联。如果是非监督分类，那么就需要对这些区域进行贴标签处理。这样，在输出的结果图上每个像元都有一个标签。

我们还需要对最终的结果进行变换，完成从编号的图像数据到能代表不同地物或者条件的描述性标签的变换。通过标签化处理，我们将图像数据转化成包含有用信息的形式。

在对图像进行分类时，会导致图像数量严重损失。一般来说，高光谱图像包含几个到上百个波段，每个波段至少有 8 比特/像元，如果对其进行专题制图①，那么专题图中就包含为数不多的几个类别标签。因此，可以利用少于 8 比特/像元的编码形式把专题图存在一个单波段的文件中。因此，有时可以利用这种方法对相关性较高的数据进行压缩处理（见图 9.2）。一般从像元向量到标签的查找表称为密码本，用来在发射端对数据进行编码，在接收端对数据进行解码。如果一个像元特征唯一对应一个标签，我们称这种处理为"无损处理"，这种标签处理在接收端就可以精确地把标签转换成像元特征；如果不同的像元特征都映射到同一个标签，此时的处理就是有损处理。处理算法的压缩特性就是通过保存原始图像数据的方式来体现的。

---

① 对于一些复杂的制图项目，单个数据集都可能产生 30 至 40 个类别，但这种情况很少见。

因此，从这个方面来看，可以说分类器的输出是原始图像数据的一个近似，可以根据这个近似去估计分类器的计算精度。本章根据这种方法比较不同的图像分类算法。这种方法提供了一种客观估计图像的准则，它避免了对不同分类方法进行精度比较的困难。在图像分类应用中，后者用得比较广泛，然而分析者本质上关心的是地图的标签精度，因此我们在这里并不对这种方法进行讨论，感兴趣的读者可以参考 Landgrebe(2003)和 Jenson(2004)关于图像分类精度估计的论述。

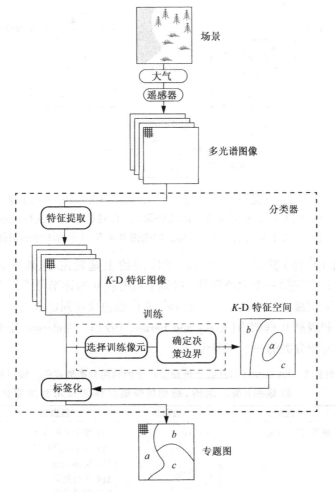

图 9.1 分类处理的数据流程

9.2.1 图像尺度和分辨率的重要性

在传统的航空遥感图像解译处理中，地理尺度是个非常重要的概念，它指的是飞机飞行高度和相机焦距的比值。1∶24 000 比例尺的航空照片比同样的相机在两倍高度获取的 1∶48 000 比例尺图像能显示更多的地面细节。因此制图者必须确定哪些信息类型可以在当前的比例尺下准确显示出来(Avery and Berlin, 1992)。

对于星载数字图像来说，比例尺也是非常重要的，除非尺度对数据的应用特性没有影响或者影响不大。如果卫星系统的高度和遥感器参数在设计阶段已经确定，就必须确定 GSI 和 GIFOV 两个测量值来完成对图像的分析。很明显，在一定的分辨率下可以得到的信息级别和类型取决于 GSI 和 GIFOV(详见第 4 章)。例如,对于 1 米/像元的 GSI 和 GIFOV(这也是典型商业卫星所提供的数据)就可以对路面上较大的车辆进行类型的辨别,而这是 TM 图像①不能进行的。与此类似,我们可以利用 TM 数据对农村地区进行分类,而 AVHHR 是做不到的。

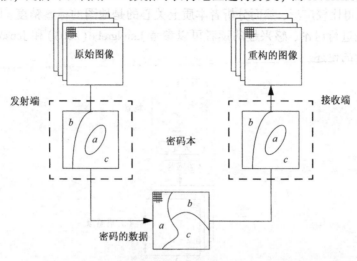

图 9.2　分类可以看成一种数据压缩技术。已完成图 9.1 中的训练步骤得到密码本,左列是发射端进行的编码阶段,右列是接收端进行的解码阶段,与文中介绍的一样,解码后的图像并不是对原始图像的很好重建

Anderson et al. (1976)发表了一个被广泛应用的土地利用/土地覆盖分级分类系统。表 9.1 是对农村土地类别的一个大类划分,级别 I 和级别 II 的详细分类列在表 9.2 中。如果信息充分,则可以采用级别 III,甚至是级别 IV,它们也包含在固定分类结构的美国地质调查局所定义的级别 I 和级别 II 框架内(Avery and Berlin, 1992)。Anderson 分类系统并不是唯一的分类表,它只是专题分类的一个典型代表。

表 9.1　Anderson 的三级土地覆盖和土地利用分类表实例。级别 I 和 级别 II 是固定的,级别 III 根据具体的应用有所变化

级别 I	级别 II	级别 III
1 城市/建筑用地	11 居民	111 单个家庭住地
		112 多个家庭住地
		113 集体住地
		114 居民旅馆
		115 移动住所
		116 临时住所
		117 其他

人们已经评价了不同地物类型制图所需的 GIFOV,比如道路(Benjamin and Gaydos, 1990)或者常温下的土地覆盖(Markham and Townshend, 1981)。利用 80 m 的 Landsat MSS 图像能够完成 Anderson 级别 I 制图,利用 30 m 的 TM 图像或者 20 m 的 SPOT 高光谱图像能够完成 Anderson 级别 II 制图(Lillesand et al., 2004)。若需要级别 III 的制图,则需要 5 m 的 SPOT 全色图像或者更高分辨率的图像,这些已经被普遍接受。

---

① 军方在可见目标识别应用中,早就采用了沿着一个物体的线性维度 3 到 5 个"分辨单元"作为指导。例如,识别一个处在卡车上面的坦克。

表 9.2　级别 I 和级别 II 土地利用和土地覆盖分类表(Anderson et al., 1976)

级别 I	级别 II
1 城市/建筑用地	11 居民
	12 商业/服务区
	13 工业区
	14 交通,社团和单位
	15 工业和商业混合区
	16 城市和建筑混合用地
	17 其他城市/建筑用地
2 农业用地	21 作物地/草地
	22 果树,树林,葡萄园,托儿所,植物园
	23 狭小的饲养场
	24 其他农业用地
3 牧场	31 草场
	32 灌木丛
	33 混合牧场
4 森林	41 落叶林
	42 常青林
	43 混合林地
5 水体	51 小河或者水渠
	52 湖泊
	53 水库
	54 水湾
6 湿地	61 森林湿地
	62 非森林湿地
7 裸露的土地	71 干盐地
	72 海滩
	73 海滩附近的沙地
	74 裸露的岩石
	75 条状矿产,矿场,砂砾
	76 过渡地带
	77 混合的裸露土地
8 冻土地带	81 灌木冻土地带
	82 草本冻土地带
	83 裸露的冻土地带
	84 湿地冻土地带
	85 混合的冻土地带
9 常年积雪/积冰	91 常年雪地
	92 冰河

9.2.2　相似度概念

　　像元之间或者像元组之间的相似度是很多图像处理算法的基本概念。例如,在图像分类中,希望对具有相同地物特性的物体进行分类,通过把具有相同特性的数据(又称类别信号)归成一组。然而,产生的问题是,图像类别数据信号与其对应类别物理特性的关系如何密切,才能将一种类别与其他类别分开。在农村土地利用分类时,就会出现这种语义问题,比如"农村居住地"或者"轻工业基地"等。它们通常包括多种不同的土地覆盖类型,例如植被、路面及不同的屋顶覆盖,每种不同的类型都对应不同的光谱信号特征。因此,在一块特定的土地利用区域内可能存在不同的光谱类别,因此该区域内会表现出光谱各向异性特性,它取决于土地覆盖类型的组成,这种组成在图像的各个像元上各不相同。因此,我们必须努力在地物物理特性、像元间的高光谱图像及我们感兴趣的类别之间寻找存在的复杂关系。有时还需要利用额外的信息辅助遥感数据,以达到制图目的。

从本章目前的讨论和实例不难发现,仅仅利用表面地物的光谱特性向量是不能进行地物分类的,使用的是像元特征向量的分布特性。图9.3展示了包含三种类别的训练数据的两种可能分布情况。对给定的高光谱图像进行分类,在很大程度上取决于类别信号特征的重叠。可以采用最大似然或者贝叶斯估计等方法得到最优的结果,这些分类器都可以在分布特性正确的前提下得到分类的最小总体误差。后面将要讨论的模糊分类则认为分类信号在特征空间存在重叠,而表示的是每个类别中的最大似然度。

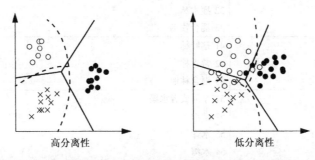

高分离性　　　　　　　　　　低分离性

图9.3　特征空间中包含三种类别的训练数据的两种可能数据集,以及类别划分的可选类别边界。如果训练 类别是高度可分隔的,那么就可能有很多分类边界来实现类别准确分离,如图中的实线和虚线。如果说不同类别的训练数据存在交叉和重叠,那么就很难找到准确的分类边界而实现正确分类

9.2.3　硬分类和软分类的比较

传统的地图制图,如地理学、地质学和其他地球科学等学科,一般认为地图上的一个物体应该归属于某个类别,并且只能归属于一个类别。这种分类方法计算简单,因而普遍得到青睐,但事实上对复杂的场景来说,这并不是一个准确的方法,因而对于某些高分辨率的遥感数据来说,它得到的结果和实际的场景并不一致。

对于 K 个波段且每个波段有 Q 位数据的遥感数据来说,它最多可以分为 2^{QK} 个连续编号的类别。如果我们仅仅利用为数不多的几个标签对遥感数据进行分类,就必然造成原始数据信息的大量丢失,这些信息中包含了地图对象的相互关系等信息[1]。

大多数分类算法都采用似然度函数确定某个像元的类别,硬分类器把似然度最大的类别标签赋给相应的像元,例如神经网络中的 WTA 算法(Winner-Take-All),硬分类器在特征空间中有明确的边界(见图9.4)。而软分类则允许像元归属于多个分类,相应地在特征空间中它的类别边界是模糊的。一般认为似然度代表的是像元在空间域、特征空间和类别的相对比率。我们将会首先介绍硬分类,这是传统的分类方法。本章后面将会介绍软分类的算法。

---

① 由于遥感器噪声的影响,实际上可区分的数据类别可能会减少。

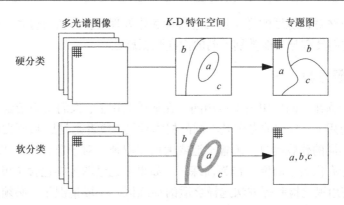

图 9.4　比较硬分类和软分类差别的一种方法。在这两种情况下，像元都要经过边界决策
的划分，进行标签化处理。在硬分类算法中，分类决策是确定的，任何一个像元
只能有一个标签。在软分类算法中，决策的边界是多值的，一个像元可能有多个
标签，每个标签都有一个正确归属的似然度。这些似然度有很多解释的方法，其
中一种就是它们表明了每个类别像元所占的比率，详细的讨论见9.8.1节

9.3　特征提取

可以直接采用高光谱的图像数据进行分类处理，但里面会包含外部噪声，例如大气散射
或者地形阴影，这部分内容在前面的章节中已介绍过。同时，高光谱原始数据在波段之间存
在很大的相关性，如果直接进行分类处理，则计算效率会很低。更进一步讲，从图像空间结
构中提取的信息对图像分类有很大的辅助作用。因此，很有必要在图像分类前进行各项预处
理操作，从原始图像中提取最主要的信息，第 5 章至第 7 章已讨论了相关的处理方法。在很
多情况下，在特征空间中进行处理可以降低数据的变异性，例如使用光谱比率可以抑制地形
阴影的影响。我们建议使用这些特征进行处理，因为这种方法能在光谱中区别各个类别。后
面将要讨论的分离性分析方法可以提供一种如何从给定特征空间提取最有效的子集的方法。

9.4　分类器训练

为了把图像分成感兴趣的类别，必须对分类器进行训练，使其具备区别各个类别的能
力。典型的类别采样方法有原型、样本或者简单的样本训练。当分类器完成对训练区样本的
训练而具备区别各个类别的能力时，就可以利用训练好的分类器对图像像元进行分类操作，
即决定每个像元的归属类别，对于软分类来说，就是确定每个像元属于一个或者多个类别，
对于硬分类来说就是确定每个像元所属的唯一类别。

如果只依据从图像像元训练出的信号特征对一幅图像进行图像分类，则此时不必考虑大
气因子的影响，因为大气因子对给定场景所有像元的影响大体是一致的。它对图像的训练区
和待分类像元的影响是相等的，故不会影响像元在光谱空间的相对位置。如果在一幅场景中
的大气因子变化剧烈，比如灰霾或者烟的影响，就必须进行专门的空间校正以消除大气因子影
响，在 Richter(1996a)中对此进行了论述。如果一幅图像用来对另一幅图像进行分类，则需要
对两幅图像进行大气校正(见第 7 章)，或者将第二幅图像归一化到第一幅图像(见第 5 章)。

分类可分为监督分类和非监督分类。在监督分类中，我们根据实际地物、现有地物或者

图像解译等方法对训练区的样本像元进行标签化处理。在非监督分类，样本区的像元没有标签化，但是它们具有与其他类别不同的内在数据属性①。

9.4.1　监督分类

分类的专题在不同应用中不尽相同。在地质应用上，人们希望绘制出不同矿产的分布地图。在森林应用上，分类的专题是不同的树木种类，或者是健康和死亡的树木。农业上的专题信息包括不同的作物类型、闲置土地或大面积湿地。对于监督分类来说，分析人员必须为每个类别选择有代表性的像元作为训练区。如果多光谱图像中包含了极其丰富独特的视觉线索，则可以使用视觉检验等方法选择合适的训练区。一般情况下，必须借助其他信息，如土地数据或现有地图等来为每个类别选择具有代表性的训练区。因此，选择和检验训练区是一项非常费力的工作。

对于监督分类来说，每个类别的样本需要具有同质性，同时也需要具有一定的方差范围。因此在实际应用中，就需要选择不止一个训练区。如果类别方差较大，那么选择训练区也是很费力的，同时我们也能确定选择的训练区完全适合图像分类。彩图9.1是对一幅包含三个明显类别的 TM 数字图像进行训练区选择的实例。在本章其他很多地方都会使用这个例子。

很多情况下很难选择同质的区域。一个常见的问题是稀疏的植被区，它可能被分到植被类别或土壤类别。解决这种问题的一种技术就是在建立最终类别特征之前从数据中清除这些突出的像元区域(Maxwell, 1976)。我们可以根据给定的信号特征对训练区像元进行分类。如果一些训练像元被错误地分到其他类别，或者一些像元与其所在类别的似然度比较小，应该从训练区排除这些像元点，需要根据剩余的像元重新计算信号特征。排除这些像元区域的另一种方法就是当它们不满足特定的空间或者光谱同质准则时，将其从训练区中排除(Arai, 1992)。

在一些特定应用中，类别的属性可能使训练区区域的圈定比较困难，例如"沥青"类别可能既包括比较狭窄的道路，又包括河流的水体。在这种情况下，使用半自动的选定方法会比较有效。现在已经发展了很多有效的方法，如区域生长，分析人员只需要给定一个起始的种子点和生长准则及终止生长的条件，该算法就能自动选择一个不规则的训练区(Buchheim and Lillesand, 1989)。区域生长算法会在9.7节中讨论。

可分离度分析

一旦选择了训练区，下一步就需要确定分类器所使用的特征。这些特征可能是原始高光谱图像数据的全部或者一个子集，或者是提取的特征，比如第 5 章介绍的主成分。因为监督分类的类别不是由数据本身的特性而是由期望的制图类别来确定的，因此分类的类别不一定能够彼此很好地分开。对训练数据的可分离度进行分析，以确定分类类别对各种特征组合的误差(Swain and Davis, 1978; Landgrebe, 2003)。其结果可能会导致某些特征在对整幅图像分类时被抛弃。

找到一个关于类别间可分离度的定义并不简单。初看起来使用城区距离、欧氏距离或者角度距离等来衡量类别间的均值是好的定义(见图9.5和表9.3)。但是这些不能解释由于图

---

① 地面"真实"指的是一个地区满足所有实际用途的先验知识。它表明一个地区的地面矿产已经被精确测量和制图，在有些情况下这些知识也可以通过不太精确的方法，比如航空照片等来取得。

像方差导致的类别重叠,因此它们并不是描述类别可分离度的好方法。归一化城区距离测量是一种较好的方法,它和类别的均值成正比,与类别的标准差成反比。如果类别的均值相等,那么无论类别方差是多少,归一化城区距离就等于零,因此它对于基于概率统计的分类器就失去了意义。为此,出现了很多基于概率的度量方法。

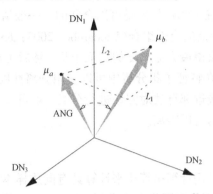

图9.5 三维空间中的两个向量 L_1, L_2 和 ANG 角度的测量示意图,注意,ANG 是这两个向量内(点)积的反余弦值,它与向量的长度无关。这种属性使得它可以方便对未经地形阴影校正的数据进行分类(见图4.37)。尽管这个图显示了两个类别的均值向量,但这些距离的测量可以适用于任意两个向量

表9.3 特征空间中两个分布的距离度量。城区距离、欧氏距离及角度距离都没有采用类别的方差,归一化的城区距离使用到了类别的一维距离,最后5个度量都假定类别是具有 K 维协方差矩阵的正态分布,所有这些距离的度量都是标量。可以在很多统计模式识别的书中找到基于正态分布的距离度量,如Duda et al. (2001),Swain and Davis(1978),Richards and Jia(1999)和Landgrebe(2003)

名　　称	公　　式
城区距离	$L_1 = \lvert \boldsymbol{\mu}_a - \boldsymbol{\mu}_b \rvert = \sum_{k=1}^{K} \lvert m_{ak} - m_{bk} \rvert$
欧氏距离	$L_2 = \lvert \boldsymbol{\mu}_a - \boldsymbol{\mu}_b \rvert = \left[(\boldsymbol{\mu}_a - \boldsymbol{\mu}_b)^{\mathrm{T}} (\boldsymbol{\mu}_a - \boldsymbol{\mu}_b) \right]^{1/2} = \left[\sum_{k=1}^{K} (m_{ak} - m_{bk})^2 \right]^{1/2}$
角度距离	$\mathrm{ANG} = \mathrm{acos} \left(\dfrac{\boldsymbol{\mu}_a^{\mathrm{T}} \boldsymbol{\mu}_b}{\lVert \boldsymbol{\mu}_a^{\mathrm{T}} \rVert \, \lVert \boldsymbol{\mu}_b \rVert} \right)$
归一化的城区距离	$\mathrm{NL}_1 = \sum_{k=1}^{K} \dfrac{\lvert m_{ak} - m_{bk} \rvert}{(\sqrt{c_{ak}} + \sqrt{c_{bk}})/2}$
马氏距离	$\mathrm{MH} = \left[(\boldsymbol{\mu}_a - \boldsymbol{\mu}_b)^{\mathrm{T}} \left(\dfrac{C_a + C_b}{2} \right)^{-1} (\boldsymbol{\mu}_a - \boldsymbol{\mu}_b) \right]^{1/2}$
发散度	$D = \dfrac{1}{2} \mathrm{tr} \left[(C_a - C_b)(C_b^{-1} - C_a^{-1}) \right] + \dfrac{1}{2} \mathrm{tr} \left[(C_a^{-1} + C_b^{-1})(\boldsymbol{\mu}_a - \boldsymbol{\mu}_b)(\boldsymbol{\mu}_a - \boldsymbol{\mu}_b)^{\mathrm{T}} \right]$
转置的发散度	$D^t = 2 \left[1 - \mathrm{e}^{-D/8} \right]$
Bhattacharyya	$B = \dfrac{1}{8} \mathrm{MH} + \dfrac{1}{2} \ln \left[\dfrac{C_a + C_b}{2 \lvert C_a \rvert^{1/2} \lvert C_b \rvert^{1/2}} \right]$
Jeffries-Matusita	$\mathrm{JM} = \left[2(1 - \mathrm{e}^{-B}) \right]^{1/2}$

马氏可分离度度量是欧氏度量正态分布的多维延展。如果类别的均值相等则欧氏距离就等于零,散度和马氏距离则不存在这类问题。只有当类别的均值和协方差矩阵都相等时,类

别的散度才等于零。这两种距离也存在问题，当区分类别的边界增大时，它们都不能收敛到正确类别的概率。基于两个类别概率比值的变换散度却不存在这个问题。Jeffries-Matusita 距离取决于两个类别的概率分布函数，它在处理较大分类时也同样有效，但是会比变换散度的计算需要更多的计算时间(Swain and Davis，1978)。

可以使用类别分离度来确定哪些特征是可以合并的。一般情况下，我们会计算所有的类别组合①和 k 个特征中 q 个特征的全部组合(Landgrebe，2003；Jensen，2004)。计算所有的类别的平均分离度，并找到能取得最大分离度的特征子集，然后可以在后续的分类工作中利用这个子集以节省计算时间。在特征子集分析中可以使用分离性度量，以匹配分类器，但这不是必须的。比如，如果使用最近邻算法对图像进行分类，就可以使用欧氏距离；如果使用高斯最大似然算法，就可以使用马氏距离。

9.4.2　非监督分类

对于非监督分类，我们采用计算机算法来计算具有同质样本像元的特征向量，从而完成分类。这些称为"聚类"的东西代表图像上的类别，并利用这些聚类计算类别信号的特征。这种方法仍然需要对像元进行标签化处理，然而它可能和分析人员感兴趣的类别不对应。监督分类和非监督分类可以相互补充，我们可以利用监督分类来确定类别及其特性，利用非监督分类方法计算它不受外部数据限制的数据本身的结构特性。

聚类本身在很多情况下都具有模糊性。它意味着在多维数据空间存在和类别对应的不同像元向量，事实上并非如此。为了覆盖整个数据空间，我们必须使用大量的训练样本来创建一系列类别。由于亚像元类别混合(见9.8节)、遥感器噪声、地形阴影或者其他因素，数据分布一般会比较分散(见第4章的数据仿真散射图和第5章的实际散射图)。一些比较好的方法，比如将要讨论的 K 均值方法，就是把数据空间划分为一定数量的子区域而取得最优的数据划分。最终通过聚类得到的向量均值一般处在各个子区域的质心处。

在进行非监督分类时，我们选择训练区域时并不用关心区域的同质性。但是，可以通过选择同质区域以确保所有类别都能取得正确的类别方差，甚至可以对整幅图像(有时为了节省运算时间对图像进行了重采样)进行聚类分析而得到图像的整体描述。但对图像进行训练或者分类完毕后，就可以对每个聚类指定一个标签。由于非监督分类只利用图像本身的信息而不使用其他外部数据，因此可以利用它为监督分类时选取同质区域提供帮助。

K 均值聚类算法

K 均值算法是一种常见的聚类算法(Duda and Hart，1973)。图 9.6 中展示了利用 K 均值算法对一组二维数据进行 K 均值聚类的实例。第一步，首先将一个起始的均值向量(种子或者吸引子)随机地指定给 K 个聚类②。训练区内的每个像元都被指定给和像元向量距离最近的均值向量，于是就得到了第一个判定边界③。然后重新计算每个聚类的均值向量，并把像元对应地分配给相应的聚类。在每次迭代过程中，K 个均值都会向其当前指定区域的特征空间靠近。如果下一次迭代和上一次迭代之间在像元的分配上不存在明显的差别，就终止迭

---

① M 个类别可能有 $M(M-1)/2$ 种可能情况。一般来说，类别总数为 M，从中取出 R 个类别组合的可能个数为：$M!/[R!(M-R)!]$。
② 不要误解为 K 维数据的维度。使用 K 作为聚类的数目是非常普遍的。
③ 这就是将要在9.6.4节介绍的最近邻算法。

代。我们称终止迭代过程的准则为"净均值偏移量"。K 均值第 i 次到第 $i-1$ 次迭代均值向量的修正量的计算公式如下：

$$\Delta\boldsymbol{\mu}(i) = \sum_{k=1}^{K} \left| \boldsymbol{\mu}_k^i - \boldsymbol{\mu}_k^{i-1} \right| \tag{9.1}$$

最终稳定的结果和起始种子向量的选取无关，但如果起始向量和最终结果的偏移比较大，则需要更多的迭代次数。图 9.7 是在迭代过程中类别净偏移量的分布图。我们可以采用最终聚类结果对整幅图像进行最小距离分类。也可以利用聚类结果计算协方差矩阵，然后利用最大似然法对图像进行分类。

确定数据聚类的方法来自研究人员定义聚类准则的灵感。现在有很多介绍图像数据聚类方法的书（Duda et al., 2001；Jain and Dubes, 1988；Fukunaga, 1990）。在 Anderberg(1973) 和 Hartigan(1975) 中可以找到利用 FORTRAN 语言开发的计算机程序。所有常见算法在给定数据和最优原则时都使用了迭代来判定边界。ISODATA 算法（Ball and Hall, 1967）是 K 均值的一个修正算法。在该算法中，如果两个类别的差别小于给定阈值，则这两个类别就合并成一类；如果一个类别的方差大于设定的最大类内方差，则该类别就分成两个类别。但是这种方法需要人工设定一系列参数。

聚类实例

在实际情况下并不存在图 9.6 中那样的理想数据。在大多数情况下，图像数据并不存在明显的聚类，而是存在很多斑点，这些斑点可能只包括内部属性的一小部分。我们将采用 TM 图像的波段 3 和波段 4 来显示实际图像数据进行聚类分析的过程。场景位于亚利桑那州 Marana 附近的一块农田，这块农田大部分都是裸露的。农田的周围是不毛之地，只有稀疏的植被（见彩图 9.1）。从图像的散射图不难发现，这两个波段的数据具有较强的相关性，因为部分区域是从暗到明的裸地。在波段 4 和波段 3 的散射图左上角位置出现了一小块作物区（见第 4 章）。由于作物区面积比较小，聚类元素多为土壤像元。在本例子中，我们对全图进行了聚类分析。

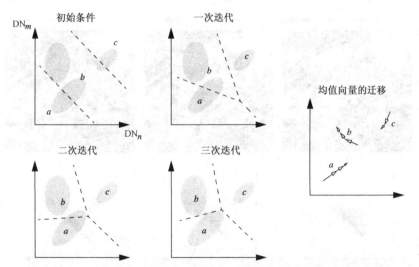

图 9.6 采用最近邻边界决策的 K 均值算法，其三次迭代过程中的一个理想数据。数据包含三个彼此分开的类别，它们的均值向量分别位于图上的 a、b 和 c 三点。起始种子的位置是沿着特征空间对角线分布的，均值向量的迁移过程描述了聚类均值在迭代过程中的运动情况

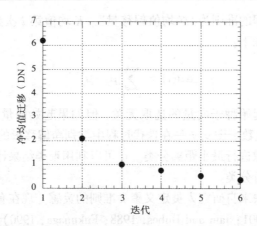

图9.7　K均值算法中，典型的均值在迭代过程中的迁移过程。绘制的是实际图像数据

　　在图9.8中，注意K均值算法中使用了K个不同的均值。起始聚类种子点位于数据的第一主成分坐标轴上。不出所料，大量的土壤像元决定了聚类均值的位置，直到出现6个聚类时，我们才发现作物所对应的聚类。当使用7个聚类时，作物聚类的光谱空间向植被区域移动。

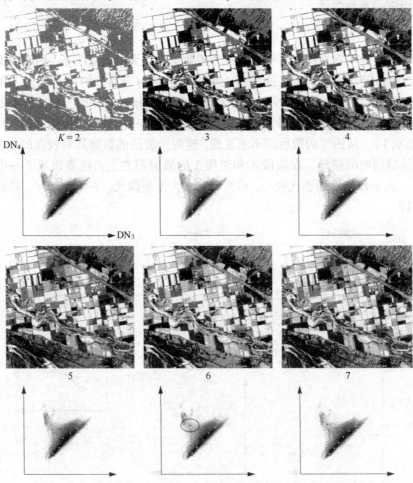

图9.8　最终的聚类图和包含不同数量聚类的波段4和波段3的
散点图。新的聚类中心(用椭圆圈住的)代表的是植被区

如果用每个聚类的平均 DN 值代替聚类图像的聚类标签,那么得到的图像是原始图像的一个近似。因此,可以把图像聚类操作看成利用相对较少而又有明显区别的信号特征(一般指的是聚类均值)[1]表示原始图像的操作。如果只有两个聚类,则拟合度会非常小,但是拟合度会随着聚类的增加而提高。图9.9描述的是图9.8中对应各种情况下像元的残差。不难发现,整体拟合度随着聚类数目的增加而提高,但最大误差依然很大。直到使用 6 个聚类时,最大误差剧烈下降。如果在一个表中给出误差和类别数目,那么这种情况就会更加明显。

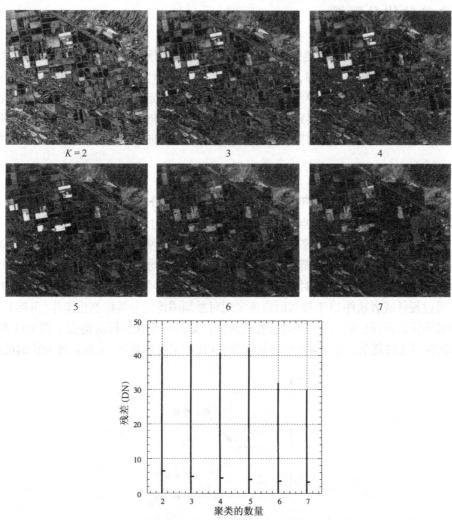

图9.9 原始图像和通过聚类均值数字量得到的近似图像之间的残差图。注意,当使用 6 个或者更多聚类时,作物地块的误差明显降低,下图绘制的是残差范围和其平均值与聚类数目之间的关系。随着聚类数目的增加,平均误差稳定减小,但是直到聚类数目达到6时,最大误差才开始减小,减小了大约25%

9.4.3 监督分类和非监督分类的混合训练

由于监督分类不能在特征空间产生相互区分的类特征,而非监督分类不能产生对分析人员有意义的类别,因此交互使用这两种方法可以达到这两个要求。首先,使用非监督分类对

① 向量定量化这个概念(Pratt,1991;Sayood,2005)是数据压缩技术的基础,本章开始就对这种方法进行了讨论。

图像进行处理,利用得到的聚类对训练区进行处理,得到一幅未标签的聚类图。一般情况下,我们会使用大量的聚类(50 或者更多)来保证足够的数据代表性。然后分析人员利用土地调查数据、航空照片或者其他参考数据对地图进行评估,并对每个聚类指定相应的标签。此外,一些类别可能被分裂或者合并,此时必须根据情况做出相应的调整。最后我们利用这些聚类信息对图像进行监督分类,或者标签化的聚类地图就是最终的专题地图。

9.5　非参数化分类器

分类算法一般可以分成两种类型,非参数化和参数化的分类算法。参数化的分类算法一般假定类别具有某个特定的统计分布,比如常用的正态分布,同时需要估计均值向量、协方差矩阵等分布参数。非参数化的分类算法不假定类别具有某种特定的概率分布,只要信号具有明显的特征,就能对很大范围的分类起到很好的效果。当然,在相同条件下,即使选择了错误的分布模型,参数化的分类算法也能取得很好的分类结果。本章前面已经论述过该内容(见图 9.3)。

9.5.1　分级分片算法

这种算法又称为"箱形"或者平行六面体算法,是所有分类算法中最简单的一种。它首先在 K 维特征空间建立一系列中心点,这些点位于均值估计向量的 K 维箱体。如果一个未分像元处在一个箱体的范围内,则给像元赋该类别的标签(见图 9.10)。一般情况下,我们根据每个维度的数据范围来确定箱体的范围,比如每个波段关于均值的标准差 ±1。同时分析人员也可以利用交互方式在特征空间对箱体的范围进行圈定。因为箱体与数据坐标轴是对应的,因此可以通过硬件或者软件 LUT 技术而快速实现对整幅图像的分类标签化操作(见第 1 章),在特征空间对箱体进行操作时,结果图像会相应改变。如果一个像元同时落在了两个或多个箱体内,问题就变得比较复杂,此时需要利用其他算法(比如最近邻算法)来决定像元所属的标签[①]。

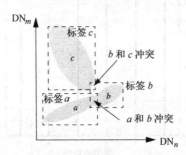

图 9.10　包含三个类别的二维空间之分级切片分类确定的边界。为处在交叉区的像元指定标签时,需要采用其他的判断准则,比如最近均值分类算法

从分级切片算法的定义,我们不难发现,这种算法会形成一个不属于任何箱体的像元所组成的"无标签"类别。我们可以利用这种特性来避免由于边缘等因素导致的类别像元数过估计。最优的箱体尺寸必须满足:让每个箱体包括尽可能多的合法像元,尽可能排除边缘像

---

① 值得注意的是,如果边界范围和大小与类别均值及标准差有关,那么这就是一个参数化的分类器;如果边界范围和大小没有受到这类限制,而是在迭代过程中通过检验特征空间的散点图来调整,那么这时的分类器就称为非参数化的分类器。无论在哪种情况下,另外使用最近均值分类算法以解决像元冲突是一种参数改进方法。

元和不属于某一类别的像元。我们假定类别冲突与像元距离类别均值向量的距离反相关,则一般情况下,尺寸越小的箱体越会产生较大的冲突,同时还会产生更多的未分类像元。

如果由于光谱波段之间的相关性,类别的数字量并没有沿着 K 维数据的坐标轴分布,分级切片算法就不能对遥感数据发挥很好的作用。解决这种问题的办法是使用沿着数据聚类分布的高维度箱体(它的面不再是矩形,而是平行四边形),比如真正的平行六面体(Landgrebe, 2003)。

9.5.2 直方图估计分类器

Skidmore and Turner(1988)提出了基于 K-D 直方图的分类器。该分类器包括以下三个主要步骤:

- 采用监督分类训练区的像元作为 K 维空间中已定义的每个类别构造特征空间的直方图。每个训练区集合的大小各不相同,必须根据式(4.1)利用每个训练区内的所有像元对上述直方图进行均衡化。
- 然后对 K 维空间的任何一个光谱向量单元进行检查,找出最大的类别直方图数量,并把该像元单元划分到此类。这样就创建了从光谱向量到类别的 LUT 映射。
- 然后利用上一步的 LUT 对未分类的像元进行归类。

上述算法的最大好处是它在分类时利用了 LUT,因此算法运算速度较快,但由于类别直方图的稀疏性而造成的问题也是比较严重的。训练区像元只是整个类别像元的一小部分,因此利用训练区样本得到的类别特征向量并不能真正代表整个类别,于是就可能导致 K 维空间出现一些空的单元。目前已经有多种降低这种问题的办法,例如可以利用直方图单元重建低分辨率数字量(Skidmore and Turner, 1988),或者利用 K 维空间的卷积填充空的单元(Dymond, 1993)。我们可以利用 Parzen 估计近似计算数据的直方图分布(James, 1985; Fukunaga, 1990)。

9.5.3 最近邻算法

很多分类算法在特征空间根据类别的邻近训练向量对未分类像元进行分类操作。常见的方法有:

- 最近邻算法:将像元分类到与它距离最近的类别中。
- K 最近邻算法:将像元分类到包含其 K 个邻近像元最多的类别中。
- 带距离权重的 K 最近邻算法:按照与像元欧氏距离成反比,对 K 个最近邻指定权重,然后把像元归类到加权权重最大的类别中。

这些算法大同小异,在 Hardin(1994)中有详细论述。这种算法运算速度较慢,因为它需要计算每个像元到训练区像元的距离。Hardin and Thomson(1992)论述了提高运算速度的改进算法。如果分类信号的特征分布紧凑,而且各个类别之间能够很好地分开,则最近邻算法可以取得与其他参数化分类算法相似的结果。关于最近邻分类算法和最大似然算法之间的关系,可以参考 James(1985)和 Fukunage(1990)。

9.5.4 人工神经网络(ANN)算法

神经网络可以用来对遥感图像进行非参数化的分类处理。这种方法与前面讨论的直方图估计和最近邻算法不同,因为直方图估计和最近邻算法的边界是由样本信号特征决定的,而且是固定值, 而神经网络算法则是通过在迭代过程中最小化类别归属误差而得到的, 从这种意义上讲, 神经网络算法与聚类算法类似。表9.4 是利用神经网络算法对遥感图像进行分类处理的例子。关于神经网络算法的详细介绍以及它和传统统计算法之间的关系可以参考Schürmann(1996)。

表9.4　遥感图像分类算法中的人工神经网络算法实例。其中使用了一系列遥感器和特征数据。1994年以前发表文章的研究和分析可以参考Paloa and Schowengerdt(1995a)

特　征	参 考 文 献
航空照片	Kepuska and Mason(1995);Qiu and Jenson(2004)
ASAS, 多角度	Abuelgasim et al. (1996)
AVHRR	Yhann and Simpson(1995);Visa and Iivarinen(1997);Li et al. (2001);Arriaza et al. (2003)
多时相 AVHRR NDVI	Muchoney and Williamson(2001)
AVHRR, SMMR	Key et al. (1989)
AVIRIS	Benediktsson et al. (1995)
ETM +	Fang and Liang (2003)
风云-1C 0.6 μm, 1.6 μm 和 11 μm 波段	McIntire and Simpson(2002)
HyMAP	Camps-Valls et al. (2004)
MSS, DEM	Benediktsson et al. (1990a)
SPOT	Kanellopoulos et al. (1992);Chen et al. (1995)
多时相 SPOT	Kanellopoulos et al. (1991)
SPOT, 纹理	Civco(1993);Dreyer(1993)
TM	Ritter and Hepner(1990);Liu and Xiao(1990);Bischof et al. (1992);Heermann and Khazenie(1992);Salu and Tilton(1993);Yoshida and Omatu(1994);Paola and Schowengerdt(1995b);Carpenter et al. (1997);Valdes and Inamura(2000)
TM, 纹理	Augusteijn et al. (1995)
TM 比率	Baraldi and Parmiggiani(1995)
机载 TM	Foody, G. M. (2004)
机载 TM, 机载 SAR	Serpico and Roli(1995)
多时相 TM	Sunar Erbek et al. (2004)
多时相 TM 和 ERS-1 SAR, SAR 纹理	Bruzzone et al. (1999)

图9.11 是一个基本网络[①], 该网络分为三层, 包括中间层(也称为隐藏层), 每个节点上包含处理单元的输出层, 以及只是输入数据的接口而不对数据进行任何处理的输入层。其中的输入模式是分类所用的特征。在这个最简单的例子中, 我们使用的每个节点只包括了一个波段的高光谱向量。我们也可以使用像元的最近邻向量或者多时相的光谱向量(Paola and Schowengerdt, 1995a)。

每个处理节点都包括了一个求和及变换操作(见图9.11)。在每个隐藏层的节点 j, 都会对输入模式 p_i 进行操作而得到输入 h_j,

$$隐藏层:　S_j = \sum_i w_{ji}p_i,　　h_j = f(S_j) \tag{9.2}$$

h_j 会被直接传送到输入节点 k, 然后计算得出输入结果 o_k,

[①]　实际上有很多人工神经网络变量。在这里只介绍人工神经网络算法最基本的架构。

$$\text{输出层：} \quad S_k = \sum_j w_{kj}h_j, \qquad o_k = f(S_k) \tag{9.3}$$

最常用的变换函数是图 9.11 中描述的 $f(S)$ 形变换函数。我们也可以使用其他变换函数，比如没有过渡值的硬阈值函数，但是该网络的计算结果对具体的 f 并不敏感，而 f 的形状会影响训练过程中的协方差系数。

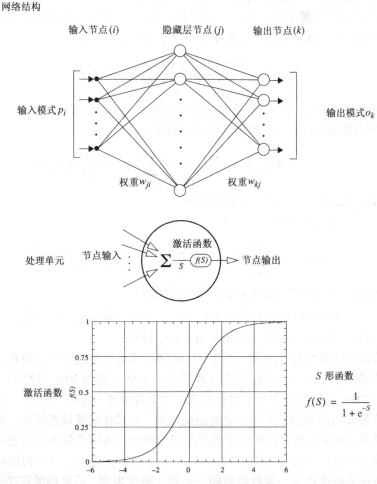

图 9.11　传统的三层人工神经网络结构，处理节点的组成及 S 形的激活函数

后向传播(BP)算法

　　神经网络算法的鉴别能力来自它的权重，在每次迭代过程中，它们都朝着一个使感兴趣的样本模式最优的模态变化。后向传播算法使得输出端所有模式的均方误差最小，是最早对图 9.11 中的神经网络进行训练的方法(Rumelhart et al., 1986；Lippmann, 1987)。它属于逐渐减小的迭代算法，下面给出主要的计算步骤。

1. 为每个类别选择训练像元，同时对类别 k 指定期望的输出向量 $\boldsymbol{d}_k$，一般情况下，我们设置 $d_m = 0.9 (m = k)$ 和 $d_m = 0.1 (m \neq k)$。这些值都是人工神经网络算法计算的目标值。
2. 在 0 到 1 之间随机初始化所有的权重值(一般选择在 0 附近的较小数值)。

3. 根据下列情况之一设置权重更新的频率:

  a)在每个训练像元之后(顺序操作);

  b)在每个类别的所有训练像元之后;

  c)在所有类别的所有训练像元之后(批处理)。

经常采用批处理是因为它能使权重的更新率降到最小,下面的算法都假定为批处理训练。

4. 沿着网络把训练数据向前传播,一次一个像元。

5. 当所有像元数据都传播完毕后,计算输出结果 o,并估计输出结果 d 相对于期望结果的总体误差(系数1/2是为了数学计算上的方便),

$$\frac{\|\boldsymbol{\varepsilon}\|^2}{2} = \frac{1}{2}\sum_{p=1}^{P}\sum_{k}(d_k - o_k)^2 \tag{9.4}$$

对于所有训练模式(像元)P 重复进行批处理。

6. 完成所有像元的操作后,根据下式调整权重 w_{kj}:

$$\Delta w_{kj} = LR\frac{\partial \varepsilon}{\partial w_{kj}} = LR\sum_{p=1}^{P}(d_k - o_k)\frac{\mathrm{d}}{\mathrm{d}S}f(S)\Big|_{S_k}h_j \tag{9.5}$$

其中 LR 是控制空间收敛速度的学习率。

7. 根据下式再次调整权重 w_{ji}:

$$\Delta w_{ji} = LR\sum_{p=1}^{P}\left\{\frac{\mathrm{d}}{\mathrm{d}S}f(S)\Big|_{S_j}\sum_{k}\left[(d_k - o_k)\frac{\mathrm{d}}{\mathrm{d}S}f(S)\Big|_{S_k}w_{kj}\right]p_i\right\} \tag{9.6}$$

8. 重复步骤4到步骤7,直到 ε 小于指定的阈值。

式(9.5)和式(9.6)解释了"后向传播"(BP)的意义。输出结果向量的误差通过网络节点向后传播,完成对权重值的调整(Richards and Jia,1999)。

但这种算法的收敛性存在问题。首先,后向传播算法运算速度慢。现在已经出现了很多能够较快取得收敛权重(Go et al.,2001)和结果的算法,例如 RBF 网络等(Bruzzone et al.,1999;Foody,2004)。同时还出现了很多有效的预处理算法(Gyer,1992)。其次,BP 算法并不能达到一个使输出结果误差最小的全局最优结果,它只在局部误差层面上取得了较好的结果。前一次迭代 Δw 的分数可以被用到当前迭代过程中,从局部最小值到全局最小值取得更快的收敛速度。附加的分数称为"动量因子"(Pao,1989)。最后,由于初始权重是随机分配的,因此网络在完成迭代后一定收敛到同一结果。研究表明,后向传播算法的这种随机性在最终的收敛结果中可能会造成5%或者更多的残余误差(Paola and Schowengerdt,1997)。

注意,人工神经网络结构有很多分配算法。通过研究它在遥感处理方面的应用,会发现它对特定结构或者隐藏层及节点的数量并没有统一的要求(Paola and Schowengerdt,1995a)。对于图 9.11,完全连接且含有 H 个隐藏层和 B 个波段(特征)的三层网络,自由参数的个数可以由下述公式计算得出(Paola and Schowengerdt,1995b):

$$N_{\mathrm{ANN}} = 权重个数 = H(B+C) \tag{9.7}$$

这些自由参数称为人工神经网络算法的自由度。相似地,最大似然参数分类器需要计算数据的均值和协方差矩阵等值:

$$N_{\mathrm{ML}} = 均值数 + 单位协方差值的个数$$
$$= CB + C\left(\frac{B^2+B}{2}\right) = CB\frac{(B+3)}{2} \tag{9.8}$$

这些都称为最大似然分类器的自由度。如果需要比较这两种算法，则可以使用最大似然法所需的参数个数来规定人工神经网络算法权重的个数，并通过下式计算隐藏层节点的个数：

$$H = \frac{CB(B+3)}{2(B+C)} \tag{9.9}$$

它与类别 C 的数目关系不大，但与波段数目 B 有较强的关系（见图 9.12）。对于包含 200 个波段的 10 个类别的高光谱数据来说，需要使用 1000 个隐藏层节点去匹配高斯最大似然分类器的参数个数。对于不包含长红外数据的 TM 图像，即使里面包含 20 个待分类别，使用 20 个节点也就足够了。后向传播算法的运算时间取决于隐藏层节点的数目，因此必须采用足够多的节点才能满足分类器的要求。前面的讨论只涉及了后向传播算法的大概描述，在已发表文章的计算实例中采用的人工神经网络算法可能需要更多的节点数。

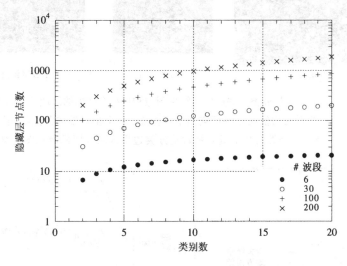

图 9.12　与最大似然分类自由度相匹配的三层人工神经网络算法所需的隐藏层节点数

9.5.5　非参数化分类器实例

这一节将采用 Marana 的一幅遥感图像进行监督分类，以比较前面讨论的几个非参数化分类器。为了能取得更好的效果，这里只使用波段 3 和波段 4 数据，利用这两个波段就可以很好地区分植被和土壤。通过视觉检验可以得到三个截然分开的类别和它们的训练区域（见彩图 9.1）。图 9.13 是采用阈值为 ±4σ 的分级切片分类器实现的分类结果。从图中可以看出，采用这个阈值得到的图像中很大一部分并没有得到分类，我们可以采用更大范围的阈值，以使更多的像元被包括进来，但同时也会造成训练区集合的相似度下降，分类图的总体误差也会变大。

人工神经网络分类器是通过迭代完成其训练操作的，它通过逐渐增加系统权重来决定类别边界，从而达到一个稳定的输入过程。我们同样使用上述图像数据，采用的是 2-3-3 的网络结构，包括两个输入节点（两个输入波段），3 个隐藏层节点和 3 个输出节点。通过批处理模式对数据进行训练。图 9.14 给出的是均方误差和最大误差随迭代变化的函数关系。从图中可以看出，2000 次迭代过程之后，数据基本稳定，没有很大的提高。处理中学习率和动量开始变化剧烈，在 500 次左右迭代时，变得相对平稳。

　　图 9.15 中是在迭代过程中取出三点的分类边界图和对图像进行明确分类的图。在迭代 250 次时,作物类别没有出现在分类边界图和分类图上,这主要是因为它所对应的像元数量相对于明暗土地类别的数量非常小。作物类别的输出节点值并不是零,而是此时相对于其他两个输出结果来说它非常小。在迭代 5000 次时,我们看到分类边界上有明显的变化,但是在分类图上并没有明显的变化。这主要是由于特征空间的变化主要发生在数量较少的光谱向量处(见图 9.15)。有趣的是,作物中间狭窄的道路(亮地)在这个级别的训练之后可以很好地被分类。输出结果的均方误差从迭代 1000 次时的 0.115 下降到了 5000 次时的 0.074。

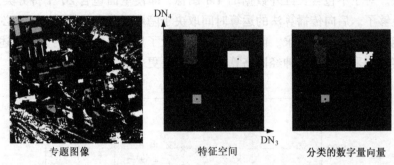

|专题图像|特征空间|分类的数字量向量|

图 9.13　分级切片分类算法产生的结果图像和特征空间内的区域分类边界。
类别的均值就是特征空间中那些点,两个坐标轴的范围都是[0,
80]。分类的数字量向量就是分类边界区域和图像散点图的交集

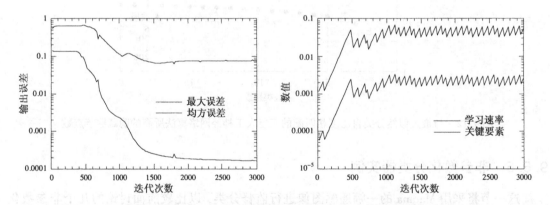

图 9.14　神经网络训练过程中,输出节点误差、学习速率及关键要素的变化曲线。一
直到完成500多次循环后,网络才开始收敛到一个稳定的解。此时,学习速率
和关键要素都不再增加,而是每5个周期重复一次,保持网络的收敛性。这些
曲线的形状是典型的,但是对于具体的数据集来说,细节部分就不尽相同了

　　图 9.16 是每个类别的输出节点值,彩图 9.1 是对其进行模糊分类的结果图。较高的 GL 值说明其对应的人工神经网络输出节点值比较大。这里的结果再次说明了作物类别直到迭代 500 次和 750 次之间时才出现。人工神经网络输出结果值与混合了地物元素的空间光谱组成有关(Foody, 1996; Moody et al., 1996; Schowengerdt, 1996)。

　　最后,我们不难发现,人工神经网络算法的特征空间分类边界与其他参数化分类器(比如高斯最大似然分类)相比,与数据分布更适应。彩图 9.2 是对一幅 TM 图像(其中包括12 个类别)进行农村土地利用和土地覆盖分类的例子(Paola and Schowengerdt, 1995b)。在我们讨论完参数化的分类器后,将再次讨论这个问题。

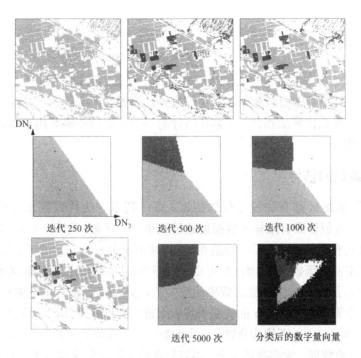

图 9.15　后向传播算法完成三个阶段时和最终状态时确定的边界和分类的示
意图（这部分的处理和结果都来自 Oasis 研究中心的 Justin Paola）

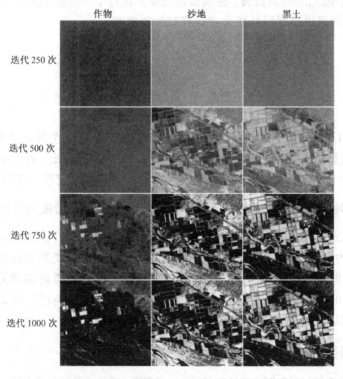

图 9.16　后向传播训练过程中 4 个状态的模糊分类示意图。每幅图像的灰度级都是类别输
出节点值的一部分，所有的图都具有相同的 LUT，所以可以对它们进行直接的亮
度压缩。仔细观察，随着迭代次数的增加，三个类别的输出节点值是如何增加的

9.6　参数化分类器

参数化算法建立在每个类别的概率分布形式的估计之上。其中最有名的就是最大似然估计，它使用数据分布的概率模型来决定分类的边界。该模型所必须的参数都是对训练数据估计而得到的。与非参数化算法相比，参数化估计的一个优点是能够利用训练区的数据对假设的模型进行理论估计。

9.6.1　模型参数的估计

一般情况下，训练区都有比较充分的数据，可以利用这些代表像元计算出类别的直方图，并可以把它们近似看成有限样本数据的连续概率密度函数(见第 4 章)。这些条件概率密度函数 $p(f|i)$ 都具有单位面积，描述的是在类别 i 中具有特征向量 f 的像元概率。

任何一个概率密度函数(直方图)都可以使用该类别对在整个图像感兴趣区中出现的先验概率值 $p(i)$ 进行加权。这些标量的概率函数 $p(f|i)p(i)$ 都不具有单位面积。在遥感领域，可以利用外部数据源来估计类别 a 的先验概率，比如土地调查，可以采用地图数据或者历史数据。例如，要从一幅 Landsat 图像的分类图中提取特定季节作物类型的组成，就可以利用该地区作物类型组成的历史数据。大多数情况下，不容易获得类别 a 的先验概率，并且假定所有类别都具有相同的先验概率。Strahler(1980)讨论了类别的先验概率，9.6.5 节将给出一个实例。

为了确定一个像元的类别归属，必须知道该像元在每个训练类别的先验概率。假定像元具有特征向量 f，就可以根据贝叶斯公式计算其先验概率：

$$p(i|f) = \frac{p(f|i)p(i)}{p(f)} \tag{9.10}$$

$$p(f) = \sum_i p(f|i)p(i) \tag{9.11}$$

根据式(9.10)可以得出类别的判定准则。直观上讲，可以把一个像元分类到其后验概率最大的类别中，这就是最大似然法的判定准则。从式(9.11)中可以看出，对于所有类别，其 $p(f)$ 都是相等的，因此计算其后验概率时可以忽略它，于是贝叶斯判定准则可以写成下述形式：

如果对于所有 $j \neq i$，有 $p(i|f) > p(j|f)$，则将像元分配为类别 i

其中，$p(i|f)$ 可从式(9.10)中计算得出，$p(f|i)$ 是训练数据的分布，$p(i)$ 是 a 的先验概率。如果出现两个类别的先验概率相等，我们就无法通过概率分布来对类别进行分类，此时就应该打破平局进行处理，比如利用类别的邻域信息，或者利用已经归类好的像元，或者随机地对像元进行分类。如果所有类别都具有正态密度函数，那么贝叶斯判别准则就能在整体上取得最小的平均概率误差(Duda et al., 2001)。

9.6.2　辨析函数

贝叶斯判别准则可以写成下面的形式：

如果对于所有 $j \neq i$，有 $D_i(f) \geqslant D_j(f)$，则将像元分配给类别 i

其中 $D_i(f)$ 是类别 i 的辨析函数，可通过下式计算得出：

$$D_i(f) = p(i|f)p(f) = p(f|i)p(i) \tag{9.12}$$

如果让 D 取类别 a 的后验概率, 就可以得到贝叶斯最优分类结果, 但这不是唯一的方法。分类的边界不会随着任何单一的变换而发生变化, 例如:

$$D_i(f) = Ap(i|f)p(f) + B = Ap(f|i)p(i) + B \tag{9.13}$$

或者

$$D_i(f) = \ln[p(i|f)p(f)] = \ln[p(f|i)p(i)] \tag{9.14}$$

上面两个辨析函数都是合理的, 其中后者对于正态分布的假设可以取得更好的分类结果, 后面将会进行讨论。

9.6.3 正态分布模型

在对图像进行参数化分类之前, 必须假设数据具有一个合适的概率分布模型。一般情况下对于光学遥感[1]都会选择高斯分布, 它主要有以下几点好处:

- 为分类边界的确定提供了数学上易于处理和分析的方法
- 监督分类选择的训练区像元一般都具有近似正态分布的形式

尽管广泛使用正态分布[2], 但是我们目前所讨论的所有理论和公式都不是特别针对正态分布的, 对于其他的分布也同样有效。需要特别说明的是, 正态分布一般会取得比较理想的数学结果, 我们将在后面进行讨论。

如果类别的密度函数服从正态分布, 那么式 (9.14) 中的变换就特别有效。于是就可以根据式 (4.18) 和式 (9.14) 得出类别 i 的 K 维最大似然辨析函数:

$$D_i(f) = \ln[p(i)] - \frac{1}{2}\Big[K\ln[2\pi] + \ln|C_i| + (f - \mu_i)^\mathrm{T} C_i^{-1}(f - \mu_i) \Big] \tag{9.15}$$

其中只有最后一项需要逐个像元计算[3]。对于类别 a 和类别 b, 可以通过让 $D_a(f)$ 和 $D_b(f)$ 相等来计算它们的分类边界并解求 f。下面两种做法等同:

$$\ln[p(a|f)p(f)] = \ln[p(b|f)p(f)] \tag{9.16}$$

或

$$p(a|f) = p(b|f) \tag{9.17}$$

分类决策边界的 f 值是在 a 和 b 的后验分布相同时取得的。在边界一边, 决策青睐于类别 a, 而在边界的另一边, 决策青睐于类别 b (见图 9.17)。式 (9.15) 中对数形式的辨析函数是 f 的二次函数, 其两个维度在二次决策边界处相交, 见图 9.18。可以使用概率阈值排除那些在任何类别中概率都很小的像元, 在后面的实例图像中将会详细讨论。

总的分类误差是根据 a 的后验概率函数重叠区域之面积计算得到的, 它等于对图像类别划分时错误划分所造成的误差总和。不难看出, 贝叶斯分类算法使这种误差最小, 因为它将划分向左或向右移动, 这样就能使类别包括更多的面积, 从而提高了整体的误差。

---

① SAR 图像的统计并不非常符合标准正态分布。
② 读者需要注意的是, 支持这种假设的文献很少。尽管按照 Parzen 直方图估计所有随机分布的类别都可以采用高斯核分布进行建模, 但是这种方法很少在遥感处理中使用。事实上, 任何一个实际的类别概率分布都不符合高斯分布。
③ 二次项其实就是特征向量 f 到类别分布 i 的马氏距离 (见表 9.3)。

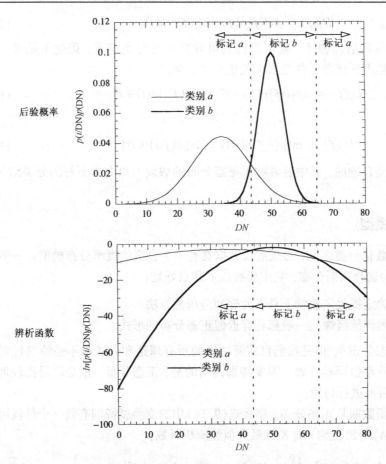

图9.17　两个一维连续高斯分布的最大似然分类边界图。类别参数分别是 $\mu_a = 34$，$\sigma_a = 9$，$\mu_b = 50$，$\sigma_b = 4$。不难发现，由于纵轴标度的原因，使右侧两个类别分布交叉部分在上面那个图表中并不可见，但是在下面那个辨析函数图表中却非常清晰

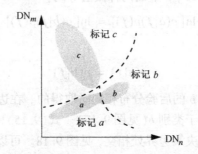

图9.18　二维空间中三个类别的最大似然分类边界，每个类别的分布都符合高斯分布。分类边界都是二次的，它们与每个类别的协方差矩阵关系见Duda et al. (2001)

这里有必要重新审视一下 a 的先验概率。通过式(9.17)可以发现，如果 $p(a)$ 小于 $p(b)$，则分类边界就会向左移动，反之则向右移动。即使对类别 a 的先验概率有合理的估计，也可能出现严重的分类错误，比如在一个类别中误差信号比其他信号更强。假定我们要确定一个类别所有出现的像元，而事实上这个类别的先验概率非常小，那么可以假定它具有较大的先验概率，以确保没有漏失任何可能情况。这样造成的后果是会有很多像元被错误地分到了该类别中，必须通过现场的目视观察或者参考航空照片等其他数据来去除这些"虚警"。

9.6.4　最近均值分类器

如果假设 L 个类别的协方差矩阵都相等，

$$C_i = C_0 \tag{9.18}$$

同时 a 先验概率也都相等，

$$p(i) = 1/L \tag{9.19}$$

于是式(9.15)中的辨析函数就变成了下面的形式：

$$D_i(f) = A - \frac{1}{2}(f - \mu_i)^{\mathrm{T}} C_0^{-1}(f - \mu_i) \tag{9.20}$$

其中常量 A 通过下面的公式计算：

$$A = \ln[1/L] - \frac{1}{2}\left[\ln[2\pi] + \ln|C_0|\right] \tag{9.21}$$

如果只是对类别进行比较，则可以忽略该常数。式(9.20)右边的项仅取决于特征向量 f 和它们的均值 μ_i，因为我们假定了 C_0 对于所有类别都是相同的。该项的增大会导致 f 的二次方程，而它的二次项与类别 i 无关(Duda et al., 2001)。因此，对不同类别进行比较时可以和常量 A 合并。于是式(9.20)就变成了 f 的线性形式，这意味着分类边界是超平面的(二次线性函数)，在一般的协方差情况下都是二次函数，见式(9.15)。

如果协方差矩阵具有对角形式，则各特征向量都不具有相关性，而且在各个向量的坐标轴上都有相同的方差，

$$C_0 = \begin{bmatrix} c_0 & \cdots & 0 \\ \vdots & & \vdots \\ 0 & \cdots & c_0 \end{bmatrix} \tag{9.22}$$

这时辨析函数 $D_i(f)$ 的形式为

$$D_i(f) = A - \frac{(f - \mu_i)^{\mathrm{T}}(f - \mu_i)}{2c_0} \tag{9.23}$$

质量因子 $(f - \mu_i)^{\mathrm{T}}(f - \mu_i)$ 是特征向量 f 和均值 μ_i 的 L_2 距离的平方(见表9.3)。因为 A 和 c_0 对所有的类别都是相等的，那么对于最近均值或者最大似然分类器，式(9.23)就表示为辨析函数。具有最小 L_2 即最小均值距离的类别 i 的 $D_i(f)$ 是最大的。例如，如果类别具有最近的均值，那么它的 $D_i(f)$ 就是最大的。

关于最近均值算法有以下两点需要说明：

- 它忽略了扩展类别的协方差矩阵。
- 可以使用 L_1 距离来提高计算效率，但是不能使用和最大似然算法的数学关系进行计算。最近均值在 L_1 的分类边界是分段线性的，在 L_2 中是近似线性的(Schowengerdt, 1983)。

图 9.19 是最近均值分类边界的理想化描述。最近均值分类算法不会产生未归类的像元，除非对距离均值的距离设置了上限。此时，如果某个像元和均值的距离大于了设定值，那么它就会被归类到"未分类"类别中。

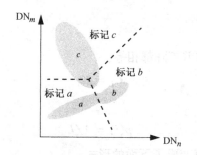

图9.19　二维空间包含三个类别的图像的最近均值分类边界，使用的是 L_2 距离度量。距离阈
值既可以应用在分级切片算法中，也可以作为圆形的边界，圆心在每个类别的中心

9.6.5　参数化分类实例

图9.20是采用 L_2 最近均值分类器对 Marana 地区附近的一幅 TM 图像进行明确分类的专题图。其中没有进行边界阈值处理，因此所有的像元都被归类到某一个类别中。

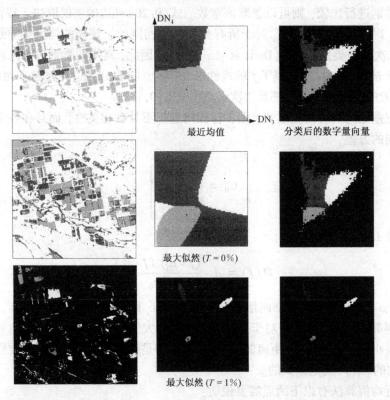

图9.20　最近均值和最大似然分类产生的分类图和特征空间分类图。在最大似然分类算法
中，如果不使用概率阈值，则沙土类别的分类区域就会被排除。阈值限制了它们
和均值的距离。阈值被指定为高斯分布模型下被排除的百分比。之所以出现很小的
概率阈值就能造成大量未分类像元现象，是因为像元大多分布在它们的均值附近

图9.20中同样展示了对同一数据进行最大似然分类的专题图。因为假设它具有高斯分布，因此其分类边界是二次的。采用很小的阈值就会导致大量的像元被排除在外，这说明了每个类别的分布模型属性。这些数据与阈值有很高的敏感性，这说明训练类别在特征空间中分布是比较紧凑的。

为了解释具有高斯概率函数的类别分布模型，图 9.21 使用了一个相对比较简单的只有一个波段的例子。图中使用的是弗吉尼亚安娜湖附近一幅 MSS 图像的波段 4，共选择了三个训练区，二个位于水体区，一个位于植被。起初只在水体区选取了一个训练区，就是在右下角较大的那个部分，同时假定每个类别都具有高斯概率分布，其均值和方差都和对应的训练区相等。在图 9.21 中，展示了最近均值和最大似然两种分类方法，这两种方法使用的 a 先验概率是相等的。最近均值分类方法对湖泊水体的分类比较准确，而最大似然分类方法却没有对湖泊右上水体进行分类。

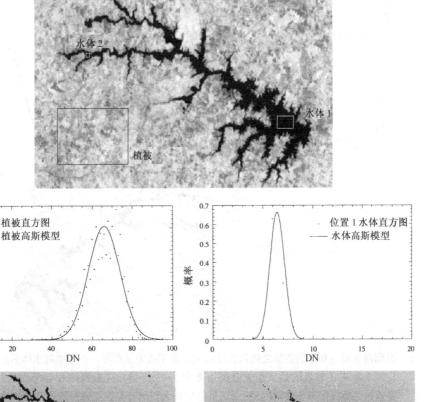

图 9.21 安娜湖地区 Landsat MSS 波段 4 图像，其中包括了三个训练区，并且给定了初始的分类图。这些训练区是在波段 4，波段 3 和波段 2 合成的彩色图像上选取的。植被和初始水体(位置 1)的直方图和高斯概率模型都被归一化到了单位面积。底部的图是初始的分类地图

这两种方法得到的分类结果在图像的整体直方图和每个类别的高斯模型方面都有明显的不同(见图 9.22)，很多人开始研究这个问题。使用数据的直方图具有双峰的形状，而且两个类别离得比较远。最近均值的分类边界处在两个类别均值的一半距离处，最大似然分类方法的分类

边界距离左边更远,因为水体类别的标准差比较小。在图中可以看到 a 先验概率的作用,这里假设两个类别的先验概率是相等的。不难发现,水体在这个图像中所占的比例比植被区小得多,相应地其直方图范围也比植被的直方图小得多。然而,并不是由于假定先验概率相等而导致数据模型较差。我们估计水体占的面积比率是5%,植被占的面积比率是95%,并使用这些值作为相应类别的先验概率,这样其后验概率就比较好地符合其直方图了(见图9.22)。然而最终结果并没有显著提高水体分类结果,因为分类边界只是向左移动了很小的一段距离。

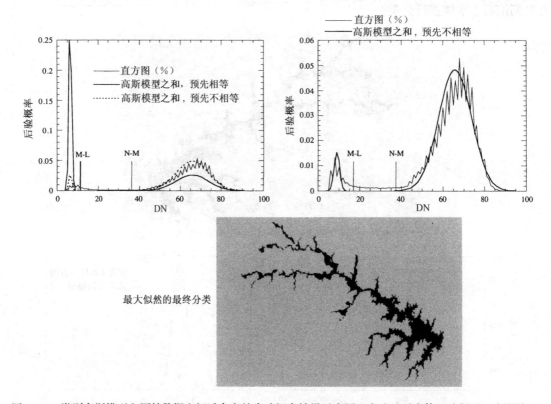

最大似然的最终分类

图9.22　类别高斯模型和原始数据之间适合度的先验概率效果示意图。在这里对水体只选择了一个训练区。在两个距离比较近的最大似然分类边界中,一个是通过先验概率相等得到的(右边),而另一个是通过先验概率不等得到的(左边)。最终的最大似然分类图是通过选择两个水体训练区,并使用不同的先验概率得到的。当只采用一个水体训练区时,最大似然分类边界向右移动了6个DN值,而最近均值分类算法向右移动了1.5个DN值。这些变化改进了最大似然分类算法对水体的分类结果

　　对水体分类的问题到底出在哪里呢?通过研究发现,水体类别的方差比较大,使用单个训练区不具有代表性。一个训练区的高斯分布宽度小于整个水体类别的直方图,因此我们在水体的臂状区域选择了第二个训练区。通过对这两个训练区的 DN 值进行平均并将它们的方差相加,就得到了水体类别的统计特性。这样得到的水体高斯模型的方差更大,并能更好地符合原始数据的直方图(见图9.22)。再采用最大似然分类就可以得到一个较好的水体分类结果。而最近均值分类算法在两种情形下都能得到很好的分类结果,这是因为它只使用了类别的均值,没有使用类别的方差。

　　彩图9.2是对一幅包括12个类别的农村土地利用和土地覆盖的 TM 图像进行最大似然参数化分类和人工神经网络算法的非参数化分类算法的比较。人工神经网络算法的边界在训练阶段与数据自适应,同时无须任何参数假设。图9.23是对包括4个类别的图像进行分类

而采用的两个分类器的辨析函数比较。这些辨析函数都是由训练区数据得出的，在最大似然算法中辨析函数是高斯模型，在人工神经网络算法中辨析函数就是输出节点接口，在后向传播时与训练数据自适应。在两种情况下，具有最大辨析函数值的类别在每个像元点都进行明确分类。在这个例子中，人工神经网络算法和最大似然算法的分类像元存在 35% 的不同，其中人工神经网络算法对某些特定类别具有较好的分类结果（Paola and Schowengerdt，1995b）。

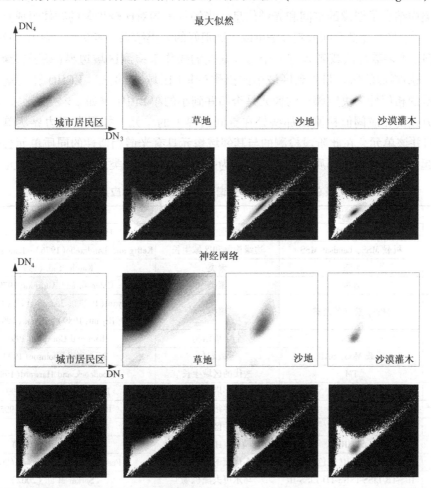

图 9.23　彩图 9.2 的 4 个类别最大似然分类器的概率密度函数之自然对数图（上面两排）和神经网络输出节点图（下面两排）。显示时使用了反转值，也就是说较暗的灰度表示较高的值。第 2 排和第 4 排展示了和数据散点图叠加的分布图。这些图代表了分类器的辨析函数（Paola and Schowengerdt，1995b）（第 1 排和第 3 排由 IEEE 1995 版权所有）

　　人们一直在寻求更好的分类算法，例如支持向量机算法（Support Vector Machines，SVM）（Foody and Mathur，2004；Camps-Valls et al.，2004）。但是我们不能说一个分类算法就比另外一个优越，因为最终分类的结果和数据本身有很大的关系。如果类别之间分离得很开，那么几乎所有的分类器都能取得很好的分类结果。利用最大似然分类算法时必须首先估计数据的方差。如果数据具有高斯分布形式，同时又能精确地估计各个参数，则最大似然分类算法在理论上就可以产生最小的分类误差。非参数的分类算法可以应用于各种分布类型的类别，例如人工神经网络算法，虽然这些方法没有简单的理论基础，但是它们不需要分析人员定义和检验训练区数据，因此使用十分简便。

9.7 光谱空间分割

到目前为止,讨论的分类方法都没有使用周围像元的显著统计分布知识,特征空间的像元分类与所有空间信息都是独立的(见第4章)。我们将要讨论的光谱空间分类方法就是在非监督分类中结合了图像的空间和光谱信息。当场景由相对比较均匀的物体组成且它们至少有几个像元时,采用光谱空间分割算法可以得到很好的分类结果。表9.5中列出了这些算法和应用的实例。大多数算法或者采用一个局部渐变的操作来检测区域边界(基于边缘)(见第6章),或者采用相似的像元归并到区域中的操作(基于区域)。例如,ECHO算法就是根据像元光谱向量的相似性来决定邻近的像元是否归并到小的单元中(例如2×2像元)。首先利用每个波段方差的相应阈值检测出那些处在空间边界上的单元。如果发现边界从单元内部穿过,则不归并该单元。在此阶段检测的与其邻域像元具有光谱相似性的同质单元会被进一步归并在一起。最后得到的同质空间区域会作为一个整体而被分类,而不是逐个像元地操作。

表9.5 一些空间-光谱分割算法的比较和应用

名 称	数 据	类 型	参考文献
—	Landsat MSS	聚类	Haralick and Dinstein(1975)
ECHO	机载 MSS, Landsat MSS	边缘检测和区域生长	Kettig and Landgrebe(1976);Landgrebe(1980)
BLOB	MSS	聚类	Kauth et al. (1977)
—	各种	聚类	Coleman and Andrews(1979)
AMOEBA	MSS, 航空多光谱	聚类	Bryant(1979);Jenson et al. (1982);Bryant(1989);Bryant(1990)
—	仿真	金字塔结构	Kim and Crawford(1991)
—	机载 MSS, SAR	等级划分	Benie and Thomson(1992)
—	TM	迭代的区域生长	Woodcock and Harward(1992)
SMAP	仿真, SPOT	金字塔结构	Bouman and Shapiro(1994)
IPRG	TM	迭代的并行区域生长	Le Moigne and Tilton(1995)
IMORM	TM	迭代的区域融合	Lobo(1997)
—	AVHRR	脊检测, Hough 变换	Weiss et al. (1998)
—	IRS-1C LISS-III 全色波段	多尺度的形态学	Pesaresi and Benediktsson(2001)
—	IRS-1B LISS-I IRS-1D LISS-III	马尔可夫随机场	Sarkar et al. (2002)
CGRG	TM	监督的区域生长	Evans et al. (2002)
—	IKONOS	支持向量机	Song and Civco(2004)
—	IKONOS	多种	Carleer et al. (2005)
—	QuickBird	区域分割和融合	Hu et al. (2005)

9.7.1 区域生长

空间关联性可以帮助我们把相似的像元组成一块图像区域,代表着地面上物理特性相同的一块区域(Woodcock and Harward, 1992; Lobo, 1997)。我们必须设定阈值来衡量一个像元和其邻近像元的相似性,如果它们之间的距离小于设定的阈值,就把它们合并,并在后续的处理中作为一个整体处理,否则就把它们看成两个单独的个体;如果一个像元只能与其上下左右的邻域连接,此时的算法就是四邻域连接算法;如果一个像元可以与其上、下、左、右、左上、右上、左下和右下的邻域像元连接,此时的算法就是八邻域连接算法。在实际应用中,大多采用八邻域算法，因为四邻域算法可看成八邻域的一个特例。由于四邻域算法只需计算像元的 4 个邻域，因而算法运算速度快。

现在已经有很多空间分割的技术（Pal and Pal，1993）。这里将要讨论一个比较有代表性，同时效果又比较好的区域生长算法（Ballard and Brown，1982；Ryan，1985）。在这种算法中，对像元处理的顺序按照的是从左向右，从上到下的正常模式，这一点对此算法非常重要。假如对图像数据按照从右到左的顺序操作，就可能会得到不同的结果。用户需要输入两个参数，数字量分割阈值 t 和数字量标准偏差 σ。

在图 9.24 中，使用三个四邻域像元来决定当前像元是否添加到邻近的区域或者是否开始一个新的区域。该算法包括了几种应用于数字量值和三个像元标签化处理的情况。情形 4 是在具有同样标签的对角像元之间存在一个填充像元的情形。情形 5 是两个彼此分开的区域中间存在一个合理解释的过渡像元的情形。左侧区域的所有像元的标签都会被改成其上侧区域的标签，该算法需要知道像元和标签的实时更新结果。为了使最后的分类结果比较连续，还比须对上述分类结果再次进行处理。结束时得到的标签图中包括了左上角的第一个区域，然后逐渐到了最大编号的区域，最大编号代表这个图像内区域的数目。如果增大数字量分割阈值 t，像元就会更容易归并到现有区域中，从而造成区域数目的下降。图 9.24 中展示的是随数字量分割阈值的变化，区域数目和平均数字量方差的变化图。

合并像元的规则

情形	如果	那么
1. 开始新区域	$\|DN - DN_u\| > t$，$\|DN - DN_l\| > t$	$L = $ 新标签
2. 和上面区域合并	$\|DN - DN_u\| \leqslant t$，$\|DN - DN_l\| > t$	$L = L_u$
3. 和左边区域合并	$\|DN - DN_u\| > t$，$\|DN - DN_l\| \leqslant t$	$L = L_l$
4. 和上边及下面区域合并	$\|DN - DN_u\| \leqslant t$，$\|DN - DN_l\| \leqslant t$，$L_l = L_u$	$L = L_u$
5. 重新标签化并合并	$\|DN - DN_u\| \leqslant t$，$\|DN - DN_l\| \leqslant t$，$L_l \neq L_u$	$L_l = L_u$ 和 $L = L_u$

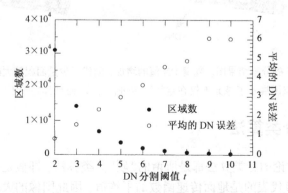

图 9.24　区域生长算法中使用的空间邻域和生长规则。要处理的像元位于右下角，在其上边和左边各有一个邻域像元。下图展示的是区域生长分割算法的收敛性和随着 DN 值的变化，平均的值的误差变化函数。所有的图都具有类似形状的曲线，但是收敛的速率与图像的空间结构以及对比度有关

对于区域面积很小、区域数目很大的标签化图像而言,其动态范围非常大,因此灰度图像不能满足显示整个标签图像的分辨率要求。一种比较有效的方法就是利用每个区域在原始图像上的平均灰度值来表示每个标签(见图9.2,它是压缩编码的例子)。图9.25是对Marana的一幅分割图像显示的实例。

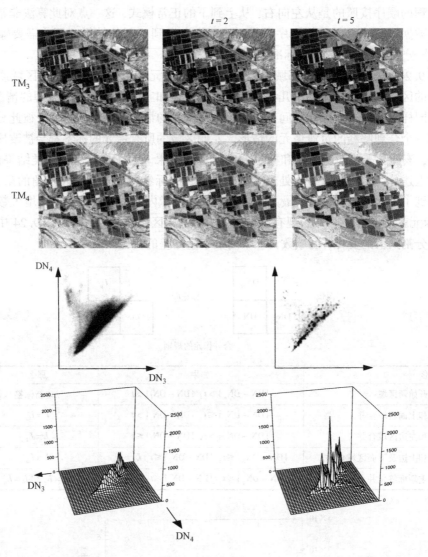

图9.25　DN分别为2和5的分割结果图。随着DN值的增加,创建了少量面积较大的区域,下面的原始数据和阈值为5的散点图展示了像元不仅在空间区域进行汇聚,而且都趋于不同的数字量向量光谱聚类

9.8　混合像元分类算法

目前为止,我们讨论的分类算法都是所谓的"硬"分类算法,即假定每个像元只能处在一个分类中。因为像元值代表的是地面传递函数的平均值,因此图像的大多数像元都包括多个类别的光谱信息(见第4章)。更进一步讲,有时为了对遥感图像进行地理校正和配准,需要对图像数据进行重采样(见第7章)。如果用的不是最近邻采样方法,重采样会引入其他的空间混合。如果对高光谱的各个波段没有进行正确的配准,那么即使没有进行重采样,也会出

现混合(Billingsley,1982;Townshend et al.,1992)。因为混合比例(也称为分形数或者丰度)随像元变化,组成的光谱矢量也随着变化。这种现象是在早期研究 Landsat MSS 数据时发现的(Horwitz et al.,1971;Nalepka and Hyde,1972;Salvato,1973)。高光谱遥感的出现再次激发了研究人员寻求估计混合成分的兴趣(Adams et al.,1993)。

在一定分辨率下,所有的自然或者人造物体表面都不是规则的,因此即使分辨率较高的图像,仍然存在光谱信号混合的现象。但是,很多地物特征都有其自然的尺度(Markham and Townshend,1981;Irons et al.,1985)。例如,平行的道路宽度一般在3~15 m 之间,建筑物根据其用途有不同的特征大小,不同种类的灌木或者树冠都有自己的特征。对于一些特殊的类别来说,随着图像空间分辨率的提高,混合像元的比率会减小,但是无论物体多大或者遥感器的分辨率多高,在物体交界处都会存在混合像元现象。为了证明上述说法,我们简单地人工合成了一幅包括建筑、街道和草地的场景(见图9.26),这三个类别被赋予了不同的数字量范围,同时场景被变换到不同 GIFOV 下,也就是对应着不同的分辨率。结果显示,即使处在相对比较高的分辨率下,在物体边界处也存在像元混合现象。然而,实际的地球场景具有更小维度的GIFOV,因此混合像元现象就不可避免。

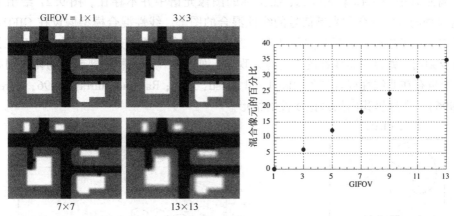

图9.26　解释空间混合的一个实例。在图像左上角创建了一个包含三种不同类型物体信息的混合像元。然后采用一定范围内的GIFOV通过光谱平均而得到一幅仿真的图像。在不同的GIFOV中,混合像元的比例绘于右图中

亚像元分类算法的应用最早起源于 Landsat 数据的早期处理应用(见表9.6)。这种在超过分辨率限制的情形下提取信息的主题是我们现在仍然在研究的工作。下面几节将会讨论几种处理方法。

表9.6　亚像元分析的应用实例

数　据	应　用	参考文献
仿真 Landsat MSS	作物和土壤	Nalepka and Hyde(1972)
MSS	土壤、岩石和植被	Marsh et al. (1980)
AVHRR	温度	Dozier(1981)
TM	沙漠中的植被	Smith et al. (1990)
AVHRR, TM	森林覆盖	Cross et al. (1991)
野外光谱辐射计	土壤属性	Huete and Escadafal(1991)
MSS	森林、土壤和阴影	Shimabukuro and Smith(1991)
AVHRR, TM	植被和土壤制图	Holben and Shimabukuro(1993)
AVIRIS	植被,土壤	Roberts et al. (1993)

（续表）

数 据	应 用	参考文献
仿真 TM	作物类型和场地边界	Wu and Schowengerdt(1993)
仿真 AVHRR	森林和非森林	Foody and Cox(1994)
AVHRR, TM	森林覆盖	Hlavka and Spanner(1995)
TM	树木，灌木	Jasinski(1996)
TM	沙漠，灌木，牧地	Sohn and McCoy(1997)
仿真 TM 和 AVHRR	方向反射系数	Asner et al. (1997)
TM	植被	Carpenter et al. (1999)
HYDICE，仿真目标	亚像元目标	Bruce et al. (2001)
AVIRIS	雪地和谷粒大小	Painter et al. (2003)
LISS-II	植被	Ghosh(2004)
多时相 MODIS	作物	Lobell and Asner(2004)

9.8.1 线性混合模型

一个光谱类别的理想化的单一信号称为端元。由于遥感器存在很大的噪声误差和类内信号方差，端元只是一个抽象的概念，在实际的图像光谱中并不存在。图 9.27 给出了同一 GIFOV 内地物的空间混合和光谱信号的线性混合的图解。线性混合模型假设在 GIFOV 内存在单一反射，在多数情形下都是实际情形的近似。当辐射传输透过一个地物后，又在另一个地物进行反射时，就存在非线性的混合像元现象。如果在一个地物内部或者物体之间存在多次反射，则也存在非线性混合现象(Borel and Gerstl, 1994；Ray and Murray, 1996；Moreno and Green, 1996)。在这里我们只讨论线性的情形。

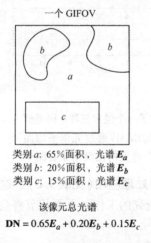

一个 GIFOV

类别 a: 65%面积，光谱 E_a
类别 b: 20%面积，光谱 E_b
类别 c: 15%面积，光谱 E_c

该像元总光谱
DN $= 0.65E_a + 0.20E_b + 0.15E_c$

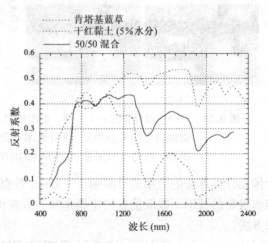

图 9.27 单一 GIFOV 的线性混合模型。物体之间的边界可以是任意形状的，并且任意复杂，只有各自的覆盖范围和光谱反射曲线才是最重要的。图像显示了第1章中所用数据的光谱反射例子。在700 nm处，混合土壤和植被信号而失去了植被边缘的一些形状特征

在对混合像元进行分析时，通常我们假定在遥感器 GIFOV 内的场景都具有一致的辐射权重。系统总的空间响应是一个比较好的模型，它假定单个物体的辐射与它们的位置有关（见图9.28）。实验证明，高光谱图像的复原，比如遥感器空间传递函数的局部校正，可以改善后续的像元混合分析(Wu and Schowengerdt, 1993)，而且可以在解除混合时进行复原操作(Frans and Schowengerdt, 1997, 1999；Gross and Schott, 1998)。

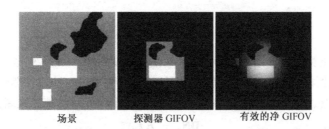

图 9.28　光谱信号混合所用的空间整合。左边是理想的辐射空间分布场景，中间是按照遥感器 GIFOV 整合的区域，最右边是按照遥感器的总空间响应整合的区域（假设响应等同TM的响应）。由于各个响应并不是统一的，因此使用了离中心的距离作为其权重。在这个例子中，尽管右边两种情况的测量信号只有4%的差别，但是很容易想象到，具有不同反射特性的物体会导致很大的差别

　　像元混合的另一个来源是光谱成分的合并，例如在矿区或者水体区域（Felzer et al., 1994；Novo and Shimabukuro, 1994），这些混合成分与遥感器空间响应导致的空间混合相比，在数据上不明显，而两种情形的最终结果是相同的，都被称为混合光谱信号。

　　在二维特征空间，图 9.29 所示一般包含三个端元。如果这些端元是纯的，同时它们对图像中所有光谱向量来说是完备的，则任何一个像元的光谱向量都处于由这些端元定义的凸体范围内。类别的分形数决定了混合像元向量在特征空间的位置。该问题的逆问题，解混合处理就是已知像元向量来求解每个类别的分形数。

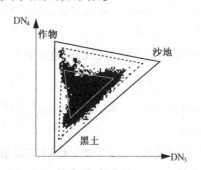

图 9.29　在 TM NIR 红色波段空间，黑土，沙地和作物的三种可能的端元。最里面的三角形是通过监督类别的均值来定义的。中间的三角形是利用每个DN轴最外面像元来定义的。最外面的三角形包含了所有的像元，但是实际上端元并不在图像范围内。只有最外面的三角形与式(9.25)一致

　　线性混合在数学上可描述成下述的向量矩阵方程：

$$\mathbf{DN}_{ij} = Ef_{ij} + \varepsilon_{ij} \tag{9.24}$$

其中，f_{ij}是在 i, j 处像元的 L 个端元分形数组成的 $L \times 1$ 向量，E 是 $K \times L$ 大小的端元信号矩阵，其每个列对应着一个端元的光谱向量。左侧的 $\mathbf{DN}_{ij}$ 是 i, j 处像元的 K 维光谱向量。ε_{ij}项代表利用 L 个端元光谱向量表示一个像元向量所造成的误差，对应原始数据的未知噪声。式(9.24)所示的关系表示我们已经建立了端元的一个完备集，于是在每个像元都有

$$\sum_{l=1}^{L} f_l = 1 \tag{9.25}$$

在实际应用中这个假设是有问题的，因为不能确定对于给定数据是否找到了充足的端元数目。另外一个附加限制就是要求每个分形数都是正值：

$$f_l \geq 0 \tag{9.26}$$

解混合实例

为了更好地介绍类别分形图,这里使用了一幅低维度图像。图 9.29 是 Marana 地区一幅 TM 图像的波段 3 和波段 4 的图像,其中我们定义了三个类别:作物、沙地和黑土,它们分别对应着散点图上的三个端点。忽略式(9.24)中的噪声项,对每个像元写出其二维高光谱向量:

$$\mathbf{DN}_{ij} = \boldsymbol{E}\boldsymbol{f}_{ij} \tag{9.27}$$

或者写出其每个元素:

$$\begin{bmatrix} DN_3 \\ DN_4 \end{bmatrix} = \begin{bmatrix} E_{crop3} & E_{ltsoil3} & E_{dksoil3} \\ E_{crop4} & E_{ltsoil4} & E_{dksoil4} \end{bmatrix} \begin{bmatrix} f_{crop} \\ f_{ltsoil} \\ f_{dksoil} \end{bmatrix} \tag{9.28}$$

上述问题是不定解的,因为有三个未知量(三个类别分形数),却只有两个方程,对应着波段 3 和波段 4 的方程。图像上每个像元的光谱向量由三个端元组成,要求满足下述关系:

$$1 = f_{crop} + f_{ltsoil} + f_{dksoil} \tag{9.29}$$

将上式和式(9.28)联立得:

$$\begin{bmatrix} DN_3 \\ DN_4 \\ 1 \end{bmatrix} = \begin{bmatrix} E_{crop3} & E_{ltsoil3} & E_{dksoil3} \\ E_{crop4} & E_{ltsoil4} & E_{dksoil4} \\ 1 & 1 & 1 \end{bmatrix} \begin{bmatrix} f_{crop} \\ f_{ltsoil} \\ f_{dksoil} \end{bmatrix} \tag{9.30}$$

上述公式称为增广矩阵方程。利用上述方程可以精确地计算每个像元的分形数:

$$\begin{bmatrix} f_{crop} \\ f_{ltsoil} \\ f_{dksoil} \end{bmatrix} = \begin{bmatrix} E_{crop3} & E_{ltsoil3} & E_{dksoil3} \\ E_{crop4} & E_{ltsoil4} & E_{dksoil4} \\ 1 & 1 & 1 \end{bmatrix}^{-1} \begin{bmatrix} DN_3 \\ DN_4 \\ 1 \end{bmatrix} \tag{9.31}$$

这个例子使用了两种方式来定义端元,其中一种对应着散点图上的极限像元(基于数据);另外一种是称为"虚端元"的方法,它并不存在于数据中,但由它们组成的凸体是完备的。我们假定这些虚端元在其对应的类别中对应着 100% 纯像元,也就是不包含混合像元。我们把数字量值制成表 9.7 所示的表格,表 9.8 是对应的 $\boldsymbol{E}$ 和 $\boldsymbol{E}^{-1}$ 矩阵。一旦确定了 $\boldsymbol{E}^{-1}$,就可以利用式(9.31)计算每个像元向量(包括归一化波段的增广矩阵)的各个分形数。图 9.30 的结果表明,两种端元选择方法在视觉效果和端元的数目上并没有明显差别。采用基于数据的端元选择方法,作物类别只有 29 个像元(图像共有 97 500 个像元),沙地类别中有 85 个像元的分形数小于 0,但最小不小于 -0.08;有 112 个像元的分形数的总和超过了 1,但最大不超过 1.08。

表 9.7 二维解混合实例中的端元 DN 值

端元类型	波　　段	作　　物	沙　　地	黑　　土
数据定义	3	21	84	18
	4	84	72	14
虚拟	3	14	93	15
	4	90	77	6

表 9.8 解混合的参数矩阵

端元类型	E			E^{-1}		
数据定义	21	84	18	−0.013 045	+0.0148 45	+0.026 991
	84	72	14	+0.015 744	−0.000 674 76	−0.273 95
	1	1	1	−0.002 699 1	−0.014 17	+1.247
虚拟	14	93	15	−0.010 72	+0.011 777	+0.090 14
	90	77	6	+0.012 683	+0.000 150 99	−0.191 15
	1	1	1	−0.001 962 9	−0.011 928	+1.101

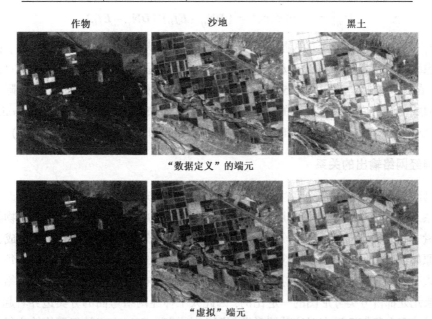

图 9.30 通过数据定义端元(见图 9.29 中间的三角形)和虚拟端元(见图 9.29 中外部的三角形)得到的类别分形图。所有图像都具有相同的硬件查找表,因此都可以直接压缩

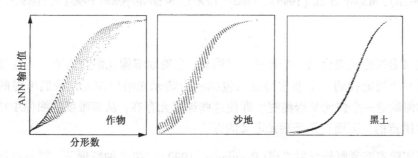

图 9.31 彩图 9.1 的人工神经网络输出节点值与线性解混合分形数之间的散点图。两个变量都处在[0,255]之间。注意,每个类别都为S形。曲线包络内的变化说明了这两种测量方法都不是严格的一一对应关系

在传统的"硬"分类算法中,一般采用一个"未知分类"的类别来代表未被所有训练区对应的像元。不处在任何分类类别范围内的像元都会被分类到"未知分类"中。然而在线性混合模型中,我们不能定义类似的"未知端元",因为任何一个光谱信号都无法定义成一个单一的光谱向量或者光谱向量的组合。有时我们会利用过渡端元以适应因地形或者混合像元造成的特征变化(Adams et al., 1993)。

前面介绍的解混合像元方法都非常简单,而且准确。然而在实际问题中遇到的更多情况是光谱波段的数目比类别数目多,比如高光谱图像。因此线性混合模型就变成了利用 K(K 个光谱波段)个方程解 L(L 个分类分形数)个变量的问题,其中 K 大于 L。因此端元矩阵的大小就是 $K \times L$,该方程一般是无解的。我们可以利用第 7 章介绍的最小二乘法来计算分形数 $\hat{f}$:

$$\hat{f}_{ij} = (E^{\mathrm{T}}E)^{-1}E^{\mathrm{T}} \cdot \mathbf{DN}_{ij} \tag{9.32}$$

这样得到的结果与从数据估计的分形数的均方误差是最小的,

$$\|\varepsilon_{ij}\| = \min[\varepsilon_{ij}^{\mathrm{T}}\varepsilon_{ij}] = (\mathbf{DN}_{ij} - E\hat{f}_{ij})^{\mathrm{T}}(\mathbf{DN}_{ij} - E\hat{f}_{ij}) \tag{9.33}$$

我们称 $\|\varepsilon_{ij}\|$ 是在每个像元上的投影残留图像。这种最小均方误差算法比较耗时,因为它需要在每个像元处计算其矩阵向量卷积。对于一个给定的问题,E 是固定的,因此式(9.32)等价于 $\mathbf{DN}$ 矩阵的旋转变换,就如同第 5 章介绍的主成分变换和缨帽变换。如果在实际分析中对式(9.25)和式(9.26)附加了额外的限制条件,例如约束最小均方算法(Constrained Least Squares,CLS),那么必须利用其他的数学方法求解(Shimabukuro and Smith, 1991)[①]。

分形数和神经网络输出的关系

前面已经提到,线性解混合产生的分形数和神经网络分类算法得到的模糊分类结果存在一定的联系。彩图 9.1 展示的是利用三个类别的分形图合成的彩色图像,其中作物类别对应着红色分量,沙地类别对应着绿色分量,黑土对应着蓝色分量。很明显,这种合成方法得到的图像与原始图像和人工神经网络算法输出图像都能很好地符合。如果仔细观察每个类别的分形图和人工神经网络输出图的散点图,就能发现两种存在的关系。人工神经网络输出结果值在每个像元处都占分类分形图的一定比例,因此人工神经网络弯曲的分类边界看起来就是分形数的因子。现在我们还没有对这种情形做更深入的分析,不过人工神经网络输出结果值在某种特定的条件下可以很好地逼近贝叶斯先验概率类别。有兴趣的读者可以参考 Paola and Schowengerdt(1995b),Moody et al. (1996),Foody(1996),Schowengerdt(1996)和 Haykin(1999)。

端元定义

端元定义是解像元混合的一个难题。很明显,准确地解像元混合需要建立在准确的定义端元上。几乎不可能找到一个非常纯且只包括一个端元光谱的像元。我们考虑的是混合像元,但是如何确定一个像元是否纯呢?即使这些纯像元存在,从高维度的图像中找到这些像元也是非常困难的。下面是几条端元定义的方法:

- 利用实验室或者野外反射光谱(Boardman, 1990)。在这种情形下,需要对反射数据进行校正(见第 7 章)。
- 利用遥感数据与光谱库中的数据进行比较。在网上可以找到很多不同的物体和遥感应用的光谱反射库。可以利用这些光谱库中的光谱反射曲线组成图像的像元光谱(Smith et al., 1990;Roberts et al., 1993)。此种方法同样要求对数据进行校正。

[①]　最小均方解与第 7 章介绍的满足一组地面控制点的最优多项式系数类似。我们已经假设噪声在特征空间(解混合时)和地面控制点中(变形时)是不相关的,同时它的协方差矩阵是单位对角矩。如果上述假设不成立,最小均方解就应该包括一个依赖项 C_g(Settle and Drake, 1993)。

- 基于数据变换(Full et al., 1982)和投影的自动化技术, 例如 N-FINDR(Winter, 1999; Winter, 2004; Plaza and Chang, 2005), 像元纯度索引(Pixel Purity Index, PPI)(Boardman et al., 1995)和顶点成分分析(Vertex Component Analysis, VCA)(Nascimento and Dias, 2005)。
- K 维交互的可视化工具(Bateson and Curtiss, 1996)。

我们可以让纯光谱端元类型和数量随像元发生变化(Roberts et al., 1998)。更进一步讲, 一般认为端元都不变, 一个端元对应着一个类别。但是端元随像元发生变化是常见的, 例如树木冠层的光谱(Bateson et al., 2000)。变化的端元在解混合处理中产生一定范围内的分形数, 而不是单一的一个分形数。

最后需要指出的是, 这里讨论的高光谱数据线性解混合处理并不是唯一的方法, 例如还有独立成分分析(Independent Component Analysis, ICA)可以完成同样的工作(Bayliss et al., 1997; Tu, 2000; Shah et al., 2004; Nascimento and Dias, 2005)。

9.8.2 模糊分类

模糊集的概念是解混合像元问题的一个自然模型, 它认为一个实体可能属于不同的类别。这里将讨论两种应用在遥感分类方面的模糊算法: 模糊 C 均值聚类算法和模糊监督分类算法。

模糊 C 均值聚类算法(FCM)

这种算法与前面介绍的 K 均值非监督聚类算法类似, 唯一的不同是该算法把特征空间划分成模糊的区域(Bezdek, et al., 1984; Cannon et al., 1986)。下式给出了 N 个像元、C 个类别的成员似然度向量 U 的计算公式:

$$U = \begin{bmatrix} u_{11} & \cdots & u_{1N} \\ \vdots & & \vdots \\ u_{C1} & \cdots & u_{CN} \end{bmatrix} \tag{9.34}$$

U 的每一列代表图像上的每个像元在聚类 C 中的成员值, 同时满足下式条件:

$$\sum_{n=1}^{N} u_{ln} > 0, \quad \sum_{l=1}^{C} u_{ln} = 1, \quad 0 \leqslant u_{ln} \leqslant 1 \tag{9.35}$$

上述限制条件和解混合的端元分形数及最大似然后验概率分类算法相似(Foody, 1992)。

对于固定数目的类别 K 均值"硬"聚类算法, 得到的结果满足均方误差函数最小的准则:

$$\varepsilon^2 = \sum_{n=1}^{N} \sum_{l=1}^{C} \| \mathbf{DN}_n - \boldsymbol{\mu}_l^* \|^2 \tag{9.36}$$

其中,

$$\| \mathbf{DN}_n - \boldsymbol{\mu}_l^* \|^2 = (\mathbf{DN}_n - \boldsymbol{\mu}_l^*)^{\mathrm{T}} (\mathbf{DN}_n - \boldsymbol{\mu}_l^*) \tag{9.37}$$

是像元向量到聚类 l 的模糊均值向量的 $\boldsymbol{\mu}_l$ 欧氏聚类 L_2 平方(Jain and Dubes, 1988)。为了完成对特征空间的模糊划分, 最小化的函数中结合了成员值:

$$J_m = \sum_{n=1}^{N} \sum_{l=1}^{C} u_{ln}^m \| \mathbf{DN}_n - \boldsymbol{\mu}_l \|, \quad m \geqslant 1 \tag{9.38}$$

参数 m 决定了划分的模糊度,如果 $m=1$ 则分类的结果就是"硬"分类的结果,一般情形下 m 的值为 2。下面是 K 均值算法的自适应迭代处理过程(见 9.4.2 节),并利用它们更新聚类的均值和成员变量值:

$$\mu_l^* = \left[\sum_{n=1}^{N} u_{ln}^m \mathbf{DN}_n \right] / \sum_{n=1}^{N} u_{ln}^m \tag{9.39}$$

$$u_{ln} = 1 / \sum_{j=1}^{C} \left[\left\| \mathbf{DN}_n - \mu_l^* \right\| / \left\| \mathbf{DN}_n - \mu_j^* \right\| \right]^{2/(m-1)} \tag{9.40}$$

这些模糊公式在概念上都比较简单。每个聚类的均值都是对它们的数据按照成员变量值加权得到的,同时成员变量值根据像元到聚类均值的归一化距离而计算得到。

图 9.32 是对 Marana 一幅 TM 图像进行 FCM 算法的例子(m 值为 2)。最终只需要三个聚类,因此作物的面积不显著并且存在明显的类别数据方差。FCM 算法和 K 均值算法类似,都是对整体指定聚类标签,但是该算法同时也指定了成员的似然度概念。作物区域没有出现在一个聚类中,但是它对所有聚类的类别似然度都是非零的。图像右上角的低植被区域对聚类 1 和 2 的成员的似然度是非零的。

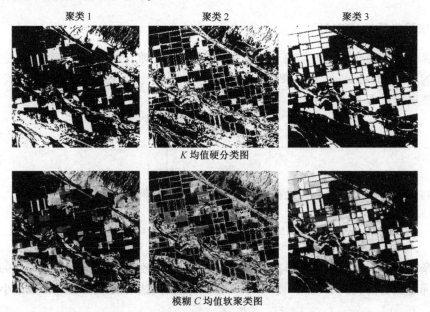

聚类 1   聚类 2   聚类 3

K 均值硬分类图

模糊 C 均值软聚类图

图 9.32   "硬"分类和模糊分类结果(软件的代码和实例可参见亚
利桑那大学的 Te-shen Liang 和 Ho-yuen Pang 等人的研究)

模糊监督分类算法

Wang(1990a, 1990b)中有模糊监督分类算法的介绍。与 FCM 算法类似,这里同样定义了一个成员似然度矩阵 $\mathbf{U}$。按照式(9.39),通过对训练数据加权计算模糊的均值,按照下式计算模糊协方差矩阵:

$$C_l^* = \left[\sum_{n=1}^{N} u_{ln}(\mathbf{DN}_n - \mu_l^*)(\mathbf{DN} - \mu_l^*)^{\mathrm{T}} \right] / \sum_{n=1}^{N} u_{ln} \tag{9.41}$$

然后利用这些参数定义模糊成员函数为修正的高斯分布,

$$U_l = P_i^*(\mathbf{DN}) / \sum_{l=1}^{C} P_i^*(\mathbf{DN}) \tag{9.42}$$

其中

$$P_l^*(\mathbf{DN}) = \frac{1}{\left|C_l^*\right|^{1/2}(2\pi)^{K/2}} e^{-(\mathbf{DN}-\mu_l^*)^T C_l^{*-1}(\mathbf{DN}-\mu_l^*)/2} \tag{9.43}$$

是 K 维空间中正态分布(见第 4 章)。

对模糊监督分类算法而言,训练区数据在一个类别内没有必要是同质的,如果已知它由某几个像元组成,就可以利用成员变量函数计算类别的模糊均值和协方差矩阵。换句话说,如果每个类别的训练区数据很纯,那么这样计算的模糊均值和协方差矩阵就和硬分类计算的值是相等的。唯一不同的是我们已知式(9.43),利用式(9.42)来划分特征空间,并且可以利用相应的普通硬分类后验概率密度分布来计算每个像元的模糊成员似然度。

9.9 高光谱图像分析

多光谱图像的任何分类方法都可以直接用来对高光谱图像进行分类处理,但需注意以下几点:

- K 维的计算复杂度高;
- 需要更多的训练数据;
- 传统的分类器不能从高光谱数据中提取更多的信息。

这一节将会介绍几种专门用来对高光谱图像进行分类的算法。

9.9.1 图像立方体的可视化

研究人员一直在研究高光谱数据的可视化问题,高光谱数据不仅数量巨大,而且是多维的(见第 1 章)。一种技术就是从高光谱图像中提取一条像元线,然后利用灰度级展示每个像元的光谱值,这样就得到了光谱数组,其 x 坐标轴表示像元在数组中的编号,Y 坐标轴表示相应的波长(见图 9.33),这种图就是空间光谱图。为了使光谱信息处在 400~2400 nm 的范围内,需要对遥感器的辐射数据进行归一化(见第 7 章)。

对高光谱数据的分类光谱信号进行可视化也是非常困难的。一种有效的工具是统计图像的二阶统计(Benediktsson and Swain, 1992;Lee and Landgrebe, 1993)。彩图 9.3 是彩图 1.1 所示 Palo Alto 地区 AVIRIS 数据的统计图实例。我们使用一幅伪彩色图像显示类别的相关矩阵,颜色值代表波段之间的相关系数,它可能取正数也可能取负数。我们同时显示了具有标准差的每个波段之训练区数据。可以利用相关矩阵区分均值相似的类别,研究表明,对高光谱图像而言,利用最大似然分类比最近均值分类更好,因为图像的大部分信息都包含在协方差矩阵中(Lee and Landgrebe, 1993)。

高光谱的大量数据可以进行动态显示,比如光谱动画,其中图像的波段按照较快的速率顺序显示。对一幅包含 240 个波段的图像,按照每秒 30 波段的速率显示,可以播放 8 s 时间。这样显示的好处是可以发现特征信号,并可以快速预览数据中的错误波段。

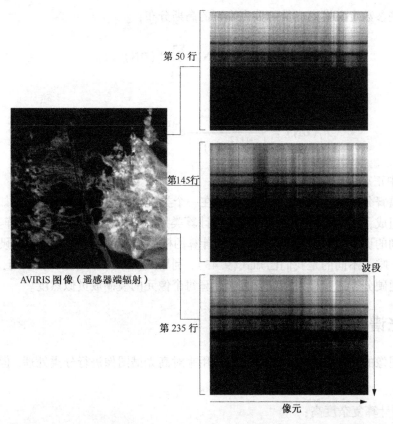

图9.33 高光谱图像数据的空间光谱图可视化显示。显示的垂直侧面就是像元在给定行上测量的光谱曲线。这些图等价于高光谱立体图像的水平切片(见图1.7)。同样可以沿着图像的列得到类似的图像或者任意切面。深色的水平线是大气吸收波段。这些显示非常类似于BIL格式的一条数据线可视化(见图1.23)。同样可以直接通过二维阵列成像光谱仪得到

9.9.2 分类训练

对于任何监督分类的分类器,都需要利用充足的训练像元来准确估计类别信号的特征。如果采用最大似然分类器,并假设类别具有高斯分布形式,则需要从训练样本中计算类别的均值和协方差矩阵。如果使用数据的 K 维特征空间,则至少必须利用 $K+1$ 个像元计算类别的协方差矩阵。为了取得可靠的类别统计特性,一般每个类别的每个特征需要选取 10～100 个训练像元(Swain and Davis, 1978)。如果类别的类内方差增大,则需要选取更多的训练像元,以满足类别统计特性的准确性。

这种情况对多光谱图像影响不大,因为多光谱图像只有为数不多的几个波段。然而对于高光谱图像,就几乎不可能满足类别的有限空间范围。同样,随着特征空间维度的增加,统计特性的准确性也会下降,比如休斯现象(Hughes phenomenon)需要更多的训练像元(Landgrebe, 2003),现在已经提出了很多解决这种问题的技术(Shahshahani and Landgrebe, 1994; Hoffbeck and Landgrebe, 1996)。

9.9.3 从高光谱数据中提取特征

从较高分辨率的高光谱图像提取特征信息比一般的多光谱图像更有优势,本节将介绍几种处理技术。

图像残留

最早应用在高光谱数据特征提取上的技术是检测和辨识矿产时发展起来的图像参与光谱方法(Marsh and McKeon, 1983)。目的就是为了去除外部地形阴影因子的影响,同时增强不同矿产相对于无吸收特征平均信号之吸收波段(详见第7章的相关论述)。处理的步骤是:

1. 通过一个参考波段,划分各个像元的光谱,参考波段必须是无吸收特征的波段。这种归一化保证了每个像元的光谱值相对于参考波段都是唯一的。它同样可以抑制地形阴影(见第5章),特别是对大气散射不显著的 SWIR 波段。

2. 计算整个场景的平均归一化光谱,并从第1步计算得到的归一化光谱值中减去上述值。表面吸收特征出现在平均光谱以下的部分,会表现为负的"残留"。如果矿物吸收部分在这个场景中占的比率很小,则此步计算会非常快。否则,吸收波段特征会影响平均光谱值,并不显示为"残留"。

第7章已经介绍过,内华达地区主要是矿产地形,包括有多种具有显著吸收波段的矿石,特别是在 SWIR 波段。在归一化时,我们使用了波长为 2.04 μm 的波段作为参考波段(Marsh and McKeon, 1983)。然后采用上述方法计算每个像元的残留光谱。彩图 9.3 是利用 2.3 μm、2.2 μm 和 2.1 μm 波段合成的彩色图像。图像上的不同颜色分别对应该地区的明矾石、芽生托奈特炸药和高岭石的分布(Kruse et al., 1990;Abrams and Hook, 1995)。

吸收波段参数

成像光谱仪具有非常高的光谱分辨率,为利用吸收波段的特征鉴别不同的矿物提供了可能。对于单一吸收波段,需要计算其深度、宽度和位置等参数(见图 9.34)。当深度超过一定阈值时,就认为在特定波长存在吸收波段(Rubin, 1993)。如果需要,就计算吸收波段的宽度和位置等参数。可以把从高光谱图像中提取的特征与在实验室得到的光谱库特征进行比较,从而达到鉴别矿物的目的。

光谱微分比率

微分函数可以用来强调变化,抑制均值水平,有人利用这个原理开发了一种新的技术来减小大气对光谱信号散射和吸收的影响(Philpot, 1991)。利用遥感数据的简单辐射模型,可以发现两个波长处的遥感器数据任意阶次的微分系数比率都近似等于同阶次的光谱反射比率,

$$\frac{d^n L/d\lambda^n|_{\lambda 1}}{d^n L/d\lambda^n|_{\lambda 2}} \approx \frac{d^n \rho/d\lambda^n|_{\lambda 1}}{d^n \rho/d\lambda^n|_{\lambda 2}} \qquad (9.44)$$

对于离散波长的高光谱数据,波长 λ 处的前三个微分系数可以由三个离散的系数来近似,

$$dL/d\lambda \approx [L(\lambda) - L(\lambda^+)]/\Delta\lambda$$
$$d^2 L/d\lambda^2 \approx [L(\lambda^-) - 2L(\lambda) + L(\lambda^+)]/(\Delta\lambda)^2 \qquad (9.45)$$
$$d^3 L/d\lambda^3 \approx [L(\lambda^-) - 3L(\lambda) + 3L(\lambda^+) - L(\lambda^{++})]/(\Delta\lambda)^3$$

其中,λ^- 是最近的较小波长,λ^+ 是最近的较长波长,λ^{++} 是下一个较长波长,$\Delta\lambda$ 是波长间隔。Philpot 确定了对式(9.44)有效的水体和叶子样本的光谱范围。该方法中使用的是未经大气校正的辐射值,我们可以在有效光谱范围内利用这种技术寻找与参考数据相匹配的微分信号。

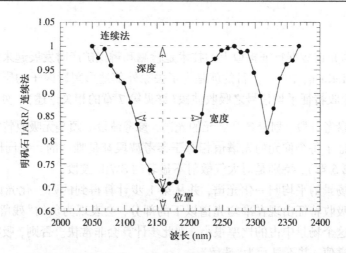

图9.34　三个吸收波段参数的定义。从连续修正的内部平均相对反射 IARR 数据而测得
　　　　深度(见第7章)。宽度通过测量半波长深度而得。位置就是最小波段处的波长。不
　　　　难发现,它与图7.40中水蒸气波段深度的计算方法相同(Diagram after Kruse,1988)

光谱指纹

　　人们从 Piech and Piech(1987,1989)等论文中发展出了很多有趣的特征提取技术。这些算法的基本思想就是利用尺度空间过滤技术找到光谱曲线变形的局部特征点(见第6章)。我们把在尺度空间中由于吸收特征造成的特征模式称为"光谱指纹"。如果没有对数据进行大气校正,那么大气造成的吸收波段和矿物造成的吸收波段一样会表现为一种"光谱指纹"。如果对数据进行了大气校正,那么就只有矿物吸收造成的指纹特征了。

　　光谱指纹是通过光谱数据和不同宽度的 LoG 滤波器进行卷积,然后绘制出相对滤波器 σ 值,而不是波长的过零点而得到的,见式(6.44)。随着尺度因子 σ 的增大,过零点的数目并没有增加,这里的尺度空间与(Witkin,1983)中定义的一样。第6章介绍了利用过零点检测边界的方法。指纹循环结束的尺度对数值与原始图像光谱的不规则吸收特征的面积之对数成线性关系(Piech and Piech,1987)。

9.9.4　高光谱数据的分类算法

　　原则上,目前为止所介绍的所有多光谱数据分类算法都可以直接应用到高光谱数据中,这些算法在理论上都对光谱波段的数目没有限制。但是,像最大似然法等算法,即使利用提高效率的改进算法(Bolstad and Lillesand,1991;Lee and Landgrebe,1991;Jia and Richards,1994),对200或者更多波段的高光谱数据进行处理,效率也会非常低。现在已经发展出了很多针对高光谱数据进行分类处理的算法,不仅满足了计算效率的要求,也满足了高分辨率光谱数据的不同类型的模式识别要求。

　　大图像、多类别的分类处理方法,比如常见的对 TM 或者 SPOT 数据进行分类的方法,对高光谱数据来说是非常耗时的。因此对成像光谱数据提出了以下三个严格要求(Mazer et al.,1988):

- 将一个像元的光谱或者一组像元的平均光谱与图像中的所有像元进行比较。这和传统监督分类中为每个类别选取训练像元类似,无须对数据进行事先的校正。

- 将图像中所有像元的光谱与矿物的参考光谱库曲线进行匹配比较。这种操作是为了确定特定矿物在数据中出现的位置等参数。该操作需要对数据进行校正或者至少进行部分的归一化。

- 将从遥感数据得到的一条光谱曲线和参考光谱库中的光谱曲线进行比较。这样做是为了在遥感数据中找到给定光谱,并确定其参数。此操作同样需要对数据进行校正。

在分类时,我们必须去除大气水蒸气的吸收波段对光谱分类的影响。这样可以节省运算时间,同时可以减少在信噪比较小的波段造成分类错误。同时它也可以去除位于两个辐射仪重叠光谱区域的任何波段,比如 AVIRIS 和高光谱数据(见图 3.24)。有些软件为用户提供了自定义无效波段的功能。

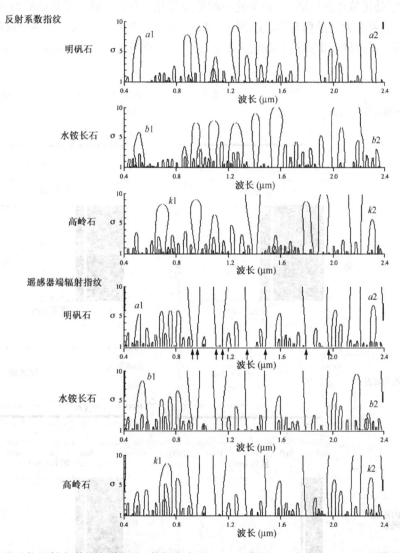

图 9.35 三种矿物反射光谱的光谱指纹(数据来自图 1.8)和彩图 7.2 中来自 AVIRIS 图像的相应辐射数据。每种矿物在反射和辐射时都表现出一定的吸收特征。那些封闭的曲线表明了其吸收特征,在 $\sigma=10$ 处未封闭的曲线会在 σ 较大处封闭。在辐射数据中,在大气吸收波段中零交叉现象说明了每个指纹的相似特征(主要波段都标有箭头;可与图 2.4 比较其波长)

二值编码

由于高光谱数据一般都比较大(一幅 AVIRIS 图像大概有 140 MB),受计算机内存容量的限制,这就激发了人们研究数据压缩和模式匹配的兴趣。光谱维度的二值编码就是其中的一种方法(Mazer et al., 1988; Jia and Richards, 1993)。

为完成光谱幅度的编码,我们首先设定一个 DN 值,高于该阈值则编码为 1,低于该阈值则编码为 0,于是利用 1 bit 数据可以表示一个波段的光谱。图 9.36 是利用一幅 AVIRIS 图像(见彩图 1.1)对辐射光谱进行二值编码的实例。如果阈值设定为 700,则可以分割出大部分的吸收特征,但是土壤和一些明亮屋顶的区别不是很显著。为了辨别,可以将光谱的微分值编码成 0 或 1(取决于它是正数还是负数)。如果使用的是局部光谱均值,那么编码后的特征就对应外部因子,如太阳辐射和大气散射等不敏感因子(Mazer et al., 1988)。如果使用多个阈值,则可以改善信号的特征,但这样会带来运算量增大和数据量增加的问题(Jia and Richards, 1993)。

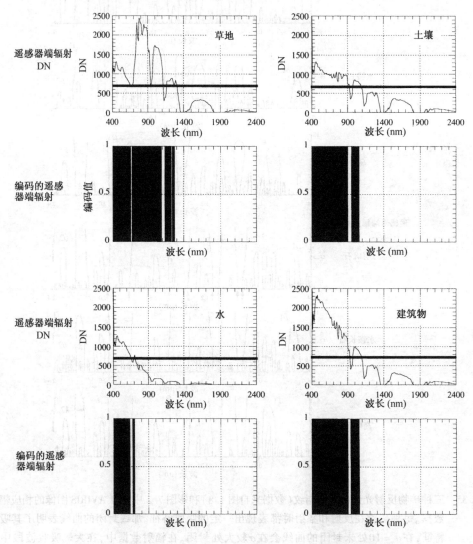

图 9.36 包含 4 个类别的 Palo Alto 地区 AVIRIS 图像之光谱辐射
的二值编码示意图(见彩图 1.1)。其中 DN 的阈值为 700

对编码后的光谱,可以使用汉明距离逐位比较,其中汉明距离指的是两个二值数字的不同位数的个数。这个例子的汉明距离如表9.9所示。我们发现建筑物和土壤只有一位的差别,甚至小于噪声的级别。在分类中可以使用最小距离阈值来减小噪声的影响。

表9.9 图9.36 光谱类二值编码的汉明距离表,矩阵是对称的

	草 地	土 壤	水	建 筑 物
草地	0	20	58	19
土壤		0	38	1
水			0	39
建筑物				0

光谱角映射

这种分类器与最近阈值分类器相似,它使用的光谱角距离(其定义列于表9.3中)。尽管这种方法最初是为了处理高光谱数据而研究出来的(Kruse et al., 1993),但它并没有使用高光谱数据的任何特性,因此可以同样应用在多光谱数据处理上。光谱角距离与光谱向量的幅度独立,因此它对地形的变化并不明显(详细讨论见4.7.1节和图4.37)。同时该分类算法可以用来处理未进行地形阴影校正的遥感数据,使光谱数据和光谱库中的数据非常容易进行比较。Dennison et al. (2004)比较了该方法和使用AVIRIS光谱库的解混合算法。

图9.37是一个一般二维分类的实例。类别 b 和 c 可能分别代表深色和浅色土地,也可能代表同一类型的土地,只是地形阴影不同。不管哪种情形,这两个类别的区别都是不显著的,因为其信号的均值距离非常近,同时类别都沿着分类边界。

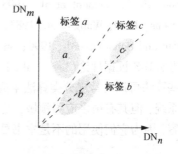

图9.37 光谱角分类算法的分类边界,其中类别 b 和 c 是不可分的。可以使用角距离让类别分布更"紧"并去除轮廓等,它和分级切片和最近均值分类算法类似

正交子空间投影(OSP)

这种技术起初是在光谱信号中检测最大化信噪比时发展起来的(Harsanyi and Chang, 1994),它和传统的光谱解混合相似(Settle, 1996)。L 个光谱信号组成一个 $K \times L$ 的矩阵 E,矩阵 E 可以看成前面介绍的端元矩阵,见式(9.24)。我们认为 E 由两部分构成,第一部分是前 $L-1$ 列,组成矩阵 U,包括了 $L-1$ 个端元向量;第二部分就是最后一列,是一个特殊的光谱信号 d,最优的分类操作如下:

$$q^{\mathrm{T}} = d^{\mathrm{T}}(I - UU^{\#}) \qquad (9.46)$$

$$U^{\#} = (U^{\mathrm{T}}U)^{-1}U^{\mathrm{T}} \qquad (9.47)$$

其中 $U^{\#}$ 是 U 的最小二乘估计,与前面的解混合类似,见式(9.32)。$I - UU^{\#}$ 是一个映射矩阵 P,该分类器对未知像元向量 **DN** 采用矩阵-向量操作:

$$\alpha_P = \beta q^{\mathrm{T}} \mathbf{DN} \qquad (9.48)$$

该分类器可看成把未知数据向量映射到特定的感兴趣向量 d 上,同时使其他类别的信号无效(Harsanyi and Chang, 1994)。较大的 α_p 说明 d 和 **DN** 能够很好地匹配。尺度因子 β 是归一化因子:

$$\beta = (d^{\mathrm{T}}Pd)^{-1} \qquad (9.49)$$

尽管该技术是从不同的视角得到的,但所得结果在数学上与端元 d 对应类别的未加限制的最小均方差函数估计是等效的(Settle, 1996)。Chang(1998)详细介绍了这两种方法。

9.10　小结

本章介绍了很多对遥感数据进行专题分类的技术,其中包括一些非参数分类方法和参数分类方法,也包括有很好理论支持的统计模式识别技术。本章介绍的主要内容包括:

- 专题分类方法可分为非参数和参数分类算法,其中参数分类算法建立在统计分布假设上。
- 我们不能说一种分类算法在所有应用上都比另外的分类算法优越,如果类别之间存在重叠,那么分类结果就和数据本身有很大关系。对于高斯分布模型,最大似然分类算法得到的分类结果在总体分类误差上是最小的。
- 模糊分类比硬分类具有显著的优越性,它可以区分连续的物理类别,同时提供了混合像元的分析算法。
- 从成像光谱仪得到的高光谱图像为从高光谱分辨率信息分类算法提供了机会。

在结束专题分类时,我们注意到,目前有很多高级的分类算法。这些方法可能利用了(图像相关的)外部知识来改善场景分类结果,通常会使用空间的相关信息(Tilton et al., 1982; Wharton, 1982; Clément et al., 1993)。这些方法的范围从基于规则的专家系统(Nagao and Matsuyama, 1980; Wang et al., 1983; McKeown et al., 1985; Wharton, 1987; Goldberg et al., 1988; Mehldau and Schowengerdt, 1990; Srinivasan and Richards, 1990; Wang, 1993)一直到证据推理方法,比如 D-S 证据理论(Lee et al., 1987)。Argialas and Harlow(1990)给出了该领域的研究概述。有一些算法可以对常规分类算法生成的标签图进行处理,虽然这些算法会导致更大和更复杂的处理系统,但其有很多应用领域,尤其是较高分辨率图像的处理。在本书中没有讨论这些相关的内容,因为它们使用的不是本书重点讲解的物理模型,而是对图像内容的更高级的描述模型。

9.11　习题

9.1　从 Anderson 分类表(见表 9.2)中选择一个级别 II 的分类,按照你自己的想法将其展开成级别 III 的分类。

9.2　试解释为什么在一维特征空间中两个类别分布的可分离性不仅取决于它们的均值,而且还和它们的标准差有关系。

9.3　假设你现在需要对三波段的图像利用欧氏距离的最近均值分类算法将其分为两个类别。从数学上证明为什么"分类边界与任何两个波段组成的平面都相交于一条直线,但是这条直线不一定是在分类过程中使用的两个波段得出的分类边界"。如何才能使这两条直线是同一条线呢?

9.4　试求图 9.17 中二维分类边界的数字量值。

9.5　在二维特征空间中,假设为正态分布,试求两个类别的最大似然分类边界的严格数学形式。得到的解属于哪种数学函数的类型? 给出一些合理的参数值,并绘制出下列情况下的分类边界:

- 类别均值相等,类别的协方差矩阵是对角阵,但是不相等
- 类别的均值不相等,但类别的协方差矩阵相等

9.6　解释式(9.7)和式(9.8)是如何得出的?

9.7　试解释在 BP 算法中激活函数(见图 9.11)的微分在迭代过程中如何影响权重值的调整。

9.8　比较图 9.33 和图 2.4,并通过其中心波长确定每个吸收波段。

9.9　试设计一个与图 9.27 中线性混合模型类似的非线性混合模型。假定每个 GIFOV 都包含植被冠层和地面背景的部分辐射传输。

附录 A 遥感器缩写词

表 A. 1 一些常见的遥感系统缩写词。这里的参考出处既不是遥感器的第一出处,也不是最完整的描述,而是一些归档的期刊或可获得的会议文章

缩 写 词	英文名称	中文名称	参考文献
ADEOS	ADvanced Earth Observing Satellite	先进的地球观测卫星	Kramer(2002)
AIS	Airborne Imaging Spectrometer	机载成像光谱仪	Vane et al. (1984)
ALI	Advanced Land Imager	先进的陆地成像仪	Ungar et al. (2003)
AOCI	Airborne Ocean Color Imager	机载海色成像仪	Wrigley et al. (1992)
APT	Automatic Picture Transmission	自动成像转换仪	Bonner(1969)
ASAS	Advanced Solid-State Array Spectroradiometer	先进的固态光谱辐射计	Irons et al. (1991)
ASTER	Advanced Spaceborne Thermal Emission and Reflection Radiometer	先进的航空热发射和反射计	Asrar and Greenstone(1995)
AVHRR	Advanced Very High Resolution Radiometer	先进的超高分辨率辐射计	Kramer(2002)
AVIRIS	Airborne Visible/InfraRed Imaging Spectrometer	机载可见/近红外成像光谱仪	Porter and Enmark(1987)
CZCS	Coastal Zone Color Scanner	海岸带水色扫描仪	Kramer(2002)
ETM +	Enhanced Thematic Mapper Plus	增强型专题制图仪	Kramer(2002)
GOES	Geostationary Operational Environmental Satellite	对地静止运行环境卫星	Kramer(2002)
HCMM	Heat Capacity Mapping Mission	热能制图任务	Short and Stuart(1982)
HSI	HyperSpectral Imager	超光谱成像仪	Kramer(2002)
HYDICE	Hyperspectral Digital Imagery Collection Experiment	高光谱数字图像采集实验	Basedow et al. (1995)
HyMap	Hyperspectral Mapper	高光谱制图仪	Huang et al. (2004)
IRS	India Remote Sensing Satellite	印度遥感卫星	Kramer(2002)
JERS	Japanese Earth Resources Satellite (Fuyo-1 post-launch)	日本地球资源卫星	Nishidai(1993)
LISS	Linear Self Scanning Sensor	线性自扫描遥感器	IRS
MAS	Modis Airborne Simulator	Modis 机载模拟系统	Myers and Arvesen(1995)
MERIS	MEdium Resolution Imaging Spectrometer	中等分辨率成像光谱仪	Curran and Steele(2005)
MISR	Multi-angle Imaging SpectroRadiometer	多角度成像光谱辐射计	Diner et al. (1989)
MODIS	Moderate Resolution Imaging Spectroradiometer	中分辨率成像光谱辐射计	Salomonson et al. (1989)
MSS	Multispectral Scanner System	多光谱扫描系统	Lansing and Cline(1975)
MTI	Multispectral Thermal Imager	多光谱热像仪	Szymanski and Weber(2005)
RBV	Return Beam Vidicon	回速光导摄像管	Kramer(2002)
SeaWiFS	Sea-viewing Wide Field-of-view Sensor	宽视场海洋观测遥感器	Barnes and Holmes(1993)
SPOT	Systeme Probatoire d'Observation	法国 SPOT 卫星	Chevrel et al. (1981)
SSM/I	Special Sensor Microwave/Imager	特殊遥感器微波成像仪	Hollinger et al. (1990)
TIMS	Thermal Infrared Multispectral Scanner	热红外多光谱扫描仪	Kahle and Goetz(1983)
TM	Thematic Mapper	专题制图仪	Engel and Weinstein(1983)
TMS	Thematic Mapper Simulator	专题制图仪模拟系统	Myers and Arvesen(1995)
VHRR	Very-High Resolution Radiometer	超高分辨率辐射计	Kramer(2002)
VIIRS	Visible/Infrared Imager/Radiometer Suite	可见/红外成像仪和辐射计	NPOESS
WiFS	Wide Field Sensor	宽视场遥感器	IRS-1C

附录 B　一维函数和二维函数

第 3 章对遥感器的点扩散函数(PSF)建模时使用了几个函数。其中矩形函数的定义如下:

$$\text{rect}(x/W) = \begin{cases} 0, & |x/W| > 1/2 \\ 1/2, & |x/W| = 1/2 \\ 1, & |x/W| < 1/2 \end{cases} \quad (\text{B.1})$$

其图形对应于宽度为 W 且幅度为 1 的矩形脉冲(见图 B.1)。定义时并没有使用其边界值作为临界值(Bracewell, 2004),而是采用了 Gaskill(1978)的定义方法。

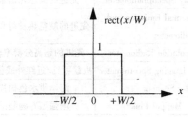

B.1　一维矩形脉冲或方形函数

二维可分离函数的定义是两个一维函数的乘积:

$$f(x, y) = f_1(x)f_2(y) \quad (\text{B.2})$$

因此二维矩形可分离函数的定义如下:

$$\text{rect}(x/A, y/B) = \text{rect}(x/A)\text{rect}(y/B) \quad (\text{B.3})$$

其图形类似一个矩形箱子(见图 B.2)。二维矩形分辨函数遥感器是对点目标响应的一个合理近似模型,在这里没有考虑像元的不规则性和像元间的串扰。

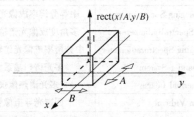

图 B.2　二维矩形脉冲或盒子函数

另外一个有用的函数是高斯函数:

$$\text{gaus}(x/W) = e^{-x^2/2W^2} \quad (\text{B.4})$$

其对应的二维可分离形式为

$$\text{gaus}(x/A, y/B) = e^{-x^2/2A^2}e^{-y^2/2B^2} \quad (\text{B.5})$$

如果 A 等于 B,则这个高斯函数不仅是变量可分离的,而且具有旋转对称性。一般使用高斯函数对遥感器的光学空间响应进行建模，在这种情形下，与第 3 章类似，必须对其进行归一化。

本书第 4 章介绍了其他一些二维函数，并且讨论了与空间校正相关的变量的可分离性和各向同性。第 4 章同样讨论了可分离函数是其统计独立变量的模拟函数。如果各个自变量都是统计独立的，那么由它们组成的高维分布函数就是变量可分离的，同时其分布函数就是各个变量分布函数的乘积。

空间域变量可分离的函数变换到频域也是变量可分离的（见第 6 章）。这种属性使我们可以非常便利地在两个域中进行两个一维函数的卷积操作。例如，式（B.3）中的二维矩形函数变换到频域也是二维变量可分离的 sinc 函数：

$$|A||B|\,\mathrm{sinc}(Au,Bv) = |A||B|\,\mathrm{sinc}(Au)\,\mathrm{sinc}(Bv) = |A||B|\left[\frac{\sin(\pi Au)}{\pi Au}\cdot\frac{\sin(\pi Bv)}{\pi Bv}\right] \qquad (B.6)$$

上述 sinc 函数在 $u = \pm 1/A,\ \pm 2/A,\ \cdots$ 和 $v = \pm 1/B,\ \pm 2/B,\ \cdots$ 等处有一系列过零点，并在两个方向上都延伸到无穷远。图 7.14 是一维 sinc 函数，图 B.3 是二维 sinc 函数，这个例子同时说明了，对于傅里叶变换，其函数在一个域中的信号宽度和变换函数与在另一个域中的变换函数是成反比的。对于等效宽度为 A 单位的矩形函数，其傅里叶变换的等效宽度为 $1/A$ 单位。表 B.1 是傅里叶变换的其他性质。

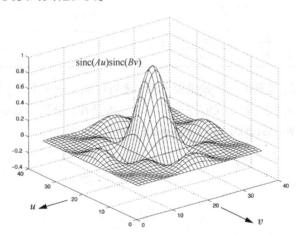

图 B.3　二维 sinc 函数，在两个方向的振荡会延伸到无穷远处，但幅度是逐渐减小的

表 B.1　二维傅里叶变换的性质

名　称	$f(x,y)$	$F(u, v)$
可分离性质	$f_1(x)f_2(y)$	$F_1(u)F_2(v)$
尺度变换性质	$f(x/a,y/b)$	$|a||b|F(au, bv)$
平移性质	$f(x \pm a, y \pm b)$	$e^{+j2\pi(au+bv)}F(u, v)$
线性性质	$af_1(x,y) + bf_2(x,y)$	$aF_1(u, v) + bF_2(u, v)$
卷积性质	$f_1(x,y) * f_2(x,y)$	$F_1(u, v)\cdot F_2(u, v)$

第 6 章讨论了傅里叶变换域的 ALI 遥感器的空间成像模型。其中很多地方都用到了点扩散函数的傅里叶变换函数。其中最主要的光学部件模型是高斯点扩散函数，图像运动与探测器则利用方形点扩散函数。电子信号的典型傅里叶变换对可以在 Gaskill（1978）中找到。表 B.2 中是常见的二维函数及其傅里叶变换。调制传递函数是传递函数的复数形式，但是在

光学的高斯模型和电子指数模型上两者并没有差别,因为传递函数是正实函数。但是对于图像运动与探测器,两者的差别就比较大了。

为了简单起见,表 B.2 中使用了电子点扩散函数和传递函数的可分离模型,Hearn(2000)也使用了这个模型:

$$TF(u, v) = e^{-|\rho/\rho_0|} = e^{-\left|\sqrt{u^2+v^2}/\rho_0\right|} \tag{B.7}$$

ALI 的电子点扩散函数的宽度比其他点扩散函数的宽度都更小;相应地,电子调制传递函数的宽度比其他分量的调制传递函数的宽度都更大(见第 6 章),因此在这个例子中可忽略可分离性函数和各向同性函数的区别。第 4 章介绍了可分离的各向同性或各向异性函数的一般性质。

表 B.2　第 6 章中 ALI 遥感器建模中用到的空间域和频域函数

部　件	空间域点扩散函数模型	频域传递函数模型	调制传递函数
光学	$\dfrac{1}{ab} \cdot e^{-x^2/a^2} e^{-y^2/b^2}$	$e^{-a^2u^2} e^{-b^2v^2}$	$\left\| e^{-a^2u^2} e^{-b^2v^2} \right\|$
探测器	$\dfrac{\text{rect}(x/w)\,\text{rect}(y/w)}{w^2}$	$\text{sinc}(wu)\,\text{sinc}(wv)$	$\left\| \text{sinc}(wu)\,\text{sinc}(wv) \right\|$
图像运动	$\dfrac{\text{rect}(y/s)}{s}$	$\text{sinc}(sv)$	$\left\| \text{sinc}(sv) \right\|$
电子	$\dfrac{2v_0}{1+(2\pi v_0 x)^2} \dfrac{2v_0}{1+(2\pi v_0 y)^2}$	$e^{-\|u/v_0\|} e^{-\|v/v_0\|}$	$\left\| e^{-\|u/v_0\|} e^{-\|v/v_0\|} \right\|$

本附录只简单介绍了这些问题的最重要方面,读者可以从电子工程、图像处理或者光学等方面的著作中学到更详细的内容。我们在这里推荐几本著作,分别是 Gaskill(1978),Bracewell(2004),Gonzalez and Woods(2002)和 Castleman(1996)。

参 考 文 献

彩图

Barthel, K. U. (2005). *Color inspector 3d.* http://www.f4.fhtw-berlin.de/~barthel/ImageJ/ColorInspector//help.htm. Berlin.

Giglio, L., J. Descloitres, C. O. Justice and Y. J. Kaufman (2003). "An enhanced contextual fire detection algorithm for MODIS." *Remote Sensing of Environment* **87**: 273-282.

Goode, J. P. (1925). "The Homolosine projection: a new device for portraying the Earth's surface entire." *Annals of the Association of American Geographers* **15**: 119-125.

Justice, C. O., L. Giglio, S. Korontzi, J. Owens, J. T. Morisette, D. Roy, J. Descloitres, S. Alleaume, F. Petitcolin and Y. Kaufman (2002). "The MODIS fire products." *Remote Sensing of Environment* **83**: 244-262.

Paola, J. D. and R. A. Schowengerdt (1995b). "A detailed comparison of backpropagation neural network and maximum-likelihood classifiers for urban land use classification." *IEEE Transactions on Geoscience and Remote Sensing* **33**(4): 981-996.

Qu, Z., B. C. Kindel and A. F. H. Goetz (2003). "The high accuracy atmospheric correction for hyperspectral data (HATCH) model." *IEEE Transactions on Geoscience and Remote Sensing* **41**(6): 1223-1231.

Richter, R. and A. Muller (2005). "De-shadowing of satellite/airborne imagery." *International Journal of Remote Sensing* **26**(15): 3137-3148.

Shepherd, J. D. and J. R. Dymond (2003). "Correcting satellite imagery for the variance of reflectance and illumination with topography." *International Journal of Remote Sensing* **24**(17): 3503-3514.

Steinwand, D. R. (1994). "Mapping raster imagery to the Interrupted Goode Homolsine projection." *International Journal of Remote Sensing* **15**(17): 3463-3471.

第 1 章

Asrar, G. and R. Greenstone (1995). MTPE/EOS Reference Handbook. Greenbelt, MD, NASA/Goddard Space Flight Center, No. NP-215.

Avery, T. E. and G. L. Berlin (1992). *Fundamentals of Remote Sensing and Airphoto Interpretation.* Fifth Edition. New York, NY: Macmillan Publishing Company, 472 p.

Badhwar, G. D., J. G. Carnes and W. W. Austin (1982). "Use of Landsat-derived temporal profiles for corn-soybean feature extraction and classification." *Remote Sensing of Environment* **12**(1): 57-79.

Bowker, D. E., R. E. Davis, D. L. Myrick, K. Stacy, and W. T. Jones (1985). Spectral Reflectances of Natural Targets for Use in Remote Sensing Studies, NASA, No. Reference Publication 1139.

Campbell, J. B. (2002). *Introduction to Remote Sensing.* Third Edition. New York, NY: The Guilford Press, 620 p.

Clark, B. P. (1990). "Landsat Thematic Mapper data production: a history of bulk image processing." *Photogrammetric Engineering and Remote Sensing* **56**(4): 447-451.

Clark, R. N., G. A. Swayze, A. J. Gallagher, T. V. V. King, and W. M. Calvin (1993). The U. S. Geological Survey Digital Spectral Library: Version 1: 0.2 to 3.0 microns. Denver, CO, U. S. Geological Survey, No. 93-592.

Colwell, R. N., Editor. (1983). *Manual of Remote Sensing.* Falls Church, VA: American Society for Photogrammetry and Remote Sensing.

Curlander, J. C. and R. N. McDonough (1991). *Synthetic Aperture Radar - Systems and Signal Processing.* New York, NY: John Wiley & Sons, 647 p.

Elachi, C. (1988). *Spaceborne Radar Remote Sensing: Applications and Techniques.* New York, NY: IEEE Press, 255 p.

EOSAT (1993). Fast Format Document. Lanham, Maryland: EOSAT.

Filiberti, D., S. Marsh and R. Schowengerdt (1994). "Synthesis of high spatial and spectral resolution imagery from multiple image sources." *Optical Engineering* **33**(8): 2520-2528.

Fritz, L. W. (1996). "The era of commercial earth observation satellites." *Photogrammetric Engineering and Remote Sensing* **62**(1): 39-45.

Goetz, A., G. Vane, J. E. Solomon, and B. N. Rock (1985). "Imaging spectrometry for Earth remote sensing." *Science* **228**(4704): 1147-1153.

Haralick, R. M., C. A. Hlavka, R. Yokoyama, and S. M. Carlyle (1980). "Spectral-temporal classification using vegetation phenology." *IEEE Transactions on Geoscience and Remote Sensing* **GE-18**: 167-174.

Haydn, R., G. W. Dalke, J. Henkel, and J. E. Bare (1982). "Application of the IHS color transform to the processing of multisensor data and image enhancement." In *International Symposium on Remote Sensing of Arid and Semi-Arid Lands*, Cairo, Egypt, Environmental Research Institute of Michigan: 599-616.

Hollinger, J. P., R. Lo, G. Poe, R. Savage and J. Peirce (1987). Special Sensor Microwave/Imager User's Guide. Washington, D.C., Naval Research Laboratory.

Hollinger, J. P., J. L. Peirce, and G. A. Poe (1990). "SSM/I instrument evaluation." *IEEE Transactions on Geoscience and Remote Sensing* **28**(5): 781-790.

Hook, S. J. (1998). *JPL Spectral Library*. NASA/JPL.

Huete, A., K. Didan, T. Miura, E. P. Rodriguez, X. Gao and L. G. Ferreira (2002). "Overview of the radiometric and biophysical performance of the MODIS vegetation indices." *Remote Sensing of Environment* **83**: 195-213.

Hunt, G. R. (1979). "Near-infrared (1.3–2.4μm) spectra of alteration minerals - potential for use in remote sensing." *Geophysics* **44**(12): 1974-1986.

Jensen, J. R. (2004). *Introductory Digital Image Processing – A Remote Sensing Perspective*. Third Edition. Upper Saddle River, NJ: Prentice Hall, 544 p.

Justice, C. O., L. Giglio, S. Korontzi, J. Owens, J. T. Morisette, D. Roy, J. Descloitres, S. Alleaume, F. Petitcolin and Y. Kaufman (2002). "The MODIS fire products." *Remote Sensing of Environment* **83**: 244-262.

Knyazikhin, Y., J. V. Martonchik, R. B. Myneni, D. J. Diner and S. W. Running (1998). "Synergistic algorithm for estimating vegetation canopy leaf area index and fraction of absorbed photosynthetically active radiation from MODIS and MISR data." *Journal of Geophysical Research* **103**(D24): 32257-32275.

Kramer, H. J. (2002). *Observation of the earth and its environment: Survey of missions and sensors*. Fourth Edition. Berlin: Springer–Verlag, 1510 p.

Landgrebe, D. A. (1978). The Quantitative Approach: Concept and Rationale. *Remote Sensing: The Quantitative Approach*. P. H. Swain and S. M. Davis, (Eds.). New York, NY: McGraw-Hill, 1-20.

Landgrebe, D. (1997). "The evolution of Landsat data analysis." *Photogrammetric Engineering and Remote Sensing* **63**(7): 859-867.

Landgrebe, D. A. (2003). *Signal Theory Methods in Multispectral Remote Sensing*. Hoboken, NJ: John Wiley & Sons, Inc., 508 p.

Lillesand, T. M., R. W. Kiefer and J. W. Chipman (2004). *Remote Sensing and Image Interpretation*. Fifth Edition. New York: John Wiley & Sons, 763 p.

Markham, B. L. and J. L. Barker, (Eds.) (1985). *Special LIDQA Issue*. Photogrammetric Engineering and Remote Sensing, American Society for Photogrammetry and Remote Sensing.

Marsh, S. E. and R. J. P. Lyon (1980). "Quantitative relationship of near-surface spectra to Landsat radiometric data." *Remote Sensing of Environment* **10**(4): 241-261.

Mather, P. M. (1999). *Computer Processing of Remotely-Sensed Images: An Introduction*. Second Edition. Chichester, England: John Wiley & Sons, 292 p.

McDonald, R. A. (1995a). "Opening the Cold War sky to the public: declassifying satellite reconnaissance imagery." *Photogrammetric Engineering and Remote Sensing* **LXI**(4): 385-390.

McDonald, R. A. (1995b). "CORONA: Success for space reconnaissance, a look into the Cold War, and a revolution for intelligence." *Photogrammetric Engineering and Remote Sensing* **LXI**(6): 689-719.

Moik, J. G. (1980). *Digital Processing of Remotely Sensed Images*. Washington, D.C.: NASA, U.S. Government Printing Office, 330 p.

NASA (2000). *EOS data products handbook, volume 2*. Greenbelt, MD, NASA Goddard Space Flight Center.

NASA (2004). *EOS data products handbook, volume 1 (revised)*. Greenbelt, MD, NASA Goddard Space Flight Center.

Niblack, W. (1986). *An Introduction to Digital Image Processing*. Prentice Hall International (UK) Ltd, 215 p.

Nishida, K., R. R. Nemani, J. M. Glassy and S. W. Running (2003). "Development of an evapotranspiration index from Aqua/MODIS for monitoring surface moisture status." *IEEE Transactions on Geoscience and Remote Sensing* **41**(2): 493-501.

Platnick, S., M. D. King, S. A. Ackerman, W. P. Menzel, B. A. Baum, J. C. Riedi and R. A. Frey (2003). "The MODIS cloud products: Algorithms and examples from Terra." *IEEE Transactions on Geoscience and Remote Sensing* **41**(2): 459-473.

Rast, M., S. J. Hook, C. D. Elvidge, and R. E. Alley (1991). "An evaluation of techniques for the extraction of mineral absorption features from high spectral resolution remote sensing data." *Photogrammetric Engineering and Remote Sensing* **57**(10): 1303-1309.

Richards, J. A. and X. Jia (1999). *Remote Sensing Digital Image Analysis – An Introduction*. Third Edition. Berlin: Springer-Verlag, 356 p.

Rubin, T. D. (1993). "Spectral mapping with imaging spectrometers." *Photogrammetric Engineering and Remote Sensing* **59**(2): 215-220.

Sabins, F. F. J. (1997). *Remote Sensing – Principles and Interpretation*. Third Edition. New York: W. H. Freeman and Company, 432 p.

Salomonson, V. V., Editor. (1984). Special Issue on Landsat–4. *IEEE Transactions on Geoscience and Remote Sensing*, IEEE.

Salomonson, V. V., J. Barker, and E. Knight (1995). "Spectral characteristics of the Earth Observing System (EOS) Moderate Resolution Imaging Spectroradiometer (MODIS)." In *Imaging Spectrometry*, Orlando, FL, SPIE, vol. 2480: 142-152.

Schaaf, C. B., F. Gao, A. H. Strahler, W. Lucht, X. Li, T. Tsang, N. C. Strugnell, X. Zhang, Y. Jin, J.-P. Muller, P. Lewis, M. Barnsley, P. Hobson, M. Disney, G. Roberts, M. Dunderdale, C. Doll, R. P. d'Entremont, B. Hu, S. Liang, J. L. Privette and D. Roy (2002). "First operational BRDF, albedo nadir reflectance products from MODIS." *Remote Sensing of Environment* **83**: 135-148.

Schetselaar, E. M. (2001). "On preserving spectral balance in image fusion and its advantages for geological image interpretation." *Photogrammetric Engineering and Remote Sensing* **67**(8): 925-934.

Schott, J. R. (1996). *Remote Sensing: The Image Chain Approach*. New York, NY: Oxford University Press, 394 p.

Schowengerdt, R. A. (1983). *Techniques for Image Processing and Classification in Remote Sensing*. Orlando, FL: Academic Press, 249 p.

Slater, P. N. (1980). *Remote Sensing - Optics and Optical Systems*. Reading, MA: Addison-Wesley, 575 p.

SPOTImage (1991). Reston, VA: SPOT Image Corporation.

Storey, J. (2005). Personal communication.

Storey, J. C., M. J. Choate and D. J. Meyer (2004). "A geometric performance assessment of the eo-1 advanced land imager." *IEEE Transactions on Geoscience and Remote Sensing* **42**(3): 602-607.

Swain, P. H. and S. M. Davis, (Eds.) (1978). *Remote Sensing: The Quantitative Approach*. New York, NY: McGraw-Hill, 396 p.

Townshend, J., C. Justice, W. Li, C. Gurney, and J. McManus (1991). "Global land cover classification by remote sensing: present capabilities and future possibilities." *Remote Sensing of Environment* **35**: 243-255.

Twomey, S., C. Bohren and J. Mergenthaler (1986). "Reflectance and albedo differences between wet and dry surfaces." *Applied Optics* **25**(3): 431-437.

USGS (2000). *Landsat-7 Level-0 and Level-1 Data Sets Document*. U.S. Geological Survey.

Vane, G. and A. F. H. Goetz (1988). "Terrestrial imaging spectroscopy." *Remote Sensing of Environment* **24**: 1-29.

Vermote, E. F., N. El Saleous, C. O. Justice, Y. J. Kaufman, J. L. Privette, L. Remer, J. C. Roger and D. Tanré (1997). "Atmospheric correction of visible to middle-infrared EOS-MODIS data over land surfaces: Background, operational algorithm and validation." *Journal of Geophysical Research - Atmospheres* **102**(D14): 17131-17141.

Vetter, R., M. Ali, M. Daily, J. Gabrynowicz, S. Narumalani, K. Nygard, W. Perrizo, P. Ram, S. Reichenbach, *et al*. (1995). "Accessing earth system science data and applications through high-bandwidth networks." *IEEE Journal on Selected Areas in Communications* **13**(5): 793-805.

Way, J. and E. A. Smith (1991). "The evolution of synthetic aperture radar systems and their progression to the EOS SAR." *IEEE Transactions on Geoscience and Remote Sensing* **29**(6): 962-985.

Welch, R. and M. Ehlers (1988). "Cartographic feature extraction with integrated SIR-B and Landsat TM images." *International Journal of Remote Sensing* **9**(5): 873-889.

Wolfe, R. E., M. Nishihama, A. J. Fleig, J. A. Kuyper, D. P. Roy, J. C. Storey and F. S. Patt (2002). "Achieving sub-pixel geolocation accuracy in support of MODIS land science." *Remote Sensing of Environment* **83**: 31-49.

Wong, F. H. and R. Orth (1980). "Registration of SEASAT-LANDSAT composite images to UTM coordinates." In *Proc. Sixth Canadian Symposium on Remote Sensing*, Halifax, Nova Scotia: 161-164.

第 2 章

Berk, A., L. S. Bernstein and D. C. Robertson (1989). MODTRAN: A Moderate Resolution Model for LOWT-RAN 7, U. S. Air Force Geophysics Laboratory, No. GL-TR-89-0122.

Boyd, D. S. and F. Petitcolin (2004). "Remote sensing of the terrestrial environment using middle infrared radiation (3.0–5.0 μm)." *International Journal of Remote Sensing* **25**(17): 3343-3368.

Chavez, P. S., Jr. (1988). "An improved dark-object subtraction technique for atmospheric scattering correction of multispectral data." *Remote Sensing of Environment* **24**: 459-479.

Curcio, J. A. (1961). "Evaluation of atmospheric aerosol particle size distribution from scattering measurement in the visible and infrared." *Journal of the Optical Society of America* **51**: 548-551.

Diner, D. J., C. J. Bruegge, J. V. Martonchik, T. P. Ackerman, R. Davies, S. A. W. Gerstl, H. R. Gordon, P. J. Sellers, J. Clark, *et al*. (1989). "MISR: A Multi-angle Imaging SpectroRadiometer for geophysical and climatological research from EOS." *IEEE Transactions on Geoscience and Remote Sensing* **27**(2): 200-214.

Dubayah, R. O. and J. Dozier (1986). "Orthographic terrain views using data derived from digital elevation models." *Photogrammetric Engineering and Remote Sensing* **52**(4): 509-518.

Gao, B.-C., A. F. H. Goetz and W. J. Wiscombe (1993). "Cirrus cloud detection from airborne imaging spectrometer data using the 1.38μm water vapor band." *Geophysical Research Letter* **20**(4): 301-304.

Giles, P. T., M. A. Chapman and S. E. Franklin (1994). "Incorporation of a digital elevation model derived from stereoscopic satellite imagery in automated terrain analysis." *Computers & Geosciences* **20**(4): 441-460.

Goel, N. S. (1988). "Models of vegetation canopy reflectance and their use in estimation of biophysical parameters from reflectance data." *Remote Sensing Reviews* **4**: 1-212.

Horn, B. K. P. (1981). "Hill shading and the reflectance map." *Proceedings of the IEEE* **69**(1): 14-47.

Liang, S. (2004). *Quantitative Remote Sensing of Land Surfaces*. Hoboken, New Jersey: John Wiley & Sons, 534 p.

Mushkin, A., L. K. Balick and A. R. Gillespie (2005). "Extending surface temperature and emissivity retrieval to the mid-infrared (3–5μm) using the Multispectral Thermal Imager (MTI)." *Remote Sensing of Environment* **98**: 141-151.

Proy, C., D. Tanre and P. Y. Deschamps (1989). "Evaluation of topographic effects in remotely sensed data." *Remote Sensing of Environment* **30**: 21-32.

Schott, J. R. (1996). *Remote Sensing: The Image Chain Approach*. New York, NY: Oxford University Press, 394 p.

Schowengerdt, R. A. (1982). "Enhanced thermal mapping with Landsat and HCMM digital data." In *Proc. Annual American Society of Photogrammetry Convention*, Denver, CO, American Society for Photogrammetry and Remote Sensing: 414-422.

Sjoberg, R. W. and B. K. P. Horn (1983). "Atmospheric effects in satellite imaging of mountainous terrain." *Applied Optics* **22**(11): 1702-1716.

Slater, P. N. (1980). *Remote Sensing–Optics and Optical Systems*. Reading, MA: Addison-Wesley, 575 p.

Slater, P. N. (1996). personal communication.

Teillet, P. M. and G. Fedosejevs (1995). "On the dark target approach to atmospheric correction of remotely sensed data." *Canadian Journal of Remote Sensing* 21(4): 374-387.

Vermote, E. F., D. Tanre, J. L. Deuze, M. Herman and J.-J. Morcrette (1997). "Second simulation of the satellite signal in the solar spectrum, 6S: An overview." *IEEE Transactions on Geoscience and Remote Sensing* 35(3): 675-686.

第 3 章

Anuta, P. E. (1973). Geometric correction of ERTS-1 digital multispectral scanner data, Laboratory for Applications of Remote Sensing, Purdue University, No. Information Note 103073.

Anuta, P. E., L. A. Bartolucci, M. E. Dean, D. F. Lozano, E. Malaret, C. D. McGillem, J. A. Valdes, and C. R. Valenzuela (1984). "LANDSAT-4 MSS and Thematic Mapper data quality and information content analysis." *IEEE Transactions on Geoscience and Remote Sensing* **GE-22**(3): 222-236.

Bachmann, M. and J. Bendix (1992). "An improved algorithm for NOAA-AVHRR image referencing." *International Journal of Remote Sensing* **13**(16): 3205-3215.

Bernstein, R., J. B. Lospiech, H. J. Myers, H. G. Kolsky, and R. D. Lees (1984). "Analysis and processing of Landsat-4 sensor data using advanced image processing techniques and technologies." *IEEE Transactions on Geoscience and Remote Sensing* **GE-22**(3): 192-221.

Blonski, S., M. A. Pagnutti, R. E. Ryan and V. Zanoni (2002). "In-flight edge response measurements for high-spatial-resolution remote sensing systems." In *Earth Observing Systems VII*, San Diego, CA, SPIE, vol. 4814: 317-326.

Borgeson, W. T., R. M. Batson and H. H. Kieffer (1985). "Geometric accuracy of Landsat-4 and Landsat-5 Thematic Mapper images." *Photogrammetric Engineering and Remote Sensing* 51(12): 1893-1898.

Brush, R. J. H. (1985). "A method for real-time navigation of AVHRR imagery." *IEEE Transactions on Geoscience and Remote Sensing* **GE-23**(6): 876-887.

Brush, R. J. H. (1988). "The navigation of AVHRR imagery." *International Journal of Remote Sensing* 9(9): 1491-1502.

Bryant, N. A., A. L. Zobrist, R. E. Walker, and B. Gokhman (1985). "An analysis of Landsat Thematic Mapper P-product internal geometry and conformity to Earth surface geometry." *Photogrammetric Engineering and Remote Sensing* 51(9): 1435-1447.

Chavez, P. S., Jr. (1989). "Use of the variable gain settings on SPOT." *Photogrammetric Engineering and Remote Sensing* 55(2): 195-201.

Chen, L. C. and L. H. Lee (1993). "Rigorous generation of digital orthophotos from SPOT images." *Photogrammetric Engineering and Remote Sensing* 59(5): 655-661.

Delvit, J.-M., D. Leger, S. Roques and C. Valorge (2004). "Modulation transfer function estimation from non-specific images." *Optical Engineering* **43**: 1355-1365.

Dereniak, E. L. and G. D. Boreman (1996). *Infrared Detectors and Systems*. New York, NY, Wiley-Interscience, 560 p.

Desachy, J., G. Begni, B. Boissin, and J. Perbos (1985). "Investigation of Landsat-4 Thematic Mapper line-to-line and band-to-band registration and relative detector calibration." *Photogrammetric Engineering and Remote Sensing* 51(9): 1291-1298.

Ehlers, M. and R. Welch (1987). "Stereocorrelation of Landsat TM images." *Photogrammetric Engineering and Remote Sensing* **53**: 1231–1237.

Emery, W. J., J. Brown and Z. P. Nowak (1989). "AVHRR image navigation: summary and review." *Photogrammetric Engineering and Remote Sensing* 55(8): 1175-1183.

Emery, W. J. and M. Ikeda (1984). "A comparison of geometric correction nethods of AVHRR imagery." *Canadian Journal of Remote Sensing* **10**: 46-56.

Evans, W. E. (1974). "Marking ERTS images with a small mirror reflector." *Photogrammetric Engineering* **XL**(6): 665-671.

Forrest, R. B. (1981). "Simulation of orbital image–sensor geometry." *Photogrammetric Engineering and Remote Sensing* **47**(8): 1187-1193.

Friedmann, D. E., J. P. Friedel, K. L. Magnussen, R. Kwok, and S. Richardson (1983). "Multiple scene precision rectification of spaceborne imagery with very few ground control points." *Photogrammetric Engineering and Remote Sensing* **49**(12): 1657-1667.

Fritz, L. W. (1996). "The era of commercial earth observation satellites." *Photogrammetric Engineering and Remote Sensing* **62**(1): 39-45.

Fusco, L., U. Frei and A. Hsu (1985). "Thematic Mapper: Operational activities and sensor performance at ESA/Earthnet." *Photogrammetric Engineering and Remote Sensing* **51**(9): 1299-1314.

Ganas, A., E. Lagios and N. Tzannetos (2002). "An investigation into the spatial accuracy of the IKONOS 2 orthoimagery within an urban environment." *International Journal of Remote Sensing* **23**(17): 3513-3519.

Helder, D., T. Choi and M. Rangaswamy (2004). "In-flight characterization of spatial quality using point spread functions." *Post-launch calibration of satellite sensors*. S. A. Morain and A. M. Budge, Editors. International Society for Photogrammetry and Remote Sensing. **2**: 149-170.

Helder, D. L., M. Coan, K. Patrick and P. Gaska (2003). "IKONOS geometric characterization." *Remote Sensing of Environment* **88**: 69-79.

Helder, D. L. and E. Micijevic (2004). "Landsat-5 Thematic Mapper outgassing effects." *IEEE Transactions on Geoscience and Remote Sensing* **42**(12): 2717-2729.

Ho, D. and A. Asem (1986). "NOAA AVHRR image referencing." *International Journal of Remote Sensing* **7**: 895-904.

Iwasaki, A. and H. Fujisada (2005). "ASTER geometric performance." *IEEE Transactions on Geoscience and Remote Sensing* **43**(12): 2700-2706.

Jovanovic, V. M., M. A. Bull, M. M. Smyth and J. Zong (2002). "MISR in-flight camera geometric model calibration and georectification performance." *IEEE Transactions on Geoscience and Remote Sensing* **40**(7): 1512-1519.

Justice, C. O., B. L. Markham, J. R. G. Townshend, and R. L. Kennard (1989). "Spatial degradation of satellite data." *International Journal of Remote Sensing* **10**(9): 1539-1561.

Kohm, K. (2004). "Modulation transfer function measurement method and results for the OrbView-3 high resolution imaging satellite." In *XXth ISPRS Congress, Commission 1*, Istanbul, Turkey, International Society for Photogrammetry and Remote Sensing, pp. 7-12.

Krasnopolsky, V. M. and L. C. Breaker (1994). "The problem of AVHRR image navigation revisited." *International Journal of Remote Sensing* **15**(5): 979-1008.

Kratky, V. (1989). "On-line aspects of sterophotogrammetric processing of SPOT images." *Photogrammetric Engineering and Remote Sensing* **55**(3): 311-316.

Lee, D. S., J. C. Storey, M. J. Choate and R. W. Hayes (2004). "Four years of Landsat-7 on-orbit geometric calibration and performance." *IEEE Transactions on Geoscience and Remote Sensing* **42**(12): 2786-2795.

Legeckis, R. and J. Pritchard (1976). Algorithm for correcting the VHRR imagery for geometric distortions due to the earth curvature, earth rotation and spacecraft roll attitude errors. Washington, D.C., NOAA, No. NESS 77.

Leger, D., F. Viallefont, E. Hillairet and A. Meygret (2003). "In-flight refocusing and MTF assessment of Spot5 HRG and HRS cameras." In *Sensors, Systems, and Next-Generation Satellites VI*, Crete, Greece, SPIE, vol. 4881: 224-231.

Maling, D. H. (1992). *Coordinate Systems and Map Projections*. Second Edition. Oxford, England: Pergamon Press, 476 p.

Markham, B. L. (1985). "The Landsat sensors' spatial responses." *IEEE Transactions on Geoscience and Remote Sensing* **GE-23**(6): 864-875.

Markham, B. L. and J. L. Barker (1983). "Spectral characterization of the Landsat-4 MSS sensors." *Photogrammetric Engineering and Remote Sensing* **49**(6): 811-833.

Mendenhall, J. A., C. F. Bruce, C. J. Digenis, D. R. Hearn and D. E. Lencioni (2002). *EO-1 Advanced Land Imager Technology Validation Report*. Lincoln Laboratory, Massachusetts Institute of Technology.

Moik, J. G. (1980). *Digital Processing of Remotely Sensed Images*. Washington, D.C.: NASA, U.S. Government Printing Office, 330 p.

Moreno, J. F., S. Gandía, and J. Meliá (1992). "Geometric integration of NOAA AVHRR and SPOT data: low resolution effective parameters from high resolution data." *IEEE Transactions on Geoscience and Remote Sensing* **30**(5): 1006-1014.

Moreno, J. F. and J. Meliá (1993). "A method for accurate geometric correction of NOAA AVHRR HRPT data." *IEEE Transactions on Geoscience and Remote Sensing* **31**(1): 204-226.

NASA (2006). *Landsat-7 Science Data Users Handbook*. Greenbelt, MD, NASA Goddard Space Flight Center.

Nelson, N. R. and P. S. Barry (2001). "Measurement of Hyperion MTF from on-orbit scenes." In *Geoscience and Remote Sensing Symposium IGARSS '01*, IEEE, pp. 2967 - 2969.

Nishihama, M., R. Wolfe, D. Solomon, F. Patt, J. Blanchette, A. Fleig and E. Masuoka (1997). *MODIS Level 1A Earth Location: Algorithm Theoretical Basis Document Version 3.0*. NASA Goddard Space Flight Center.

Palmer, J. M. (1984). "Effective bandwidths for LANDSAT-4 and LANDSAT-D' multispectral scanner and Thematic Mapper subsystems." *IEEE Transactions on Geoscience and Remote Sensing* **GE-22**(3): 336-338.

Parada, M., A. Millan, A. Lobato and A. Hermosilla (2000). "Fast coastal algorithm for automatic geometric correction of AVHRR images." *International Journal of Remote Sensing* **21**(11): 2307-2312.

Park, S. K., R. Schowengerdt, and M.-A. Kaczynski (1984). "Modulation-transfer-function analysis for sampled imaging systems." *Applied Optics* **23**(15): 2572-2582.

Park, S. K. and R. A. Schowengerdt (1982). "Image sampling, reconstruction, and the effect of sample–scene phasing." *Applied Optics* **21**(17): 3142-3151.

Pearlman, J., C. Segal, L. Liao, S. Carman, M. Folkman, B. Browne, L. Ong and S. Ungar (2004). "Development and operations of the EO-1 Hyperion imaging spectrometer." In *Earth Observing Systems V*, SPIE, vol. 4135: 243-253.

Puccinelli, E. F. (1976). "Ground location of satellite scanner data." *Photogrammetric Engineering and Remote Sensing* **42**(4): 537-543.

Radhadevi, P. V., R. Ramachandran and A. S. R. K. V. M. Mohan (1998). "Restitution of IRS-1C pan data using an orbit attitude model and minimum control." *ISPRS Journal of Photogrammetry and Remote Sensing* **53**: 262-271.

Rauchmiller, R. F. and R. A. Schowengerdt (1988). "Measurement of the Landsat Thematic Mapper modulation transfer function using an array of point sources." *Optical Engineering* **27**(4): 334-343.

Reichenbach, S. E., D. E. Koehler and D. W. Strelow (1995). "Restoration and reconstruction of AVHRR images." *IEEE Transactions on Geoscience and Remote Sensing* **33**(4): 997-1007.

Richards, J. A. and X. Jia (1999). *Remote Sensing Digital Image Analysis – An Introduction*. Third Edition. Berlin: Springer-Verlag, 356 p.

Robinet, F., D. Leger, H. Cerbelaud and S. Lafont (1991). "Obtaining the MTF of a CCD imaging system using an array of point sources: Evaluation of performances." In *Geoscience and Remote Sensing Symposium IGARSS '91*, IEEE, pp. 1357 - 1361.

Rojas, F., R. A. Schowengerdt and S. F. Biggar (2002). "Early results on the characterization of the Terra MODIS spatial response." *Remote Sensing of Environment* **83**(1-2): 50-61.

Ryan, R. E., B. Baldridge, R. A. Schowengerdt, T. Choi, D. L. Helder and S. Blonski (2003). "IKONOS spatial resolution and image interpretability characterization." *Remote Sensing of Environment* **88**(1-2): 37-52.

Salamonowicz, P. H. (1986). "Satellite orientation and position for geometric correction of scanner imagery." *Photogrammetric Engineering and Remote Sensing* **52**(4): 491-499.

Sawada, N., M. Kidode, H. Shinoda, H. Asada, M. Iwanaga, S. Watanabe, K.-I. Mori, and M. Akiyama (1981). "An analytic correction method for satellite MSS geometric distortions." *Photogrammetric Engineering and Remote Sensing* **47**(8): 1195-1203.

SBRC (1984). *Thematic Mapper - Design Through Flight Evaluation*. Goleta, CA: Hughes Santa Barbara Research Center, No. NAS5-24200.

Schott, J. R. (1996). *Remote Sensing: The Image Chain Approach*. New York: Oxford University Press, 394 p.

Schowengerdt, R. A. and P. N. Slater (1972). "Determination of inflight MTF of orbital earth resources sensors." In *ICO IX Congress on Space Optics*, Santa Monica, CA, pp. 693-703.

Schowengerdt, R. A., S. K. Park, and R. T. Gray (1984). "Topics in the two–dimensional sampling and reconstruction of images." *International Journal of Remote Sensing* **5**(2): 333-347.

Schowengerdt, R. A., C. Archwamety, and R. C. Wrigley (1985). "Landsat Thematic Mapper image-derived MTF." *Photogrammetric Engineering and Remote Sensing* **51**(9): 1395-1406.

Schowengerdt, R. A., R. W. Basedow and J. E. Colwell (1996). "Measurement of the HYDICE system MTF from flight imagery." In *Hyperspectral Remote Sensing and Applications*, Denver, CO, SPIE, vol. 2821: 127-136.

Schowengerdt, R. A. (2002). "Spatial response of the EO-1 Advanced Land Imager (ALI)." In *IEEE Int. Geoscience and Remote Sensing Symposium (IGARRS '02)*, Toronto, pp. 3121-3123.

Seto, Y. (1991). "Geometric correction algorithms for satellite imagery using a bi–directional scanning sensor." *IEEE Transactions on Geoscience and Remote Sensing*: 292-299.

Slater, P. N. (1979). "A re-examination of the Landsat MSS." *Photogrammetric Engineering and Remote Sensing* **45**(1): 1479-1485.

Slater, P. N. (1980). *Remote Sensing - Optics and Optical Systems*. Reading, MA: Addison-Wesley, 575 p.

Steiner, D. and M. E. Kirby (1976). "Geometrical referencing of Landsat images by affine transformation and overlaying of map data." *Photogrammetria* **33**: 41-75.

Storey, J. C. (2001). "Landsat 7 on-orbit modulation transfer function estimation." In *Sensors, Systems, and Next-Generation Satellites V*, Toulouse, France, SPIE, vol. 4540: 50-61.

Tilton, J. C., B. L. Markham, and W. L. Alford (1985). "Landsat-4 and Landsat-5 MSS coherent noise: characterization and removal." *Photogrammetric Engineering and Remote Sensing* **51**(9): 1263-1279.

Toutin, T. (2004). "Review article: Geometric processing of remote sensing images: Models, algorithms and methods." *International Journal of Remote Sensing* **25**(10): 1893-1924.

Turker, M. and A. O. Gacemer (2004). "Geometric correction accuracy of IRS-1D pan imagery using topographic map versus GPS control points." *International Journal of Remote Sensing* **25**(6): 1095-1104.

USGS/NOAA (1984). Landsat 4 Data Users Handbook. Alexandria, VA: U. S. Geological Survey and National Oceanic and Atmospheric Administration.

Verdebout, J., S. Jacquemoud, and G. Schmuck (1994). Optical properties of leaves: modelling and experimental studies. *Imaging Spectrometry - A Tool for Environmental Observations*. J. Hill and J. Megier, (Eds.). Dordrecht, The Netherlands: Kluwer Academic Publishers. **4**: 335p.

Walker, R. E., A. L. Zobrist, N. A. Bryant, B. Gohkman, S. Z. Friedman, and T. L. Logan (1984). "An analysis of Landsat-4 Thematic Mapper geometric properties." *IEEE Transactions on Geoscience and Remote Sensing* **GE-22**(3): 288-293.

Welch, R., T. R. Jordan, and M. Ehlers (1985). "Comparative evaluations of the geodetic accuracy and cartographic potential of Landsat-4 and Landsat-5 Thematic Mapper image data." *Photogrammetric Engineering and Remote Sensing* **51**(11): 1799-1812.

Welch, R. and E. L. Usery (1984). "Cartographic accuracy of Landsat-4 MSS and TM image data." *IEEE Transactions on Geoscience and Remote Sensing* **GE-22**(3): 281-288.

Wessman, C. A. (1994). Estimating canopy biochemistry through imaging spectrometry. *Imaging Spectrometry - A Tool for Environmental Observations*. J. Hill and J. Megier, (Eds.). Dordrecht, The Netherlands: Kluwer Academic Publishers. **4**: .

Westin, T. (1990). "Precision rectification of SPOT imagery." *Photogrammetric Engineering and Remote Sensing* **56**(2): 247-253.

Westin, T. (1992). "Inflight calibration of SPOT CCD detector geometry." *Photogrammetric Engineering and Remote Sensing* **58**(9): 1313-1319.

Wolf, P. R. and B. A. Dewitt (2000). *Elements of Photogrammetry with Applications in GIS*. Third Edition. McGraw-Hill, 624 p.

Wolfe, R. E., M. Nishihama, A. J. Fleig, J. A. Kuyper, D. P. Roy, J. C. Storey and F. S. Patt (2002). "Achieving sub-pixel geolocation accuracy in support of MODIS land science." *Remote Sensing of Environment* **83**: 31-49.

Wong, K. W. (1975). "Geometric and cartographic accuracy of ERTS-1 imagery." *Photogrammetric Engineering and Remote Sensing* **41**: 621-635.

Wrigley, R. C., C. A. Hlavka, D. H. Card, and J. S. Buis (1985). "Evaluation of Thematic Mapper interband registration and noise characteristics." *Photogrammetric Engineering and Remote Sensing* **51**(9): 1417-1425.

Xu, Q. and R. A. Schowengerdt (2003). "Urban targets for image quality analysis of high resolution satellite imaging systems." In *Visual Information Processing XII*, Orlando, SPIE, vol. 5108: 31-38.

第 4 章

Adams, J. B., M. O. Smith, and A. R. Gillespie (1993). "Imaging Spectroscopy: Interpretation Based on Spectral Mixture Analysis." *Remote Geochemical Analysis: Elemental and Mineralogical Composition*. C. M. Pieters and P. A. Englert, (Eds.) Cambridge: Cambridge University Press: 145-166.

Atkinson, P. M. (1993). "The effect of spatial resolution on the experimental variogram of airborne MSS imagery." *International Journal of Remote Sensing* **14**(5): 1005-1011.

Carr, J. R. (1995). *Numerical Analysis for the Geological Sciences*. Englewood Cliffs, NJ: Prentice Hall, 592 p.

Carr, J. R. and F. P. d. Miranda (1998). "The semivariogram in comparison to the co-occurrence matrix for classification of image texture." *IEEE Transactions on Geoscience and Remote Sensing* **36**(6): 1945-1952.

Castleman, K. R. (1996). *Digital Image Processing*. Englewood Cliffs, NJ: Prentice Hall, 667 p.

Civco, D. L. (1989). "Topographic normalization of Landsat Thematic Mapper digital imagery." *Photogrammetric Engineering and Remote Sensing* **55**(9): 1303-1309.

Conese, C., M. A. Gilabert, F. Maselli, and L. Bottai (1993). "Topographic normalization of TM scenes through the use of an atmospheric correction method and digital terrain models." *Photogrammetric Engineering and Remote Sensing* **59**(12): 1745-1753.

Cornsweet, T. N. (1970). *Visual Perception*. New York, NY: Academic Press, 475 p.

Curran, P. J. (1988). "The semivariogram in remote sensing: an introduction." *Remote Sensing of Environment* **24**: 493-507.

Curran, P. J. and J. L. Dungan (1989). "Estimation of signal-to-noise: a new procedure applied to AVIRIS data." *IEEE Transactions on Geoscience and Remote Sensing* **27**(5): 620-628.

Djamdji, J.-P. and A. Bijaoui (1995). "Disparity analysis: A wavelet transform approach." *IEEE Transactions on Geoscience and Remote Sensing* **33**(1): 67-76.

Dymond, J. R. and J. D. Shepherd (2004). "The spatial distribution of indigenous forest and its composition in the wellington region, new zealand, from ETM+ satellite imagery." *Remote Sensing of Environment* **90**(1): 116-125.

Eliason, P. T., L. A. Soderblom and J. P. S. Chavez (1981). "Extraction of topographic and spectral albedo information from multispectral images." *Photogrammetric Engineering and Remote Sensing* **48**(11): 1571-1579.

Feder, J. (1988). *Fractals*. New York, NY: Plenum Press, 283 p.

Feng, J., B. Rivard and A. Sanchez-Azofeifa (2003). "The topographic normalization of hyperspectral data: Implications for the selection of spectral end members and lithologic mapping." *Remote Sensing of Environment* **85**(2): 221-231.

Fukunaga, K. (1990). *Introduction to Statistical Pattern Recognition*. Second Edition. San Diego: Academic Press, 591 p.

Gaddis, L. R., L. A. Soderblom, H. H. Kieffer, K. J. Becker, J. Torson, and K. Mullins (1996). "Decomposition of AVIRIS spectra: Extraction of surface-reflectance, atmospheric, and instrumental components." *IEEE Transactions on Geoscience and Remote Sensing* **34**(1): 163-178.

Gohin, F. and G. Langlois (1993). "Using geostatistics to merge in situ measurements and remotely-sensed observations of sea surface temperature." *International Journal of Remote Sensing* **14**(1): 9-19.

Gonzalez, R. C. and R. E. Woods (1992). *Digital Image Processing*. Reading, MA: Addison-Wesley, 703 p.

Gu, D. and A. Gillespie (1998). "Topographic normalization of Landsat TM images of forest based on sub-pixel sun–canopy–sensor geometry." *Remote Sensing of Environment* **64**: 166-175.

Gu, D., A. R. Gillespie, J. B. Adams and R. Weeks (1999). "A statistical approach for topographic correction of satellite images by using spatial context information." *IEEE Transactions on Geoscience and Remote Sensing* **37**(1): 236-246.

Haralick, R. M., K. Shanmugan, and I. Dinstein (1973). "Textural features for image classification." *IEEE Transactions on Systems, Man, and Cybernetics* **SMC-3**: 610-621.

Holben, B. N. and C. O. Justice (1980). "The topographic effect on spectral response from nadir pointing sources." *Photogrammetric Engineering and Remote Sensing* **46**(9): 1191-1200.

Holben, B. N. and C. O. Justice (1981). "An examination of spectral band ratioing to reduce the topographic effect on remotely sensed data." *International Journal of Remote Sensing* **2**(2): 115-133.

IRARS (1995). *Multispectral Imagery Interpretability Rating Scale Reference Guide*. Image Resolution Assessment and Reporting Standards (IRARS) Committee.

IRARS (1996). *Civil NIIRS Reference Guide*. Image Resolution Assessment and Reporting Standards (IRARS) Committee.

Isaaks, E. H. and R. M. Srivastava (1989). *An Introduction to Applied Geostatistics*. New York, Oxford University Press, 561 p.

Itten, K. I. and P. Meyer (1993). "Geometric and radiometric correction of TM data of mountainous forested areas." *IEEE Transactions on Geoscience and Remote Sensing* **31**(4): 764-770.

Iwasaki, A. and H. Tonooka (2005). "Validation of a crosstalk correction algorithm for ASTER/SWIR." *IEEE Transactions on Geoscience and Remote Sensing* **43**(12): 2747-2751.

Jain, A. K. (1989). *Fundamentals of Digital Image Processing*. Englewood Cliffs, NJ: Prentice Hall, 569 p.

Jasinski, M. F. and P. S. Eagleson (1989). "The structure of red-infrared scattergrams of semivegetated landscapes." *IEEE Transactions on Geoscience and Remote Sensing* **27**(4): 441-451.

Jasinski, M. F. and P. S. Eagleson (1990). "Estimation of subpixel vegetation cover using red-infrared scattergrams." *IEEE Transactions on Geoscience and Remote Sensing* **28**(2): 253-267.

Journel, A. G. and C. J. Huijbregts (1978). *Mining Geostatistics*. London: Academic Press.

Jupp, D. L. B., A. H. Strahler, and C. E. Woodcock (1989a). "Autocorrelation and regularization in digital images I. basic theory." *IEEE Transactions on Geoscience and Remote Sensing* **26**: 463-473.

Jupp, D. L. B., A. H. Strahler, and C. E. Woodcock (1989b). "Autocorrelation and regularization in digital images II. simple image models." *IEEE Transactions on Geoscience and Remote Sensing* **27**: 247-258.

Justice, C. O., S. W. Wharton, and B. N. Holben (1981). "Application of digital terrain data to quantify and reduce the topographic effect on Landsat data." *International Journal of Remote Sensing* **2**(3): 213-230.

Kawata, Y., S. Ueno, and T. Kusaka (1988). "Radiometric correction for atmospheric and topographic effects on Landsat MSS images." *International Journal of Remote Sensing* **9**(4): 729-748.

Lacaze, B., S. Rambal, and T. Winkel (1994). "Identifying spatial patterns of Mediterranean landscapes from geostatistical anlaysis of remotely-sensed data." *International Journal of Remote Sensing* **15**(12): 2437-2450.

Leachtenauer, J. C., W. Malila, J. Irvine, L. Colburn and N. Salvaggio (1997). "General image-quality equation: GIQE." *Applied Optics* **36**(32): 8322-8328.

Mandelbrot, B. B. (1967). "How long is the coast of Britain? Statistical self-similarity and fractal dimension." *Science* **155**: 636-638.

Mandelbrot, B. B. (1983). *The Fractal Geometry of Nature*. New York, NY: W. H. Freeman and Company, 468 p.

Miranda, F. P., L. E. N. Fonseca and J. R. Carr (1998). "Semivariogram textural classifcation of JERS-1 (Fuyo-1) SAR data obtained over a flooded area of the Amazon rainforest." **19**(3): 549-556.

Peli, T. (1990). "Multiscale fractal theory and object characterization." *Journal of the Optical Society of America* **7**(6): 1101-1112.

Pelig, S., J. Naor, R. Hartley, and D. Avnir (1984). "Multiple resolution texture analysis and classification." *IEEE Transactions on Pattern Analysis and Machine Intelligence* **PAMI-6**(4): 518-523.

Pentland, A. P. (1984). "Fractal-based description of natural scenes." *IEEE Transactions on Pattern Analysis and Machine Intelligence* **PAMI-6**(6): 661-674.

Pratt, W. K. (1991). *Digital Image Processing*. Second Edition. New York, NY: John Wiley & Sons, 698 p.

Press, W. H., B. P. Flannery, S. A. Teukolsky, and W. T. Vetterling (1992). *Numerical Recipes in C–The Art of Scientific Computing*. Second Edition. Cambridge: Cambridge University Press, 994 p.

Proy, C., D. Tanre, and P. Y. Deschamps (1989). "Evaluation of topographic effects in remotely sensed data." *Remote Sensing of Environment* **30**: 21-32.

Richards, J. A. and X. Jia (1999). *Remote Sensing Digital Image Analysis – An Introduction*. Third Edition. Berlin: Springer-Verlag, 356 p.

Richter, R. (1997). "Correction of atmospheric and topographic effects for high spatial resolution satellite imagery." *International Journal of Remote Sensing* **18**(5): 1099-1111.

Richter, R. and D. Schlapfer (2002). "Geo-atmospheric processing of airborne imaging spectrometry data. Part 2: Atmospheric/topographic correction." *International Journal of Remote Sensing* **23**(13): 2631 –2649.

Rossi, R. E., J. L. Dungan, and L. R. Beck (1994). "Kriging in shadows: geostatistical interpolation for remote sensing." *Remote Sensing of Environment* **48**: 1-25.

Ryan, R. E., B. Baldridge, R. A. Schowengerdt, T. Choi, D. L. Helder and S. Blonski (2003). "IKONOS spatial resolution and image interpretability characterization." *Remote Sensing of Environment* **88**(1-2): 37-52.

Schott, J. R. (1996). *Remote Sensing: The Image Chain Approach*. New York, NY: Oxford University Press, 394 p.

Shepherd, J. D. and J. R. Dymond (2003). "Correcting satellite imagery for the variance of reflectance and illumination with topography." *International Journal of Remote Sensing* **24**(17): 3503-3514.

St-Onge, B. A. and F. Cavayas (1997). "Automated forest structure mapping from high resolution imagery based on directional semivariogram estimates." *Remote Sensing of Environment* **61**: 82-95.

Teillet, P. M., B. Guindon, and D. G. Goodenough (1982). "On the slope-aspect correction of multispectral scanner data." *Canadian Journal of Remote Sensing* **8**(2): 84-106.

Townshend, J. R. G., C. O. Justice, C. Gurney, and J. McManus (1992). "The impact of misregistration on change detection." *IEEE Transactions on Geoscience and Remote Sensing* **30**(5): 1054-1060.

Wald, L. (1989). "Some examples of the use of structure functions in the analysis of satellite images of the ocean." *Photogrammetric Engineering and Remote Sensing* **55**(10): 1487-1490.

Warner, T. A. and X. Chen (2001). "Normalization of Landsat thermal imagery for the effects of solar heating and topography." *International Journal of Remote Sensing* **22**(5): 773-788.

Woodcock, C. E., A. H. Strahler, and D. L. B. Jupp (1988a). "The use of variograms in remote sensing: I scene models and simulated images." *Remote Sensing of Environment* **25**: 324-348.

Woodcock, C. E., A. H. Strahler, and D. L. B. Jupp (1988b). "The use of variograms in remote sensing: II real digital images." *Remote Sensing of Environment* **25**: 349-379.

第 5 章

Avery, T. E. and G. L. Berlin (1992). *Fundamentals of Remote Sensing and Airphoto Interpretation*. Fifth Edition. New York, NY: Macmillan Publishing Company, 472 p.

Byrne, G. F., P. F. Crapper, and K. K. Mayo (1980). "Monitoring land-cover change by principal component analysis of multitemporal Landsat data." *Remote Sensing of Environment* **10**: 175-184.

Chavez, P. S., Jr., G. L. Berlin, and L. B. Sowers (1982). "Statistical method for selecting Landsat MSS ratios." *Journal of Applied Photographic Engineering* **8**(1): 23-30.

Coppin, P., I. Jonckheere, K. Nackaerts, B. Muys and E. Lambinint (2004). "Digital change detection methods in ecosystem monitoring: A review." *International Journal of Remote Sensing* **25**(9): 1565-1596.

Crist, E. P. and R. C. Cicone (1984). "A physically-based transformation of Thematic Mapper data — the TM Tasseled Cap." *IEEE Transactions on Geoscience and Remote Sensing* **GE-22**: 256-263.

Crist, E. P., R. Laurin, and R. C. Cicone (1986). "Vegetation and soils information contained in transformed Thematic Mapper data." in: *IGARSS' 86*, Zurich, ESA Publications Division, vol. ESA SP-254: 1465-1472.

Crist, E. P. (1996). personal communication.

Dallas, W. J. and W. Mauser (1980). "Preparing pictures for visual comparison." *Applied Optics* **19**(21): 3586–3587.

Du, Y., P. M. Teillet and J. Cihlar (2002). "Radiometric normalization of multitemporal high-resolution satellite images with quality control for land cover change detection." *Remote Sensing of Environment* **82**: 123-134.

Durand, J. M. and Y. H. Kerr (1989). "An improved decorrelation method for the efficient display of multispectral data." *IEEE Transactions on Geoscience and Remote Sensing* **27**(5): 611-619.

Eastman, J. R. and M. Fulk (1993). "Long sequence time series evaluation using standardized principal components." *Photogrammetric Engineering and Remote Sensing* **59**(6): 991-996.

Fahnestock, J. D. and R. A. Schowengerdt (1983). "Spatially-variant contrast enhancement using local range modification." *Optical Engineering* **22**(3): 378-381.

Fukunaga, K. (1990). *Introduction to Statistical Pattern Recognition*. Second Edition. San Diego: Academic Press, 591 p.

Fung, T. and E. LeDrew (1987). "Application of principal components analysis to change detection." *Photogrammetric Engineering and Remote Sensing* **53**(12): 1649-1658.

Gao, X., A. R. Huete, W. Ni and T. Miura (2000). "Optical–biophysical relationships of vegetation spectra without background contamination." *Remote Sensing of Environment* **74**: 609-620.

Gillespie, A. R., A. B. Kahle, and R. E. Walker (1986). "Color enhancement of highly correlated images. I. Decorrelation and HSI contrast stretches." *Remote Sensing of Environment* **20**: 209-235.

Gonzalez, R. C. and R. E. Woods (2002). *Digital Image Processing*. Second Edition. Upper Saddle River, NJ: Prentice-Hall, 793 p.

Green, A. A., M. Berman, P. Switzer, and M. D. Craig (1988). "A transformation for ordering multispectral data in terms of image quality with implications for noise removal." *IEEE Transactions on Geoscience and Remote Sensing* **26**(1): 65-74.

Haeberli, P. and D. Voorhies (1994). "Image processing by interpolation and extrapolation." *Silicon Graphics IRIS Universe Magazine*.

Haydn, R., G. W. Dalke, J. Henkel, and J. E. Bare (1982). "Application of the IHS color transform to the processing of multisensor data and image enhancement." in: *International Symposium on Remote Sensing of Arid and Semi-Arid Lands*, Cairo, Egypt: Environmental Research Institute of Michigan: 599-616.

Huang, C., B. Wylie, L. Yang, C. Homer and G. Zylstra (2002). "Derivation of a tasselled cap transformation based on Landsat 7 at-satellite reflectance." *International Journal of Remote Sensing* **23**(8): 1741-1748.

Huete, A. R. (1988). "A Soil Adjusted Vegetation Index (SAVI)." *Remote Sensing of Environment* **25**: 295-309.

Huete, A. R. and R. D. Jackson (1987). "Suitability of spectral indices for evaluating vegetation characteristics on arid rangelands." *Remote Sensing of Environment* **23**: 213-232.

Huete, A., K. Didan, T. Miura, E. P. Rodriguez, X. Gao and L. G. Ferreira (2002). "Overview of the radiometric and biophysical performance of the MODIS vegetation indices." *Remote Sensing of Environment* **83**: 195-213.

Ingebritsen, S. E. and R. J. P. Lyon (1985). "Principal components analysis of multitemporal image pairs." *International Journal of Remote Sensing* **6**: 687-696.

Jackson, R. D. (1983). "Spectral indices in N-space." *Remote Sensing of Environment* **13**(5): 409-421.

Justice, C. O., J. R. G. Townshend, and V. L. Kalb (1991). "Representation of vegetation by continental data sets derived from NOAA-AVHRR data." *International Journal of Remote Sensing* **12**(5): 999-1021.

Kauth, R. J. and G. S. Thomas (1976). "The Tasselled Cap – A graphic description of the spectral–temporal development of agricultural crops as seen by Landsat." in: *Symposium on Machine Processing of Remotely Sensed Data*, IEEE, vol. 76CH 1103–1MPRSD: 41-51.

Knyazikhin, Y., J. V. Martonchik, R. B. Myneni, D. J. Diner and S. W. Running (1998). "Synergistic algorithm for estimating vegetation canopy leaf area index and fraction of absorbed photosynthetically active radiation from MODIS and MISR data." *Journal of Geophysical Research* **103**(D24): 32257-32275.

Kruse, F. A., K. S. Kierein-Young, and J. W. Boardman (1990). "Mineral mapping at Cuprite, Nevada with a 63-channel imaging spectrometer." *Photogrammetric Engineering and Remote Sensing* **56**(1): 83-92.

Lavreau, J. (1991). "De-hazing Landsat Thematic Mapper images." *Photogrammetric Engineering and Remote Sensing* **57**(10): 1297-1302.

Lee, J. B., A. S. Woodyatt, and M. Berman (1990). "Enhancement of high spectral resolution remote-sensing data by a noise-adjusted principal components transform." *IEEE Transactions on Geoscience and Remote Sensing* **28**(3): 295-304.

Liang, S. (2004). *Quantitative Remote Sensing of Land Surfaces*. Hoboken, New Jersey: John Wiley & Sons, 534 p.

Lu, D., P. Mausel, E. Brondizio and E. Moran (2004). "Change detection techniques." *International Journal of Remote Sensing* **25**(12): 2365-2407.

Myneni, R. B., R. R. Nemani and S. W. Running (1997). "Estimation of global leaf area index and absorbed par using radiative transfer models." *IEEE Transactions on Geoscience and Remote Sensing* **35**(6): 1380-1393.

Pizer, S. M., E. P. Amburn, J. D. Austin, R. Cromartie, A. Geselowitz, T. Greer, B. H. Romeny, J. B. Zimmerman, and K. Zuiderveld (1987). "Adaptive histogram equalization and its variations." *Computer Vision, Graphics and Image Processing* **39**: 355-368.

Pun, T. (1981). "Entropic thresholding, a new approach." *Computer Graphics and Image Processing* **16**: 210-239.

Ready, P. J. and P. A. Wintz (1973). "Information extraction, SNR improvement and data compression in multispectral imagery." *IEEE Transactions on Communications* **COM-21**(10): 1123-1131.

Richards, J. A. (1984). "Thematic mapping from multitemporal image data using the principal components transformation." *Remote Sensing of Environment* **16**: 35-46.

Richards, J. A. and X. Jia (1999). *Remote Sensing Digital Image Analysis – An Introduction*. Third Edition. Berlin: Springer-Verlag, 356 p.

Richardson, A. J. and C. L. Wiegand (1977). "Distinguishing vegetation from soil background information." *Photogrammetric Engineering and Remote Sensing* **43**: 1541-1552.

Rothery, D. A. and G. A. Hunt (1990). "A simple way to perform decorrelation stretching and related techniques on menu-drive image processing systems." *International Journal of Remote Sensing* **11**(1): 133-137.

RSI (2005). *ENVI*. Boulder, CO.

Schetselaar, E. M. (2001). "On preserving spectral balance in image fusion and its advantages for geological image interpretation." *Photogrammetric Engineering and Remote Sensing* **67**(8): 925-934.

Schowengerdt, R. A. (1983). *Techniques for Image Processing and Classification in Remote Sensing*. Orlando, FL: Academic Press, 249 p.

Singh, A. and A. Harrison (1985). "Standardized principal components." *International Journal of Remote Sensing* **6**(6): 883-896.

Smith, A. R. (1978). "Color gamut transform pairs." in: *ACM-SIGGRAPH*, ACM, vol. 12: 12-19.

Thompson, D. R. and O. A. Whemanen (1980). "Using Landsat digital data to detect moisture stress in corn-soybean growing regions." *Photogrammetric Engineering and Remote Sensing* **46**(8): 1087-1093.

Townshend, J. R. G. and C. O. Justice (1986). "Analysis of the dynamics of African vegetation using the normalized difference vegetation index." *International Journal of Remote Sensing* **7**(11): 1435-1445.

Tucker, C. J. and P. C. Sellers (1986). "Satellite remote sensing of primary production." *International Journal of Remote Sensing* **7**(11): 1395-1416.

第6章

Barnes, W. L., T. S. Pagano and V. V. Salomonson (1998). "Prelaunch characteristics of the moderate resolution imaging spectroradiometer (MODIS) on EOS-AM1." *IEEE Transactions on Geoscience and Remote Sensing* **36**: 1088-1100.

Brigham, E. O. (1988). *The Fast Fourier Transform and Its Applications*. Englewood Cliffs, NJ: Prentice Hall, 448 p.

Burrus, C. S., R. A. Gopinath and H. Guo (1998). *Introduction to Wavelets and Wavelet Transforms - A Primer*. Upper Saddle River, NJ: Prentice Hall, 268 p.

Burt, P. J. (1981). "Fast filter transforms for image processing." *Computer Graphics and Image Processing* **16**: 20-51.

Burt, P. J. and E. H. Adelson (1983). "The laplacian pyramid as a compact image code." *IEEE Transactions on Communications* **31**(4): 532-540.

Castleman, K. R. (1996). *Digital Image Processing*. Englewood Cliffs, NJ: Prentice-Hall, 667 p.

Cohen, L. (1989). "Time-frequency distributions – A review." *Proceedings of the IEEE* **77**(7): 941-981.

Daubechies, I. (1988). "Orthonormal bases of compactly supported wavelets." *Communications on Pure and Applied Mathematics* **41**: 909-996.

Davis, L. S. (1975). "A survey of edge detection techniques." *Computer Graphics and Image Processing* **4**: 248-270.

Dougherty, E. R. and R. A. Lotufo (2003). *Hands-On Morphological Image Processing*. Bellingham, WA: SPIE, 290 p.

Friedmann, D. E. (1980). "Forum: A re-examination of the Landsat MSS." *Photogrammetric Engineering and Remote Sensing* **46**(12): 1541-1542.

Gaskill, J. D. (1978). *Linear Systems, Fourier Transforms, and Optics*. New York, NY: John Wiley & Sons, 554 p.

Giardina, C. R. and E. R. Dougherty (1988). *Morphological Methods in Image and Signal Processing*. Englewood Cliffs, NJ: Prentice Hall, 321 p.

Grossman, A. and J. Morlet (1984). "Decomposition of Hardy functions into square integrable wavelets of constant shape." *SIAM Journal of Applied Mathematics* **15**: 723-736.

Hearn, D. R. (2000). *EO-1 Advanced Land Imager modulation transfer functions*. Lincoln Laboratory, Massachusetts Institute of Technology. Technical Report 1061.

Hunt, B. R. and T. M. Cannon (1976). "Nonstationary assumptions for Gaussian models of images." *IEEE Transactions on Systems, Man & Cybernetics* **SMC-6**: 876-882.

Jain, A. K. (1989). *Fundamentals of Digital Image Processing*. Englewood Cliffs, NJ: Prentice-Hall, 569 p.

Jensen, J. R. (2004). *Introductory Digital Image Processing – A Remote Sensing Perspective*. Third Edition. Upper Saddle River, NJ: Prentice Hall, 544 p.

Lee, J.-S. (1980). "Digital image enhancement and noise filtering by use of local statistics." *IEEE Transactions on Pattern Analysis and Machine Intelligence* **PAMI-2**(2): 165-168.

Levine, M. D. (1985). *Vision in Man and Machine*. New York, NY: McGraw-Hill.

Mallat, S. (1991). "Zero-crossings of a wavelet transform." *IEEE Transactions on Information Theory* **37**(4): 1019-1033.

Mallat, S. G. (1989). "A theory for multiresolution signal decomposition: the wavelet representation." *IEEE Transactions on Pattern Analysis and Machine Intelligence* **11**(7): 674-693.

Markham, B. L. (1985). "The Landsat sensors' spatial responses." *IEEE Transactions on Geoscience and Remote Sensing* **GE-23**(6): 864-875.

Marr, D. (1982). *Vision*. New York, NY: W. H. Freeman and Company, 397 p.

Marr, D. and E. Hildreth (1980). "Theory of edge detection." *Proceedings of the Royal Society of London* **207**: 187-217.

McDonnell, M. J. (1981). "Box-filtering techniques." *Computer Graphics and Image Processing* **17**(1): 65-70.

Oppenheim, A. V. and J. S. Lim (1981). "The importance of phase in signals." *Proceedings of the IEEE* **69**(5): 529-541.

Park, S. K., R. Schowengerdt and M.-A. Kaczynski (1984). "Modulation-transfer-function analysis for sampled imaging systems." *Applied Optics* **23**(15): 2572-2582.

Pratt, W. K. (1991). *Digital Image Processing*. Second Edition. New York, NY: John Wiley & Sons, 698 p.

Press, W. H., B. P. Flannery, S. A. Teukolsky, and W. T. Vetterling (1992). *Numerical Recipes in C – The Art of Scientific Computing*. Second Edition. Cambridge: Cambridge University Press, 994 p.

Reichenbach, S. E., D. E. Koehler and D. W. Strelow (1995). "Restoration and reconstruction of AVHRR images." *IEEE Transactions on Geoscience and Remote Sensing* **33**(4): 997-1007.

Robinson, G. S. (1977). "Detection and coding of edges using directional masks." *Optical Engineering* **16**(6).

Rojas, F., R. A. Schowengerdt and S. F. Biggar (2001). "Modulation transfer analysis of the moderate resolution imaging spectroradiometer (MODIS)." In *Earth Observing Systems VI*, San Diego, CA, SPIE, vol. 4483: 222-230.

Schalkoff, R. J. (1989). *Digital Image Processing and Computer Vision*. New York, NY: John Wiley & Sons, 489 p.

Schott, J. R. (1996). *Remote Sensing: The Image Chain Approach*. New York, NY: Oxford University Press, 394 p.

Serra, J. (1982). *Image Analysis and Mathematical Morphology*. New York, NY: Academic Press.

Shensa, M. J. (1992). "The discrete wavelet transform: Wedding the a trous and Mallat algorithms." *IEEE Transactions on Signal Processing* **40**: 2464-2482.

Slater, P. N. (1979). "A re-examination of the Landsat MSS." *Photogrammetric Engineering and Remote Sensing* **45**(1): 1479-1485.

Soille, P. (2002). *Morphological Image Analysis*. Second Edition. Springer, 391 p.

Storey, J. C. (2001). "Landsat 7 on-orbit modulation transfer function estimation." In *Sensors, Systems, and Next-Generation Satellites V*, Toulouse, France, SPIE, vol. 4540: 50-61.

Wallis, R. (1976). "An approach to the space variant restoration and enhancement of images." In *Proc. Symposium on Current Mathematical Problems in Image Science*, Monterey, CA: Naval Post-graduate School.

第 7 章

Abramson, S. B. and R. A. Schowengerdt (1993). "Evaluation of edge–preserving smoothing filters for digital image mapping." *ISPRS Journal of Photogrammetry and Remote Sensing* **48**(2): 2-17.

Adler-Golden, S. M., M. W. Matthew, L. S. Bernstein, R. Y. Levine, A. Berk, S. C. Richtsmeier, P. K. Acharya, G. P. Anderson, G. Feldeb, J. Gardner, M. Hokeb, L. S. Jeong, B. Pukall, J. Mello, A. Ratkowski and H.-H. Burke (1999). "Atmospheric correction for short-wave spectral imagery based on MODTRAN4." In *Imaging Spectrometry V*, Denver, CO, SPIE, vol. 3753: 61-69.

Ahern, F. J., D. G. Goodenough, S. C. Jain, V. R. Rao, and G. Rochon (1977). "Use of clear lakes as standard reflectors for atmospheric measurements." in: *Eleventh International Symposium on Remote Sensing of Environment*, Ann Arbor, MI: Environmental Research Institute of Michigan, : 583-594.

Algazi, V. R. and G. E. Ford (1981). "Radiometric equalization of nonperiodic striping in satellite data." *Computer Graphics and Image Processing* **16**: 287-295.

Andrews, H. C. and B. R. Hunt (1977). *Digital Image Restoration*. Englewood Cliffs, NJ: Prentice-Hall, 238 p.

Anuta, P. E. (1973). Geometric correction of ERTS-1 digital multispectral scanner data, Laboratory for Applications of Remote Sensing, Purdue University, No. Information Note 103073.

Basedow, R. W., W. S. Aldrich, J. E. Coiwell and W. D. Kinder (1996). "HYDICE system performance – an update." In *Hyperspectral Remote Sensing and Applications*, Denver, CO, SPIE, vol. 2821: 76-84.

Bates, R. H. T. and M. J. McDonnell (1986). *Image Restoration and Reconstruction*. Oxford: Clarendon Press, 288 p.

Bernstein, R., J. B. Lospiech, H. J. Myers, H. G. Kolsky, and R. D. Lees (1984). "Analysis and processing of Landsat-4 sensor data using advanced image processing techniques and technologies." *IEEE Transactions on Geoscience and Remote Sensing* **GE-22**(3): 192-221.

Bindschadler, R. and H. Choi (2003). "Characterizing and correcting Hyperion detectors using ice-sheet images." *IEEE Transactions on Geoscience and Remote Sensing* **41**(6): 1189-1193.

Bugayevskiy, L. M. and J. Snyder (1995). *Map Projections - A Reference Manual*. London, UK: Taylor & Francis Ltd, 328 p.

Büttner, G. and A. Kapovits (1990). "Characterization and removal of horizontal striping from SPOT panchromatic imagery." *International Journal of Remote Sensing* **11**(2): 359-366.

Canty, M. J., A. A. Nielsen and M. Schmidt (2004). "Automatic radiometric normalization of multitemporal satellite imagery." *Remote Sensing of Environment* **91**: 441-451.

Carrere, V. and J. E. Conel (1993). "Recovery of atmospheric water vapor total column abundance from imaging spectrometer data around 940 nm–sensitivity analysis and application to Airborne Visible/Infrared Imaging Spectrometer (AVIRIS) data." *Remote Sensing of Environment* **44**: 179-204.

Castleman, K. R. (1996). *Digital Image Processing*. Englewood Cliffs, NJ: Prentice Hall, 667 p.

Centeno, J. A. S. and V. Haertel (1995). "Adaptive low-pass fuzzy filter for noise removal." *Photogrammetric Engineering and Remote Sensing* **61**(10): 1267-1272.

Chavez, P. S., Jr. (1975). "Simple high-speed digital image processing to remove quasi-coherent noise patterns." in: *41st Annual Meeting*, Washington, D.C., American Society of Photogrammetry: 595-600.

Chavez, P. S., Jr. (1988). "An improved dark-object subtraction technique for atmospheric scattering correction of multispectral data." *Remote Sensing of Environment* **24**: 459-479.

Chavez, P. S., Jr. (1989). "Radiometric calibration of Landsat Thematic Mapper multispectral images." *Photogrammetric Engineering and Remote Sensing* **55**(9): 1285-1294.

Chavez, P. S., Jr. (1996). "Image-based atmospheric corrections – revisited and improved." *Photogrammetric Engineering and Remote Sensing* **62**(9): 1025-1036.

Chen, L.-C. and L.-H. Lee (1992). "Progressive generation of control frameworks for image registration." *Photogrammetric Engineering and Remote Sensing* **58**(9): 1321-1328.

Chin, R. T. and C.-L. Yeh (1983). "Quantitative evaluation of some edge-preserving noise-smoothing techniques." *Computer Vision, Graphics and Image Processing*(23): 67-91.

Clark, R. N. and T. L. Roush (1984). "Reflectance Spectroscopy: Quantitative Analysis Techniques for Remote Sensing Applications." *Journal of Geophysical Research* **89**: 6329-6340.

Colby, J. D. (1991). "Topographic normalization in rugged terrain." *Photogrammetric Engineering and Remote Sensing* **57**(5): 531-537.

Craig, M. D. and A. A. Green (1987). "Registration of distorted images from airborne scanners." *The Australian Computer Journal* **19**(3): 148-153.

Crippen, R. E. (1989). "A simple spatial filtering routine for the cosmetic removal of scan-line noise from Landsat TM P-tape imagery." *Photogrammetric Engineering and Remote Sensing* **55**(3): 327-331.

Curran, P. J. and J. L. Dungan (1989). "Estimation of signal-to-noise: a new procedure applied to AVIRIS data." *IEEE Transactions on Geoscience and Remote Sensing* **27**(5): 620-628.

Devereux, B. J., R. M. Fuller, L. Carter, and R. J. Parsell (1990). "Geometric correction of airborne scanner imagery by matching Delaunay triangles." *International Journal of Remote Sensing* **11**(12): 2237-2251.

Dikshit, O. and D. P. Roy (1996). "An empirical investigation of image resampling effects upon the spectral and textural supervised classification of a high spatial resolution mulitspectral image." *Photogrammetric Engineering and Remote Sensing* **62**(9): 1085-1092.

Eliason, E. and A. S. McEwen (1990). "Adaptive box filter for removal of random noise from digital images." *Photogrammetric Engineering and Remote Sensing* **56**(4): 453-458.

EOSAT (1993). Fast Format Document. Lanham, Maryland, EOSAT.

Filho, C. R. d. S., S. A. Drury, A. M. Denniss, R. W. T. Carlton, and D. A. Rothery (1996). "Restoration of corrupted optical Fuyo-1 (JERS-1) data using frequency domain techniqeus." *Photogrammetric Engineering and Remote Sensing* **62**(9): 1037-1047.

Fischel, D. (1984). "Validation of the Thematic Mapper radiometric and geometric correction algorithms." *IEEE Transactions on Geoscience and Remote Sensing* **GE-22**(3): 237-242.

Fusco, L., U. Frei, D. Trevese, P. N. Blonda, G. Pasquariello, and G. Milillo (1986). "Landsat TM image forward/reverse scan banding: characterization and correction." *International Journal of Remote Sensing* **7**(4): 557-575.

Gao, B.-C. and A. F. H. Goetz (1990). "Column atmospheric water vapor and vegetation liquid water retrievals from airborne imaging spectrometer data." *Journal of Geophysical Research* **95**: 3549-3564.

Gao, B.-C., K. B. Heidebrecht, and A. F. H. Goetz (1993). "Derivation of scaled surface reflectances from AVIRIS data." *Remote Sensing of Environment* **44**: 165-178.

Gilbert, E. N. (1974). "Distortion in maps." *SIAM Review* **16**(1): 47-62.

Goetz, A. F. H., B. C. Kindel, M. Ferri and Z. Qu (2003). "HATCH: Results from simulated radiances, AVIRIS and Hyperion." *IEEE Transactions on Geoscience and Remote Sensing* **41**(6): 1215-1222.

Gonzalez, R. C. and R. E. Woods (2002). *Digital Image Processing*. Second Edition. Upper Saddle River, NJ: Prentice-Hall, 793 p.

Gu, D. and A. Gillespie (1998). "Topographic normalization of Landsat TM images of forest based on sub-pixel sun–canopy–sensor geometry." *Remote Sensing of Environment* **64**: 166-175.

Hadjimitsis, D. G., C. R. I. Clayton and V. S. Hope (2004). "An assessment of the effectiveness of atmospheric correction algorithms through the remote sensing of some reservoirs." *International Journal of Remote Sensing* **25**(18): 3651-3674.

Helder, D. L., B. K. Quirk, and J. J. Hood (1992). "A technique for the reduction of banding in Landsat Thematic Mapper images." *Photogrammetric Engineering and Remote Sensing* **58**(10): 1425-1431.

Helder, D. L. and T. A. Ruggles (2004). "Landsat Thematic Mapper reflective-band radiometric artifacts." *IEEE Transactions on Geoscience and Remote Sensing* **42**(12): 2704-2716.

Holben, B., E. Vermote, Y. J. Kaufman, D. Tanre, and V. Kalb (1992). "Aerosol retrieval over land from AVHRR data - application for atmospheric correction." *IEEE Transactions on Geoscience and Remote Sensing* **30**(2): 212-222.

Horn, B. K. P. and R. J. Woodham (1979). "Destriping Landsat MSS images by histogram modification." *Computer Graphics and Image Processing* **10**(1): 69-83.

Huang, C., J. R. G. Townshend, S. Liang, S. N. V. Kalluri and R. S. DeFries (2002). "Impact of sensor's point spread function on land cover characterization: Assessment and deconvolution." *Remote Sensing of Environment* **80**: 203-212.

Hummer-Miller, S. (1990). "Techniques for noise removal and registration of TIMS data." *Photogrammetric Engineering and Remote Sensing* **56**(1): 49-53.

Itten, K. I. and P. Meyer (1993). "Geometric and radiometric correction of TM data of mountainous forested areas." *IEEE Transactions on Geoscience and Remote Sensing* **31**(4): 764-770.

Jain, A. K. and R. C. Dubes (1988). *Algorithms for Clustering Data*. Englewood Cliffs, NJ: Prentice Hall, 320 p.

Jain, A. K. (1989). *Fundamentals of Digital Image Processing*. Englewood Cliffs, NJ: Prentice-Hall, 569 p.

Jensen, J. R. (2004). *Introductory Digital Image Processing – A Remote Sensing Perspective*. Third Edition. Upper Saddle River, NJ: Prentice Hall, 544 p.

Keys, R. G. (1981). "Cubic convolution interpolation for digital image processing." *IEEE Transactions on Acoustics, Speech, and Signal Processing* **ASSP-29**: 1153-1160.

Khan, B., L. W. B. Hayes, and A. P. Cracknell (1995). "The effects of higher-order resampling on AVHRR data." *International Journal of Remote Sensing* **16**(1): 147-163.

Kieffer, H. H. (1996). "Detection and correction of bad pixels in hyperspectral sensors." In *Hyperspectral Remote Sensing and Applications*, SPIE, vol. 2821: 93-108.

King, M. D., W. P. Menzel, Y. J. Kaufman, D. Tanré, B.-C. Gao, S. Platnick, S. A. Ackerman, L. A. Remer, R. Pincus and P. A. Hubanks (2003). "Cloud and aerosol properties, precipitable water, and profiles of temperature and water vapor from MODIS." *IEEE Transactions on Geoscience and Remote Sensing* **41**(2): 442-458.

Kruse, F. A. (1988). "Use of Airborne Imaging Spectrometer data to map minerals associated with hydrothermally altered rocks in the northern Grapevine Mountains, Nevada and California." *Remote Sensing of Environment* **24**(1): 31-51.

Kruse, F. A., K. S. Kierein-Young, and J. W. Boardman (1990). "Mineral mapping at Cuprite, Nevada with a 63-channel imaging spectrometer." *Photogrammetric Engineering and Remote Sensing* **56**(1): 83-92.

Lavreau, J. (1991). "De-hazing Landsat Thematic Mapper images." *Photogrammetric Engineering and Remote Sensing* **57**(10): 1297-1302.

Lee, J. (1983). "Digital image smoothing and the sigma filter." *Computer Vision, Graphics and Image Processing* **24**: 255-269.

Lee, J.-S. (1980). "Digital image enhancement and noise filtering by use of local statistics." *IEEE Transactions on Pattern Analysis and Machine Intelligence* **PAMI-2**(2): 165-168.

Lee, J.-S. (1981). "Speckle analysis and smoothing of synthetic aperture radar images." *Computer Graphics and Image Processing* **17**: 24-32.

Leprieur, C., V. Carrere, and X. F. Gu (1995). "Atmospheric corrections and ground reflectance recovery for

Airborne Visible/Infrared Imaging Spectrometer (AVIRIS) data: MAC Europe'91." *Photogrammetric Engineering and Remote Sensing* **61**(10): 1233-1238.

Markham, B. L., K. J. Thome, J. A. Barsi, E. Kaita, D. L. Helder, J. L. Barker and P. L. Scaramuzza (2004). "Landsat-7 ETM+ on-orbit reflective-band radiometric stability and absolute calibration." *IEEE Transactions on Geoscience and Remote Sensing* **42**(12): 2810-2820.

Marsh, S. E. and J. B. McKeon (1983). "Integrated analysis of high-resolution field and airborne spectroradiometer data for alteration mapping." *Economic Geology* **78**(4): 618-632.

Mastin, G. A. (1985). "Adaptive filters for digital image noise smoothing: an evaluation." *Computer Vision, Graphics and Image Processing*(31): 103-121.

Matthew, M. W., S. M. Adler-Golden, A. Berk, S. C. Richtsmeier, R. Y. Levine, L. S. Bernstein, P. K. Acharya, G. P. Anderson, G. W. Felde, M. P. Hoke, A. Ratkowski, H.-H. Burke, R. D. Kaiser and D. P. Miller (2000). "Status of atmospheric correction using a MODTRAN4-based algorithm." In *Algorithms for Multispectral, Hyperspectral, and Ultraspectral Imagery VI*, SPIE, vol. 4049: 199-207.

Miller, C. J. (2002). "Performance assessment of ACORN atmospheric correction algorithm." In *Algorithms and Technologies for Multispectral, Hyperspectral, and Ultraspectral Imagery VIII*, SPIE, vol. 4725: 438-449.

Moik, J. G. (1980). *Digital Processing of Remotely Sensed Images*. Washington, D.C.: NASA, U.S. Government Printing Office, 330 p.

Montes, M. J., B.-C. Gao and C. O. Davis (2003). "Tafkaa atmospheric correction of hyperspectral data." In *Imaging Spectrometry IX*, SPIE, vol. 5159: 188-197.

Moran, M. S., R. D. Jackson, P. N. Slater, and P. M. Teillet (1992). "Evaluation of simplified procedures for retrieval of land surface reflectance factors from satellite sensor output." *Remote Sensing of Environment* **41**: 169-184.

Moran, M. S., R. Bryant, K. Thome, W. Ni, Y. Nouvellon, M. P. Gonzalez-Dugo, J. Qi and T. R. Clarke (2001). "A refined empirical line approach for reflectance factor retrieval from Landsat-5 TM and Landsat-7 ETM+." *Remote Sensing of Environment* **78**: 71-82.

Nagao, M. and T. Matsuyama (1979). "Edge preserving smoothing." *Computer Graphics and Image Processing* **9**: 394-407.

NASA (2006). *Landsat-7 Science Data Users Handbook*. Greenbelt, MD, NASA Goddard Space Flight Center.

Neville, R. A., L. Sunb and K. Staenz (2003). "Detection of spectral line curvature in imaging spectrometer data." In *Algorithms and Technologies for Multispectral, Hyperspectral, and Ultraspectral Imagery IX*, SPIE, vol. 5093: 144-154.

Ouaidrari, H. and E. F. Vermote (1999). "Operational atmospheric correction of Landsat TM data." *Remote Sensing of Environment* **70**: 4-15.

Pan, J.-J. (1989). "Spectral analysis and filtering techniques in digital spatial data processing." *Photogrammetric Engineering and Remote Sensing* **55**(8): 1203-1207.

Pan, J.-J. and C.-I. Chang (1992). "Destriping of Landsat MSS images by filtering techniques." *Photogrammetric Engineering and Remote Sensing* **58**(10): 1417-1423.

Parada, M., A. Millan, A. Lobato and A. Hermosilla (2000). "Fast coastal algorithm for automatic geometric correction of AVHRR images." *International Journal of Remote Sensing* **21**(11): 2307-2312.

Park, S. K. and R. A. Schowengerdt (1983). "Image reconstruction by parametric cubic convolution." *Computer Vision, Graphics and Image Processing* **20**(3): 258-272.

Pearlman, J. S., P. S. Barry, C. C. Segal, J. Shepanski, D. Beiso and S. L. Carman (2003). "Hyperion, a space-based imaging spectrometer." *IEEE Transactions on Geoscience and Remote Sensing* **41**(6): 1160-1173.

Perkins, T., S. Adler-Golden, M. Matthew, A. Berk, G. Anderson, J. Gardner and G. Felde (2005). "Retrieval of atmospheric properties from hyper- and multi-spectral imagery with the FLAASH atmospheric correction algorithm." In *Remote Sensing of Clouds and the Atmosphere X*, SPIE, vol. 5979: 5979OE-1-5979OE-11.

Poros, D. J. and C. J. Peterson (1985). "Methods for destriping Landsat Thematic Mapper images - A feasibility study for an online destriping process in the Thematic Mapper Image Processing System (TIPS)." *Photogrammetric Engineering and Remote Sensing* **51**(9): 1371-1378.

Potter, J. F. (1984). "The channel correlation method for estimating aerosol levels from multispectral scanner data." *Photogrammetric Engineering and Remote Sensing* **50**: 43-52.

Potter, J. F. and M. Mendolowitz (1975). "On the determination of the haze levels from Landsat data." in: *10th International Symposium on Remote Sensing of Environment*, Ann Arbor, MI, Environmental Research Institute of Michigan, : 695-703.

Pratt, W. K. (1991). *Digital Image Processing*. Second Edition. New York, John Wiley & Sons, 698 p.

Qu, Z., B. C. Kindel and A. F. H. Goetz (2003). "The high accuracy atmospheric correction for hyperspectral data (HATCH) model." *IEEE Transactions on Geoscience and Remote Sensing* **41**(6): 1223-1231.

Quarmby, N. C. (1987). "Noise removal for SPOT imagery." *International Journal of Remote Sensing* **8**: 1229-1234.

Rao, C. R. N. and J. Chen (1994). Post-Launch Calibration of the Visible and Near Infrared Channels of the Advanced Very High Resolution Radiometer on NOAA-7, -9 and -11 Spacecraft. Washington, D.C.: National Oceanic and Atmospheric Administration, No. NESDIS 78.

Rast, M., S. J. Hook, C. D. Elvidge, and R. E. Alley (1991). "An evaluation of techniques for the extraction of mineral absorption features from high spectral resolution remote sensing data." *Photogrammetric Engineering and Remote Sensing* **57**(10): 1303-1309.

Reichenbach, S. E., D. E. Koehler and D. W. Strelow (1995). "Restoration and reconstruction of AVHRR images." *IEEE Transactions on Geoscience and Remote Sensing* **33**(4): 997-1007.

Reichenbach, S. E. and J. Shi (2004). "Two-dimensional cubic convolution for one-pass image restoration and reconstruction." In *Geoscience and Remote Sensing Symposium, IGARSS '04*, IEEE, pp. 2074-2076a.

Richards, J. A. and X. Jia (1999). *Remote Sensing Digital Image Analysis – An Introduction*. Third Edition. Berlin: Springer-Verlag, 356 p.

Richards, M. E. (1985). "A comparison of two nonlinear destriping procedures." in: *Architectures and Algorithms for Digital Image Processing II*, SPIE, vol. 534: 128-134.

Richter, R. (1996a). "A spatially adaptive fast atmospheric correction algorithm." *International Journal of Remote Sensing* **17**(6): 1201-1214.

Richter, R. (1996b). "Atmospheric correction of satellite data with haze removal including a haze/clear transition region." *Computers & Geosciences* **22**(6): 675-681.

Richter, R. and D. Schlapfer (2002). "Geo-atmospheric processing of airborne imaging spectrometry data. Part 2: Atmospheric/topographic correction." *International Journal of Remote Sensing* **23**(13): 2631 –2649.

Richter, R. and A. Muller (2005). "De-shadowing of satellite/airborne imagery." *International Journal of Remote Sensing* **26**(15): 3137-3148.

Rindfleisch, T. C., J. A. Dunne, H. J. Frieden, W. D. Stromberg, and R. M. Ruiz (1971). "Digital processing of the Mariner 6 and 7 pictures." *Journal of Geophysical Research* **76**(2): 394-417.

Ripley, B. D. (1981). *Spatial Statistics*. New York, NY: John Wiley & Sons, 252 p.

Rojas, F., R. A. Schowengerdt and S. F. Biggar (2002). "Error and correction for MODIS-AM's spatial response on the NDVI and EVI science products." In *Earth Observing Systems VII*, SPIE, vol. 4814: 447-456.

Rose, J. F. (1989). "Spatial interference in the AVIRIS imaging spectrometer." *Photogrammetric Engineering and Remote Sensing* **55**(9): 1339-1346.

Roy, D. P. and O. Dikshit (1994). "Investigation of image resampling effects upon the textural information content of a high spatial resolution remotely sensed image." *International Journal of Remote Sensing* **15**(5): 1123-1130.

Ruiz, C. P. and F. J. A. Lopez (2002). "Restoring SPOT images using PSF-derived deconvolution." *International Journal of Remote Sensing* **23**(12): 2379-2391.

Salama, M. S., J. Monbaliu and P. Coppin (2004). "Atmospheric correction of advanced very high resolution radiometer imagery." *International Journal of Remote Sensing* **25**(7-8): 1349–1355.

Sanders, L. C., J. R. Schott and R. Raqueno (2001). "A VNIR/SWIR atmospheric correction algorithm for hyperspectral imagery with adjacency effect." *Remote Sensing of Environment* **78**: 252-263.

Schott, J. R., C. Salvaggio and W. J. Volchok (1988). "Radiometric scene normalization using pseudoinvariant features." *Photogrammetric Engineering and Remote Sensing* **26**: 1-16

Schowengerdt, R. A. (1983). *Techniques for Image Processing and Classification in Remote Sensing*. Academic Press, 249 p.

Schürmann, J. (1996). *Pattern Classification–A Unified View of Statistical and Neural Approaches*. New York, NY: John Wiley & Sons, 373 p.

Sethmann, R., B. A. Burns and G. C. Heygster (1994). "Spatial resolution improvement of SSM/I data with image restoration techniques." *IEEE Transactions on Geoscience and Remote Sensing* **32**(6): 1144-1151.

Shepherd, J. D. and J. R. Dymond (2003). "Correcting satellite imagery for the variance of reflectance and illumination with topography." *International Journal of Remote Sensing* **24**(17): 3503-3514.

Shetler, B. and H. Kieffer (1996). "Characterization and reduction of stochastic and periodic anomalies in an hyperspectral imaging sensor system." In *Hyperspectral Remote Sensing and Applications*, SPIE, vol. 2821: 109-126.

Simpson, J. J. and S. R. Yhann (1994). "Reduction of noise in AVHRR channel 3 data with minimum distortion." *IEEE Transactions on Geoscience and Remote Sensing* **32**(2): 315-328.

Simpson, J. J., J. R. Stitt and D. M. Leath (1998). "Improved finite impulse response filters for enhanced destriping of geostationary satellite data." *Remote Sensing of Environment* **66**: 235–249.

Singh, S. M. and A. P. Cracknell (1986). "The estimation of atmospheric effects for SPOT using AVHRR channel-1 data." *International Journal of Remote Sensing* **7**(3): 361-377.

Smith, J. A., T. L. Lin, and K. Ranson (1980). "The lambertian assumption and Landsat data." *Photogrammetric Engineering and Remote Sensing* **46**(9): 1183-1189.

Srinivasan, R., M. Cannon, and J. White (1988). "Landsat data destriping using power spectral filtering." *Optical Engineering* **27**(11): 939-943.

Steiner, D. and M. E. Kirby (1976). "Geometrical referencing of Landsat images by affine transformation and overlaying of map data." *Photogrammetria* **33**: 41-75.

Steinwand, D. R. (1994). "Mapping raster imagery to the Interrupted Goode Homolsine projection." *International Journal of Remote Sensing* **15**(17): 3463-3471.

Steinwand, D. R., J. A. Hutchinson, and J. P. Snyder (1995). "Map projections for global and continental data sets and an analysis of pixel distortion caused by reprojection." *Photogrammetric Engineering and Remote Sensing* **61**(12): 1487-1497.

Storey, J. (2006). Personal communication.

Swann, R., D. Hawkins, A. Westwell-Roper, and W. Johnstone (1988). "The potential for automated mapping from geocoded digital image data." *Photogrammetric Engineering and Remote Sensing* **54**(2): 187-193.

Switzer, P., W. S. Kowalik, and R. J. Lyon (1981). "Estimation of atmospheric path radiance by the covariance matrix method." *Photogrammetric Engineering and Remote Sensing* **47**: 1469-1476.

Tanre, D., C. Deroo, P. Duhaut, M. Herman, J. J. Morcrette, J. Perbos, and P. Y. Deschamps (1990). "Description of a computer code to simulate the satellite signal in the solar spectrum: 5S code." *International Journal of Remote Sensing* **11**: 659-668.

Teillet, P. M. and G. Fedosejevs (1995). "On the dark target approach to atmospheric correction of remotely sensed data." *Canadian Journal of Remote Sensing* **21**(4): 374-387.

Thome, K. J., S. F. Biggar, D. I. Gellman, and P. N. Slater (1994). "Absolute-radiometric calibration of Landsat-5 Thematic Mapper and the proposed calibration of the Advanced Spaceborne Thermal Emission and Reflection Radiometer." in: *IGARSS-94*, Pasadena, CA: IEEE, vol. 4: 2295-2297.

Tilton, J. C., B. L. Markham, and W. L. Alford (1985). "Landsat-4 and Landsat-5 MSS coherent noise: characterization and removal." *Photogrammetric Engineering and Remote Sensing* **51**(9): 1263-1279.

Vermote, E. F., D. Tanre, J. L. Deuze, M. Herman and J.-J. Morcrette (1997). "Second simulation of the satellite signal in the solar spectrum, 6S: An overview." *IEEE Transactions on Geoscience and Remote Sensing* **35**(3): 675-686.

Wegener, M. (1990). "Destriping multiple sensor imagery by improved histogram matching." *International Journal of Remote Sensing* **11**(5): 859-875.

Weinreb, M. P., R. Xie, J. H. Lienesch, and D. S. Crosby (1989). "Destriping GOES images by matching empirical distribution functions." *Remote Sensing of Environment* **29**: 185-195.

Westin, T. (1990). "Filters for removing coherent noise of period 2 in SPOT imagery." *International Journal of Remote Sensing* **11**(2): 351-357.

Westin, T. (1990). "Precision rectification of SPOT imagery." *Photogrammetric Engineering and Remote Sensing* **56**(2): 247-253.

Wolberg, G. (1990). *Digital Image Warping*. Los Alamitos, CA: IEEE Computer Society Press, 318 p.

Wolf, P. R. (1983). *Elements of Photogrammetry*. Second International Student Edition. Singapore: McGraw-Hill, 628 p.

Wood, L., R. A. Schowengerdt and D. Meyer (1986). "Restoration for sampled imaging systems." In *Applications of Digital Processing IX*, San Diego, CA, SPIE, vol. 697: 333-340.

Wrigley, R. C., D. H. Card, C. A. Hlavka, J. R. Hall, F. C. Mertz, C. Archwamety, and R. A. Schowengerdt (1984). "Thematic Mapper image quality: Registration, noise, and resolution." *IEEE Transactions on Geoscience and Remote Sensing* **GE-22**(3): 263-271.

Wrigley, R. C., M. A. Spanner, R. E. Slye, R. F. Pueschel, and H. R. Aggarwal (1992). "Atmospheric correction of remotely sensed image data by a simplified model." *Journal of Geophysical Research* **97**(D17): 18797-18814.

Wu, H.-H. P. and R. A. Schowengerdt (1993). "Improved fraction image estimation using image restoration." *IEEE Transactions on Geoscience and Remote Sensing* **31**(4): 771-778.

Zagolski, F. and J. P. Gastellu-Etchegorry (1995). "Atmospheric corrections of AVIRIS images with a procedure based on the inversion of the 5S model." *International Journal of Remote Sensing* **16**(16): 3115-3146.

第 8 章

Anuta, P. (1970). "Spatial registration of multispectral and multitemporal digital imagery using Fast Fourier Transform techniques." *IEEE Transactions on Geoscience Electronics* **GE-8**(4): 353-368.

Barnea, D. I. and H. E. Silverman (1972). "A class of algorithms for fast digital image registration." *IEEE Transactions on Computers* **C-21**(2): 179-186.

Bernstein, R. (1976). "Digital image processing of earth observation sensor data." *IBM Journal of Research and Development* **20**(1): 40-57.

Biemond, J., R. Lagendijk and R. Mersereau (1990). "Iterative methods for image deblurring." *Proceedings of the IEEE* **78**(5): 856-883.

Brockelbank, D. C. and A. P. Tam (1991). "Stereo elevation determination techniques for SPOT imagery." *Photogrammetric Engineering and Remote Sensing* **57**(8): 1065-1073.

Brown, L. (1992). "A survey of image registration techniques." *ACM Computing Surveys* **24**(4).

Carper, W. J., T. M. Lillesand, and R. W. Kiefer (1990). "The use of intensity-hue-saturation transformations for merging SPOT panchromatic and multispectral image data." *Photogrammetric Engineering and Remote Sensing* **56**(4): 459-467.

Chavez, P. S., Jr. (1986). "Digital merging of Landsat TM and digitized NHAP data for 1:24,000-scale image mapping." *Photogrammetric Engineering and Remote Sensing* **52**(10): 1637-1646.

Chavez, P. S., Jr., S. C. Sides, and J. A. Anderson (1991). "Comparison of three different methods to merge multiresolution and multispectral data: Landsat TM and SPOT panchromatic." *Photogrammetric Engineering and Remote Sensing* **57**(3): 295-303.

Chen, H.-M., M. K. Arora and P. K. Varshney (2003). "Mutual information-based image registration for remote sensing data." *International Journal of Remote Sensing* **24**(18): 3701-3706.

Cliche, G., F. Bonn, and P. Teillet (1985). "Integration of the SPOT panchromatic channel into its multispectral mode for image sharpness enhancement." *Photogrammetric Engineering and Remote Sensing* **51**(3): 311-316.

Craig, M. D. and A. A. Green (1987). "Registration of distorted images from airborne scanners." *The Australian Computer Journal* **19**(3): 148-153.

Dai, X. and S. Khorram (1999). "A feature-based image registration algorithm using improved chain-code representation combined with invariant moments." *IEEE Transactions on Geoscience and Remote Sensing* **37**(5): 2351-2362.

Daily, M. I., T. Farr, C. Elachi, and G. Schaber (1979). "Geologic interpretation from composited radar and Landsat imagery." *Photogrammetric Engineering and Remote Sensing* **45**(8): 1109-1116.

Djamdji, J. P., A. Bijaoui, and R. Maniere (1993b). "Geometrical registration of images: the multiresolution approach." *Photogrammetric Engineering and Remote Sensing* **59**(5): 645-653.

Eckert, S., T. Kellenberger and K. Itten (2005). "Accuracy assessment of automatically derived digital elevation models from aster data in mountainous terrain." *International Journal of Remote Sensing* **26**(9): 1943–1957.

Ehlers, M. (1991). "Multisensor image fusion techniques in remote sensing." *ISPRS Journal of Photogrammetry and Remote Sensing* **46**: 19-30.

Ehlers, M. and R. Welch (1987). "Stereocorrelation of Landsat TM images." *Photogrammetric Engineering and Remote Sensing* **53**: 1231–1237.

Filiberti, D., S. Marsh, and R. Schowengerdt (1994). "Synthesis of high spatial and spectral resolution imagery from multiple image sources." *Optical Engineering* **33**(8): 2520-2528.

Filiberti, D. P. and R. A. Schowengerdt (2004). "Improving multisource image fusion using thematic content." In *Visual Information Processing XIII*, Orlando, FL, SPIE, vol. 5438: 111-119.

Flusser, J. and T. Suk (1994). "A moment-based approach to registration of images with affine geometric distortion." *IEEE Transactions on Geoscience and Remote Sensing* **32**(2): 382-387.

Fonseca, L. M. G. and B. S. Manjunath (1996). "Registration techniques for multisensor remotely sensed imagery." *Photogrammetric Engineering and Remote Sensing* **62**(9): 1049-1056.

Garguet-Duport, B., J. Girel, J.-M. Chassery, and G. Pautou (1996). "The use of multiresolution analysis and wavelets transform for merging SPOT panchromatic and multispectral image data." *Photogrammetric Engineering and Remote Sensing* **62**(9): 1057-1066.

Gonzalez, R. C. and R. E. Woods (1992). *Digital Image Processing*. Reading, MA, Addison-Wesley, 703 p.

Gonzalez-Audicana, M., X. Otazu, O. Fors and A. Seco (2005). "Comparison between Mallat's and the 'a trous' discrete wavelet transform based algorithms for the fusion of multispectral and panchromatic images." *International Journal of Remote Sensing* **26**(3): 595-614.

Goshtasby, A. (1988). "Registration of images with geometric distortions." *IEEE Transactions on Geoscience and Remote Sensing* **26**(1): 60-64.

Goshtasby, A. (1993). "Correction to "Registration of images with geometric distortions"." *IEEE Transactions on Geoscience and Remote Sensing* **31**(1): 307.

Goshtasby, A., G. Stockman, and C. Page (1986). "A region-based approach to digital image registration with subpixel accuracy." *IEEE Transactions on Geoscience and Remote Sensing* **GE-24**(3).

Greenfield, J. S. (1991). "An Operator–Based Matching System." *Photogrammetric Engineering and Remote Sensing* **57**(8): 1049-1055.

Hall, E. L. (1979). *Computer Image Processing and Recognition*. New York, NY: Academic Press, 584 p.

Harris, J. R., R. Murray, and T. Hirose (1990). "IHS transform for the integration of radar imagery with other remotely sensed data." *Photogrammetric Engineering and Remote Sensing* **56**(12): 1631-1641.

Haydn, R., G. W. Dalke, J. Henkel, and J. E. Bare (1982). "Application of the IHS color transform to the processing of multisensor data and image enhancement." in: *International Symposium on Remote Sensing of Arid and Semi-Arid Lands*, Cairo, Egypt: Environmental Research Institute of Michigan: 599-616.

Henderson, T. C., E. E. Triendl, and R. Winter (1985). "Edge- and shape-based geometric registration." *IEEE Transactions on Geoscience and Remote Sensing* **GE-23**(3): 334-341.

Hong, T. D. and R. A. Schowengerdt (2005). "A robust technique for precise registration of radar and optical satellite images." *Photogrammetric Engineering and Remote Sensing* **71**(5): 585-593.

Hood, J., L. Ladner, and R. Champion (1989). "Image processing techniques for digital orthophotoquad production." *Photogrammetric Engineering and Remote Sensing* **55**(9): 1323-1329.

Kennedy, R. E. and W. B. Cohen (2003). "Automated designation of tie-points for image-to-image coregistration." *International Journal of Remote Sensing* **24**(17): 3467–3490.

Konecny, G., P. Lohmann, H. Engel, and E. Kruck (1987). "Evaluation of SPOT imagery on analytical photogrammetric instruments." *Photogrammetric Engineering and Remote Sensing* **53**(9): 1223-1230.

Le Moigne, J., W. J. Campbell and R. F. Cromp (2002). "An automated parallel image registration technique based on the correlation of wavelet features." *IEEE Transactions on Geoscience and Remote Sensing* **40**(8): 1849-1864.

Lemeshewsky, G. P. (2005). "Sharpening Advanced Land Imager multispectral data using a sensor model." In *Visual Information Processing XIV*, Orlando, FL, SPIE, vol. 5817: 336-346.

Li, H., B. S. Manjunath, and S. K. Mitra (1995). "A contour-based approach to multisensor image registration." *IEEE Transactions on Image Processing* **4**(3): 320-334.

Liang, T. and C. Heipke (1996). "Automatic relative orientation of aerial images." *Photogrammetric Engineering and Remote Sensing* **62**(1): 47-55.

Lillo-Saavedra, M., C. Gonzalo, A. Arquero and E. Martinez (2005). "Fusion of multispectral and panchromatic satellite sensor imagery based on tailored filtering in the fourier domain." *International Journal of Remote Sensing* **26**(6): 1263-1268.

Liu, J. G. (2000). "Smoothing filter-based intensity modulation: A spectral preserve image fusion technique for improving spatial details." *International Journal of Remote Sensing* **21**(18): 3461 –3472.

Mikhail, E. M., J. S. Bethel and J. C. McGlone (2001). *Introduction to Modern Photogrammetry*. John Wiley & Sons, 496 p.

Moran, S. M. (1990). "A window-based technique for combining Landsat thematic mapper thermal data with higher-resolution multispectral data over agricultural lands." *Photogrammetric Engineering and Remote Sensing* **56**(3): 337-342.

Muller, J.-P., A. Mandanayake, C. Moroney, R. Davies, D. J. Diner and S. Paradise (2002). "MISR stereoscopic image matchers: Techniques and results." *IEEE Transactions on Geoscience and Remote Sensing* **40**(7): 1547-1559.

Munechika, C. K., J. S. Warnick, C. Salvaggio, and J. R. Schott (1993). "Resolution enhancement of multispectral image data to improve classification accuracy." *Photogrammetric Engineering and Remote Sensing* **59**(1): 67-72.

Panton, D. J. (1978). "A flexible approach to digital stereo matching." *Photogrammetric Engineering and Remote Sensing* **44**(12): 1499-1512.

Park, J. H. and M. G. Kang (2004). "Spatially adaptive multi-resolution multispectral image fusion." *International Journal of Remote Sensing* **25**(23): 5491–5508.

Pellemans, A. H. J. M., R. W. L. Jordans, and R. Allewijn (1993). "Merging multispectral and panchromatic SPOT images with respect to the radiometric properties of the sensor." *Photogrammetric Engineering and Remote Sensing* **59**(1): 81-87.

Pradines, D. (1986). "Improving SPOT images size and multispectral resolution." in: *Earth Remote Sensing using the Landsat Thematic Mapper and SPOT systems*, SPIE, vol. 660: 98-102.

Pratt, W. K. (1974). "Correlation techniques of image registration." *IEEE Transactions on Aerospace and Electronic Systems* **AES-10**(3): 353-358.

Pratt, W. K. (1991). *Digital Image Processing*. Second Edition. New York, NY: John Wiley & Sons, 698 p.

Price, J. C. (1987). "Combining panchromatic and multispectral imagery from dual resolution satellite instruments." *Remote Sensing of Environment* **21**: 119-128.

Quam, L. H. (1987). Hierarchical Warp Stereo. *Readings in Computer Vision: Issues, Problems, Principles, and Paradigms*. M. A. Fischler and O. Firschein, (Eds.). Los Altos, CA: Morgan Kaufmann Publishers, Inc.: 800.

Ramapriyan, H. K., J. P. Strong, Y. Hung, and J. Charles W. Murray (1986). "Automated matching of pairs of SIR-B images for elevation mapping." *IEEE Transactions on Geoscience and Remote Sensing* **GE-24**(4): 462-472.

Ranchin, T., B. Aiazzi, L. Alparone, S. Baronti and L. Wald (2003). "Image fusion—the arsis concept and some successful implementation schemes." *ISPRS Journal of Photogrammetry and Remote Sensing* **58**: 4-18.

Rao, T. C. M., K. V. Rao, A. R. Kumar, D. P. Rao, and B. L. Deekshatula (1996). "Digital Terrain Model (DTM) from Indian Remote Sensing (IRS) satellite data from the overlap area of two adjacent paths using digital photogrammetric techniques." *Photogrammetric Engineering and Remote Sensing* **62**(6): 727-731.

Reddy, B. S. and B. N. Chatterji (1996). "An FFT-based technique for translation, rotation, and scale-invariant image registration." *IEEE Transactions on Image Processing* **5**(8): 1266-1271.

Rodriguez, V., P. Gigord, A. C. d. Gaujac, P. Munier, and G. Begni (1988). "Evaluation of the stereoscopic accuracy of the SPOT satellite." *Photogrammetric Engineering and Remote Sensing* **54**(2).

Rosenfeld, A. and A. C. Kak (1982). *Digital Picture Processing*. Second Edition. Orlando, FL: Academic Press, 349 p.

Scambos, T. A., M. J. Dutkiewicz, J. C. Wilson, and R. A. Bindschadler (1992). "Application of image cross-correlation to the measurement of glacier velocity using satellite image data." *Remote Sensing of Environment* **42**: 177-186.

Schenk, T., J. C. Li, and C. Toth (1991). "Towards an Autonomous System for Orienting Digital Stereopairs." *Photogrammetric Engineering and Remote Sensing* **57**(8): 1057-1064.

Schowengerdt, R. A. (1980). "Reconstruction of multispatial, multispectral image data using spatial frequency content." *Photogrammetric Engineering and Remote Sensing* **46**(10): 1325-1334.

Schowengerdt, R. A. and D. Filiberti (1994). "Spatial frequency models for multispectral image sharpening." in: *Algorithms for Multispectral and Hyperspectral Imagery*, Orlando, Florida, SPIE, vol. 2231: 84-90.

Shettigara, V. K. (1992). "A generalized component substitution technique for spatial enhancement of multispectral images using a higher resolution data set." *Photogrammetric Engineering and Remote Sensing* **58**(5): 561-567.

SPOTImage, SPOTView Digital Ortho-Image Data Sampler CD-ROM, 1995.

Tateishi, R. and A. Akutsu (1992). "Relative DEM production from SPOT data without GCP." *International Journal of Remote Sensing* **13**(14): 2517-2530.

Tom, V. T., M. J. Carlotto, and D. K. Scholten (1985). "Spatial sharpening of Thematic Mapper data using a multiband approach." *Optical Engineering* **24**(6): 1026-1029.

Ton, J. and A. K. Jain (1989). "Registering Landsat images by point matching." *IEEE Transactions on Geoscience and Remote Sensing* **27**(5).

Toutin, T. (2002). "DEM from stereo Landsat 7 ETM+ data over high relief areas." *International Journal of Remote Sensing* **23**(10): 2133–2139.

Toutin, T. (2004). "DSM generation and evaluation from QuickBird stereo imagery with 3D physical modelling." *International Journal of Remote Sensing* **25**(22): 5181–5193.

USGS (1995). Capital Cities of the United States. *Digital Raster Graphic Data CD-ROM*, U.S. Geological Survey.

Ventura, A. D., A. Rampini, and R. Schettini (1990). "Image registration by the recognition of corresponding structures." *IEEE Transactions on Geoscience and Remote Sensing* **28**(3): 305-387.

Welch, R. and M. Ehlers (1987). "Merging multiresolution SPOT HRV and Landsat TM data." *Photogrammetric Engineering and Remote Sensing* **53**(3): 301-303.

Welch, R. and M. Ehlers (1988). "Cartographic feature extraction with integrated SIR-B and Landsat TM images." *International Journal of Remote Sensing* **9**(5): 873-889.

Westin, T. (1990). "Precision rectification of SPOT imagery." *Photogrammetric Engineering and Remote Sensing* **56**(2): 247-253.

Wisniewski, W. T. and R. A. Schowengerdt (2005). "Information in the joint aggregate pixel distribution of two images." In *Visual Information Processing XIV*, Orlando, FL, pp. 167-178.

Wolf, P. R. and B. A. Dewitt (2000). *Elements of Photogrammetry with Applications in GIS*. Third Edition. McGraw-Hill, 624 p.

Wong, F. H. and R. Orth (1980). "Registration of SEASAT-LANDSAT composite images to UTM coordinates." in: *Sixth Canadian Symposium on Remote Sensing*, Halifax, Nova Scotia: 161-164.

Yocky, D. A. (1996). "Multiresolution wavelet decomposition image merger of Landsat Thematic Mapper and SPOT panchromatic data." *Photogrammetric Engineering and Remote Sensing* **62**(9): 1067-1074.

Zheng, Q. and R. Chellappa (1993). "A computational vision approach to image registration." *IEEE Transactions on Image Processing* **2**: 311-326.

Zhou, J., D. L. Civco and J. A. Silander (1998). "A wavelet transform method to merge Landsat TM and SPOT panchromatic data." *International Journal of Remote Sensing* **19**(4): 743-757.

Zhukov, B., D. Oertel, F. Lanzl and G. Reinhackel (1999). "Unmixing-based multisensor multiresolution image fusion." *IEEE Transactions on Geoscience and Remote Sensing* **37**(3): 1212-1226.

Zitova, B. and J. Flusser (2003). "Image registration methods: A survey." *Image and Vision Computing* **21**(11): 977-1000.

第 9 章

Abrams, M. and S. J. Hook (1995). "Simulated Aster data for geologic studies." *IEEE Transactions on Geoscience and Remote Sensing* **33**(3): 692-699.

Abuelgasim, A. A., S. Gopal, J. R. Irons, and A. H. Strahler (1996). "Classification of ASAS multiangle and multispectral measurements using artificial neural networks." *Remote Sensing of Environment* **57**: 79-87.

Adams, J. B., M. O. Smith, and A. R. Gillespie (1993). Imaging Spectroscopy: Interpretation Based on Spectral Mixture Analysis. *Remote Geochemical Analysis: Elemental and Mineralogical Composition*. C. M. Pieters and P. A. Englert, (Eds.), Cambridge: Cambridge University Press: 145-166.

Anderberg, M. R. (1973). *Cluster Analysis for Applications*. New York, NY: Academic Press, 353 p.

Anderson, J. R., E. E. Hardy, J. T. Roach, and R. E. Witmer (1976). A Land Use and Land Cover Classification System for Use with Remote Sensor Data. Washington, D.C., U. S. Geological Survey, No. Professional Paper 964.

Arai, K. (1992). "A supervised Thematic Mapper classification with a purification of training samples." *International Journal of Remote Sensing* **13**(11): 2039-2049.

Argialas, D. P. and C. A. Harlow (1990). "Computational image interpretation models: an overview and a perspective." *Photogrammetric Engineering and Remote Sensing* **56**(6): 871-886.

Arriaza, J. A. T., F. G. Rojas, M. P. López and M. Cantón (2003). "An automatic cloud-masking system using backpro neural nets for AVHRR scenes." *IEEE Transactions on Geoscience and Remote Sensing* **41**(4): 826-831.

Asner, G. P., C. A. Wessman and J. L. Privette (1997). "Unmixing the directional reflectances of AVHRR sub-pixel landcovers." *IEEE Transactions on Geoscience and Remote Sensing* **35**(4): 868-878.

Augusteijn, M. F., L. E. Clemens, and K. A. Shaw (1995). "Performance evaluation of texture measures for ground cover identification in satellite image by means of a neural network classifier." *IEEE Transactions on Geoscience and Remote Sensing* **33**(3): 616-626.

Avery, T. E. and G. L. Berlin (1992). *Fundamentals of Remote Sensing and Airphoto Interpretation*. Fifth Edition. New York, NY: Macmillan Publishing Company, 472 p.

Ball, G. and D. Hall (1967). "A clustering technique for summarizing multivariate data." *Behavioral Science* **12**: 153-155.

Ballard, D. H. and C. M. Brown (1982). *Computer Vision*. Englewood Cliffs, NJ: Prentice Hall, 523 p.

Baraldi, A. and F. Parmiggiani (1995). "A neural network for unsupervised categorization of multivalued input patterns: an application to satellite image clustering." *IEEE Transactions on Geoscience and Remote Sensing* **33**(2): 305-316.

Bateson, A. and B. Curtiss (1996). "A method for manual endmember selection and spectral unmixing." *Remote Sensing of Environment* **55**: 229-243.

Bateson, C. A., G. P. Asner and C. A. Wessman (2000). "Endmember bundles: A new approach to incorporating endmember variability into spectral mixture analysis." *IEEE Transactions on Geoscience and Remote Sensing* **38**(2): 1083-1094.

Bayliss, J., J. A. Gualtieri and R. F. Cromp (1997). "Analyzing hyperspectral data with independent component analysis." In *26th AIPR Workshop: Exploiting New Image Sources and Sensors*, Washington DC, SPIE, vol. 3240: 133-143.

Benediktsson, J. A., J. R. Sveinsson, and K. Arnason (1995). "Classification and feature extraction of AVIRIS data." *IEEE Transactions on Geoscience and Remote Sensing* **33**(5): 1194-1205.

Benediktsson, J. A. and P. H. Swain (1992). "Consensus theoretic classification methods." *IEEE Transactions on Systems, Man & Cybernetics* **22**(4): 688-704.

Benediktsson, J. A., P. H. Swain, and O. K. Ersoy (1990a). "Neural network approaches versus statistical methods in classification of multisource remote sensing data." *IEEE Transactions on Geoscience and Remote Sensing* **28**(4): 540-551.

Benie, G. B. and K. P. B. Thomson (1992). "Hierarchical image segmentation using local and adaptive similarity rules." *International Journal of Remote Sensing* **13**(8): 1559-1570.

Benjamin, S. and L. Gaydos (1990). "Spatial resolution requirements for automated cartographic road extraction." *Photogrammetric Engineering and Remote Sensing* **56**(1): 93-100.

Bezdek, J. C., R. Ehrlich, and W. Full (1984). "FCM: The fuzzy c-means clustering algorithm." *Computers and Geosciences* **10**(2-3): 191-203.

Billingsley, F. C. (1982). "Modeling misregistration and related effects on multispectral classification." *Photogrammetric Engineering and Remote Sensing* **48**(3): 421-430.

Bischof, H., W. Schneider, and A. J. Pinz (1992). "Multispectral classification of Landsat–images using neural networks." *IEEE Transactions on Geoscience and Remote Sensing* **30**(3): 482-490.

Boardman, J. (1990). "Inversion of high spectral resolution data." SPIE, vol. 1298: 222-233.

Boardman, J. W., F. A. Kruse, and R. O. Green (1995). "Mapping target signatures via partial unmixing of AVIRIS data." in: *Fifth JPL Airborne Earth Science Workshop*, Pasadena, CA: JPL, vol. 95-1: 23-26.

Bolstad, P. V. and T. M. Lillesand (1991). "Rapid maximum likelihood classification." *Photogrammetric Engineering and Remote Sensing* **57**(1): 67-74.

Borel, C. C. and S. A. W. Gerstl (1994). "Nonlinear spectral mixing models for vegetative and soil surfaces." *Remote Sensing of Environment* **47**: 403-416.

Bouman, C. A. and M. Shapiro (1994). "A multiscale random field model for bayesian image segmentation." *IEEE Transactions on Image Processing* **3**(2): 162-177.

Bruce, L. M., C. Morgan and S. Larsen (2001). "Automated detection of subpixel hyperspectral targets with continuous and discrete wavelet transforms." *IEEE Transactions on Geoscience and Remote Sensing* **39**(10): 2217-2226.

Bruzzone, L., D. F. Prieto and S. B. Serpico (1999). "A neural-statistical approach to multitemporal and multisource remote-sensing image classification." *IEEE Transactions on Geoscience and Remote Sensing* **37**(3): 1350-1359.

Bryant, J. (1979). "On the clustering of multidimensional pictorial data." *Pattern Recognition* **11**(2): 115-125.

Bryant, J. (1989). "A fast classifier for image data." *Pattern Recognition* **22**: 45-48.

Bryant, J. (1990). "AMOEBA clustering revisited." *Photogrammetric Engineering and Remote Sensing* **56**(1): 41-47.

Buchheim, M. P. and T. M. Lillesand (1989). "Semi-automated training field extraction and analysis for efficient digital image classification." *Photogrammetric Engineering and Remote Sensing* **55**(9): 1347-1355.

Camps-Valls, G., L. Gómez-Chova, J. Calpe-Maravilla, J. D. Martín-Guerrero, E. Soria-Olivas, L. Alonso-Chordá and J. Moreno (2004). "Robust support vector method for hyperspectral data classification and knowledge discovery." *IEEE Transactions on Geoscience and Remote Sensing* **42**(7): 1530-1542.

Cannon, R. L., J. V. Dave, J. C. Bezdek, and M. M. Trivedi (1986). "Segmentation of a Thematic Mapper image using the fuzzy c-means clustering algorithm." *IEEE Transactions on Geoscience and Remote Sensing* **GE-24**(3): 400-408.

Carleer, A. P., O. Debeir and E. Wolff (2005). "Assessment of very high spatial resolution satellite image segmentations." *Photogrammetric Engineering and Remote Sensing* **71**(11): 1285-1294.

Carpenter, G. A., M. N. Gjaja, S. Gopal and C. E. Woodcock (1997). " ART neural networks for remote sensing: Vegetation classification from Landsat TM and terrain data." *IEEE Transactions on Geoscience and Remote Sensing* **35**(2): 308-325.

Carpenter, G. A., S. Gopal, S. Macomber, S. Martens and C. E. Woodcock (1999). "A neural network method for mixture estimation for vegetation mapping." *Remote Sensing of Environment* **70**: 138-152.

Chang, C.-I. (1998). "Further results on relationship between spectral unmixing and subspace projection." *IEEE Transactions on Geoscience and Remote Sensing* **36**(3): 1030-1032.

Chen, K. S., Y. C. Tzeng, C. F. Chen, and W. L. Kao (1995). "Land-cover classification of multispectral imagery using a dynamic learning neural network." *Photogrammetric Engineering and Remote Sensing* **61**(4): 403-408.

Civco, D. L. (1993). "Artificial neural networks for land–cover classification and mapping." *International Journal of Geographical Information Systems* **7**(2): 173-186.

Clément, V., G. Giraudon, S. Houzelle, and F. Sandakly (1993). "Interpretation of remotely sensed images in a context of multisensor fusion using a multispecialist architecture." *IEEE Transactions on Geoscience and Remote Sensing* **31**(4): 779-791.

Coleman, G. B. and H. C. Andrews (1979). "Image segmentation by clustering." *Proceedings of the IEEE* **67**(5): 773-785.

Cross, A. M., J. J. Settle, N. A. Drake, and R. T. M. Paivinen (1991). "Subpixel measurment of tropical forest cover using AVHRR data." *International Journal of Remote Sensing* **12**(5): 1119-1129.

Dennison, P. E., K. Q. Halligan and D. A. Roberts (2004). "A comparison of error metrics and constraints for multiple endmember spectral mixture analysis and spectral angle mapper." *Remote Sensing of Environment* **93**(3): 359-367.

Dozier, J. (1981). "A method for satellite identification of surface temperature fields of subpixel resolution." *Remote Sensing of Environment* **11**: 221-229.

Dreyer, P. (1993). "Classification of land cover using optimized neural nets on SPOT data." *Photogrammetric Engineering and Remote Sensing* **59**(5): 617-621.

Duda, R. D., P. E. Hart and D. G. Stork (2001). *Pattern Classification and Scene Analysis*. Second Edition. New York: John Wiley & Sons, 482 p.

Dymond, J. R. (1993). "An improved Skidmore/Turner classifier." *Photogrammetric Engineering and Remote Sensing* **59**(5): 623-626.

Evans, C., R. Jones, I. Svalbe and M. Berman (2002). "Segmenting multispectral Landsat TM images into field units." *IEEE Transactions on Geoscience and Remote Sensing* **40**(5): 1054-1064.

Fang, H. and S. Liang (2003). "Retrieving leaf area index with a neural network method: Simulation and validation." *IEEE Transactions on Geoscience and Remote Sensing* **41**(9): 2052-2062.

Felzer, B., P. Hauff, and A. F. H. Goetz (1994). "Quantitative reflectance spectroscopy of buddingtonite from the Cuprite mining district, Nevada." *Journal of Geophysical Research* **99**(B2): 2887-2895.

Foody, G. M. (1992). "A fuzzy sets approach to the representation of vegetation continua from remotely sensed data: an example from lowland heath." *Photogrammetric Engineering and Remote Sensing* **58**(2): 221-225.

Foody, G. M. (1995). "Using prior knowledge in artificial neural network classification with a minimal training set." *International Journal of Remote Sensing* **16**(2): 301-312.

Foody, G. M. (1996). "Relating the land-cover composition of mixed pixels to artificial neural network classification output." *Photogrammetric Engineering and Remote Sensing* **62**(5): 491-499.

Foody, G. M. and D. P. Cox (1994). "Sub-pixel land cover composition estimation using a linear mixture model and fuzzy membership functions." *International Journal of Remote Sensing* **15**(3): 619-631.

Foody, G. M., M. B. McCulloch, and W. B. Yates (1995). "Classification of remotely sensed data by an artificial neural network: issues related to training data characteristics." *Photogrammetric Engineering and Remote Sensing* **61**(4): 391-401.

Foody, G. M. (2004). "Supervised image classification by MLP and RBF neural networks with and without an exhaustively defined set of classes." *International Journal of Remote Sensing* **25**(15): 3091-3104.

Foody, G. M. and A. Mathur (2004). "A relative evaluation of multiclass image classification by support vector machines." *IEEE Transactions on Geoscience and Remote Sensing* **42**(6): 1335-1343.

Frans, E. P. and R. A. Schowengerdt (1997). "Spatial-spectral unmixing using the sensor PSF." In *Imaging Spectrometry III*, San Diego, CA, pp. 241-249.

Frans, E. and R. Schowengerdt (1999). "Improving spatial-spectral unmixing with the sensor spatial response function." *Canadian Journal of Remote Sensing* **25**(2): 131-151.

Fukunaga, K. (1990). *Introduction to Statistical Pattern Recognition*. Second Edition. San Diego: Academic Press, 591 p.

Full, W. E., R. Ehrlich, and J. C. Bezdek (1982). "Fuzzy Qmodel - a new model approach for linear unmixing." *Mathematical Geology* **14**(3): 259-270.

Ghosh, J. K. (2004). "Automated interpretation of sub-pixel vegetation from IRS LISS-II images." *International Journal of Remote Sensing* **25**(6): 1207-1222.

Go, J., G. Han, H. Kim and C. Lee (2001). "Multigradient: A new neural network learning algorithm for pattern classification." *IEEE Transactions on Geoscience and Remote Sensing* **39**(5): 986-993.

Goldberg, M., D. G. Goodenough, and G. Plunkett (1988). "A knowledge-based approach for evaluating forestry-map congruency with remotely sensed imagery." *Philosophical Transactions of the Royal Society of London* **324**: 447-456.

Gross, H. N. and J. R. Schott (1998). "Application of spectral mixture analysis and image fusion techniques for image sharpening." *Remote Sensing of Environment* **63**(2): 85-94.

Gyer, M. S. (1992). "Adjuncts and alternatives to neural networks for supervised classification." *IEEE Transactions on Geoscience and Remote Sensing* **22**(1): 35-46.

Hara, Y., R. G. Atkins, R. T. Shin, J. A. Kong, S. H. Yueh, and R. Kwok (1995). "Application of neural networks for sea ice classification in polarimetric SAR images." *IEEE Transactions on Geoscience and Remote Sensing* **33**(3): 740-748.

Hara, Y., R. G. Atkins, S. H. Yueh, R. T. Shin, and J. A. Kong (1994). "Application of neural networks to radar image classification." *IEEE Transactions on Geoscience and Remote Sensing* **32**(1): 100-109.

Haralick, R. M. and I. h. Dinstein (1975). "A spatial clustering procedure for multi-image data." *IEEE Transactions on Circuits and Systems* **CAS-22**(5): 440-450.

Hardin, P. J. (1994). "Parametric and nearest-neighbor methods for hybrid classification: a comparison of pixel assignment accuracy." *Photogrammetric Engineering and Remote Sensing* **60**(12): 1439-1448.

Hardin, P. J. and C. N. Thomson (1992). "Fast nearest neighbor classification methods for multispectral imagery." *The Professional Geographer* **44**(2): 191-201.

Harsanyi, J. C. and C.-I. Chang (1994). "Hyperspectral image classification and dimensionality reduction: an orthogonal subspace projection approach." *IEEE Transactions on Geoscience and Remote Sensing* **32**(4): 779-785.

Hartigan, J. A. (1975). *Clustering Algorithms*. New York, NY: John Wiley & Sons, 351 p.

Heermann, P. D. and N. Khazenie (1992). "Classification of multispectral remote sensing data using a back–propagation neural network." *IEEE Transactions on Geoscience and Remote Sensing* **30**(1): 81-88.

Hlavka, C. A. and M. A. Spanner (1995). "Unmixing AVHRR imagery to assess clearcuts and forest regrowth in Oregon." *IEEE Transactions on Geoscience and Remote Sensing* **33**(3): 788-795.

Hoffbeck, J. P. and D. A. Landgrebe (1996). "Covariance matrix estimation and classification with limited training data." *IEEE Transactions on Pattern Analysis and Machine Intelligence* **18**(7): 763-767.

Holben, B. N. and Y. E. Shimabukuro (1993). "Linear mixing models applied to coarse spatial resolution data from multispectral satellite sensors." *International Journal of Remote Sensing* **14**(11): 2231-2240.

Horwitz, H. M., R. F. Nalepka, P. D. Hyde, and J. P. Morgenstern (1971). "Estimating the proportions of objects within a single resolution element of a multispectral scanner." in: *Seventh International Symposium on Remote Sensing of Environment*, Ann Arbor, Michigan, Environmental Research Institute of Michigan, vol. 2: 1307-1320.

Hu, X., C. V. Tao and B. Prenzel (2005). "Automatic segmentation of high-resolution satellite imagery by integrating texture, intensity, and color features." *Photogrammetric Engineering and Remote Sensing* **71**(12): 1399-1406.

Huete, A. R. and R. Escadafal (1991). "Assessment of biophysical soil properties through spectral decomposition techniques." *Remote Sensing of Environment* **35**: 149-159.

Irons, J. R., B. L. Markham, R. F. Nelson, D. L. Toll, D. L. Williams, R. S. Latty, and M. L. Stauffer (1985). "The effects of spatial resolution on the classification of Thematic Mapper data." *International Journal of Remote Sensing* **6**(8): 1385-1403.

Jain, A. K. and R. C. Dubes (1988). *Algorithms for Clustering Data*. Englewood Cliffs, NJ: Prentice Hall, 320 p.

James, M. (1985). *Classification Algorithms*. London: Collins, 209 p.

Jasinski, M. F. (1996). "Estimation of subpixel vegetation density of natural regions using satellite multispectral imagery." *IEEE Transactions on Geoscience and Remote Sensing* **34**(3): 804-813.

Jensen, J. R. (2004). *Introductory Digital Image Processing – A Remote Sensing Perspective*. Third Edition. Upper Saddle River, NJ: Prentice Hall, 544 p.

Jenson, S. K., T. R. Loveland, and J. Bryant (1982). "Evaluation of AMOEBA: a spectral-spatial classification method." *Journal of Applied Photographic Engineering* **8**(3): 159-162.

Jia, X. and J. A. Richards (1993). "Binary coding of imaging spectrometry data for fast spectral matching and classification." *Remote Sensing of Environment* **43**: 47-53.

Jia, X. and J. A. Richards (1994). "Efficient maximum likelihood classification for imaging spectrometer data sets." *IEEE Transactions on Geoscience and Remote Sensing* **32**: 274-281.

Kanellopoulos, I., A. Varfis, G. G. Wilkinson, and J. Mégier (1991). "Neural network classification of multi-date satellite imagery." in: *11th Annual International Geoscience and Remote Sensing Symposium*, Espoo, Finland: IEEE : 2215-2218.

Kanellopoulos, I., A. Varfis, G. G. Wilkinson, and J. Mégier (1992). "Land cover discrimination in SPOT imagery by artificial neural network–a twenty class experiment." *International Journal of Remote Sensing* **13**(5): 917-924.

Kauth, R. J., A. P. Pentland, and G. S. Thomas (1977). "BLOB, an unsupervised clustering approach to spatial preprocessing of MSS imagery." in: *Eleventh International Symposium on Remote Sensing of Environment*, Ann Arbor, MI: Environmental Research Institute of Michigan: 1309-1317.

Kepuska, V. Z. and S. O. Mason (1995). "A hierarchical neural network system for signalized point recognition in aerial photographs." *Photogrammetric Engineering and Remote Sensing* **61**(7): 917-925.

Kettig, R. L. and D. A. Landgrebe (1976). "Classification of multispectral image data by extraction and classification of homogeneous objects." *IEEE Transactions on Geoscience Electronics* **GE-4**(1): 19-26.

Key, J., J. A. Maslanik, and S. A. J. (1989). "Classification of merged AVHRR and SMMR arctic data with neural networks." *Photogrammetric Engineering and Remote Sensing* **55**(9): 1331-1338.

Kim, K. and M. M. Crawford (1991). "Adaptive parametric estimation and classification of remotely sensed imagery using a pyramid structure." *IEEE Transactions on Geoscience and Remote Sensing* **29**(4): 481-493.

Kruse, F. A. (1988). "Use of Airborne Imaging Spectrometer data to map minerals associated with hydrothermally altered rocks in the northern Grapevine Mountains, Nevada and California." *Remote Sensing of Environment* **24**(1): 31-51.

Kruse, F. A., K. S. Kierein-Young, and J. W. Boardman (1990). "Mineral mapping at Cuprite, Nevada with a 63-channel imaging spectrometer." *Photogrammetric Engineering and Remote Sensing* **56**(1): 83-92.

Kruse, F. A., A. B. Lefkoff, J. W. Boardman, K. B. Heidebrecht, A. T. Shapiro, P. J. Barloon, and A. F. H. Goetz (1993). "The Spectral Image Processing System (SIPS) - interactive viualization and analysis of imaging spectrometer data." *Remote Sensing of Environment* **44**: 145-163.

Landgrebe, D. A. (1980). "The development of a spectral-spatial classifier for earth observational data." *Pattern Recognition* **12**: 165-175.

Landgrebe, D. A. (2003). *Signal Theory Methods in Multispectral Remote Sensing*. Hoboken, NJ: John Wiley & Sons, Inc., 508 p.

Le Moigne, J. and J. C. Tilton (1995). "Refining image segmentation by integration of edge and region data." *IEEE Transactions on Geoscience and Remote Sensing* **33**(3): 605-615.

Lee, C. and D. A. Landgrebe (1991). "Fast likelihood classification." *IEEE Transactions on Geoscience and Remote Sensing* **29**(4): 509-517.

Lee, C. and D. A. Landgrebe (1993). "Analyzing high-dimensional multispectral data." *IEEE Transactions on Geoscience and Remote Sensing* **31**(4): 792-800.

Lee, T., J. A. Richards, and P. H. Swain (1987). "Probabilistic and evidential approaches for multisource data analysis." *IEEE Transactions on Geoscience and Remote Sensing* **GE-25**: 283-293.

Li, Z., A. Khananian, R. H. Fraser and J. Cihlar (2001). "Automatic detection of fire smoke using artificial neural networks and threshold approaches applied to AVHRR imagery." *IEEE Transactions on Geoscience and Remote Sensing* **39**(9): 1859-1870.

Lillesand, T. M., R. W. Kiefer and J. W. Chipman (2004). *Remote Sensing and Image Interpretation*. Fifth Edition. New York: John Wiley & Sons, 763 p.

Lippmann, R. P. (1987). "An introduction to computing with neural nets." *IEEE ASSP Magazine*(April): 4-22.

Liu, Z. K. and J. Y. Xiao (1991). "Classification of remotely-sensed image data using artificial neural networks." *International Journal of Remote Sensing* **12**(11): 2433-2438.

Lobell, D. B. and G. P. Asner (2004). "Cropland distributions from temporal unmixing of MODIS data." *Remote Sensing of Environment* **93**: 412-422.

Lobo, A. (1997). "Image segmentation and discriminant analysis for the identification of land cover units in ecology." *IEEE Transactions on Geoscience and Remote Sensing* **35**(5): 1136-1145.

Markham, B. L. and J. R. G. Townshend (1981). "Land cover classification accuracy as a function of sensor spatial resolution." in: *Fifteenth International Symposium on Remote Sensing of Environment*, Ann Arbor, MI, Environmental Research Institute of Michigan, vol. III: 1075-1090.

Marsh, S. E. and J. B. McKeon (1983). "Integrated analysis of high-resolution field and airborne spectroradiometer data for alteration mapping." *Economic Geology* **78**(4): 618-632.

Marsh, S. E., P. Switzer, and R. J. P. Lyon (1980). "Resolving the percentage component terrains within single resolution elements." *Photogrammetric Engineering and Remote Sensing* **46**(8): 1079-1086.

Maxwell, E. L. (1976). "Multivariate systems analysis of multispectral imagery." *Photogrammetric Engineering and Remote Sensing* **42**(9): 1173-1186.

Mazer, A. S., M. Martin, M. Lee, and J. E. Solomon (1988). "Image processing software for imaging spectrometry data analysis." *Remote Sensing of Environment* **24**: 201-211.

McIntire, T. J. and J. J. Simpson (2002). "Arctic sea ice, cloud, water, and lead classification using neural networks and 1.6-μm data." *IEEE Transactions on Geoscience and Remote Sensing* **40**(9): 1956-1972.

McKeown, D. M., Jr., J. Wilson A. Harvey, and J. McDermott (1985). "Rule-based interpretation of aerial imagery." *IEEE Transactions on Pattern Analysis and Machine Intelligence* **PAMI-7**(5): 570-585.

Mehldau, G. and R. A. Schowengerdt (1990). "A C-extension for rule-based image classification systems." *Photogrammetric Engineering and Remote Sensing* **56**(6): 887-892.

Moody, A., S. Gopal and A. H. Strahler (1996). "Artificial neural network response to mixed pixels in coarse-resolution satellite data." *Remote Sensing of Environment* **58**: 329-343.

Moreno, J. F. and R. O. Green (1996). "Surface and atmospheric parameter retrieval from AVIRIS data: The importance of non-linear effects." In *AVIRIS Airborne Geoscience Workshop*, Pasadena, CA, NASA Jet Propulsion Laboratory, pp. 175-184.

Muchoney, D. and J. Williamson (2001). "A gaussian adaptive resonance theory neural network classification algorithm applied to supervised land cover mapping using multitemporal vegetation index data." *IEEE Transactions on Geoscience and Remote Sensing* **39**(9): 1969-1977.

Nagao, M. and T. Matsuyama (1980). *A Structural Analysis of Complex Aerial Photographs*. New York, NY: Plenum Press, 199 p.

Nalepka, R. P. and P. D. Hyde (1972). "Classifying unresolved objects from simulated space data." in: *Eighth International Symposium on Remote Sensing of Environment*, Ann Arbor, MI: Environmental Research Institute of Michigan, vol. 2: 935-949.

Nascimento, J. M. P. and J. M. B. Dias (2005). "Does independent component analysis play a role in unmixing hyperspectral data?" *IEEE Transactions on Geoscience and Remote Sensing* **43**(1): 175-187.

Nascimento, J. M. P. and J. M. B. Dias (2005). "Vertex component analysis: A fast algorithm to unmix hyperspectral data." *IEEE Transactions on Geoscience and Remote Sensing* **43**(4): 898-910.

Novo, E. M. and Y. E. Shimabukuro (1994). "Spectral mixture analysis of inland tropical waters." *International Journal of Remote Sensing* **15**(6): 1351-1356.

Painter, T. H., J. Dozier, D. A. Roberts, R. E. Davis and R. O. Green (2003). "Retrieval of subpixel snow-covered area and grain size from imaging spectrometer data." *Remote Sensing of Environment* **85**(64-77).

Pal, N. R. and S. K. Pal (1993). "A review on image segmentation techniques." *Pattern Recognition* **26**(9): 1277-1294.

Pao, Y. H. (1989). *Adaptive Pattern Recognition and Neural Networks*. Reading, MA: Addison-Wesley, 299 p.

Paola, J. D. and R. A. Schowengerdt (1995a). "A review and analysis of backpropagation neural networks for classification of remotely-sensed multi-spectral imagery." *International Journal of Remote Sensing* **16**(16): 3033-3058.

Paola, J. D. and R. A. Schowengerdt (1995b). "A detailed comparison of backpropagation neural network and maximum-likelihood classifiers for urban land use classification." *IEEE Transactions on Geoscience and Remote Sensing* **33**(4): 981-996.

Paola, J. D. and R. A. Schowengerdt (1997). "The effect of neural network structure on a multispectral land-use/land-cover classification." *Photogrammetric Engineering and Remote Sensing*.

Pesaresi, M. and J. A. Benediktsson (2001). "A new approach for the morphological segmentation of high-resolution satellite imagery." *IEEE Transactions on Geoscience and Remote Sensing* **39**(2): 309-320.

Philpot, W. D. (1991). "The derivative ratio algorithm: avoiding atmosheric effects in remote sensing." *IEEE Transactions on Geoscience and Remote Sensing* **29**(3): 350-357.

Piech, M. A. and K. R. Piech (1987). "Symbolic representation of hyperspectral data." *Applied Optics* **26**(18): 4018-4026.

Piech, M. A. and K. R. Piech (1989). "Hyperspectral interactions: invariance and scaling." *Applied Optics* **28**(3): 481-489.

Plaza, A. and C.-I. Chang (2005). "An improved N-FINDR algorithm in implementation." In *Algorithms and Technologies for Multispectral, Hyperspectral, and Ultraspectral Imagery XI*, Orlando, FL, SPIE, vol. 5806: 298-306.

Pratt, W. K. (1991). *Digital Image Processing*. Second Edition. New York, NY: John Wiley & Sons, 698 p.

Qiu, F. and J. R. Jensen (2004). "Opening the black box of neural networks for remote sensing image classification." *International Journal of Remote Sensing* **25**(9): 1749–1768.

Ray, T. W. and B. C. Murray (1996). "Nonlinear spectral mixing in desert vegetation." *Remote Sensing of Environment* **55**: 59-64.

Richards, J. A. and X. Jia (1999). *Remote Sensing Digital Image Analysis – An Introduction*. Third Edition. Berlin: Springer-Verlag, 356 p.

Richter, R. (1996a). "A spatially adaptive fast atmospheric correction algorithm." *International Journal of Remote Sensing* **17**(6): 1201-1214.

Ritter, N. D. and G. F. Hepner (1990). "Application of an artificial neural network to land–cover classification of Thematic Mapper imagery." *Computers & Geosciences* **16**(6): 873-880.

Roberts, D. A., M. O. Smith, and J. B. Adams (1993). "Green vegetation, nonphotosynthetic vegetation, and soils in AVIRIS data." *Remote Sensing of Environment* **44**: 255-269.

Roberts, D. A., M. Gardner, R. Church, S. Ustin, G. Scheer and R. O. Green (1998). "Mapping chaparral in the Santa Monica Mountains using multiple endmember spectral mixture models." *Remote Sensing of Environment* **65**(3): 267-279.

Rubin, T. D. (1993). "Spectral mapping with imaging spectrometers." *Photogrammetric Engineering and Remote Sensing* **59**(2): 215-220.

Rumelhart, D. E., G. E. Hinton, and R. J. Williams (1986). Learning internal representations by error propagation. *Parallel DIstributed Processing: Explorations in the Microstruction of Cognition*. D. E. Rumelhart and J. L. McClelland, (Eds.). Cambridge, MA, The MIT Press. **I:** 318-362.

Ryan, T. (1985). "Image segmentation algorithms." in: *Architectures and Algorithms for Digital Image Processing II*, SPIE, vol. 534: 172-178.

Salu, Y. and J. Tilton (1993). "Classification of multispectral image data by the binary neural network and by nonparametric, pixel-by-pixel methods." *IEEE Transactions on Geoscience and Remote Sensing* **31**(3): 606-617.

Salvato, P. J. (1973). "Iterative techniques to estimate signature vectors for mixture processing of multispectral data." in: *Symposium on Machine Processing of Remotely Sensed Data*, IEEE, vol. 73CH0834-2GE: 3B:48-62.

Sarkar, A., M. K. Biswas, B. Kartikeyan, V. Kumar, K. L. Majumder and D. K. Pal (2002). "A MRF model-based segmentation approach to classification for multispectral imagery." *IEEE Transactions on Geoscience and Remote Sensing* **40**(5): 1102-1113.

Sayood, K. (2005). *Introduction to Data Compression*. Third Edition. San Francisco, CA: Morgan Kaufmann, 704 p.

Schowengerdt, R. A. (1983). *Techniques for Image Processing and Classification in Remote Sensing*. Orlando, FL: Academic Press, 249 p.

Schowengerdt, R. A. (1996). "On the estimation of spatial-spectral mixing with classifier likelihood functions." *Pattern Recognition Letters,* **17**(13): 1379-1387.

Schürmann, J. (1996). *Pattern Classification–A Unified View of Statistical and Neural Approaches*. New York, NY: John Wiley & Sons, 373 p.

Serpico, S. B. and F. Roli (1995). "Classification of multisensor remote-sensing images by structured neural networks." *IEEE Transactions on Geoscience and Remote Sensing* **33**(3): 562-577.

Settle, J. J. (1996). "On the relationship between spectral unmixing and subspace projection." *IEEE Transactions on Geoscience and Remote Sensing* **34**(4): 1045-1046.

Settle, J. J. and N. A. Drake (1993). "Linear mixing and the estimation of ground cover proportions." *International Journal of Remote Sensing* **14**(6): 1159-1177.

Shah, C. A., M. K. Arora and P. K. Varshney (2004). "Unsupervised classification of hyperspectral data: An ICA mixture model based approach." *International Journal of Remote Sensing* **25**(2): 481-487.

Shahshahani, B. M. and D. A. Landgrebe (1994). "The effect of unlabeled samples in reducing the small sample size problem and mitigating the Hughes phenomenon." *IEEE Transactions on Geoscience and Remote Sensing* **32**(5): 1087-1095.

Shimabukuro, Y. E. and J. A. Smith (1991). "The least-squares mixing models to generate fraction images derived from remote sensing multispectral data." *IEEE Transactions on Geoscience and Remote Sensing* **29**(1): 16-20.

Skidmore, A. K. and B. J. Turner (1988). "Forest mapping accuracies are improved using a supervised non-parametric classifier with SPOT data." *Photogrammetric Engineering and Remote Sensing* **54**(10): 1415–1421.

Smith, M. O., S. L. Ustin, J. B. Adams, and A. R. Gillespie (1990). "Vegetation in deserts: I. A regional measure of abundance from multispectral images." *Remote Sensing of Environment* **31**: 1-26.

Sohn, Y. and R. M. McCoy (1997). "Mapping desert shrub rangeland using spectral unmixing and modeling spectral mixtures with TM data." *Photogrammetric Engineering and Remote Sensing* **63**(6): 707-716.

Song, M. and D. Civco (2004). "Road extraction using SVM and image segmentation." *Photogrammetric Engineering and Remote Sensing* **70**(12): 1365-1371.

Srinivasan, A. and J. A. Richards (1990). "Knowledge-based techniques for multi-source classification." *International Journal of Remote Sensing* **11**: 505-525.

Strahler, A. H. (1980). "The use of prior probabilities in maximum likelihood classification of remotely sensed data." *Remote Sensing of Environment* **10**: 135-163.

Sunar Erbek, F., C. Ozkan and M. Taberner (2004). "Comparison of maximum likelihood classification method with supervised artificial neural network algorithms for land use activities." *International Journal of Remote Sensing* **25**(9): 1733–1748.

Swain, P. H. and S. M. Davis, (Eds.) (1978). *Remote Sensing: The Quantitative Approach.* New York, NY: McGraw-Hill, 396 p.

Tilton, J. C., S. B. Vardeman, and P. H. Swain (1982). "Estimation of context for statistical classification of multispectral image data." *IEEE Transactions on Geoscience and Remote Sensing* **GE-20**(4): 445-452.

Townshend, J. R. G., C. O. Justice, C. Gurney, and J. McManus (1992). "The impact of misregistration on change detection." *IEEE Transactions on Geoscience and Remote Sensing* **30**(5): 1054-1060.

Tu, T.-M. (2000). "Unsupervised signature extraction and separation in hyperspectral images: A noise-adjusted fast independent component analysis approach." *Optical Engineering* **39**(4): 897-906.

Valdes, M. and M. Inamura (2000). "Spatial resolution improvement of remotely sensed images by a fully interconnected neural network approach." *IEEE Transactions on Geoscience and Remote Sensing* **38**(5): 2426-2430.

Visa, A. and J. Iivarinen (1997). "Evolution and evaluation of a trainable cloud classifier." *IEEE Transactions on Geoscience and Remote Sensing* **35**(5): 1307-1315.

Wang, F. (1990a). "Improving remote sensing image analysis through fuzzy information representation." *Photogrammetric Engineering and Remote Sensing* **56**(8): 1163-1169.

Wang, F. (1990b). "Fuzzy supervised classification of remote sensing images." *IEEE Transactions on Geoscience and Remote Sensing* **28**(2): 194-201.

Wang, F. (1993). "A knowlege-based vision system for detecting land changes at urban fringes." *IEEE Transactions on Geoscience and Remote Sensing* **31**(1): 136-145.

Wang, S., D. B. Elliott, J. B. Campbell, R. W. Erich, and R. M. Haralick (1983). "Spatial reasoning in remotely sensed data." *IEEE Transactions on Geoscience and Remote Sensing* **GE-21**(1): 94-101.

Weiss, J. M., S. A. Christopher and R. M. Welch (1998). "Automatic contrail detection and segmentation." *IEEE Transactions on Geoscience and Remote Sensing* **36**(5): 1609-1619.

Wharton, S. (1987). "A spectral-knowledge-based approach for urban and land-cover discrimination." *IEEE Transactions on Geoscience and Remote Sensing* **GE-25**(3): 272-282.

Wharton, S. W. (1982). "A contextural classification method for recognizing land use patterns in high resolution remotely sensed data." *Pattern Recognition* **15**(4): 317-324.

Winter, M. E. (1999). "N-FINDR: An algorithm for fast autonomous spectral end-member determination in hyperspectral data." In *Imaging Spectrometry V*, Denver, CO, SPIE, vol. 3753: 266-275.

Winter, M. E. (2004). "A proof of the N-FINDR algorithm for the automated detection of end-members in a hyperspectral image." In *Algorithms and Technologies for Multispectral, Hyperspectral, and Ultraspectral Imagery X*, Orlando, FL, SPIE, vol. 5425: 31-41.

Witkin, A. P. (1983). "Scale-space filtering." in: *Ninth International Joint Conference on Artificial Intelligence*, Karlsruhe, West Germany: Morgan Kaufmann Publishers, 1019-1022.

Woodcock, C. and V. J. Harward (1992). "Nested-hierarchical scene models and image segmentation." *International Journal of Remote Sensing* **13**(16): 3167-3187.

Wu, H.-H. P. and R. A. Schowengerdt (1993). "Improved fraction image estimation using image restoration." *IEEE Transactions on Geoscience and Remote Sensing* **31**(4): 771-778.

Yhann, S. R. and J. J. Simpson (1995). "Application of neural networks to AVHRR cloud segmentation." *IEEE Transactions on Geoscience and Remote Sensing* **33**(3): 590-604.

Yoshida, T. and S. Omatu (1994). "Neural network approach to land cover mapping." *IEEE Transactions on Geoscience and Remote Sensing* **32**(5): 1103-1109.

附录 A

Asrar, G. and R. Greenstone (1995). MTPE/EOS Reference Handbook. Greenbelt, MD: NASA/Goddard Space Flight Center, No. NP-215.

Barnes, R. A. and A. W. Holmes (1993). "Overview of the SeaWiFS ocean sensor." In *Sensor Systems for the Early Earth Observing System Platforms*, Orlando, FL, SPIE, vol. 1939: 224-232.

Basedow, R. W., D. C. Carmer, and M. E. Anderson (1995). "HYDICE system, implementation and performance." in: *Imaging Spectrometry*, Orlando, FL: SPIE, vol. 2480: 258-267.

Bonner, W. D. (1969). "Gridding scheme for APT satellite pictures." *Journal of Geophysical Research* **74**(18): 4581-4587.

Chevrel, M., M. Courtois, and G. Weill (1981). "The SPOT satellite remote sensing mission." *Photogrammetric Engineering and Remote Sensing* **47**(8): 1163-1171.

Curran, P. J. and C. M. Steele (2005). "MERIS: The re-branding of an ocean sensor." *International Journal of Remote Sensing* **26**(9): 1781-1798.

Diner, D. J., C. J. Bruegge, J. V. Martonchik, T. P. Ackerman, R. Davies, S. A. W. Gerstl, H. R. Gordon, P. J. Sellers, J. Clark, et al. (1989). "MISR: A Multi-angle Imaging SpectroRadiometer for geophysical and climatological research from EOS." *IEEE Transactions on Geoscience and Remote Sensing* **27**(2): 200-214.

Engel, J. L. and O. Weinstein (1983). "The Thematic Mapper - An overview." *IEEE Transactions on Geoscience and Remote Sensing* **GE-21**(3): 258-265.

Hollinger, J. P., J. L. Peirce, and G. A. Poe (1990). "SSM/I instrument evaluation." *IEEE Transactions on Geoscience and Remote Sensing* **28**(5): 781-790.

Huang, Z., B. J. Turner, S. J. Dury, I. R. Wallis and W. J. Foley (2004). "Estimating foliage nitrogen concentration from HyMap data using continuum removal analysis." *Remote Sensing of Environment* **93**(1): 18-29.

Irons, J. R., K. J. Ranson, D. L. Williams, R. R. Irish, and F. G. Huegel (1991). "An off-nadir-pointing imaging spectroradiometer for terrestrial ecosystem studies." *IEEE Transactions on Geoscience and Remote Sensing* **29**(1): 66-74.

Kahle, A. B. and A. F. H. Goetz (1983). "Mineralogic Information from a new airborne thermal infrared multispectral scanner." *Science* **222**(4619): 24-27.

Kramer, H. J. (2002). *Observation of the Earth and Its Environment: Survey of Missions and Sensors*. Fourth Edition. Berlin: Springer–Verlag, 1510 p.

Lansing, J. C., Jr. and R. W. Cline (1975). "The four- and five-band multispectral scanners for Landsat." *Optical Engineering* **14**: 312.

Myers, J. and J. Arvesen (1995). Sensor Systems of the NASA Airborne Science Program. Moffett Field, CA: NASA/Ames Research Center.

Nishidai, T. (1993). "Early results from 'Fuyo-1' Japan's Earth Resources Satellite (JERS-1)." *International Journal of Remote Sensing* **14**(9): 1825-1833.

Porter, W. M. and H. T. Enmark (1987). "A system overview of the Airborne Visible/Infrared Imaging Spectrometer (AVIRIS)." in: *31st Annual International Technical Symposium*, SPIE, vol. 834: 22-31.

Salomonson, V. V., W. L. Barnes, P. W. Maymon, H. E. Montgomery, and H. Ostrow (1989). "MODIS: Advanced facility instrument for studies of the earth as a system." *IEEE Transactions on Geoscience and Remote Sensing* **27**(2): 145-153.

Short, N. M. and J. Locke M. Stuart (1982). *The Heat Capacity Mapping Mission (HCMM) Anthology*, Washington, D.C.: NASA, No. SP-465, 264 p.

Szymanski, J. J. and P. G. Weber (2005). "Multispectral Thermal Imager: Mission and applications overview." *IEEE Transactions on Geoscience and Remote Sensing* **43**(9): 1943-1949.

Ungar, S. G., J. S. Pearlman, J. A. Mendenhall and D. Reuter (2003). "Overview of the Earth Observing One (EO-1) mission." *IEEE Transactions on Geoscience and Remote Sensing* **41**(6): 1149-1159.

Vane, G., A. F. H. Goetz and J. B. Wellman (1984). "Airborne Imaging Spectrometer: a new tool for remote sensing." *IEEE Transactions on Geoscience and Remote Sensing* **GE-22**(6): 546-549.

Wrigley, R. C., R. E. Slye, S. A. Klooster, R. S. Freedman, M. Carle, and L. F. McGregor (1992). "The Airborne Ocean Color Imager: system description and image processing." *Journal of Imaging Science and Technology* **36**(5): 423-430.

附录 B

Bracewell, R. N. (2004). *Fourier Analysis and Imaging*. Springer, 704 p.

Castleman, K. R. (1996). *Digital Image Processing*. Englewood Cliffs, NJ: Prentice-Hall, 667 p.

Gaskill, J. D. (1978). *Linear Systems, Fourier Transforms, and Optics*. New York, NY: John Wiley & Sons, 554 p.

Gonzalez, R. C. and R. E. Woods (2002). *Digital Image Processing*. Second Edition. Upper Saddle River, NJ: Prentice-Hall, 793 p.

Hearn, D. R. (2000). *EO-1 Advanced Land Imager modulation transfer functions*. Lincoln Laboratory, Massachusetts Institute of Technology. Technical Report 1061.

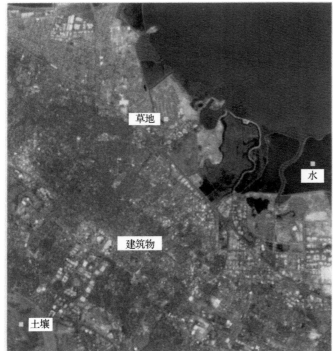

AVIRIS 51:27:17

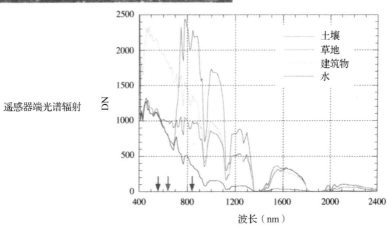

遥感器端光谱辐射

彩图 1.1

这幅图像是 1990 年 7 月 23 日获取的美国加州 Palo Alto 的 AVIRIS 图像,用它来说明高光谱数据。将波段 51、波段 27 和波段 17 分别表示为红色、绿色和蓝色而合成了 CIR(在图中用箭头标识了其波长),它们只用了全部图像数据的 1.5%。4 个像元(黄色正方形的中心)用来提取光谱剖面。它们代表了斯坦福大学校园内的干沙、大型商业建筑物的屋顶、Palo Alto 高尔夫球场、旧金山湾盐蒸发池。AVIRIS 数据经过了遥感器辐射定标,但没有进行大气效应的校正。整个谱段上的大气扩散很明显是向蓝色光谱区逐渐增加的,它们正好对应着 H_2O 和 CO_2 的主要吸收波段(图像来自 NASA/JPL)

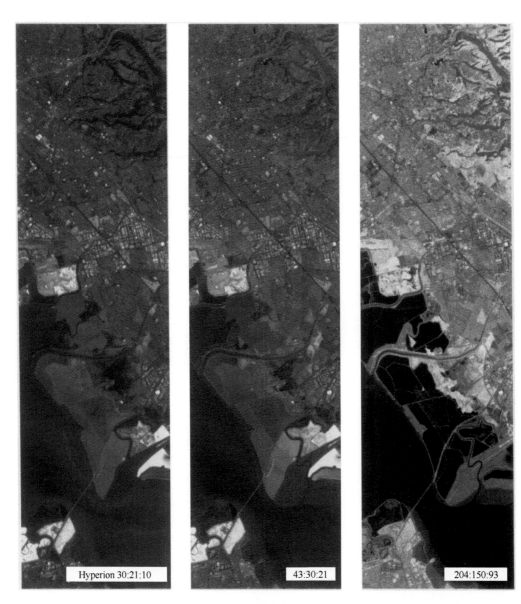

彩图 1.2

Hyperion 高光谱数据合成的三种彩色图像。Hyperion 曾经装在 NASA 的 EO-1 试验卫星上，该卫星还装有高级陆地成像仪（ALI），每种合成中所采用的三个波段分别表示为红色、绿色和蓝色。左边的图像是"天然彩色"合成，接近于自然视觉图像。中间的一幅图像是彩红外合成，植被显示为红色。右边的图像采用 SWIR 波段显示非视觉信息。图像显示了 2002 年 7 月 31 日旧金山湾东部地区情况，包括了图下方的 Dumbarton 大桥、Hayward 市及中部的 Union City 和 Fremont。真彩色和彩红外合成图上的绿色特征是盐蒸发池，其中许多属于天然湿地的修复计划（http://www. Southbayresto-ration. org）

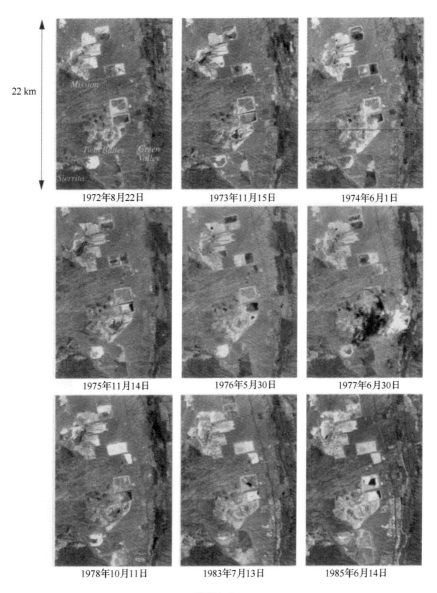

彩图 1.3

遥感图像能够长期记录人类对环境的影响。这一系列 Landsat MSS CIR 图像显示了亚利桑那州图森南边的大型铜矿开采,也包括了沿着右侧的非灌溉山核桃果园,以及果园和矿井之间的绿色峡谷上正在兴建的退休社区。这个地区有 3 个大型露天凹陷矿 Mission,Twin Buttes 和 Sierrita。大的多边形结构是从露天矿引出的残渣废料池,深蓝-黑色区域是潮湿材料和地表水。注意,1974 年的图像上有噪声数据,1977 年的图像上有云及其阴影。可以十分明显地看出在这 13 年间采矿的发展和绿色峡谷的开发

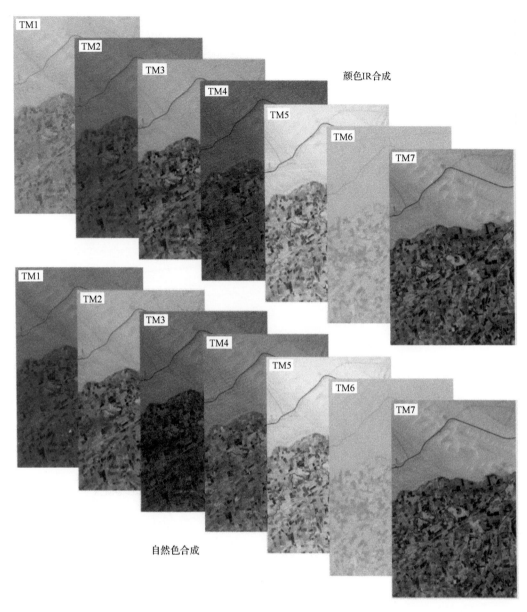

彩图 1.4

Landsat TM 和 ETM + 两种普通的彩色合成组合

2015 年 5 月 11 日至 20 日的火场图

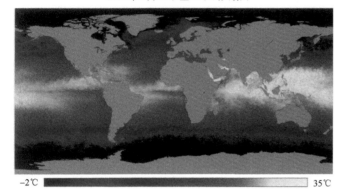

−2℃   35℃

2001 年 6 月 2 日至 9 日的海表温度

彩图 1.5

两幅规则的 MODIS 产品分别显示了全球火场图和海表温度图。在火场图中，红色表示每个像元至少有一个火点，而黄色表示在 10 天的合成期间每个像元上探测到的大量火点。Justice et al. (2002)和 Giglio et al. (2003)详细给出了火场图像产品及其算法。MODIS 遥感器测量的海表温度精确到大约 0.25℃以内(与船舶和浮标的采样数据相比)，它的精度已经比以前发射卫星的测量精度高两倍。它每天测量全球海表温度(Sea Surface Temperature,SST)且精度达到 0.5℃,这是全球海图几十年来的一个目标

0°   +45.6°   +60.0°   +70.5°

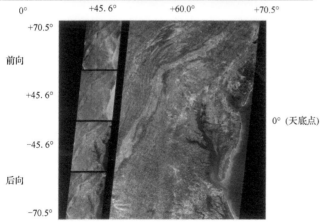

+70.5°

前向

+45.6°

−45.6°   0° (天底点)

后向

−70.5°

彩图 2.1

NASA Terra 卫星上多角度成像光谱辐射仪(MISR)设备获取的天然彩色图像。上面是 2000 年 6 月 14 日美国东部地区的图像，从安大略湖到北佐治亚，中间穿过了 Appalachian 山。随着斜角的增大，穿过大气的太阳光线会变长，薄雾也变得越发明显。下面的一组图显示了 2000 年 6 月 28 日美国中部 Chesapeake 海湾的东海岸地区。图像宽约 400 km，而 GSI 是 1.1 km(NASA/GSFC/JPL 的 MISR 科研组提供了图像和说明)

TM 4:3:2

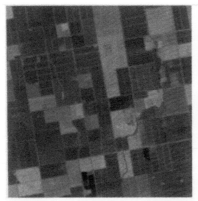
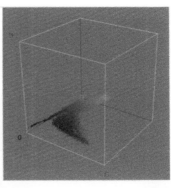

Hyperion 43:30:21

Hyperion 204:150:93

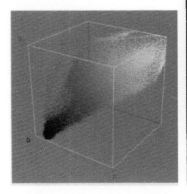

彩图 4.1

彩色图像合成的三个示例及其三维颜色散布图。注意,在 TM CIR 合成图像和 Hyperion CIR 合成图像上可以清楚地分辨出土壤、水和植被的光谱矢量。为了显示而进行了对比度增强,使 Hyperion 的 SWIR 合成有一些过饱和的像元(三维散布图的右上方)。用于生成这些颜色散布图的软件可以交互旋转颜色立方体和散布图(Barthel,2005)

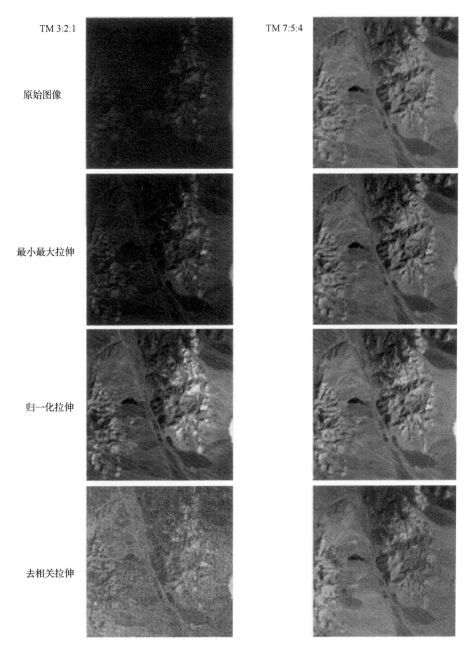

TM 3:2:1　　　　　　TM 7:5:4

原始图像

最小最大拉伸

归一化拉伸

去相关拉伸

彩图 5.1

对美国内华达州赤铜矿 TM 图像的色彩进行对比度增强的实例。在可见光谱段上,这个沙漠地区具有相对较少的光谱内容(左列图像);去相关拉伸处理增强了数据中光谱的小变化的显现,但也导致图像中出现了一些噪声。在 NIR 和 SWIR 图像(右列图像)中,清楚地显示了含矿物的变化并可以很容易地增强

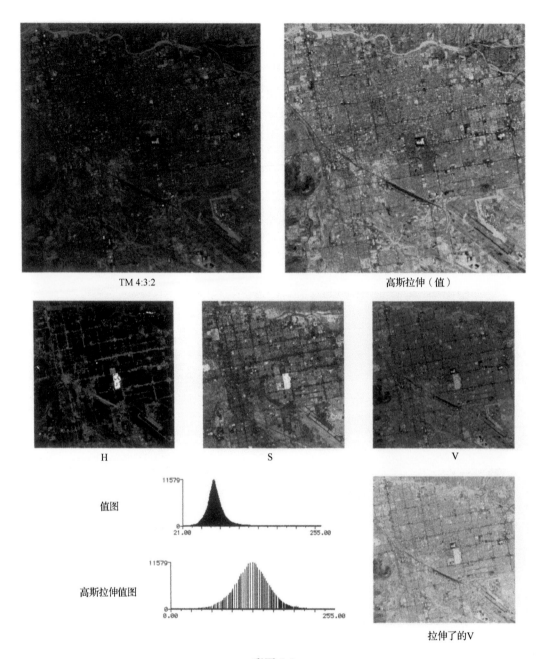

TM 4:3:2　　　　　　　　　　　　　高斯拉伸（值）

H　　　　　　　　　　　S　　　　　　　　　　　V

值图

高斯拉伸值图

拉伸了的V

彩图 5.2

应用图 5.29 的方法对亚利桑那州图森的一幅彩色图像进行数值处理（亮度）。中间行显示了六锥体颜色空间分量。用 CDF 参考对数值分量进行拉伸处理，从而能与均值为 128、标准差为 32 的高斯分布相匹配，然后再计算 CST 逆变换，就生成了右边的彩色图像。图像的对比度得到了增强，而色调和饱和度几乎没有变化

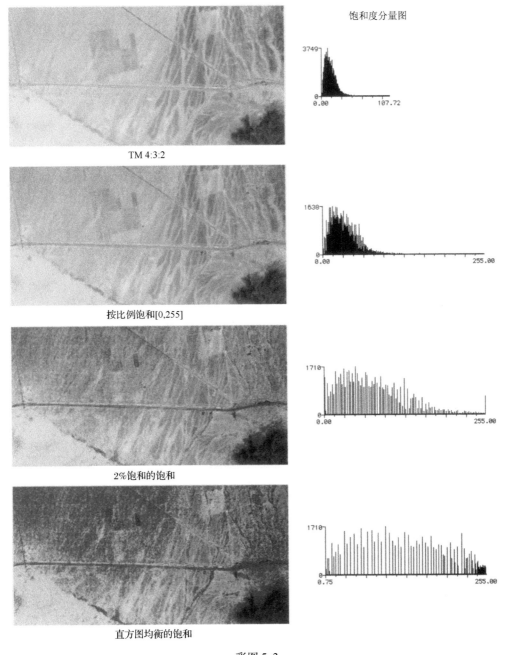

饱和度分量图

TM 4:3:2

按比例饱和[0,255]

2%饱和的饱和

直方图均衡的饱和

彩图 5.3

用图 5.29 的方法对彩色图像的饱和度进行处理。合成的沙漠地区原始 TM 图像上,光谱内容很单薄,通过拉伸饱和度分量可以对它进行放大。由于这里使用的六锥体 CST 算法有其特殊要求,因此饱和度的范围是[0,255],其他算法可以采用不同的运算范围,比如[0,1]或[0,100]

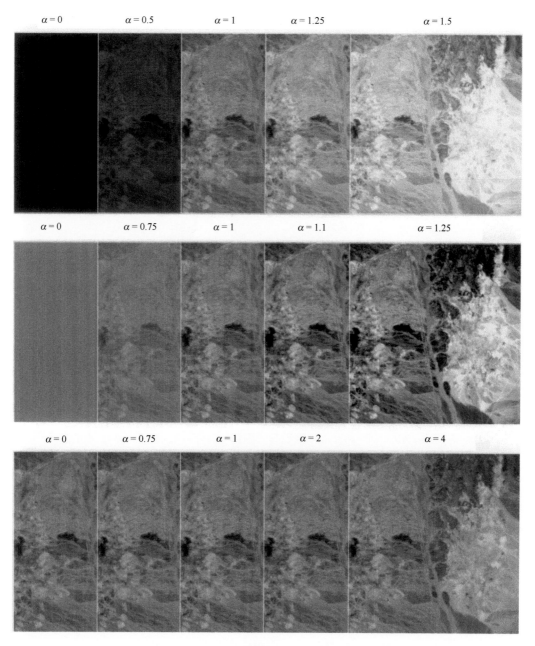

彩图 5.4

用来改变亮度(最上行)、对比度(中间行)和饱和度(最下行)的图像合成算法,这幅图像是内华达州赤铜矿的 AVIRIS CIR 图像。$\alpha = 0$ 对应于 image 0,$\alpha = 1$ 对应于 image 1

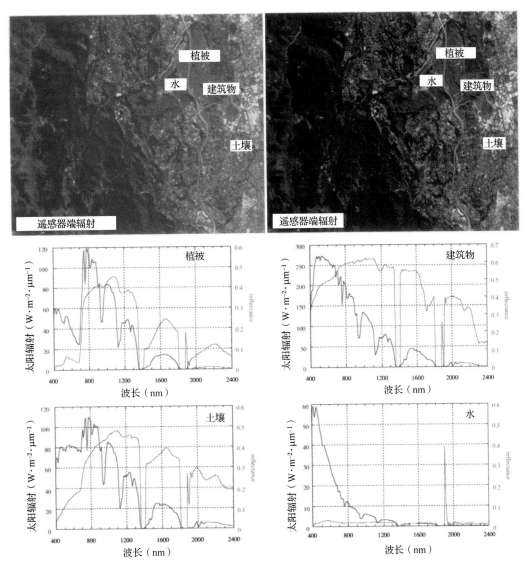

彩图 7.1

对加利福尼亚州 Jasper Ridge 的 AVIRIS 图像(摄于 1997 年 4 月 3 日)进行的大气辐射校正。校正过程中使用了类似 ATREM 的步骤,即只使用了一个地面测量的土壤反射光谱段。遥感器端辐射和"反射"显示为波段 30、波段 20 和波段 9 的自然光成分。这三个波段在每一幅图像中显示时都有相同的最大值和最小值,这样可以保证相对的色彩平衡性。由于传输路径辐射、太阳光谱辐射及大气传播辐射造成的蓝色薄雾在校正中得到了消除。尽管如此,这个例子中并没有进行地形校正,因此每个像元的"反射率"并没有完全标定。图像中 4 个位置像元的频谱图表示了遥感器端的辐射(蓝色)和反射率(红色)。在水吸收波段 1900 nm 附近出现一个反射率"尖峰"。这是一个在高光谱分辨大气校正算法中常见的人为干扰。一些校正程序,例如 HATCH,试图通过增强反演光谱的平滑标准来减少这样的人为干扰(图像和处理说明来自 NASA/JPL)

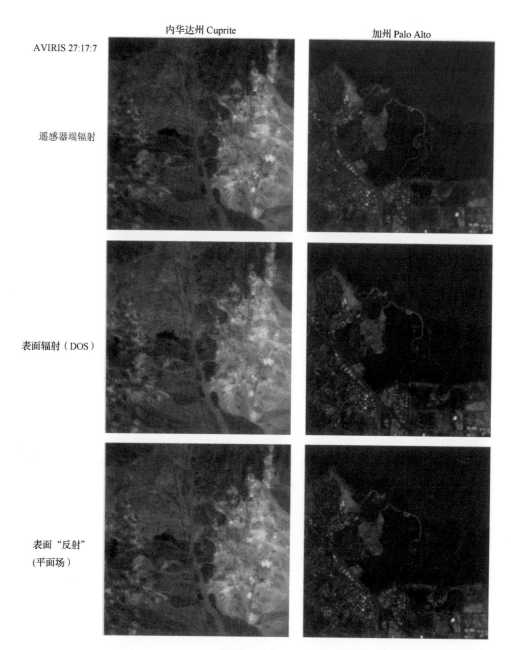

内华达州 Cuprite   加州 Palo Alto

AVIRIS 27:17:7

遥感器端辐射

表面辐射（DOS）

表面"反射"
（平面场）

彩图7.2

两幅 AVIRIS 图像中使用天然色显示了 DOS 对大气传播路径中辐射校正的效果,以及随后利用亮目标现场进行平面场校准的效果。一幅图像是干燥的沙漠地区(Cuprite),另一幅图像是海岸带地区(Palo Alto)。所有图像都使用相同的 LUT 来保证它们相对的色彩范围。表面"反射"率图像没有对地形阴影进行校正。这些标准化技术并不需要彩图 7.1 中使用的大气模型

双线性重采样到10 m

和全色波段进行CST融合

和全色波段进行PCT融合

彩图 8.1

对 2001 年 7 月 27 日获取的一幅 ALI 图像进行特征空间融合。结果显示了亚利桑那州 Mesa 地区的 Pima 高速公路和 Red Mountain 高速公路的交叉点。原始 ALI 数据为 1R 级,即只有辐射校正而没有几何校正。注意,在 CST 融合的 CIR 图像中,植被颜色并没有保留下来。这是由于 ATL 全色波段没有包括 NIR 光谱区域,因此和被替换的成分相关性不大。这里使用了把亮度定义为数值的六锥 CST 颜色空间;采用亮度成分进行不同定义的 CST 算法对相关性或多或少会产生一些影响

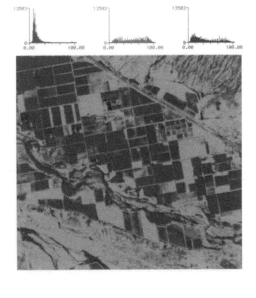

ANN 输出图

红色：作物

绿色：沙地

蓝色：黑土

TM 4:3:2

混合分形图

红色：作物

绿色：沙地

蓝色：黑土

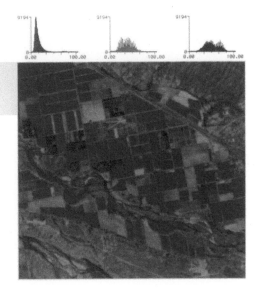

彩图 9.1

在亚利桑那州 Marana 的 TM 图像中标出了三种级别训练区的位置。文中的双波段(TM3 和 TM4)监督分类的例子中采用了这些数据。右边是由 ANN 分类器以及线性分离法产生的软分类图。这两幅图的空间变化与光谱波段的空间变化类似。注意沙地与黑土的 ANN 输出值在灰度直方图中分布得更均匀,这说明了 ANN 图的高对比度。如文中所述,两幅图相关性很强

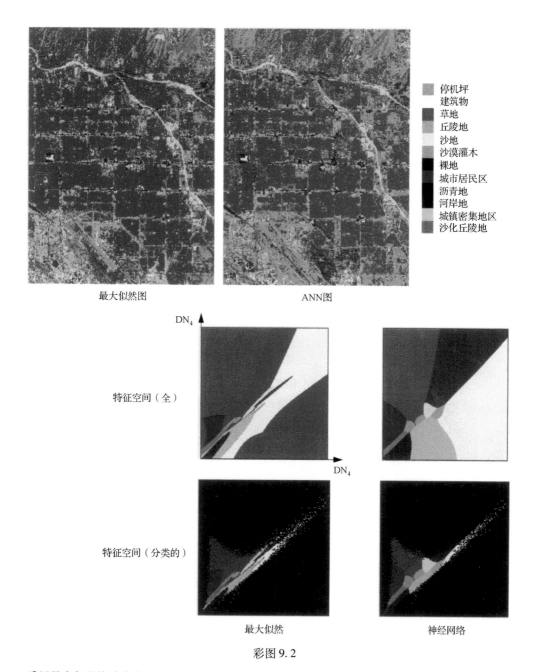

最大似然图 　　　　　　ANN图

	停机坪
	建筑物
	草地
	丘陵地
	沙地
	沙漠灌木
	裸地
	城市居民区
	沥青地
	河岸地
	城镇密集地区
	沙化丘陵地

DN₄

特征空间（全）

DN₄

特征空间（分类的）

最大似然 　　　　　　神经网络

彩图 9.2

采用最大似然统计分类器和 12 个城市用地分类等级的 3 层 ANN 对亚利桑那州图森地区 Landsat TM 图像进行分类。波段 4（NIR）相对于波段 3（红色）的特征空间直方图是分类中使用的六波段特征空间的投影（Paola and Schowengerdt，1995b）。中间的一行显示了划分特征空间的全部边界，底部的一行仅显示了图像像元点所在的特征空间区域

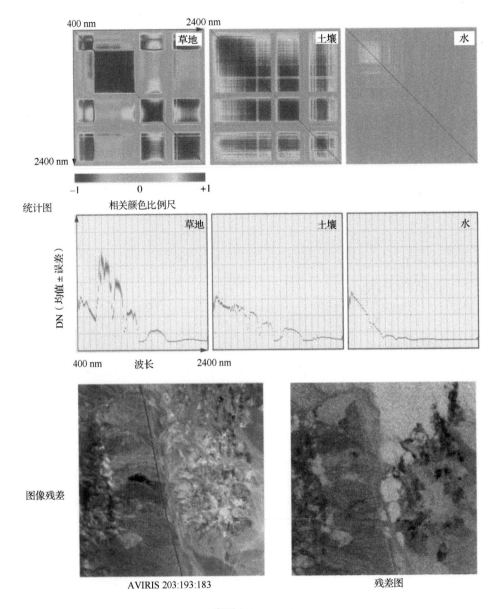

400 nm 2400 nm 草地 土壤 水

2400 nm

−1 0 +1

相关颜色比例尺

统计图

DN（均值±误差）

草地 土壤 水

400 nm 波长 2400 nm

图像残差

AVIRIS 203:193:183 残差图

彩图 9.3

高光谱图像分析和特征提取技术。这些由彩图 1.1 中 AVIRIS 图像训练数据得到的统计图像提供了一个基于二阶统计量的虚拟分类工具。最上面一行是用伪彩色显示的三个训练类别之间的相关矩阵。中间一行则用红色和橘黄色分别绘制了光谱数据的类内均值和标准差。注意草地统计图像中正相关和负相关的区域。最下面一行从三个高光谱 SWIR 波段提取的图像残差特征采用不同的颜色显示了各种矿物质，类似于分类图实现的效果。在这幅内华达州赤铜矿的 AVIRIS 残差图中，红色对应明矾石，深蓝色对应高岭石，橘黄色对应稀有的水铵长石(图像中间附近的两处小区域)